应用泛函分析

（第三版）

主　编　严兴杰　赵　琳　宋晓秋

中国矿业大学出版社

·徐州·

内 容 简 介

通俗地讲，泛函分析也可以叫作无穷维空间的分析学，主要研究无穷维空间上的泛函和算子理论. 它综合分析学、几何和代数的观点研究无穷维向量空间上的函数、算子和极限理论，至今已经发展成为一门理论完备、内容丰富的分支. 本书主要介绍 Lebesgue 测度和 Lebesgue 积分，度量空间与 Banach 空间，线性算子理论基础，Hilbert 空间，广义函数与 Sobolev 空间等，各章后面配有适量的习题，供师生参考使用.

本教材作为理工科研究生近代分析数学，特别是泛函分析的基础教材，涉及内容较为宽泛，注重基础理论和应用，例题较多，各章内容相对独立，适合不同专业的学生使用.

图书在版编目(C I P)数据

应用泛函分析/严兴杰，赵琳，宋晓秋主编.
3 版.— 徐州 ：中国矿业大学出版社，2024. 10.
ISBN 978-7-5646-6468-8

Ⅰ. O177

中国国家版本馆 CIP 数据核字第 2024G5B916 号

书　　名　应用泛函分析
主　　编　严兴杰　赵　琳　宋晓秋
责任编辑　周　红
出版发行　中国矿业大学出版社有限责任公司
　　　　　　(江苏省徐州市解放南路　邮编 221008)
营销热线　(0516)83885370　83884103
出版服务　(0516)83995789　83884920
网　　址　http://www.cumtp.com　**E-mail**:cumtpvip@cumtp.com
印　　刷　苏州市古得堡数码印刷有限公司
开　　本　787 mm×1092 mm　1/16　**印张** 16.25　**字数** 416 千字
版次印次　2024 年 10 月第 3 版　2024 年 10 月第 1 次印刷
定　　价　38.00 元
(图书出现印装质量问题，本社负责调换)

前　言

泛函分析也可以通俗地叫作无穷维空间的几何学和分析学，主要研究无穷维线性空间上的函数和算子理论. 它是古典分析的推广，综合了函数论、几何和代数的观点研究无穷维向量空间上的函数、算子和极限理论，是大道至简、大美天成的范例.

20 世纪初，瑞典数学家 Fredholm 和法国数学家 Hadamard 发表的著作中，出现了把分析学一般化的萌芽. 随后，Hilbert 等开创了现在称之为“Hibert 空间”的研究. 到了 20 世纪 20 年代，在数学界已经逐渐形成了一般分析学，也就是泛函分析的基本概念. 在 20 世纪 30 年代，泛函分析就已经成为数学中一门独立的学科了. 泛函分析的特点是它不但把古典分析的基本概念和方法一般化，而且还把这些概念和方法几何化. 有些看起来很不相干的东西存在着类似的地方. 因此它启发人们从这些类似的东西中搜寻一般的真正本质的特性.

一个多世纪来，泛函分析一方面以其他众多学科所提供的素材来提取自己研究的对象，并形成了自己的许多重要分支，例如算子谱理论、巴拿赫(Banach)代数、拓扑线性空间理论、广义函数论、小波分析等；另一方面，它也强有力地推动着其他学科的发展，渗透到数学的各个分支中去，并且在其中起着重要的作用. 它在微分方程、概率论、函数论、连续介质力学、量子物理、计算数学、控制论、最优化理论等学科中都有重要的应用，而且还是建立群上调和分析理论的基本工具，同时也是研究无限个自由度物理系统的重要而自然的工具之一. 近十几年来，泛函分析在工程技术方面又获得了更为有效的应用，它的观点和方法已经渗入到不少工程技术性的学科之中，成为近代数学的基础.

本书作为理工科研究生近代分析数学，特别是泛函分析的基础教材，涉及内容较为宽泛，注重基础理论和应用，例题较多，各章内容相对独立，教学上有相当的灵活性，又有一定的余地，经过选择和取舍，供不同专业的同学选用．为兼顾理工科学生学习，相比于传统泛函分析教材，本书加入了实变函数和Sobolev空间理论．全书主要介绍了Lebesgue测度与Lebesgue积分、度量空间与Banach空间、Hilbert空间、线性算子理论基础．同时介绍了广义函数与Sobolev空间等，各章后面配有适量的习题，供师生参考使用．

本教材的第一版得到了中国矿业大学"211工程"三期创新人才培养项目的资助，本教材的再版得到了中国矿业大学"十四五"研究生规划教材首批立项项目的资助．此次修订，肖建中教授（南京信息工程大学）、赵君喜教授（南京邮电大学）、王於平教授（南京林业大学）、安天庆教授（河海大学）、姬超教授（华东理工大学）、吴元泽教授（中国矿业大学）、刘兴兴副教授（中国矿业大学）、吉军锋副教授（河南理工大学）对本书内容提出了很多建设性意见，在此向他们表示衷心的感谢．

由于编者水平有限，在内容的取舍、结构的安排以及叙述方式上难免有不当之处，敬请读者与专家指正．

编　者

2024年8月于徐州

目　　录

第 1 章　Lebesgue 测度与 Lebesgue 积分

数学分析或高等数学课程主要讲述了微积分的基本理论与应用. 其中的积分称为 Riemann积分,它有效地解决了天文、力学、几何以及许多学科中各种各样的计算问题,推动了数学乃至整个科学的发展. 其重要性早已为世人所公认,而且它作为人类数学文化的宝贵财富和充满智慧光芒的数学思想,已经武装了一代又一代的科学工作者和工程技术人员,成为人们熟悉并乐于掌握的工具. 本章学习一种新的更广泛的积分——Lebesgue 积分.

既然 Riemann 积分已经很好、很有用了,为什么还要引入新的积分? 要回答这个问题,首先从 Riemann 积分的不足之处谈起. 在微积分的发展过程中,人们发现 Riemann 积分不能解决科学技术中出现的一些新问题. 同时, 在理论上还存在着许多缺陷,以下三点很有代表性.

(1) 可积的函数类小

按照 Riemann 积分的几何意义,积分在几何上代表平面图形的面积,然而,对一些并不很复杂的图形不能计算其面积. 例如,在平面 R^2 上定义如下两个集合 E_1 和 E_2:

$$E_1=\{(\xi_1,\xi_2)\in R^2\mid 0\leqslant\xi_1\leqslant 1,0\leqslant\xi_2\leqslant 1,\xi_1,\xi_2\text{ 均为有理数}\},$$

$$E_2=\{(\xi_1,\xi_2)\in R^2\mid 0\leqslant\xi_1\leqslant 1,0\leqslant\xi_2\leqslant 1,\xi_1,\xi_2\text{ 均为无理数}\}.$$

如果问两个集合的面积哪个更大? 分别是多少? Riemann 积分无法回答这个问题,但这些图形在实际问题中会经常出现. 再例如,著名的 Dirichlet 函数:

$$D(x)=\begin{cases}1,\text{当 } x \text{ 为}[0,1]\text{中的有理数};\\0,\text{当 } x \text{ 为}[0,1]\text{中的无理数}.\end{cases}$$

按照 Riemann 积分的定义,对给定[0,1]进行划分:

$$T=\{\Delta_i\mid i=1,2,\cdots,n\}$$

有达布上和 $S(T)=\sum_{i=1}^{n}\sup_{\Delta_i}f(x)\Delta x_i=1$ 与达布下和 $s(T)=\sum_{i=1}^{n}\inf_{\Delta_i}f(x)\Delta x_i=0$.

(2) 常见的极限与积分、求和与积分以及求导和积分交换次序的条件太强

常见的极限与积分、求和与积分以及求导和积分交换次序的条件太强. 具体地,以极限与积分交换次序为例,设 $\{f_n(x)\}$ 是 $[a, b]$ 上的连续函数列, 以 $f(x)$ 为极限. 为了保证下式成立:

$$\lim_{n\to\infty}\int_a^b f_n(x)\mathrm{d}x=\int_a^b \lim_{n\to\infty}f_n(x)\mathrm{d}x=\int_a^b f(x)\mathrm{d}x,$$

需要附加一些条件，常见的条件是$\{f_n(x)\}$一致收敛于$f(x)$. 极限与积分交换次序是数学中很常用的运算，而一致收敛的条件在许多情况下很难满足，这就给 Riemann 积分在其他数学分支中的应用带来了不便. 此外，Riemann 积分基本上是在区间或区域上定义的，无法推广到一般的集合上去，从而限制了这类积分的理论和应用.

例如，设 $f_n(x)=x^n\,(0\leqslant x\leqslant 1)$和 $f(x)=\begin{cases}0, & 0\leqslant x<1;\\ 1, & x=1.\end{cases}$

由数学分析可知，$f_n(x)$逐点收敛于$f(x)$且$f_n(x)$不一致收敛于$f(x)$，但仍有极限与积分交换次序

$$\lim_{n\to\infty}\int_0^1 f_n(x)\mathrm{d}x=\lim_{n\to\infty}\frac{1}{n+1}=0=\int_0^1 f(x)\mathrm{d}x=\int_0^1 \lim_{n\to\infty}f_n(x)\mathrm{d}x.$$

(3) Fourier 级数及其收敛问题

Fourier 在《热的解析理论》中提出任意函数都可以展开为 Fourier 级数的问题. “任意函数”是一个含糊的说法，后来由 Dirichlet 对函数加以精密化定义. Riemann 积分和 Lebesgue 积分理论与此问题直接相关. Fourier 分析是现代分析数学的起点，它不仅改变了整个分析数学的面貌，而且与群表示理论、代数理论、概率论等都密切相关.

这个问题的中心，首先是函数$f(x)$在什么条件下可以展开为 Fourier 级数? 在区间$[-\pi,\pi]$上$f(x)$的 Fourier 级数采用常见展开：

$$f(x)\sim\frac{a_0}{2}+\sum_{k=1}^{\infty}(a_k\cos kx+b_k\sin kx),$$

$$a_k=\frac{1}{\pi}\int_{-\pi}^{\pi}f(x)\cos kx\,\mathrm{d}x,\ b_k=\frac{1}{\pi}\int_{-\pi}^{\pi}f(x)\sin kx\,\mathrm{d}x.$$

另一个基本自然问题是 Fourier 级数的收敛性问题. 若级数收敛，是否一定收敛于$f(x)$. 数学分析中 Fourier 级数收敛定理只是部分回答了上述问题. 若以2π为周期的函数f在$[-\pi,\pi]$上按段光滑，则f的 Fourier 级数收敛于f在点x处的左、右极限的平均值. 本书第 4 章将在 Lebesgue 积分框架下讨论 Fourier 级数的L^1和L^2理论. 这些问题促使数学家们对 Riemann 积分进行改进，这样就产生了一门新的数学分支——实变函数论. 实变函数论是微积分学的进一步发展，它的基础是欧氏空间中的点集论，它的主要内容是 Lebesgue 测度与 Lebesgue 积分.

测度是长度、面积、体积等概念的推广，这个概念产生于 19 世纪与 20 世纪交接之际. 1893 年，Jordan 提出了“Jordan 容度”的概念并用来讨论积分. 1898 年，法国数学家 Borel 把容度的概念作了改进，并把它叫作测度. 1902 年，法国数学家 Lebesgue（Borel 的学生）在他的博士论文《积分、长度与面积》中提出了“Lebesgue 测度”“Lebesgue 积分”的概念，重建了微积分基本定理等理论，从而创立了实变函数论. 20 世纪 20～30 年代，俄国数学家进一步丰富和发展了这一学科，使它变得更加成熟和完善.

实变函数论是现代分析学的开端，其观念和方法对现代数学，特别是点集拓扑学、泛函

分析、计算数学以及偏微分方程等分支，有极为重要的影响. 同时，实变函数论也被广泛应用于其他科学分支和工程技术中. 可以说，在现代数学中乃至工程技术领域，实变函数论已经成为不可缺少的理论工具.

§1.1　集合

集合论由德国数学家 Cantor 所创立，是现代数学的独立重要组成部分. 现代数学的几乎所有分支都以集合论作为基础. 实变函数论更是一门大量运用集合论知识的数学课程，本节介绍一些常用的集合论知识.

1.1.1　集合的概念与运算

集合是数学中的原始概念，对集合给出严格定义是一件难度很大的事. 通常采用如下定义：

在一定范围内含义明确且互不重复的个体事物的全体称为一个集合，每个个体事物称为集合的元素.

不含任何元素的集合称为空集，记作$\varnothing$.

例如，全体实数是一个集合，但全体好人就不是一个集合，因为好人的含义不明确. 又如，$\{1,2,3\}$是一个集合，$\{1,2,2,3\}$不是一个集合，因为其中的个体有重复.

集合的运算最常用的有"并""交""差""补"四种，分别用符号"$\cup$""$\cap$""$\setminus$""^{C}"表示. 这些运算我们已经很熟悉，所以不再重复. 特别要强调的是，以后作集合运算时，集合的个数不一定有限，在很多情况下集合的个数是无限的. 例如在下面的 De Morgan 公式中，指标集 Γ 可以是有限集，也可以是无限集.

De Morgan 公式：$(\bigcup\limits_{\alpha\in\Gamma}A_\alpha)^C=\bigcap\limits_{\alpha\in\Gamma}A_\alpha^C$，$(\bigcap\limits_{\alpha\in\Gamma}A_\alpha)^C=\bigcup\limits_{\alpha\in\Gamma}A_\alpha^C$.

本书集合列的极限运算定义，在实变函数论中是非常重要的.

定义 1.1.1　设$\{A_n\}_{n=1}^{\infty}$是一列集合，定义其上极限$\overline{\lim\limits_{n\to\infty}}A_n$、下极限$\underline{\lim\limits_{n\to\infty}}A_n$ 分别为：

$$\overline{\lim_{n\to\infty}}A_n=\{x\mid 存在无穷多个正整数\ n，使得\ x\in A_n\}；$$

$$\underline{\lim_{n\to\infty}}A_n=\{x\mid 存在正整数\ m，当\ n\geqslant m\ 时，有\ x\in A_n\}.$$

若$\overline{\lim\limits_{n\to\infty}}A_n=\underline{\lim\limits_{n\to\infty}}A_n$，则称$\{A_n\}_{n=1}^{\infty}$收敛，并称$\overline{\lim\limits_{n\to\infty}}A_n$ 为$\{A_n\}_{n=1}^{\infty}$的极限，记作$\lim\limits_{n\to\infty}A_n$.

不难证明，下述关系式成立：

$$\overline{\lim_{n\to\infty}}A_n=\bigcap_{n=1}^{\infty}\bigcup_{m=n}^{\infty}A_m，\ \underline{\lim_{n\to\infty}}A_n=\bigcup_{n=1}^{\infty}\bigcap_{m=n}^{\infty}A_m.$$

例 1.1.1　(1) 设 $A_{2n-1}=\left(-1+\dfrac{1}{n},1+\dfrac{1}{n}\right)$，$A_{2n}=(-n,+n)$，$n\in N$，则

$$\overline{\lim_{n\to\infty}}A_n=(-\infty,+\infty)，\ \underline{\lim_{n\to\infty}}A_n=(-1,1].$$

(2) 设 $A_{2n-1}=\left[\dfrac{1}{n},4-\dfrac{1}{n}\right]$，$A_{2n}=\left[-\dfrac{1}{n},1+\dfrac{1}{n}\right]$，$n\in N$，则

$$\overline{\lim_{n\to\infty}}A_n=[0,4),\ \underline{\lim_{n\to\infty}}A_n=(0,1].$$

(3) 设 $A_n=[0,\ \frac{1}{n}]$， $n=1,2,3,\cdots$. 则

$$\overline{\lim_{n\to\infty}}A_n=\{0\},\ \underline{\lim_{n\to\infty}}A_n=\{0\}.$$

因此，(1)和(2)中的集合列不收敛，而(3)中的集合列 $\{A_n\}_{n=1}^{\infty}$ 收敛且 $\lim\limits_{n\to\infty}A_n=\{0\}$.

1.1.2 可数集

我们见过各种各样的集合，有些集合的元素个数是有限的，有些则不然. 如果一个集合的元素个数是有限的，则称此集合为有限集，否则称为无限集. 空集是有限集，因为其元素个数为零. 对于两个有限集，要比较它们元素个数的多少是很容易的，但对两个无限集，这却是一件不很简单的事. 物理学家伽利略就曾考虑过全体正整数与全体正偶数是否一样多的问题. 还可以进一步考虑类似的问题：所有有理数之集和所有无理数之集哪个的元素更多？要回答这些问题，需要考虑集合之间的对应关系，而 1—1 映射是最重要的工具.

假设读者知道映射的概念，以及单射、满射和双射的定义(双射通常也叫作 1—1 映射或 1—1 对应).

定义 1.1.2 设 A,B 是两个非空集合，如果存在 1—1 映射 $\varphi:A\to B$，则称 A 与 B 对等，记作 $A\sim B$.

两个集合对等，其元素个数就相等. 有了这个新观念，就可以回答伽利略的问题，即正整数与正偶数一样多.

例如：全体整数 Z 与全体偶数 B 对等. 构造如下 1—1 映射

$$\varphi(n)=2n,n\in Z$$

即

$$\begin{array}{cccccccc}\cdots & -2 & -1 & 0 & 1 & 2 & 3 & \cdots\\ & \downarrow & \downarrow & \downarrow & \downarrow & \downarrow & \downarrow & \\ \cdots & -4 & -2 & 0 & 2 & 4 & 6 & \cdots\end{array}$$

全体自然数集合和全体实数之集都是无限集合，但自然数集的元素可以排成一列，实数集的元素却无法排成一列. 为了将这个事实准确地刻画出来，引入下述概念：

定义 1.1.3 设集合 A 与正整数之集对等，则称 A 是一个可数集(或可列集). 不是可数集的无限集合称为不可数集.

可不加证明地罗列出可数集的一些基本性质.

定理 1.1.1 任何无限集合均包含一个可数子集.

定理 1.1.2 有限或可数个可数集的并是可数集.

定理 1.1.3 全体有理数构成的集合是一个可数集；全体无理数构成的集合是一个不可数集，因此全体实数之集合是不可数集.

例 1.1.2 有理数集 Q 是可数集，只需指出正有理数集

$$Q_+ = \left\{ \frac{m}{n} \mid m, n \text{ 都为正整数} \right\}$$

为可数集即可.

作如图 1-1 所示排列,有理数集 Q 可排列为 $\{r_n\}_{n=1}^{\infty} = \left\{1, 2, \frac{1}{2}, \frac{1}{3}, 3, 4, \cdots\right\}$.

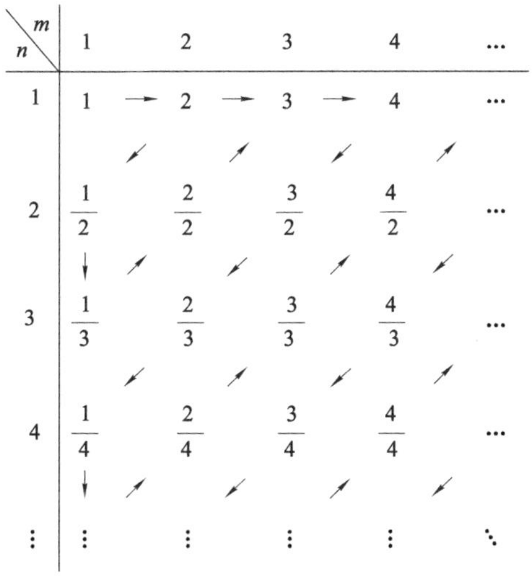

图 1-1

1.1.3　R^n 中的点集

前面讨论了一般的集合及其运算，但集合的元素之间没有任何关系. 例如,两个元素不进行运算，没有远近关系，也没有大小关系. 因此，集合是没有结构的. 对集合赋予一定的结构，其内容就会更加丰富，就能够更有效地描述自然界的现象，体现出数学的价值.

在微积分中，极限的概念是最基本的. 要讨论极限，就必须考虑点与点之间的远近关系，这就是距离. 这个概念并不陌生，比如，给定两个实数 x，y，非负实数 $|x-y|$ 就表示这两个数之间的距离. 现在在一类很广泛的集合上引入距离，使其元素之间有远近关系，从而能够进一步发展极限的新理论.

记 R^n 为 n 维欧氏空间，对 R^n 中的任意两个点

$$x = (\xi_1, \xi_2, \cdots, \xi_n), \quad y = (\eta_1, \eta_2, \cdots, \eta_n),$$

定义 x 与 y 之间的距离为：

$$\rho(x, y) = \left(\sum_{i=1}^{n} (\xi_i - \eta_i)^2\right)^{1/2}.$$

利用距离 $\rho(x, y)$,定义收敛性、极限和邻域等基本概念.

定义 1.1.4　设 $\{x_n\}$ 是 R^n 中的点列，$x_0 \in R^n$. 如果对任意 $\varepsilon > 0$，存在正整数 N，当 $n > N$ 时，$\rho(x_n, x_0) < \varepsilon$，则称 $\{x_n\}$ 收敛于 x_0. 记作 $\lim\limits_{n\to\infty} x_n = x_0$ 或 $x_n \to x_0$.

定义 1.1.5　对给定的点 $x \in R^n$ 及正数 $\delta > 0$,令 $U(x, \delta) = \{y \mid d(x, y) < \delta\}$,称之为 x

的δ-邻域.

定义 1.1.6 设 E 是 R^n 中的点集，如果存在点 $x\in R^n$ 及正数 $K>0$，使得 $E\subset U(x,K)$，则称 E 是有界集.

通俗地说，x 的 δ-邻域就是以 x 为中心、δ 为半径的球体(不含球体的表面). 而有界集是指能够被某个球体包含的集合. 点列收敛性的概念也可以用邻域的语言来描述.

定义 1.1.7 设$\{x_n\}$是 R^n 中的点列，$x_0\in R^n$. 如果对 x_0 的任何 $U(x,\varepsilon)$，存在正整数 N，当 $n>N$ 时，$x_n\in U(x,\varepsilon)$，则称$\{x_n\}$收敛于 x_0.

R^n 中的点 x 与集合 E 有如下关系.

定义 1.1.8 设 E 是 R^n 中的点集，$x\in R^n$，则

(1) 如果存在 $\delta>0$，使得 $U(x,\delta)\subset E$，则称 x 是 E 的内点，E 的全体内点所成之集，称为 E 的内部(或开核)，记为 E°.

(2) 如果存在 $\delta>0$，使得 $U(x,\delta)\subset E^C$，则称 x 为 E 的外点.

(3) 如果 x 的任何邻域内既有 E 的点又有 E^C 的点，则称 x 是 E 的边界点. E 的全体边界点之集称为 E 的边界，记为∂E.

(4) 如果 x 的任何邻域内都含有无穷多个 E 的点，则称 x 为 E 的一个极限点(或聚点)，E 的全部极限点所成之集称为 E 的导集，记为 E'.

(5) 如果 $x\in E$ 但 $x\notin E'$，则称 x 为 E 的孤立点.

(6) E 与其导集的并集叫作 E 的闭包，记为 $\overline{E}$，即 $\overline{E}=E\cup E'$.

定理 1.1.4 (1) 设 $A\subset B$，则 $A'\subset B'$，$A^\circ\subset B^\circ$，$\overline{A}\subset\overline{B}$.

(2) $(A\cup B)'=A'\cup B'$.

一个非空集合的导集可能是空集，也可能不是空集. 例如，若 E 是 R^1 中全体整数之集，则 $E'=\varnothing$. 而当 $E=\{\frac{1}{k}\mid k=1,2,3,\cdots\}$时，$E'=\{0\}\neq\varnothing$.

下面的定理给出了判断导集非空的一个准则.

定理 1.1.5 (Bolzano-Weierstrass 聚点定理) 若 E 是 R^n 中的一个有界的无限集，则 E 至少有一个聚点.

在数学分析中，开区间和闭区间是基本而常用的概念. 下面定义的开集和闭集分别是开区间和闭区间的推广，是实变函数论中的基本概念.

定义 1.1.9 设 E 是 R^n 中的点集，则

(1) 若 E 中每个点都为 E 的内点，即 $E^\circ=E$，则称 E 为开集；

(2) 若 E 的每个极限点都在 E 中，即 $E'\subset E$，则称 E 为闭集.

开集和闭集有如下性质：

定理 1.1.6 (1) 有限多个开集的交集是开集；任意多个开集的并集是开集.

(2) 开集的余集是闭集，闭集的余集是开集.

定理 1.1.7 (Heine-Borel 有限覆盖定理) 设 F 为 R^n 中的有界闭集，若开集簇$\{U_\lambda\}_{\lambda\in\Lambda}$覆盖 F，即 $F\subset\bigcup\limits_{\lambda\in\Lambda}U_\lambda$，则$\{U_\lambda\}_{\lambda\in\Lambda}$中存在有限个开集 $U_1,\cdots,U_m$ 覆盖 F，即 $F\subset\bigcup\limits_{k=1}^{m}U_k$.

定义 1.1.10　设 E 是 R^n 中的点集，如果 $E \subset E'$，称之为自密集；如果 $E = E'$，称之为完备集.

完备集肯定是自密集，但反之不然.

1.1.4　直线上的开集、闭集及完备集的构造

高维空间中开集、闭集和完备集的结构是很复杂的，但一维空间的情况却比较简单. 我们可以对一维空间中的开集和闭集的结构给出很清楚的描述.

定义 1.1.11　设 G 是 R^1 中的开集，若非空开区间 $(\alpha,\beta) \subset G$ 且 $\alpha, \beta \notin G$，则称 (α,β) 是 G 的一个构成区间.

定义 1.1.12　设 F 是 R^1 中的闭集，称 F 的余集 F^C 的构成区间为 F 的余区间或邻接区间.

定理 1.1.8　一维空间中的任何非空开集 G 均可唯一地表示成至多可数个互不相交的构成区间之并. 又当非空开集 G 表示为互不相交的开区间之并时，这些开区间必是它的构成区间.

由于闭集的余集是开集，所以下述结论成立：

定理 1.1.9　设 F 是一维空间中的闭集，则 F 或者是整个直线，或者是直线上挖去有限或可数个互不相交的开区间之后所得到的集合.

从定义 1.1.10 可知，完备集是没有孤立点的闭集. 而闭集的孤立点必然是它的两个余区间的公共端点，所以由定理 1.1.9 可以得到下面关于完备集结构的定理.

定理 1.1.10　一维空间中的完备集是这样的闭集，它的任意两个余区间(如果存在的话)没有公共端点.

§1.2　Lebesgue 测度与可测函数

前面一节介绍了有些图形的面积不能用微积分的手段进行刻画，需要引入新的思想和方法. Lebesgue 测度正是在这样的背景后下产生的新理论. 因此，Lebesgue 测度是通常的面积、体积等概念的推广.

1.2.1　Lebesgue 测度

对于简单的图形，例如平面上的矩形或三维空间中的长方体，其面积或体积是容易描述的. 因此就从这一类简单的图形开始讨论，利用这些集合覆盖一般的集合，得到一般情形下集合的“面积”“体积”等定量概念，并由此引出 Lebesgue 测度.

定义 1.2.1　设 $\{a_i\}_{i=1}^n$，$\{b_i\}_{i=1}^n$ 是两组数，满足 $a_i < b_i$，$i=1,\cdots,n$. 称点集

$$I = \{(x_1,\cdots,x_n) \mid a_i < x_i < b_i,\ i=1,\cdots,n\}$$

为 R^n 中的开区间. 如果将上式中的不等式 $a_i < x_i < b_i (i=1,\cdots,n)$ 换为 $a_i \leqslant x_i \leqslant b_i (i=1,\cdots,n)$，则称 I 为闭区间. 类似地可以定义半开半闭区间(左开右闭或左闭右开). 对给定的

区间 I(不论开闭),令 $|I|=\prod_{i=1}^{n}(b_i-a_i)$,称之为区间 I 的体积.

定义 1.2.2 设 $E\subset R^n$,称下面定义的非负数(可以是$+\infty$)为 E 的 Lebesgue 外测度(简称外测度):

$$m^*E=\inf\{\sum_{i=1}^{\infty}|I_i|:E\subset\bigcup_{i=1}^{\infty}I_i\text{ 且 }I_i\text{ 为开区间或空集}\}.$$

需要强调的是,在定义外测度时,覆盖集合 E 的区间都是开区间.事实上,换为其他类型的区间并不影响外测度的值,但在以后的讨论中会带来很多不便.

用 Riemann 积分刻画图形面积时,总是用有限多个区间作逼近.在外测度的定义中,覆盖集合 E 的开区间的个数可以有限的,也可以是可数多个.正是这一变化导致了 Lebesgue 积分与 Riemann 积分的区别.

定理 1.2.1 外测度具有如下基本性质:

(a) 非负性:$m^*E\geqslant 0$;当 E 为空集时,$m^*E=0$;

(b) 单调性:若 $A\subset B$,则 $m^*A\leqslant m^*B$;

(c) 次可数可加性:$m^*(\bigcup_{n=1}^{\infty}A_n)\leqslant\sum_{n=1}^{\infty}m^*A_n$.

计算集合的外测度并不是一件容易的事.但对某些特殊的集合,其外测度的计算非常简单.例 1.2.1 中罗列了一些常见集合及其外测度.

例 1.2.1 (1) 若 $E=\varnothing$,则 $m^*E=0$;

(2) 若 $E=R^n$,则 $m^*E=+\infty$;

(3) 设 E 是 R^1 中全体有理数之集,则 $m^*E=0$;

(4) 设 E 是 R^n 中的任意区间(不论开闭),则 $m^*E=|E|$.

在定义集合 E 的外测度时,用开区间覆盖集合 E,是从外部逼近 E.因此从直观上看,外测度比集合 E 的"实际面积"要大.要准确刻画 E 的"实际面积",应该像 Riemann 积分的定义一样,要考虑从内部逼近 E,使内外一致,从而得到"实际面积".Lebesgue 测度最初的定义方式正是这样,引入了外测度之后,再定义内测度,若二者相等,则得到 Lebesgue 测度.但这种定义方式比较麻烦,在讨论问题时很不方便.后来德国数学家 Caratheodory 给出了一种简洁的定义,该定义被数学界普遍采用.

定义 1.2.3 若 $\forall T\subset R^n$,有

$$m^*T=m^*(T\cap E)+m^*(T\cap E^C),\text{(Caratheodory 条件)},$$

则称 E 为 Lebesgue 可测集,此时 E 的外测度称为 E 的 Lebesgue 测度,简称测度,记作 mE.

从可测集的定义和外测度的性质可得到下述结论:

定理 1.2.2 (1) 集合 E 可测的充要条件是其余集 E^C 可测;

(2) 如果集合 E 的外测度为零,则 E 是可测集.

例如:R^1 中全体有理数之集是可测集,从而全体无理数之集也是可测集.

可测集关于差,余,有限交和可数交,有限并和可数并,以及极限运算都是封闭的. 更确切地说，下述结论成立.

若 A，B，A_i 可测,则下述集合也可测：

$$A\cup B,\quad A\cup B,\quad A-B,\quad \bigcap_{i=1}^{\infty}A_i,\quad \bigcup_{i=1}^{\infty}A_i,\quad \overline{\lim_{i\to\infty}}A_i,\quad \underline{\lim_{i\to\infty}}A_i.$$

Lebesgue 测度具有许多性质，下面的三条性质是最基本的. 其他性质都可以从这三条性质推出来. 因此这些性质也被当作公理定义 Lebesgue 测度.

定理 1.2.3　Lebesgue 测度满足如下性质：

(a) 非负性:$mE\geqslant 0$;

(b) 标准性：设 E 是 R^n 中的区间，则 $mE=|E|$；

(c) 可数可加性:若 $\{A_i\}$ 是可测集合列，则 $\bigcup\limits_{i=1}^{\infty}A_i$ 也可测.

当 $\{A_i\}$ 两两互不相交时，下式成立：

$$m\left(\bigcup_{i=1}^{\infty}A_i\right)=\sum_{i=1}^{\infty}mA_i.$$

定理 1.2.4 (Lebesgue 测度的平移不变性)　设 $E\subset R^n$ 可测集,$x_0\in R^n$,记

$$E+\{x_0\}=\{x+x_0\,|\,x\in E\},$$

则 $m(E+\{x_0\})=m(E)$.

一般大家非常关心 R^n 中哪些集合是可测集. 也就是说,Lebesgue 可测集构成的集合类是什么样的? 由前文可知,各种区间都是可测集. 通过对区间作各种各样的运算，就可以得到很广泛的可测集合类. 虽然这还远不是可测集的全部，但已经很“接近”全部可测集了. 首先考虑 R^n 中开集的结构.

在高维空间中，关于开集的结构没有定理 1.1.8 这样好的结论，但开集仍然可以表示为区间的并.

定理 1.2.5　R^n 中开集总可以表示为半开半闭区间的并.

根据定理 1.2.1，定理 1.2.2 和定理 1.2.3 的(b),可得到如上结论.

定理 1.2.6　R^n 中的开集、闭集均为可测集.

由下面的定理可知，给定一个可测集后，可以用开集从外部(或闭集从内部)任意逼近这个集合.

定理 1.2.7　(可测集与开集和闭集的关系)

(1) 若 E 可测,则对 $\forall\varepsilon>0$,∃开集 G,使得 $E\subset G$ 且 $m(G-E)<\varepsilon$;

(2) 若 E 可测,则对 $\forall\varepsilon>0$,∃闭集 F,使得 $F\subset E$ 且 $m(E-F)<\varepsilon$.

按照前面的思路，对开集和闭集作各种各样的运算，又可以得到更广泛的可测集合. 为了清楚地表达出这些集合，引入下面的定义.

定义 1.2.4　(1) 设集合 G 可以表示为可数个开集 $\{G_i\}$ 的交，即

$$G=\bigcap_{i=1}^{\infty}G_i,$$

则称 G 为 G_δ 型集；记 $G_n=(0,1+\frac{1}{n})$，则 $\bigcap_{n=1}^{\infty}G_n=(0,1]$ 是 G_δ 型.

(2) 设集合 F 可以表示为可数个闭集 $\{F_i\}$ 的并，即

$$F=\bigcup_{i=1}^{\infty}F_i,$$

则称 F 为 F_σ 型集.

(3) 从 R^n 中的所有开集出发，作有限次或可数次交、并、余运算得到的集合称为 Borel 型集.

由定义 1.2.4 及可测集的运算性质可知，G_δ 型集和 F_σ 型集必是 Borel 集，它们都是可测集. G_δ 型集和 F_σ 型集比开集和闭集更加广泛. 既然开集和闭集能够任意逼近可测集，那么利用 G_δ 型集和 F_σ 型集逼近可测集时，精确度应该更高，事实正是如此.

推论 1.2.1 （可测集与 G_δ 型集和 F_σ 型集的关系）

(1) 若 E 可测，则存在 G_δ 型集 G，使得 $E\subset G$，而且 $m(G-E)=0$；

(2) 若 E 可测，则存在 F_σ 型集 F，使得 $F\subset E$，而且 $m(E-F)=0$.

定理 1.2.8 给定一个可测集 E，则存在 Borel 集 B，使得 $mE=mB$，并且可以进一步满足 $B\subset E$，也可以满足 $E\subset B$.

由此可知，可测集和 G_δ 型集（或 F_σ 型集）只差一个零测度集. 而 Borel 集比 G_δ 型集和 F_σ 型集都更广泛，那么可测集和 Borel 集是不是完全相同呢？答案是否定的. 可以证明，存在不是 Borel 集的可测集（参见：周民强《实变函数》）.

可测集类是非常广泛的，常见的集合，如开集、闭集等，都是可测集. 那么，是不是 R^n 中所有的集合都可测？答案再一次是否定的. 尽管具体地构造出一个不可测集很费力，但不可测集的确存在，而且很多.

任何一个外测度 $m^*(E)>0$ 的点集 E 中，都含有不可测集.

不可测集无法用可测集从外包和内挤两侧来逼近.

例 1.2.1* 在区间 $[0,1]$ 中构造不可测集 A.

对 $\forall x\in[0,1]$，定义等价类 $y\sim x\Leftrightarrow y-x=r\in Q$，其中，$Q$ 是有理数集. 显然 $\sim$ 确实是 $[0,1]$ 上的等价关系：① $x\sim x$；② 若 $x\sim y$，则 $y\sim x$；③ 若 $x\sim y$，$y\sim z$，则 $x\sim z$.

记 x 的等价类为 $E_x=\{y\in[0,1]\mid y\sim x\}=\{y\in[0,1]\mid y-x\in Q\}$，显然有

$$x\in E_x\subset[0,1].$$

下证不同的两个等价类是不相交的. 反证：因为若 E_x 和 E_y 是两个不同的等价类，而交集非空，则 $E_x\cap E_y\neq\varnothing$，即至少存在一个元素 $z\in E_x\cap E_y$，根据 E_x 和 E_y 的定义，可得

$$z=x+r_x=y+r_y,$$

其中，$r_x,r_y\in Q$. 由上式移项得，$y=x+(r_x-r_y)$. 若 $\forall t\in E_y$，则 $\exists r\in Q$，使得

$$t=y+r=x+(r+r_x-r_y).$$

由 $r+r_x-r_y\in Q$ 可得 $t\in E_x$，故 $E_y\subset E_x$. 同理，$E_x\subset E_y$，则 $E_x=E_y$，而这与 E_x 和 E_y 是不同的两个等价类矛盾，于是，$[0,1]=\bigcup_{x\in[0,1]}E_x$.

$[0,1]$ 中的点经过上述分类后，在每一个类 E_x 中任选定一个点作为此类的代表元素，将

这种点收集起来组成一个集合记为 A，显然对任何一个类 E_x 与 A 相交仅有一个点. 下面将用 Lebesgue 测度的平移不变性证明集合 A 不可测.

记 $[-1,1]$ 中的有理数集为 $[-1,1]\cap Q=\{r_1,r_2,\cdots,r_n,\cdots\}$，对 $\forall\, r_k\in[-1,1]\cap Q$ 将集合 A 经过平移 $\varphi_k(A)=A+\{r_k\}$，得到集合

$$A_k=\varphi_k(A)=\{x+r_k\mid x\in A\}=A+\{r_k\}.$$

下证 $\{A_k\}$ 满足互不相交，即当 $n\neq m$ 时，$A_n\cap A_m=\varnothing$.

反证，若 $A_n\cap A_m\neq\varnothing$，于是 $\exists\, z\in A_n\cap A_m$，即

$$z=u+r_m=v+r_n,u,v\in A,$$

且 $r_m,r_n\in Q$. 由上式移项得 $u-v=r_n-r_m\in Q$ 和等价关系～，可得 $u\sim v$，即 u 和 v 属于同一个等价类，但由 A 的定义，u 和 v 是不同等价类取出的代表元，则 u 和 v 不在同一个等价类中，于是矛盾，则 $\{A_k\}$ 满足互不相交.

下证 $[0,1]\subset\bigcup\limits_{k=1}^{\infty}A_k\subset[-1,2]$. 先证右半部分.

因为 $A\subset[0,1]$ 且对每一个 $r_k\in[-1,1]$，则由 A_k 的定义得

$$A_k=A+\{r_k\}=\{x+r_k\mid x\in A\}\subset[-1,2],$$

从而取并集可得

$$\bigcup_{k=1}^{\infty}A_k\subset[-1,2].$$

再证左半部分. 由 $[0,1]$ 的等价分类 $[0,1]=\bigcup\limits_{x\in[0,1]}E_x$ 可得：对 $\forall\, x\in[0,1]$，$\exists\, E_x$ 使得 $x\in E_x$，而由 A 的定义可知，$E_x\cap A$ 仅有一个点，记为 w，则显然 $w\in E_x\cap A$，从而按 E_x 的定义，有

$$x-w\in Q\text{ 且 }x-w\in[-1,1]，\text{即 }x-w\in[-1,1]\cap Q.$$

于是，存在有理数 $r_{n_0}\in[-1,1]$，使得

$$x-w=r_{n_0}，\text{即 }x=w+r_{n_0},$$

其中，$w\in A$，$r_{n_0}\in[-1,1]\cap Q$.

由 A_{n_0} 的定义 $A_{n_0}=\{x+r_{n_0}\mid x\in A\}$，可得

$$x=w+r_{n_0}\in A_{n_0}\subset\bigcup_{k=1}^{\infty}A_k.$$

所以 $[0,1]\subset\bigcup\limits_{k=1}^{\infty}A_k$.

最后证明 A 不可测. 反证，假设 A 可测，由 $A_k=A+\{r_k\}$ 和 Lebesgue 测度的平移不变性定理 1.2.4，对 $\forall\, k=1,2,3,\cdots$，有

$$m(A_k)=m(A).$$

再由 $\{A_k\}_{k=1}^{\infty}$ 互不相交和 $[0,1]\subset\bigcup\limits_{k=1}^{\infty}A_k\subset[-1,2]$，可得

$$m\left(\bigcup_{k=1}^{\infty}A_k\right)=\sum_{k=1}^{\infty}m(A_k),$$

$$1\leqslant m\left(\bigcup_{k=1}^{\infty}A_k\right)=\sum_{k=1}^{\infty}m(A_k)\leqslant 3.$$

将 $m(A_k)=m(A)$ 代入，得 $1\leqslant\sum\limits_{k=1}^{\infty}m(A)\leqslant 3$. 若 $m(A)=0$，则 $\sum\limits_{k=1}^{\infty}m(A)=0$，这与上式矛盾；若 $m(A)>0$，则 $\sum\limits_{k=1}^{\infty}m(A)=+\infty$，这又与上式矛盾，则 A 不可测.

最后，请读者利用测度考虑本章开头提到的两个图形的面积.

$$E_1=\{(\xi_1,\xi_2)\in R^2\mid 0\leqslant\xi_1\leqslant 1,\ 0\leqslant\xi_2\leqslant 1,\ \xi_1,\ \xi_2\ \text{均为有理数}\},$$
$$E_2=\{(\xi_1,\xi_2)\in R^2\mid 0\leqslant\xi_1\leqslant 1,\ 0\leqslant\xi_2\leqslant 1,\ \xi_1,\ \xi_2\ \text{均为无理数}\}.$$

此处只给出答案：$mE_1=0$，$mE_2=1$. 请读者仔细体会二者的区别.

1.2.2 可测函数

微积分所讨论的函数大部分是连续函数，对于 Dirichlet 函数这样的不连续函数，则完全束手无策. 在工程技术中，会遇到大量的不连续函数，甚至经常出现比 Dirichlet 函数性质还要差的函数. 这就要求用新的数学工具去处理. 实变函数论主要研究可测函数，这类函数包括连续函数，也包括 Dirichlet 函数，在很大程度上满足了实际问题的需要.

和微积分的情况不同，在实变函数论中，允许函数取值为 $+\infty$ 或 $-\infty$. 一般将通常的实数称为有限实数，全体实数之集添加了 $+\infty$ 和 $-\infty$ 之后称为扩充实数集. 在扩充实数集上，规定如下的运算关系：

对任意有限实数 a，有

$$a+(\pm\infty)=(\pm\infty)+a=(\pm\infty)-a=a-(\pm\infty)=\pm\infty,$$
$$(\pm\infty)+(\pm\infty)=(\pm\infty),\ \frac{a}{\pm\infty}=0,$$

对任意有限实数 $a>0$（或 $a<0$），有

$$a(\pm\infty)=(\pm\infty)a=\frac{\pm\infty}{a}=\pm\infty\quad(\text{或}\mp\infty),$$
$$(+\infty)\ (+\infty)=(-\infty)\ (-\infty)=+\infty,$$
$$(-\infty)\ (+\infty)=(+\infty)\ (-\infty)=-\infty,$$
$$0\cdot(\pm\infty)=(\pm\infty)\cdot 0=0.$$

同时，也规定下列运算没有意义：

$$(\pm\infty)-(\pm\infty),\ (\pm\infty)+(\mp\infty),\ \frac{\mp\infty}{\mp\infty},\ \ \frac{\mp\infty}{\mp\infty},\ \ \frac{a}{0},\ \ \frac{\pm\infty}{0}.$$

给定可测集 $E\subset R^n$ 及定义在 E 上的实函数 $f(x)$，记 $E[f>a]=\{x\in E\mid f(x)>a\}$. 类似地，可以定义 $E[f\geqslant a]$，$E[f<a]$等.

定义 1.2.5 设 $f(x)$是定义在可测集 E 上的函数，如果对于任何有限实数 a，集合 $E[f>a]$都是可测集，则称 $f(x)$是 E 上的可测函数.

注 f 一定要定义在可测集上，在不可测集上定义的特征函数不可测.

例 1.2.2 设 $A\subset[0,1]$是不可测集，则集合 A 上的特征函数 χ_A 是不可测函数，显然

$$\chi_A(x)=\begin{cases}1, x\in A\\0, x\in[0,1]\backslash A\end{cases}$$

由定义 1.2.5 可知，对 $\forall\, 0<a<1$，都有

$$E[\chi_A(x)>a]=A.$$

而 A 是不可测集，所以 χ_A 不可测.

定理 1.2.9　设 $f(x)$ 是定义在可测集 E 上的函数，下列每一条都是 $f(x)$ 在 E 上可测的充要条件：

(1) 如果对于任何有限实数 a，$E[f\geqslant a]$ 是可测集；

(2) 如果对于任何有限实数 a，$E[f<a]$ 是可测集；

(3) 如果对于任何有限实数 a，$E[f\leqslant a]$ 是可测集；

(4) 如果对于任何有限实数 $a<b$，$E[a\leqslant f<b]$ 是可测集（但在充分性中要假定 $f(x)$ 是有限函数）.

条件(4)中的集合 $E[a\leqslant f<b]$ 也可以换为 $E[a<f\leqslant b]$、$E[a<f<b]$ 或 $E[a\leqslant f\leqslant b]$.

推论 1.2.2　设 $f(x)$ 在 E 上可测，则对扩充实数集中的任何元素 a，$E[f=a]$ 是可测集.

该推论之逆不成立，即 $E[f=a]$ 可测推不出 $f(x)$ 在 E 上可测. 构造这样的例子并不困难，建议读者自己考虑.

定理 1.2.10　设 $f(x)$ 是可测集 $E\subset R^n$ 上的可测函数，则 $f(x)$ 在 E 的任何可测子集上也是可测的.

一个很自然的问题是可测函数与连续函数的关系. 在微积分中，连续函数的定义域必须是区间或者区域，而可测函数的定义域只是一个可测集，不一定是区间或者区域. 首先将连续函数的概念推广到一般的集合上.

定义 1.2.6　设 $f(x)$ 是定义在集合 $E\subset R^n$ 上的函数，$x_0\in E$. 如果 $y_0=f(x_0)$ 是有限实数，而且对于 x_0 的任何邻域 V，存在 y_0 的邻域 U，使得 $f(U\cap E)\subset V$，则称 $f(x)$ 在 x_0 点连续. 如果 $f(x)$ 在 E 的每个点都连续，则称 $f(x)$ 在 E 上连续.

定理 1.2.11　设 $f(x)$ 是可测集 $E\subset R^n$ 上的连续函数，则 $f(x)$ 在 E 上可测.

反过来，可测函数不一定是连续函数. 事实上，和连续函数相比，可测函数的范围是非常广泛的. 这可从下边的例子看出.

例 1.2.3　考虑 $E=[0,1]$ 上著名的 Dirichlet 函数 $D(x)$，用 Q 表示全体有理数的集合，$D(x)$ 的定义为：

$$D(x)=\begin{cases}1, & x\in Q\cap[0,1],\\ 0, & x\in[0,1]\setminus Q.\end{cases}$$

对于任何有限实数 a，

$$E[f>a]=\begin{cases}\varnothing, & a\geqslant 1,\\ Q\cap[0,1], & 0\leqslant a<1,\\ [0,1], & a<0.\end{cases}$$

所以 $E[f>a]$ 是可测集. 于是 Dirichlet 函数 $D(x)$ 是 $E=[0,1]$ 上的可测函数.

可测函数在四则运算、确界运算和极限运算之下是封闭的. 确切地说，下述结论成立：

定理 1.2.12 设 $f(x)$,$g(x)$是 E 上的可测函数，如果下列函数在 E 上有意义，则它们都是 E 上的可测函数：

(1) $f(x)+g(x)$ ； (2) $|f(x)|$； (3) $\dfrac{1}{f(x)}$； (4) $f(x)g(x)$

定理 1.2.13 设$\{f_i(x)\}$是 E 上一列(或有限个)可测函数，则函数

$$G(x)=\sup_i f_i(x), \quad F(x)=\inf_i f_i(x)$$

都是 E 上的可测函数.

定理 1.2.14 设$\{f_i(x)\}$是 E 上一列可测函数,则函数

$$\alpha(x)=\varliminf_{i\to\infty} f_i(x), \quad \beta(x)=\varlimsup_{i\to\infty} f_i(x)$$

都是 E 上的可测函数. 特别地，如果$\{f_i(x)\}$收敛，则$\lim\limits_{i\to\infty} f_i(x)$在 E 上可测.

在微积分中，曾经讨论过一类直观上很容易理解的函数——阶梯函数. 在定义 Riemann 积分时，可以用阶梯函数作逼近. 下面定义的简单函数可以看作阶梯函数的推广,可以用简单函数逼近可测函数.

定义 1.2.7 若 $E=\bigcup\limits_{i=1}^{n}E_i$,$E_i$ 可测且两两不交,$f(x)$在每个 E_i 上取常值,则称 $f(x)$是 E 上的简单函数.

很明显，可测集上的简单函数是可测函数. 由于可测函数列的极限是可测函数，所以可测集上的一个简单函数列如果收敛，其极限函数一定是可测函数. 更为重要的是，任何可测函数总可表示成一列简单函数的极限.

定理 1.2.15 设 $f(x)$是 E 上的可测函数，则 $f(x)$总可表示成一列简单函数$\{\varphi_n(x)\}$的极限

$$f(x)=\lim_{n\to\infty}\varphi_n(x),$$

其中,$\varphi_1(x)\leqslant\varphi_2(x)\leqslant\cdots\leqslant\varphi_n(x)\cdots$.

定义 1.2.8 给定一个与集合 E 的点有关的命题，如果存在 E 的零测度子集 M,使得该命题在 $E\setminus M$ 上成立，则称该命题在 E 上几乎处处成立. 简记为该命题在 E 上 a. e. 成立.

这样，就产生了诸如几乎处处连续、几乎处处有限、几乎处处可微、几乎处处收敛等概念.

函数列的收敛性是分析学中最重要的概念之一. 以前学习过逐点收敛和一致收敛，现在又有了几乎处处收敛. 下边再定义一种新的收敛性.

定义 1.2.9 设$\{f_i(x)\}$是可测集 E 上几乎处处有限的可测函数列,如果存在 E 上几乎处处有限的可测函数 $f(x)$,使得对任意的 $\sigma>0$,有

$$\lim_{n\to\infty} mE[|f_i-f|\geqslant\sigma]=0.$$

则称$\{f_i(x)\}$依测度收敛于 $f(x)$,记作 $f_i(x)\Rightarrow f(x)$.

在函数列的各种收敛性中，一致收敛是最强的. 一致收敛的函数列具有非常好的性质. 一致收敛性与其他收敛性有很大的区别. 但如果换一种观点，用测度来衡量，一致收敛性

与几乎处处收敛在某种意义下是很接近的. Egorov 定理对此给出了准确的阐述.

定理 1.2.16 (Egorov 定理) 设 $mE<+\infty$，$\{f_n(x)\}$是 E 上的可测函数列，$\{f_n(x)\}$几乎处处收敛于函数 $f(x)$且 $f(x)$几乎处处有限. 则对任意的 $\delta>0$，存在 E 的可测子集 E_δ，使得$\{f_n(x)\}$在 E_δ 上一致收敛于 $f(x)$且 $m(E\setminus E_\delta)<\delta$.

定理 1.2.17 (Riesz 定理) 若$\{f_n(x)\}$在 E 上依测度收敛于$f(x)$，则存在子列$\{f_{n_i}(x)\}$，使得$\{f_{n_i}(x)\}$ a. e. 收敛于 $f(x)$.

前面已经介绍了连续函数是可测函数. 但反之，可测函数不一定连续，那么二者之间的差距究竟有多大呢？本节的最后介绍一个和 Egorov 定理的思想十分接近的著名结论——Luzin 定理. 这个定理揭示了可测函数与连续函数的关系. 因此，在测度意义下，可测函数与连续函数其实是很接近的.

定理 1.2.18 (Luzin 定理) 设 $f(x)$是 E 上几乎处处有限的可测函数，则对任意的 $\delta>0$，存在 E 的可测闭子集 F_δ，使得 $f(x)$在 F_δ 上连续且 $m(E\setminus F_\delta)<\delta$.

定理 1.2.19 若 $f(x)$是定义在$[a,b]$上的有界函数，则 $f(x)$在$[a,b]$上 Riemann 可积的充要条件是 $f(x)$在$[a,b]$上的不连续点集是零测集.

注 对$[a,b]$上的有界函数 $f(x)$而言，其 Riemann 可积性取决于 $f(x)$的不连续点集的测度.

例 1.2.4 由数学分析可知 Riemann 函数

$$f(x)=\begin{cases}\dfrac{1}{n}, & x=\dfrac{m}{n}, m、n \text{ 为互质整数}, n>0,\\ 0, & x=0 \text{ 或 } 1 \text{ 或}(0,1)\text{内的无理数}.\end{cases}$$

在$(0,1)$内有理点处间断，在无理点处连续，$(0,1)$内的有理数集是零测集而 $f(x)$在区间$[0,1]$上 Riemann 可积，且

$$\int_0^1 f(x)\mathrm{d}x = 0.$$

例 1.2.5 Dirichlet 函数

$$D(x)=\begin{cases}1, & x\in[0,1]\cap Q,\\ 0, & x\in[0,1]\setminus Q,\end{cases}$$

在$[0,1]$上处处不连续，于是不连续点集的测度为 1，而由数学分析知 $D(x)$在$[0,1]$上 Riemann 不可积.

§ 1.3 Lebesgue 积分

本节讨论实变函数论的主要内容——Lebesgue 积分. Lebesgue 积分的定义过程和 Riemann积分相似，先对集合作分划，再定义大、小和与上、下积分，最后给出积分的定义. 其本质区别在于：Riemann 积分将集合分解为区间之并(称为区间分划)而 Lebesgue 积分将集合分解为可测集之并(称为可测分划). 这一变化导致了两种积分的实质性不同.

定义 1.3.1 设 E 是 R^n 中的可测集，$D=\{E_1,E_2,\cdots,E_n\}$ 是一族可测子集且 $E=\bigcup\limits_{i=1}^{n}E_i$，则称 D 是 E 的一个可测分划，简称分划. 设 $D'=\{E'_1,E'_2,\cdots,E'_m\}$ 是 E 的另一个分划，若对每个 $E'_i\in D'$，存在 $E_j\in D$，使得 $E'_i\subset E_j$，则称 D' 比 D 细.

定理 1.3.1 对 E 的任意两个分划 D,D'，必存在比它们都细的第三个分划 D''.

分两种情况定义 Lebesgue 积分. 先假设函数有界且集合测度有限. 然后再考虑二者都无界的情形.

1.3.1 有界函数在测度有限可测集上的 Lebesgue 积分

定义 1.3.2 设 $f(x)$ 是可测集 E 上的有界函数，$mE<+\infty$，对 E 的任意一个分划 $D=\{E_1,E_2,\cdots,E_n\}$，记 $B_i=\sup\limits_{x\in E_i}f(x)$，$b_i=\inf\limits_{x\in E_i}f(x)$，并令

$$S(D,f)=\sum_{i=1}^{n}B_imE_i,\quad s(D,f)=\sum_{i=1}^{n}b_imE_i$$

则二者均为有限数，分别称为 $f(x)$ 关于分划 D 的大和与小和. 称

$$\underline{\int_E}f(x)\mathrm{d}x=\inf_D s(D,f),\qquad \overline{\int_E}f(x)\mathrm{d}x=\sup_D S(D,f)$$

分别为 $f(x)$ 在 E 上的上积分与下积分.

定义 1.3.3 设 $f(x)$ 是可测集 E 上的有界函数，$mE<+\infty$. 如果上积分与下积分相等，则称 $f(x)$ 在 E 上 Lebesgue 有界可积，简称有界可积. 上积分与下积分的共同值称为 $f(x)$ 在 E 上的积分，记作 $(L)\int_E f(x)\mathrm{d}x$，或简记为 $\int_E f(x)\mathrm{d}x$.

定理 1.3.2 设 $f(x)$ 是可测集 E 上的有界函数，$mE<+\infty$，则 $f(x)$ 在 E 上 Lebesgue 可积当且仅当 $f(x)$ 在 E 上可测.

Lebesgue 积分和 Riemann 积分的初等性质，如可积性判定准则、四则运算等，都是很相似的. 真正的差别在积分极限理论方面，极限理论将在后边讨论.

定理 1.3.3 设 $mE<+\infty$，$f(x)$ 是 E 上的有界函数，则 $f(x)$ 在 E 上 Lebesgue 可积的充要条件是：

对 $\forall\varepsilon>0$，存在 E 的分划 D 使得

$$S(D,f)-s(D,f)=\sum_{i=1}^{n}\omega_imE_i<\varepsilon,$$

其中，$\omega_i=B_i-b_i$.

定理 1.3.4 设 $f(x)$，$g(x)$ 是 E 上的有界可积函数，则

(1) $f(x)\pm g(x)$ 在 E 上的可积且

$$\int_E(f(x)\pm g(x))\mathrm{d}x=\int_E f(x)\mathrm{d}x\pm\int_E g(x)\mathrm{d}x;$$

(2) $|f(x)|$，$f(x)g(x)$ 在 E 上的可积；

(3) 当 $\inf\limits_E|g(x)|>0$ 时，$\dfrac{f(x)}{g(x)}$ 在 E 上的可积.

定理 1.3.5（积分的绝对连续性） 设 $f(x)$ 是 E 上的可积函数，则对任何可测集 $A\subset E$，有

$$\lim_{mA\to 0}\int_A f(x)\mathrm{d}x = 0.$$

1.3.2 可测函数在任意可测集上的 Lebesgue 积分

前面在"$f(x)$有界且 $mE<+\infty$"的假设下定义了 Lebesgue 积分. 去掉这个假设之后，仍然可以定义积分，这就是一般可积函数的积分. 这种积分类似于数学分析中的瑕积分和广义积分. 这时又需要分两个步骤来考虑.

(1) 非负可测函数情形

设 $f(x)$是定义在可测集 E 上的非负可测函数，为了在这种情况下定义 Lebesgue 积分，本书采用"双逼近"方法，即用一列测度有限的集合逼近 E，同时用一列有界的可测函数逼近 $f(x)$.

选择测度有限的集合列$\{E_n\}$和有界可测函数$\{f_n(x)\}$如下：

$$E_n=E\cap I_n,\quad 其中\ I_n=\{(x_1,\cdots,x_q)\mid |x_i|\leqslant n, i=1,\cdots,n\},$$
$$f_n(x)=[f(x)]_n=\min\{f(x),n\}$$

则对每个 n，$mE_n<+\infty$，$f_n(x)$有界可测，而且

$$E_1\subset E_2\subset\cdots\subset E_n\subset\cdots,\quad \lim_{n\to\infty}E_n=E.$$
$$f_1(x)\leqslant f_2(x)\leqslant\cdots\leqslant f_n(x)\leqslant\cdots,\quad \lim_{n\to\infty}f_n(x)=f(x).$$

定义 1.3.4 设 $f(x)$是可测集 E 上的非负可测函数，$mE<+\infty$. 定义

$$\int_E f(x)\mathrm{d}x = \lim_{n\to\infty}\int_{E_n}[f(x)]_n\mathrm{d}x,$$

称之为 $f(x)$在 E 上的积分（允许取值为$+\infty$）.

(2) 一般可测函数情形

当 $f(x)$是定义在可测集 E 上的可测函数但不一定非负时，令

$$f^+(x)=\max\{f(x),0\},\quad f^-(x)=\max\{-f(x),0\}.$$

则 $f^+(x)$和 $f^-(x)$为 E 上的非负可测函数，而且 $f(x)$可以表示为：

$$f(x)=f^+(x)-f^-(x).$$

由情形(1)，$\int_E f^+(x)\mathrm{d}x$ 和$\int_E f^-(x)\mathrm{d}x$ 有意义.

定义 1.3.5 设 $f(x)$ 是可测集 E 上的可测函数. 如果$\int_E f^+(x)\mathrm{d}x$ 和$\int_E f^-(x)\mathrm{d}x$ 不同时为$+\infty$，称 $f(x)$ 在 E 上积分确定，并定义 $f(x)$ 在 E 上的积分为

$$\int_E f(x)\mathrm{d}x = \int_E f^+(x)\mathrm{d}x - \int_E f^-(x)\mathrm{d}x.$$

如果$\int_E f(x)\mathrm{d}x$ 是有限数，则称 $f(x)$ 在 E 上 Lebesgue 可积.

和有界情形一样，一般可积函数的积分仍然满足可积性判定准则、加减法运算、积分的

绝对可积性和绝对连续性等性质. 但我们特别强调，定理 1.3.4 不能完全照搬过来. 具体地说，如果两个函数 $f(x)$，$g(x)$可积，则 $f(x)+g(x)$，$|f(x)|$仍然可积，但 $f(x)g(x)$和 $f(x)/g(x)$却不一定可积. 由于等式

$$\int_E |f(x)|\mathrm{d}x = \int_E f^+(x)\mathrm{d}x + \int_E f^-(x)\mathrm{d}x$$

成立，所以当 $f(x)$可测时，$f(x)$的 Lebesgue 可积性和$|f(x)|$的 Lebesgue 可积性等价.

对于测度有限的可测集合上的有界函数，可积与可测等价. 在无界情形下，由定义过程知道，可积函数肯定是可测的，但可测函数却不一定可积. 这样的例子很容易构造.

例 1.3.1 在 $E=R^1$ 上令 $f(x)=x$，$f(x)$显然可测，但

$$\int_E f^+(x)\mathrm{d}x = +\infty,\quad \int_E f^-(x)\mathrm{d}x = +\infty.$$

因此 $f(x)$可测但在 E 上不可积.

定理 1.3.6 设 $f(x)$在有界闭区间 $E=[0,1]$上 Riemann 可积，则 $f(x)$在 E 上 Lebesgue 可积且两种积分的值相等.

该定理之逆是不成立的. 例如，令 $E=[0,1]$，考虑 E 上的 Dirichlet 函数 $D(x)$是有界的可测函数，根据定理 1.3.2，$D(x)$在 E 上 Lebesgue 可积. 但在微积分中 $D(x)$在$[0,1]$上 Riemann 不可积. 因此，Lebesgue 积分是 Riemann 积分的实质性推广.

由定理 1.3.6，可以通过计算 Riemann 积分而得到 Lebesgue 积分，但反常 Riemann 积分(无限区间上的积分和无界函数的瑕积分)与 Lebesgue 积分无直接关系.

例 1.3.2 设 $f(x)=\dfrac{\sin x}{x}$，则反常 Riemann 积分$\displaystyle\int_0^{+\infty}\frac{\sin x}{x}\mathrm{d}x$ 可积，但 Lebesgue 不可积.

可引进含参量的反常积分

$$F(p) = \int_0^{+\infty} e^{-px}\frac{\sin x}{x}\mathrm{d}x = \arctan\frac{1}{p},\quad (p>0).$$

由含参量反常积分的阿贝尔判别法可得$\displaystyle\int_0^{+\infty} e^{-px}\frac{\sin x}{x}\mathrm{d}x$ 在 $p\geqslant 0$ 上一致收敛且被积函数$e^{-px}\dfrac{\sin x}{x}$ 在 $p\geqslant 0$ 上连续，则 $F(p)$ 在 $p\geqslant 0$ 上连续，则

$$\begin{aligned} F(0) &= \lim_{p\to 0^+}\int_0^{+\infty} e^{-px}\frac{\sin x}{x}\mathrm{d}x = \lim_{p\to 0^+}\arctan\frac{1}{p} = \frac{\pi}{2} \\ &= \int_0^{+\infty}\lim_{p\to 0^+} e^{-px}\frac{\sin x}{x}\mathrm{d}x \\ &= \int_0^{+\infty}\frac{\sin x}{x}\mathrm{d}x. \end{aligned}$$

则$\displaystyle\int_0^{+\infty}\frac{\sin x}{x}\mathrm{d}x = \frac{\pi}{2}$，于是 $f(x)=\dfrac{\sin x}{x}$ 在无界区间$[0,+\infty)$上是反常 Riemann 可积. 由于可测函数 $f(x)$ 的 Lebesgue 可积和 $|f(x)|$ 的 Lebesgue 可积等价，所以只需计算 $\displaystyle\int_0^{+\infty}\left|\frac{\sin x}{x}\right|\mathrm{d}x$.

$$\begin{aligned}\int_0^{+\infty}\left|\frac{\sin x}{x}\right|\mathrm{d}x &= \lim_{n\to\infty}\int_0^{n\pi}\frac{|\sin x|}{x}\mathrm{d}x\\ &= \lim_{n\to\infty}\left[\int_0^{\pi}\frac{|\sin x|}{x}\mathrm{d}x+\int_{\pi}^{2\pi}\frac{|\sin x|}{x}\mathrm{d}x+\cdots+\int_{(n-1)\pi}^{n\pi}\frac{|\sin x|}{x}\mathrm{d}x\right]\\ &= \lim_{n\to\infty}\sum_{k=1}^{n}\int_{(k-1)\pi}^{k\pi}\frac{|\sin x|}{x}\mathrm{d}x\\ &\geqslant \lim_{n\to\infty}\sum_{k=1}^{n}\frac{1}{k\pi}\int_{(k-1)\pi}^{k\pi}|\sin x|\mathrm{d}x\\ &= \lim_{n\to\infty}\frac{2}{\pi}\sum_{k=1}^{n}\frac{1}{k}=+\infty.\end{aligned}$$

由于$\int_0^{+\infty}|f(x)|\mathrm{d}x=\int_0^{+\infty}\left|\frac{\sin x}{x}\right|\mathrm{d}x=+\infty$,所以 $f(x)=\frac{\sin x}{x}$ 在无界区间$[0,+\infty)$上 Lebesgue 不可积.

1.3.3　Lebesgue 积分的极限性质

Lebesgue 积分的极限定理主要讨论极限与积分交换次序的问题. 这部分内容最能体现出 Lebesgue 积分和 Riemann 积分的区别，也充分反映出了 Lebesgue 积分相对于 Riemann 积分的优越性. 在 Lebesgue 积分理论中，在很宽松的条件下，就可以得到许多极限与积分交换次序的结论，大大改进了 Riemann 积分中的相应理论. 下文罗列出一些著名的极限定理.

定理 1.3.7 (Lebesgue 控制收敛定理)　设

(1) $\{f_n(x)\}$是可测集 E 上的可测函数列;

(2) $|f_n(x)|\leqslant F(x)$ a. e. 于 E,$n=1,2,\cdots$,且 $F(x)$在 E 上 Lebesgue 可积;

(3) $\{f_n(x)\}$依测度收敛于 $f(x)$.

则 $f(x)$在 E 上 Lebesgue 可积，

$$\lim_{n\to\infty}\int_E|f_n(x)-f(x)|\mathrm{d}x=0,$$

且

$$\lim_{n\to\infty}\int_E f_n(x)\mathrm{d}x=\int_E f(x)\mathrm{d}x.$$

定理 1.3.8 (Levi 渐升函数列定理)　若$\{f_n(x)\}$为 E 上非负可测函数列,满足 $\lim_{n\to\infty}f_n(x)=f(x)$,而且

$$f_1(x)\leqslant f_2(x)\leqslant f_3(x)\leqslant\cdots\leqslant f_n(x)\leqslant\cdots,$$

则 $\lim_{n\to\infty}\int_E f_n(x)\mathrm{d}x=\int_E\lim_{n\to\infty}f_n(x)\mathrm{d}x$.

定理 1.3.9 (Lebesgue 逐项积分定理)　若$\{f_n(x)\}$为 E 上非负可测函数列,则

$$\int_E\sum_{n=1}^{\infty}f_n(x)\mathrm{d}x=\sum_{n=1}^{\infty}\int_E f_n(x)\mathrm{d}x.$$

定理 1.3.10（积分的可数可加性定理） 若 $f(x)$在 $E=\bigcup_{i=1}^{\infty}E_i$ 上非负可测，E_i 为可测子集且两两不交，则

$$\int_E f(x)\mathrm{d}x = \sum_{n=1}^{\infty}\int_{E_n} f_n(x)\mathrm{d}x.$$

定理 1.3.11（Fatou 引理） 若$\{f_n(x)\}$为 E 上非负可测函数列，则

$$\int_E \varliminf_{n\to\infty} f_n(x)\mathrm{d}x \leqslant \varliminf_{x\to\infty}\int_E f_n(x)\mathrm{d}x.$$

Fatou 引理中的不等号可能是严格不等号.

例 1.3.3 在$[0,1]$中定义函数列

$$f_n(x)=\begin{cases}0, x=0,\\ n, 0<x<\dfrac{1}{n},\\ 0, \dfrac{1}{n}\leqslant x\leqslant 1,\end{cases} \quad (n=1,2,\cdots).$$

显然 $f_n(x)$在$[0,1]$上是非负可测函数列且对$\forall x\in[0,1]$，有

$$\lim_{n\to\infty} f_n(x)=0.$$

于是有

$$\int_0^1 \lim_{n\to\infty} f_n(x)\mathrm{d}x = \int_0^1 0\mathrm{d}x = 0 < 1 = \lim_{n\to\infty}\int_0^1 f_n(x)\mathrm{d}x.$$

以上叙述了积分的各种极限定理的内容而没有给出证明. 在这些定理中，定理 1.3.7（Lebesgue 控制收敛定理）是最一般和最重要的，所以简要叙述该定理的证明思路.

Lebesgue 控制收敛定理的证明思路：由于 $f_n(x)\Rightarrow f(x)$，根据 Riesz 定理，存在子列 $\{f_{n_k}(x)\}$ a. e. 收敛于 $f(x)$. 而 $|f_n(x)|\leqslant F(x)$ a. e. 于 E，故 $|f(x)|\leqslant F(x)$ a. e. 于 E. 由 $F(x)$的可积性知 $f(x)$也是 Lebesgue 可积的. 同理，每个 $f_n(x)$在 E 上 Lebesgue 可积.

下文分两步进行讨论.

第一步，先设 $mE<+\infty$.

利用 Lebesgue 积分的绝对连续性，对任意 $\varepsilon>0$，存在 $\delta>0$，使得 $e\subset E$ 且 $me<\delta$ 时，

$$\int_e F(x)\mathrm{d}x < \frac{\varepsilon}{4}.$$

由 $f_n(x)$依测度收敛于 $f(x)$知，存在 $N>0$，当 $n\geqslant N$ 时，

$$mE\left[|f_n-f|\geqslant\frac{\varepsilon}{2mE}\right]<\delta.$$

于是，当 $n\geqslant N$ 时，

$$\int_{E\left[|f_n-f|\geqslant\frac{\varepsilon}{2mE}\right]} F(x)\mathrm{d}x < \frac{\varepsilon}{4}.$$

因此，

$$\left|\int_E f_n(x)\mathrm{d}x - \int_E f(x)\mathrm{d}x\right| \leqslant \int_{E\left[|f_n-f|\geqslant\frac{\varepsilon}{2mE}\right]} |f_n(x)-f(x)|\mathrm{d}x +$$

$$\int_{E[|f_n-f|<\frac{\varepsilon}{2mE}]}|f_n(x)-f(x)|\mathrm{d}x \leqslant$$
$$2\int_{E[|f_n-f|\geqslant\frac{\varepsilon}{2mE}]}F(x)\mathrm{d}x+\frac{\varepsilon}{2mE}mE\left[|f_n-f|<\frac{\varepsilon}{2mE}\right]<\varepsilon.$$

故等式$\lim\limits_{n\to\infty}\int_E f_n(x)\mathrm{d}x=\int_E f(x)\mathrm{d}x$ 成立.

第二步，设 $mE=+\infty$.

采用测度有限的集合列 $E_k\subset E$ 逼近的方法和定义 1.3.4. 选择集合列 E_k 满足条件 $m(E_k)<+\infty$且

$$\int_E F(x)\mathrm{d}x-\int_{E_k}[F(x)]_k\mathrm{d}x<\frac{\varepsilon}{4}.$$

由此推出

$$\int_{E\setminus E_k}F(x)\mathrm{d}x=\int_E F(x)\mathrm{d}x-\int_{E_k}F(x)\mathrm{d}x\leqslant\int_E F(x)\mathrm{d}x-\int_{E_k}[F(x)]_k\mathrm{d}x<\frac{\varepsilon}{4}.$$

其中，$[F(x)]_k=\min\{F(x),k\}$.

另一方面，从定理 1.3.7 的条件(3)可知，存在 $N>0$，当 $n\geqslant N$ 时，

$$\int_{E_k}|f_n(x)-f(x)|\mathrm{d}x<\frac{\varepsilon}{2}.$$

因此，

$$\begin{aligned}\left|\int_E f_n(x)\mathrm{d}x-\int_E f(x)\mathrm{d}x\right|&\leqslant\int_E|f_n(x)-f(x)|\mathrm{d}x\\&\leqslant\int_{E\setminus E_k}|f_n(x)-f(x)|\mathrm{d}x+\int_{E_k}|f_n(x)-f(x)|\mathrm{d}x\\&\leqslant 2\int_{E\setminus E_k}F(x)\mathrm{d}x+\frac{\varepsilon}{2}<\varepsilon.\end{aligned}$$

证毕.

例 1.3.4　计算高斯函数的积分$\int_0^{+\infty}e^{-x^2}\mathrm{d}x$.

在数学分析中利用二重积分或含参量积分以及复变函数中留数定理等多种方法计算过这个积分. 下面用 Lebesgue 控制收敛定理给出更简洁的计算.

解　记 $f_n(x)=\left(1+\frac{x^2}{n}\right)^{-n}$，$f(x)=e^{-x^2}$，则对 $f_n(x)$取极限，有

$$\lim_{n\to\infty}f_n(x)=f(x).$$

$\{f_n(x)\}$在$(0,+\infty)$上非负递减且

$$0\leqslant f_n(x)\leqslant f_1(x)=\frac{1}{1+x^2}.$$

记控制函数 $F(x)=\frac{1}{1+x^2}$，则 $F(x)$在$(0,+\infty)$上 Lebesgue 可积且

$$\int_0^{+\infty}F(x)\mathrm{d}x=\int_0^{+\infty}\frac{1}{1+x^2}\mathrm{d}x=\arctan x\Big|_0^{+\infty}=\frac{\pi}{2}.$$

由 Lebesgue 控制收敛定理可得

$$\begin{aligned}\int_0^{+\infty} f(x)\mathrm{d}x &= \int_0^{+\infty} \lim_{n\to\infty} f_n(x)\mathrm{d}x = \lim_{n\to\infty}\int_0^{+\infty} f_n(x)\mathrm{d}x \\ &= \lim_{n\to\infty}\int_0^{\frac{\pi}{2}}\sqrt{n}\ (\cos t)^{2n-2}\mathrm{d}t(x=\sqrt{n}\tan t) \\ &= \lim_{n\to\infty}\sqrt{n}\left[\frac{(2n-3)!!}{(2n-2)!!}\cdot\frac{\pi}{2}\right] \\ &= \frac{\pi}{2}.\end{aligned}$$

最后通过一个具体的例子说明 Lebesgue 积分和 Riemann 积分的区别，以及 Lebesgue 积分的优越性.

在 Riemann 积分理论中，我们已经涉及极限与积分交换次序的问题，最有代表性的结论是下述定理：

定理 1.3.12 (Riemann 积分极限定理) 设 $\{f_n(x)\}$ 是 $[a,b]$ 上的连续函数列，且一致收敛于 $f(x)$. 则

$$\lim_{n\to\infty}\int_a^b f_n(x)\mathrm{d}x = \int_a^b \lim_{n\to\infty} f_n(x)\mathrm{d}x = \int_a^b f(x)\mathrm{d}x.$$

这个定理的叙述简洁，但有一个很大的不足之处，就是条件太强. 特别是连续性与一致收敛性，在许多情形下很难被满足，因而该定理的应用受到限制. 造成这个不足之处的根本原因是 Riemann 积分的局限. 本书通过考虑一个既直观又简单但 Riemann 积分无法解决的实例来说明这一点.

例 1.3.5 用 Q 表示有理数集合，令 $B=[0,1]\cap Q$. 将 B 中的数排为一列，

$$r_1, r_2, \cdots, r_n, \cdots$$

在 $[0,1]$ 上定义函数列 $\{f_n(x)\}$ 如下：

$$f_n(x)=\begin{cases}0, & x\in\{r_1,r_2,\cdots,r_n,\cdots\},\\ 1, & x\in[0,1]\setminus\{r_1,r_2,\cdots,r_n,\cdots\}.\end{cases}$$

该函数列是逐点收敛的，其极限恰好是下述 Dirichlet 型函数(与 Dirichlet 函数 $D(x)$ 不相等但性质相同)

$$f(x)=\begin{cases}0, & x\in B,\\ 1, & x\in[0,1]\setminus B.\end{cases}$$

很明显，函数列 $\{f_n(x)\}$ 中的每个函数都不连续，但 $\{f_n(x)\}$ 是 Riemann 可积函数列，而 $f(x)$ 不是 Riemann 可积的. 因而公式

$$\lim_{n\to\infty}\int_0^1 f_n(x)\mathrm{d}x = \int_0^1 \lim_{n\to\infty} f_n(x)\mathrm{d}x = \int_0^1 f(x)\mathrm{d}x$$

不可能成立. 也就是说，Riemann 积分极限定理不能应用于本例的情形.

另一方面，有足够的理由期望定理 1.3.12 的结论成立. 因为积分本质上是函数图形的面积. 令 $f_0(x)\equiv 1$，则每个 $\{f_n(x)\}$ 是改变了有限个点的值. 从几何直观上看，其积分值则是单位正方形上去掉有限条线段后所得图形的面积，自然等于 1. 再进一步，$f(x)$ 也不过是

$\{f_n(x)\}$改变了可数个点的值，从单位正方形上去掉可数条线段后所得图形的面积，应该也是 1. 这就是说，通过观察客观现象，我们看出的积分应该存在，而且定理 1.3.12 的结论应该成立. 但 Riemann 积分却没有办法解决这一问题，因此必须寻找改进方法.

通过上述分析，发现 Riemann 积分的局限，即改变 $f_0(x)\equiv 1$ 在可数个点的值后，函数的可积性便发生了实质性变化. 可数点集只不过是零测度集，在 Lebesgue 积分理论中，改变函数在零测度集上的值对积分没有任何影响. 我们很自然地想到，用 Lebesgue 积分能够解决上述问题. 事实正是如此，很容易验证，上面例子中的函数列$\{f_n(x)\}$和函数 $f(x)$满足 Lebesgue 控制收敛定理的所有条件，所以

$$\lim_{n\to\infty}\int_0^1 f_n(x)\mathrm{d}x=\int_0^1\lim_{n\to\infty}f_n(x)\mathrm{d}x=\int_0^1 f(x)\mathrm{d}x=1.$$

这就是说，Lebesgue 积分解决了 Riemann 积分不能解决的问题，从而体现了 Lebesgue 积分的优越性以及引入和学习 Lebesgue 积分理论的必要性.

习　题　一

1. 设$\{A_n\}_{n=1}^{\infty}$是一列集合，证明：

$$\overline{\lim_{n\to\infty}}A_n=\bigcap_{n=1}^{\infty}\bigcup_{m=n}^{\infty}A_m,\ \underline{\lim_{n\to\infty}}A_n=\bigcup_{n=1}^{\infty}\bigcap_{m=n}^{\infty}A_m.$$

2. 设 A 是由直线上的一些开区间构成的集合，这些开区间两两互不相交，证明：A 为至多可数集.

3. 在$(-\infty,+\infty)$上定义函数 $f(x)$如下：

$$f(x)=\begin{cases}\sin\dfrac{1}{x}, & x\neq 0,\\ 0, & x=0.\end{cases}$$

在 R^2 中定义点集

$$E=\{(x,y)\in R^2\mid x\in(-\infty,+\infty),y=f(x)\}.$$

即 E 为 $f(x)$的图像. 写出 E'，E°，∂E 以及$\overline{E}$.

4. 设 $f(x)$是直线上的实值连续函数，证明：对任意常数 a，$E_1=\{x\mid f(x)>a\}$是开集，而 $E_2=\{x\mid f(x)\geqslant a\}$是闭集.

5. 设 E 是直线上的有界集，$m^*E>0$，证明：对任意小于 m^*E 的正数 c，恒有子集 E_1，使 $m^*E_1=c$.

6. 设 A,B 是 R^n 中的子集，证明不等式：$m^*(A\cup B)+m^*(A\cap B)\leqslant m^*(A)+m^*(B)$. 进一步，如果 A 可测，证明等式：

$$m^*(A\cup B)+m^*(A\cap B)=m^*(A)+m^*(B).$$

7. 设 $E\subset R^n$，存在可测集列$\{A_n\}$，$\{B_n\}$，使得

$$A_n\subset E\subset B_n\ 且\ m(B_n-A_n)\to 0\ (n\to\infty).$$

试证明 E 可测.

8. 设函数列$\{f_n(x)\}$在E上依测度收敛于$f(x)$，且对每个n，$f_n(x)\leqslant f_{n+1}(x)$在$E$上几乎处处成立. 证明$\{f_n(x)\}$在$E$上几乎处处收敛于$f(x)$.

9. 在$E=(0,1)$上构造一个函数$f(x)$，使得对扩充实数集中的任何元素a，$E[f=a]$是可测集，但$f(x)$在E上不可测.

10. 设$f(x)$是$(-\infty,+\infty)$上的连续函数，$g(x)$是$[a,b]$上的可测函数. 证明$f(g(x))$是可测函数. 进一步考虑，如果$f(x)$是$(-\infty,+\infty)$上的可测函数，而$g(x)$是$[a,b]$上的连续函数，$f(g(x))$是否还是可测函数？

11. $\{f_n(x)\}$是$E\subset R^n$上的函数列，$f(x)$是E上的函数. 定义集合：

$$A=\{x\in E\mid \{f_n(x)\}\text{收敛于}f(x)\},$$

$$B=\bigcap_{k=1}^{\infty}\bigcup_{m=1}^{\infty}\bigcap_{n=m}^{\infty}E\left[|f_n-f|<\frac{1}{k}\right].$$

12. 设$\{f_n(x)\}$为可测集E上的可测函数列，证明它的收敛点集是E的可测子集.

13. 设$f(x)$是可测集E上的可积函数，如果对任意有界可测函数$g(x)$，都有

$$\int_E f(x)g(x)\mathrm{d}x=0,$$

则$f(x)=0$ a. e. 于E.

14. 设$m(E)<\infty$，$f(x)$是E上的非负可测函数，满足

$$\int_E f(x)\mathrm{d}x<+\infty.$$

令$e_n=E[x;f(x)\geqslant n]$，证明$\lim\limits_{n\to\infty}n\cdot me_n=0$.

15. 设$f(x)$是$[a,b]$上的非负有限可测函数，证明：$f(x)$可积的充要条件是

$$\sum_{n=1}^{\infty}n\cdot mE(n\leqslant f(x)\leqslant n+1)<\infty.$$

16. 设函数$f(x)$在$E=[a,b]$上可积，则对任何$\varepsilon>0$，必存在E上的连续函数$\varphi(x)$，使

$$\int_a^b|f(x)-\varphi(x)|\mathrm{d}x<\varepsilon.$$

17. 设$\{f_n(x)\}$是可测集E上的非负可积函数列且

$$\lim_{n\to\infty}\int_E f_n(x)\mathrm{d}x=0.$$

证明在E上$f_n\Rightarrow 0$.

18. 设$m(E)<\infty$，$\{f_n(x)\}$是E上 a. e. 有限的可测函数列且 a. e. 收敛到$f(x)\equiv 1$. 证明：$\lim\limits_{n\to\infty}\int_E\dfrac{f_n(x)}{1+|f_n(x)|}\mathrm{d}x=\dfrac{1}{2}mE$.

第 2 章　度量空间与 Banach 空间

现代分析数学的基础通常建立在集合的某种结构之上，带有这种结构的集合通常称为空间. 概括地说，空间就是用公理确定了元素与元素间关系的集合.

通过公理化抽象方法建立空间理论的思想起源于 19 世纪下半叶，Ascoli、Volterra、Arzela、Fréchet、Riesz、Hilbert 等数学家先后在变分法、微分方程、积分方程等研究中都曾表达了将函数看作空间的点、将各种方程看作算子方程的观点. 抽象的空间理论体系在 1932 年 Banach 发表的经典著作《线性算子理论》中已经相当成熟.

公理化抽象化方法的运用有许多突出的优点. 将原本形式各异复杂的对象抽象成空间的一个点，舍弃了不起作用的复杂的细节，使被掩盖的本质凸现出来，使问题的讨论变得更加直接、更加简单. 所以说，经抽象化处理的问题往往会更加直观. 抽象化方法用高度概括的形式统一了外观上极不相同的问题，沟通了表面看起来互不相关的领域，不仅能够“批量”地、统一地解决问题，而且使理论体系有更大的包容性，从而具有更加广阔的应用前景.

本章的目的是利用公理化方法介绍现代分析数学中常用的基本空间结构(主要是度量空间与 Banach 空间)及其相关理论.

§2.1　线性空间、度量空间、赋范空间及拓扑空间

现代分析数学中有两种最基本的结构：一种是可以施行加法与数乘运算的代数结构即线性结构；另一种是可以建立极限运算的结构即拓扑结构. 下面介绍的线性空间与度量空间是分别具备这两种结构的空间，而赋范空间也是同时具备这两种结构的空间.

2.1.1　线性空间

定义 2.1.1　设 X 是一个非空集合，K 是数域(通常是实数域 $\mathbb{R}$ 或复数域 $\mathbb{C}$). 若 X 上可定义加法与数乘运算，即 $\forall x, y\in X$，存在唯一的 $z\in X$ 与之对应，称为 x 与 y 的和，记为 $z=x+y$；$\forall x\in X$，$\forall \alpha\in K$，存在唯一的 $u\in X$ 与之对应，称为 α 与 x 的数积，记为 $u=\alpha x$；且 $\forall x,y,z\in X$，$\forall \alpha,\beta\in K$，上述加法与数乘运算满足：

(1) $x+y=y+x$；

(2) $(x+y)+z=x+(y+z)$；

(3) 存在零元素 θ，使 $\forall x\in X$ 有 $x+\theta=x$；

(4) $\forall x\in X$，存在负元素 $-x\in X$，有 $x+(-x)=\theta$；

(5) $1x=x$；

(6) $\alpha(\beta x)=(\alpha\beta)x$；

(7) $(\alpha+\beta)x=\alpha x+\beta x$；

(8) $\alpha(x+y)=\alpha x+\alpha y$.

则称 X 是数域 K 上的线性空间或向量空间（简称为线性空间或向量空间），其中的元素称为向量或点. 特别地，当 $K=\mathbb{R}$ 时称 X 为实线性空间，当 $K=\mathbb{C}$ 时称 X 为复线性空间.

设 E 是数域 K 上线性空间 X 的子集，若 E 也构成 K 上的线性空间，则称 E 是 X 的线性子空间（简称为子空间）. 显然，E 是 X 的子空间当且仅当

$$\forall x,y\in E,\ \forall \alpha,\beta\in K,\text{有 } \alpha x+\beta y\in E.$$

集 $E\subset X$ 与点 $x\in X$ 的和（称为 E 对 x 的平移）定义为

$$x+E=E+x=\{x+e\,|\,e\in E\}.$$

数 $\alpha\in K$ 与集 $E\subset X$ 的数积定义为

$$\alpha E=\{\alpha e\,|\,e\in E\}.$$

线性空间 X 中的一组元素 $x_1,x_2,\cdots,x_n$ 是线性相关的，若存在不全为零的 $\alpha_1,\alpha_2,\cdots,\alpha_n\in K$ 使

$$\alpha_1x_1+\alpha_2x_2+\cdots+\alpha_nx_n=0.$$

否则，称它们是线性无关的.

向量组 $x_1,x_2,\cdots,x_n$ 线性无关等价于若有 $\alpha_1,\alpha_2,\cdots,\alpha_n\in K$ 使

$$\alpha_1x_1+\alpha_2x_2+\cdots+\alpha_nx_n=0,$$

则必有 $\alpha_1=\alpha_2=\cdots=\alpha_n=0$.

若 E 中任意有限多个元素都线性无关，线性空间 X 的子集 E 称为线性无关集；否则称 E 是线性相关集.

设 $x\in X$，$\{x_1,x_2,\cdots,x_n\}\subset X$，若存在 $\alpha_1,\alpha_2,\cdots,\alpha_n\in K$ 使

$$x=\alpha_1x_1+\alpha_2x_2+\cdots+\alpha_nx_n,$$

则称 x 是 $x_1,x_2,\cdots,x_n$ 的线性组合，或者说 x 可由 $x_1,x_2,\cdots,x_n$ 线性表示.

设 E 是线性空间 X 的非空子集，E 中任意有限个向量的线性组合的全体称为 E 的线性包或线性张，记作 span E，即

$$\operatorname{span} E=\left\{x\,\middle|\,x=\sum_{i=1}^{n}\alpha_ix_i,x_i\in E,\alpha_i\in K,n\geqslant 1\right\} \tag{2.1.1}$$

设 E 是线性空间 X 的线性无关集，若 $\forall x\in X$，存在有限多个 $x_1,x_2,\cdots,x_n\in E$ 使 x 由 $x_1,x_2,\cdots,x_n$ 线性表示，则称 E 是 X 的基底——线性基或 Hamel 基. 此时若 E 仅有 n 个元素组成，则称 X 是 n 维空间，记为 $\dim X=n$；若 E 由无穷多个元素组成，则称 X 是无限维空间，记为 $\dim X=+\infty$. 当 $X=\{\theta\}$（称为零空间）时，记为 $\dim X=0$.

由定义可知，数域 K 本身是 K 上的一维线性空间；零空间是唯一的由有限个元素构成

的线性空间.

例 2.1.1　*n* 元数组空间　其中的每个元素 x 是一个 n 元数组，$x=(a_1,a_2,\cdots,a_n)$，$a_i\in K,1\leqslant i\leqslant n$. 按坐标(分量)定义加法与数乘为

$$(a_1,a_2,\cdots,a_n)+(b_1,b_2,\cdots,b_n)=(a_1+b_1,a_2+b_2,\cdots,a_n+b_n),$$

$$\beta(a_1,a_2,\cdots,a_n)=(\beta a_1,\beta a_2,\cdots,\beta a_n)\quad(\beta\in K).$$

这些 n 元数组全体构成线性空间，记为 K^n，其维数为 n. 当 $K=R$ 时，特例 R^1(即 R)、R^2、R^3，分别是通常的实直线、实 2 维平面、实 3 维空间.

例 2.1.2　无穷数列空间　其中的每个元素 x 是一个无穷数列(或无穷元数组)，$x=(a_1,a_2,\cdots,a_n,\cdots)$，$a_n\in K(n=1,2,\cdots)$，有时也记为 $x=\{a_n\}_{n=1}^{\infty}$ 或 $x=\{a_n\}$. 定义加法与数乘为

$$(a_1,a_2,\cdots)+(b_1,b_2,\cdots)=(a_1+b_1,a_2+b_2,\cdots),$$

$$\beta(a_1,a_2,\cdots)=(\beta a_1,\beta a_2,\cdots)\quad(\beta\in K).$$

则无穷数列空间是线性空间，其维数是无限的.

例 2.1.3　映射(函数)空间　设 X 为任意点集，Y 为数域 K 上的线性空间，F 为从 X 到 Y 的映射全体，即 $F=\{f\mid f:X\to Y\}$. 在 F 上定义加法与数乘($f,g\in F$，$t\in X,\alpha\in K$)如下：

$$(f+g)(t)=f(t)+g(t),(\alpha f)(t)=\alpha f(t).$$

容易验证 F 是数域 K 上的线性空间，称为映射空间. 当 $Y=K$ 时也称为函数空间. 今后涉及的映射(函数)空间，其线性运算都将采用上述的定义.

定义 2.1.2　设 X 是 K 上的线性空间，对 $x,y\in X$，集合

$$\{\lambda x+(1-\lambda)y\mid 0\leqslant\lambda\leqslant 1\}$$

称为以 x 与 y 为端点的区间或线段，记作 $[x,y]$. 若 x 的非空子集 E 满足对 $\forall x,y\in E$，有 $[x,y]\subset E$，则称 E 为 X 的凸集. 非空子集 E 为凸集当且仅当 $\forall\lambda\in[0,1]$，$\lambda E+(1-\lambda)E\subset E$. 凸集与非凸的集如图 2.1 所示.

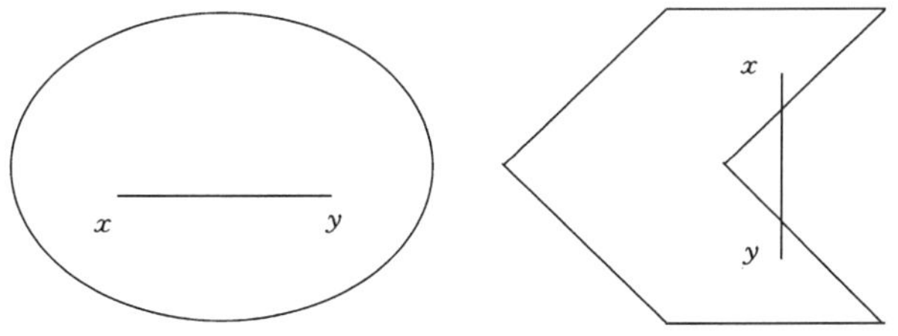

图 2.1

对 $x,y\in X,\lambda\in[0,1]$，$\lambda x+(1-\lambda)y$ 称为 x 与 y 的凸组合. 一般地，对 $x_1,x_2,\cdots,x_n\in X$，若 $\lambda_i\geqslant 0(i=1,2,\cdots,n)$，$\sum\limits_{i=1}^{n}\lambda_i=1$，则形如 $\sum\limits_{i=1}^{n}\lambda_i x_i$ 的元素称为 $x_1,x_2,\cdots,x_n$ 的凸组合. 对 X 的非空子集 E，称 E 中任意有限个向量的凸组合的全体为 E 的凸包或凸壳，记为

co E，即

$$\text{co}\, E = \left\{ \sum_{i=1}^{n} \lambda_i x_i \,\middle|\, x_i \in E, \lambda_i \geqslant 1, \sum_{i=1}^{n} \lambda_i = 1, n \geqslant 1 \right\} \tag{2.1.2}$$

设 E 是线性空间 X 的凸集，若 E 满足 $\forall x \in E, \forall \lambda \geqslant 0$，有 $\lambda x \in E$ 且当 $x, -x \in E$ 时必有 $x=\theta$，则称 E 是 X 中的凸锥. 凸集 E 是 X 的凸锥，当且仅当 $\forall \lambda \geqslant 0, \lambda E \subset E$ 且 $E \cap (-E) = \{\theta\}$.

设 E 是线性空间 X 的子空间，则 E 对某个向量 $x_0 \in X$ 的平移 $E+x_0$ 称为线性流形或仿射集. 若 X 中除 X 本身外没有其他的子空间包含 E，则称 E 是 X 的极大子空间，当 E 是 X 的极大子空间时，$E+x_0$ 称为 X 的超平面.

由上述定义可知，单点子集必是凸集；子空间是凸集也是线性流形；线性流形必是凸集. 按式(2.1.1)与式(2.1.2)，显然有 $E \subset \text{span}\, E, E \subset \text{co}\, E$. 下述事实也是明显的：$R^3$ 中不经过零点的直线和平面不是子空间，但都是线性流形；R^3 中的超平面是平面，R^2 中的超平面是直线.

例 2.1.4 设 A 是 $m \times n$ 矩阵($m \leqslant n$)，b 是 m 维非零列向量，x 是 n 维列向量，$Ax=b$ 表示线性方程组，则对应的齐次方程组 $Ax=\theta$ 的解的全体 $E=\{x \in K^n \mid Ax=\theta\}$ 是 K^n 的线性子空间，设 x_0 是 $Ax=b$ 的一个解，则 $Ax=b$ 的解集合 $V=\{x \in K^n \mid Ax=b\}=E+x_0$ 是一个线性流形.

注 (1) 设 E 是线性空间 X 的任一子集. 证明参见参考文献[12,39]，span E 是 X 的子空间，且是 X 中包含 E 的所有子空间的交集，从而是包含 E 的最小的子空间；当 E 是 X 的线性基时，有 span $E=X$. 而 co E 是 X 中的凸集，且是 X 中包含 E 的所有凸集的交集，从而是包含 E 的最小凸集.

(2) 上述定义 2.1.1 中关于维数的定义依赖于线性基的存在性，根据线性代数理论可知，任何非零的有限维线性空间其线性基总是存在的. 一般情况下，应用 Zorn 引理可以证明，任何非零的线性空间必存在线性基.

2.1.2 度量空间与拓扑空间

下面考虑度量结构. 度量或距离的概念是根据实直线 $\mathbb{R}$ 及复平面 $\mathbb{C}$ 两点间的距离的性质抽象地提出的. 因为当 $\forall x, y \in \mathbb{R}$(或 $\mathbb{C}$)，x 与 y 的距离 $\rho(x,y)=|x-y|$ 显然满足正定性、对称性与三角形不等式，以这三条性质为公理来定义抽象集合上的距离是很自然的.

定义 2.1.3 设 X 是非空集合，ρ 是 X 上的二元实函数(即对任意 $x, y \in X$，有唯一实数 $\rho(x,y)$ 与之对应)，若 $\forall x, y, z \in X$，ρ 还满足：

(1) 正定性 $\rho(x,y) \geqslant 0$；$\rho(x,y)=0$ 当且仅当 $x=y$；

(2) 对称性 $\rho(x,y)=\rho(y,x)$；

(3) 三角形不等式(图 2.2) $\rho(x,z) \leqslant \rho(x,y)+\rho(y,z)$.

则称 ρ 是 X 上的度量(距离)函数，$\rho(x,y)$ 为 x 与 y 之间的距离，称 X 为度量空间(或距离空间)，有时为了明确，记为(X,ρ).

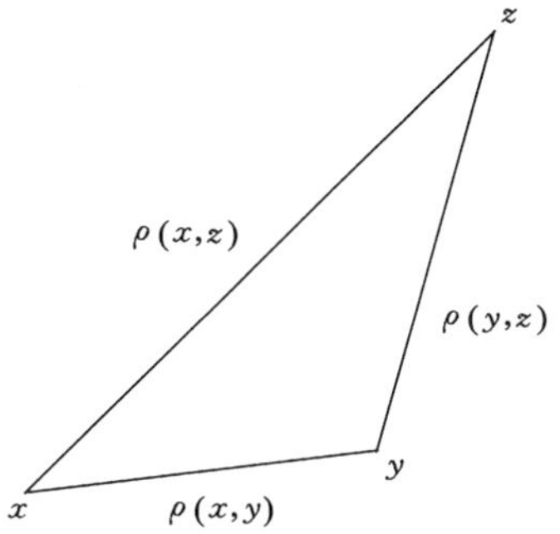

图 2.2

设(X,ρ)是度量空间,$E\subset X$,则 E 按同样的距离 ρ 也是度量空间,(E,ρ)称为(X,ρ)的子空间.

例 2.1.5　设 $p>0$,$L^p[a,b]$表示$[a,b]$上的 Lebesgue 可测的 p 方可积函数全体,即

$$L^p[a,b]=\left\{f \mid f \text{ 在}[a,b]\text{上 Lebesgue 可测且}\int_a^b |f(t)|^p\mathrm{d}t<+\infty\right\}.$$

对 $f,g\in L^p[a,b]$,$f=g$ 定义为 $f(t)=g(t)$ a. e. ,定义

$$\rho(f,g)=\int_a^b |f(t)-g(t)|^p\mathrm{d}t,$$

则 $L^p[a,b]$是度量空间.

下面只需证明 $0<p<1$ 的情况,$p\geqslant 1$ 的情况可参考本章引理 2.1.3 和例 2.1.12. 先证明不等式

$$(u+v)^p\leqslant u^p+v^p,\text{其中 } u\geqslant 0,v\geqslant 0.$$

事实上,若 $uv=0$,此不等式显然成立. 以下不妨设 $0\leqslant v\leqslant u$. 记 $F(\lambda)=1+\lambda^p-(1+\lambda)^p$,$\lambda\in(0,1]$. 因导数 $F'(\lambda)=p\lambda^{p-1}-p(1+\lambda)^{p-1}\geqslant 0$,故

$$F(\lambda)\geqslant F(0)=0,\text{即}(1+\lambda)^p\leqslant 1+\lambda^p.$$

令 $\lambda=\dfrac{v}{u}$,便得到

$$(u+v)^p\leqslant u^p+v^p.$$

ρ 显然满足正定性与对称性. 对 $f,g,h\in L^p[a,b]$,令 $u=|f(t)-h(t)|$,$v=|h(t)-g(t)|$,则

$$|f(t)-g(t)|^p\leqslant(u+v)^p\leqslant u^p+v^p=|f(t)-h(t)|^p+|h(t)-g(t)|^p.$$

取积分可得 $\rho(f,g)\leqslant\rho(f,h)+\rho(h,g)$. 这表明 ρ 满足三角不等式. 因此,当 $0<p<1$,$(L^p[a,b],\rho)$是度量空间.

例 2.1.6　设 X 是任意非空集合,对 $x,y\in X$,定义

$$\rho(x,y)=\begin{cases}1, & x\neq y,\\ 0, & x=y,\end{cases}$$

则(X,ρ)是一个度量空间,称此空间为离散度量空间.

这是容易验证的. ρ 显然满足正定性与对称性. 若 $x=y$,则 $\forall z\in X$,显然有

$$\rho(x,y)=0\leqslant\rho(x,z)+\rho(z,y);$$

若 $x\neq y$,则 $\forall z\in X$,$z\neq x$ 与 $z\neq y$ 至少有一个成立,于是也有

$$\rho(x,y)=1\leqslant\rho(x,z)+\rho(z,y)(=1\text{ 或 }2).$$

这表明 ρ 满足三角不等式. 因此 (X,ρ) 是度量空间.

离散度量空间的例子表明,任意一个非空集都可定义为度量空间. 这是度量结构与线性结构的区别之一.

拓扑的概念是根据数学分析中函数连续性抽象出来的. 映射的连续性是刻画拓扑变换的关键概念. 一般来说,拓扑是用开集来刻画连续性的. 先回顾数学分析中连续的概念.

设 $f:R\to R$ 是一个函数,$x_0\in R$. 用 ε-δ 语言描述在 x_0 处连续的含义为:对 $\forall\varepsilon>0$,总 $\exists\delta>0$,使得当 $|x-x_0|<\delta$ 时,有

$$|f(x)-f(x_0)|<\varepsilon.$$

上述定义中 $|x-x_0|<\delta$ 和 $|f(x)-f(x_0)|<\varepsilon$ 可分别写成 $x\in(x_0-\delta,x_0+\delta)$ 和 $f(x)\in(f(x_0)-\varepsilon,f(x_0)+\varepsilon)$ 两个开区间. 将 ε-δ 语言中的开区间换成开集来叙述. 若 V 是包含 $f(x_0)$ 的开集,则存在包含 x_0 的开集 U,使得

$$f(U)\subset V,$$

则称 f 在 x_0 处连续. 于是只要知道哪些子集是开集,就可规定映射的连续性. 所谓拓扑空间就是具有开集结构的空间.

设 X 是一个非空集合,记 2^X 为 X 的幂集,是以 X 的所有子集为成员的集合. 把 2^X 的子集称为 X 的子集族. 例如,集合 $X=\{1,2\}$ 的幂集是 $2^X=\{\varnothing,\{1\},\{2\},X\}$.

定义 2.1.4 设 X 是一个非空集合. 若 X 的一个子集族 T 满足

(1) $X,\varnothing\in T$.

(2) T 中任意多个成员的并集仍在 T 中.

(3) T 中有限多个成员的交集仍在 T 中.

则称 T 是 X 的拓扑. 集合 X 和它的一个拓扑 T 一起称为拓扑空间,记作 (X,T). 称 T 中的成员为这个拓扑空间 (X,T) 的开集.

设 A 是拓扑空间 (X,T) 的一个非空子集. 定义 A 的子集族

$$T_A=\{U\cap A\,|\,U\in T\}$$

满足:

(1) $A\cap\varnothing=\varnothing\in T_A$,$A\cap X=A\in T_A$.

(2) $\bigcup_{i\in\Lambda}(U_i\cap A)=(\bigcup_{i\in\Lambda}U_i)\cap A\in T_A$,其中 Λ 为指标集.

(3) $(U_1\cap A)\cap(U_2\cap A)=(U_1\cap U_2)\cap A\in T_A$.

于是 T_A 是 A 上的一个拓扑,称为 T 导出的 A 上的拓扑. 称 (A,T_A) 为 (X,T) 的子空间.

例如. 设 X 是一个非空集合. 由幂集 2^X 构成 X 上的拓扑称为 X 上的离散拓扑. $(X,\varnothing)$ 也是 X 上的拓扑,称为 X 上的平凡拓扑. 设 $X=\{0,1,2\}$,则 $T_1=\{X,\varnothing,\{0\}\}$,$T_2=$

$\{X,\varnothing,\{0\},\{0,1\}\}$都是 X 上的拓扑. 但$\{X,\varnothing,\{0\},\{1\}\}$不是拓扑,因为不满足任意多个成员的并集仍在 T 中.

2.1.3 赋范空间

范数的概念是根据 R^3 中向量长度的性质抽象地提出的.

定义 2.1.5 设 X 是数域 K 上线性空间,$\|\cdot\|:X\to\mathbb{R}$ 为映射,若 $\forall x,y\in X,\forall\alpha\in K$,则 $\|\cdot\|$ 满足:

(1) 正定性 $\|x\|\geqslant 0$;$\|x\|=0$ 当且仅当 $x=0$;

(2) 绝对齐性 $\|\alpha x\|=|\alpha|\,\|x\|$;

(3) 三角形不等式(图 2.3) $\|x+y\|\leqslant\|x\|+\|y\|$.

则称 $\|x\|$ 为点 x 的范数,$(X,\|\cdot\|)$为 K 上赋范线性空间(简称赋范空间),在不至于混淆时也记为 X.

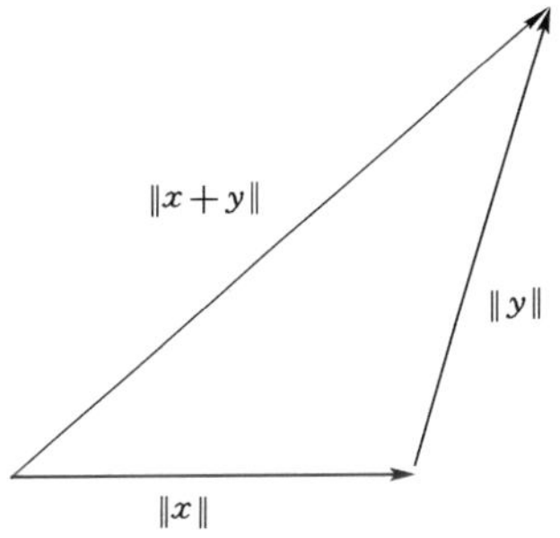

图 2.3

设 E 是 X 的线性子空间,则按 X 上的范数,$(E,\|\cdot\|)$也是赋范空间,称 E 为赋范空间 X 的子空间.

按定义 2.1.5,赋范空间首先是线性空间,而且赋范空间也必定是度量空间.

定理 2.1.1 设$(X,\|\cdot\|)$是赋范空间,$\forall x,y\in X$,定义

$$\rho(x,y)=\|x-y\|,$$

则(X,ρ)是度量空间,其中 ρ 称为由范数 $\|\cdot\|$ 导出的距离(将赋范空间认作度量空间时,ρ 都是如此定义的).

证明 由范数 $\|\cdot\|$ 的正定性可知导出距离 ρ 是正定的,因为 X 是线性空间,所以由 $\|\cdot\|$ 的绝对齐性与三角形不等式得

$$\rho(x,y)=\|x-y\|=|(-1)|\,\|y-x\|=\|y-x\|=\rho(y,x),$$

$$\rho(x,y)=\|x-y\|=\|(x-z)+(z-y)\|\leqslant\|x-z\|+\|z-y\|=\rho(x,z)+\rho(z,y).$$

这表明 ρ 是对称的且满足三角形不等式. 因此,当 X 是赋范空间时,X 也是度量空间.

证毕.

注意定理 2.1.1 的逆命题未必成立,主要的原因是度量空间未必是线性空间. 即使对一个线性空间而言,若它又是度量空间的话,距离也未必可由某个范数导出. 例 2.1.5 与例 2.1.6提供了这方面的反例. 还必须注意,当 X 是赋范空间,$A\subset X$ 时,A 按范数导出的度量是度量子空间,但不能称 A 是 X 的子空间,因为 A 未必是线性子空间,只有当 A 是 X 的线性子空间时,才称 A 是赋范空间 X 的子空间.

例 2.1.7 空间 $C[a,b]$是赋范线性空间.

$C[a,b]$是闭区间$[a,b]$上连续函数全体. 显然 $C[a,b]$是函数空间的子集. 因为任意两个连续函数的线性组合仍是连续的,由例 2.1.3 可知,$C[a,b]$是线性空间. 对 $x=x(t)\in C[a,b]$,定义范数

$$\|x\|=\max_{a\leqslant t\leqslant b}|x(t)|,$$

称为最大值范数，则 $C[a,b]$ 构成赋范空间，称为连续函数空间.

这是容易验证的，事实上，$\forall x,y\in C[a,b]$，$\forall \alpha\in K$，有

(1) $\|x\|\geqslant 0$，$\|x\|=0$ 当且仅当 $\forall t\in[a,b]$，$x(t)=0$，即 $x=\theta$.

(2) $\|\alpha x\|=\max\limits_{a\leqslant t\leqslant b}|\alpha x(t)|=\max\limits_{a\leqslant t\leqslant b}|\alpha||x(t)|=|\alpha|\max\limits_{a\leqslant t\leqslant b}|x(t)|=|\alpha|\,\|x\|$.

(3) $\forall t\in[a,b]$，由 $|x(t)|\leqslant\|x\|$，$|y(t)|\leqslant\|y\|$ 得

$$|x(t)+y(t)|\leqslant|x(t)|+|y(t)|\leqslant\|x\|+\|y\|,$$

$$\|x+y\|=\max_{a\leqslant t\leqslant b}|x(t)+y(t)|\leqslant\|x\|+\|y\|.$$

所以 $C[a,b]$ 是赋范空间.

例 2.1.8 空间 $C^k[a,b]$ 和 $C^{k,\alpha}[a,b]$ 是赋范线性空间.

$C^k[a,b]$ 是由在闭区间 $[a,b]$ 上具有直到 k 阶连续导数的函数构成的集合. 对 $x\in C^k[a,b]$，定义范数

$$\|x\|_{C^k}=\sum_{j=0}^{k}\max_{a\leqslant t\leqslant b}|x^{(j)}(t)|.$$

则 $C^k[a,b]$ 中线性运算与 $\|\cdot\|$ 满足范数的定义，与例 2.1.7 类似. 于是 $C^k[a,b]$ 按照上述范数定义，是一个赋范线性空间.

为引入 $C^{k,\alpha}[a,b]$，先定义 Hölder 连续.

定义 2.1.5 设 $x(t)$ 是定义在 $[a,b]$ 上的函数，$t_0\in[a,b]$. 若当 $0<\alpha\leqslant 1$，有

$$\sup_{a\leqslant t\leqslant b}\frac{|x(t)-x(t_0)|}{|t-t_0|^{\alpha}}<\infty,\ t\neq t_0,$$

则称 $x(t)$ 在 t_0 处具有指数为 α 的 Hölder 连续性.

$C^{k,\alpha}[a,b]$ 是由 $C^k[a,b]$ 中满足 $\sup\limits_{a\leqslant t\leqslant b}\dfrac{|x(t)-x(t_0)|}{|t-t_0|^{\alpha}}<\infty$ 的所有函数构成的集合. 对 $x\in C^{k,\alpha}[a,b]$，定义范数

$$\|x\|_{C^{k,\alpha}}=\sum_{j\neq 0}^{k}\max_{a\leqslant t\leqslant b}|x^{(j)}(t)|+\sup_{\substack{a\leqslant t\leqslant b\\ a\leqslant t_0\leqslant b\\ t\neq t_0}}\frac{|x^{(k)}(t)-x^{(k)}(t_0)|}{|t-t_0|^{\alpha}},$$

则同样类似例 2.1.7，可验证 $C^{k,\alpha}[a,b]$ 的线性运算以及 $\|\cdot\|_{C^{k,\alpha}}$ 满足范数的定义.

$C^{k,\alpha}[a,b]$ 空间在偏微分方程解的正则性估计中起到重要作用.

为了进一步举出常用的赋范空间的例子，需要用到下列引理.

引理 2.1.1 (Young 不等式) 设 $p>1$，$\dfrac{1}{p}+\dfrac{1}{q}=1$，则对任意的 $A\geqslant 0$，$B\geqslant 0$，有

$$A^{\frac{1}{p}}B^{\frac{1}{q}}\leqslant\frac{A}{p}+\frac{B}{q}.$$

证明 当 $A=0$ 或 $B=0$ 时，不等式显然成立. 下设 $A>0$，$B>0$（两边同除以 B 可知推证途径）. 作辅助函数

$$\varphi(t)=t^{\alpha}-\alpha t,\text{其中 } 0<\alpha<1,\ t\in(0,\infty).$$

则在 $(0,1)$ 内有 $\varphi'(t)>0$；在 $(1,\infty)$ 内有 $\varphi'(t)<0$. 因而 $\varphi(1)$ 为 $\varphi(t)$ 在 $(0,\infty)$ 上的最大值，

即 $\varphi(t)\leqslant\varphi(1)=1-\alpha$. 因此，

$$t^{\alpha}\leqslant\alpha t+(1-\alpha),\ \forall\, t\in(0,\infty).$$

令 $t=\dfrac{A}{B}$，$\alpha=\dfrac{1}{p}$，则 $1-\alpha=\dfrac{1}{q}$，且 $\left(\dfrac{A}{B}\right)^{\frac{1}{p}}\leqslant\dfrac{1}{p}\dfrac{A}{B}+\dfrac{1}{q}$，即 $A^{\frac{1}{p}}B^{\frac{1}{q}}\leqslant\dfrac{A}{p}+\dfrac{B}{q}$.

证毕.

注（Young-ε 不等式） 设 $p>1$，$\dfrac{1}{p}+\dfrac{1}{q}=1$，则对任意的 $a>0$，$b>0$，有

$$ab\leqslant\varepsilon\frac{a^{p}}{p}+\frac{1}{\varepsilon^{\frac{q}{p}}}\frac{b^{q}}{q}.$$

引理 2.1.2（Hölder 不等式） 设 $p>1$，$\dfrac{1}{p}+\dfrac{1}{q}=1$.

(1) 设 $f(t)$，$g(t)$ 为 $[a,b]$ 上的 Lebesgue 可测函数，则

$$\int_a^b|f(t)g(t)|\,\mathrm{d}t\leqslant\left(\int_a^b|f(t)|^{p}\mathrm{d}t\right)^{\frac{1}{p}}\left(\int_a^b|g(t)|^{q}\mathrm{d}t\right)^{\frac{1}{q}}.$$

(2) 设 $(a_1,a_2,\cdots,a_n)$ 与 $(b_1,b_2,\cdots,b_n)$ 为 n 元数组，则

$$\sum_{i=1}^{n}|a_ib_i|\leqslant\left(\sum_{i=1}^{n}|a_i|^{p}\right)^{\frac{1}{p}}\left(\sum_{i=1}^{n}|b_i|^{q}\right)^{\frac{1}{q}}.$$

(3) 设 $\{a_i\}$ 与 $\{b_i\}$ 是无穷数列，则

$$\sum_{i=1}^{\infty}|a_ib_i|\leqslant\left(\sum_{i=1}^{\infty}|a_i|^{p}\right)^{\frac{1}{p}}\left(\sum_{i=1}^{\infty}|b_i|^{q}\right)^{\frac{1}{q}}.$$

证明 只证(1)，(2) 与(3) 类似地可证. 若 $\int_a^b|f(t)|^{p}\mathrm{d}t=0$ 或 $\int_a^b|g(t)|^{q}\mathrm{d}t=0$，即 $f(t)=0$ a. e. 或 $g(t)=0$ a. e.，则不等式显然成立；若 $\int_a^b|f(t)|^{p}\mathrm{d}t=+\infty$ 且 $\int_a^b|g(t)|^{q}\mathrm{d}t>0$，或若 $\int_a^b|g(t)|^{q}\mathrm{d}t=+\infty$ 且 $\int_a^b|f(t)|^{p}\mathrm{d}t>0$，则不等式也已成立. 下设

$$0<\int_a^b|f(t)|^{p}\mathrm{d}t,\ \int_a^b|g(t)|^{q}\mathrm{d}t<+\infty.$$

令

$$\varphi(t)=\frac{|f(t)|}{\left(\int_a^b|f(t)|^{p}\mathrm{d}t\right)^{\frac{1}{p}}},\quad\psi(t)=\frac{|g(t)|}{\left(\int_a^b|g(t)|^{q}\mathrm{d}t\right)^{\frac{1}{q}}},$$

并在引理 2.1.1 的 Young 不等式中令 $A=[\varphi(t)]^{p}$，$B=[\psi(t)]^{q}$，则

$$\varphi(t)\psi(t)\leqslant\frac{1}{p}[\varphi(t)]^{p}+\frac{1}{q}[\psi(t)]^{q}$$

由上式可知，$\varphi(t)\psi(t)$ 的 Lebesgue 积分存在. 两边积分得

$$\int_a^b\varphi(t)\psi(t)\,\mathrm{d}t\leqslant\frac{1}{p}\int_a^b[\varphi(t)]^{p}\mathrm{d}t+\frac{1}{q}\int_a^b[\psi(t)]^{q}\mathrm{d}t=\frac{1}{p}+\frac{1}{q}=1.$$

这表明引理 2.1.2(1)是成立的.

证毕.

引理 2.1.3 (Minkowski 不等式) 设 $p\geqslant 1$,

(1) 若 $f(t)$,$g(t)$为$[a,b]$上 Lebesgue 可测函数,则

$$\left(\int_a^b |f(t)+g(t)|^p \mathrm{d}t\right)^{\frac{1}{p}} \leqslant \left(\int_a^b |f(t)|^p \mathrm{d}t\right)^{\frac{1}{p}} + \left(\int_a^b |g(t)|^p \mathrm{d}t\right)^{\frac{1}{p}}.$$

(2) 若$(a_1,a_2,\cdots,a_n)$与$(b_1,b_2,\cdots,b_n)$为 n 元数组,则

$$\left(\sum_{i=1}^n |a_i+b_i|^p\right)^{\frac{1}{p}} \leqslant \left(\sum_{i=1}^n |a_i|^p\right)^{\frac{1}{p}} + \left(\sum_{i=1}^n |b_i|^p\right)^{\frac{1}{p}}.$$

(3) 设$\{a_i\}$与$\{b_i\}$是无穷数列,则

$$\left(\sum_{i=1}^\infty |a_i+b_i|^p\right)^{\frac{1}{p}} \leqslant \left(\sum_{i=1}^\infty |a_i|^p\right)^{\frac{1}{p}} + \left(\sum_{i=1}^\infty |b_i|^p\right)^{\frac{1}{p}}$$

证明 只证(1),(2)与(3)类似地可证. 因为

$$\begin{aligned} &|f(t)+g(t)|^p \leqslant (|f(t)|+|g(t)|)^p \\ &\leqslant (2\max\{|f(t)|,|g(t)|\}|^p \leqslant 2^p(|f(t)|^p+|g(t)|^p), \end{aligned} \tag{2.1.3}$$

若$\int_a^b |f(t)|^p \mathrm{d}t=+\infty$ 或$\int_a^b |g(t)|^p \mathrm{d}t=+\infty$,则由式(2.1.3) 得

$$\int_a^b |f(t)+g(t)|^p \mathrm{d}t \leqslant +\infty,$$

此时不等式已成立;若$\int_a^b |f(t)+g(t)|^p \mathrm{d}t=0$,则不等式也已成立. 不妨设

$$\int_a^b |f(t)|^p \mathrm{d}t<+\infty, \int_a^b |g(t)|^p \mathrm{d}t<+\infty, \text{且} \int_a^b |f(t)+g(t)|^p \mathrm{d}t>0,$$

此时,由式(2.1.3)得

$$\int_a^b |f(t)+g(t)|^p \mathrm{d}t \leqslant 2^p\left(\int_a^b |f(t)|^p \mathrm{d}t+\int_a^b |g(t)|^p \mathrm{d}t\right)<+\infty.$$

当 $p=1$,由$|f(t)+g(t)|\leqslant|f(t)|+|g(t)|$得

$$\int_a^b |f(t)+g(t)| \mathrm{d}t \leqslant \int_a^b |f(t)| \mathrm{d}t+\int_a^b |g(t)| \mathrm{d}t.$$

当 $p>1$,因$|f(t)|$,$|g(t)|$,$|f(t)+g(t)|$都是 Lebesgue 可测的,又因$(p-1)q=p$,由引理 2.1.2(1)的 Hölder 不等式得

$$\int_a^b |f(t)+g(t)|^p \mathrm{d}t \leqslant \int_a^b |f(t)|\cdot|f(t)+g(t)|^{p-1} \mathrm{d}t+\int_a^b |g(t)|\cdot|f(t)+g(t)|^{p-1} \mathrm{d}t \leqslant$$

$$\left(\int_a^b |f(t)|^p \mathrm{d}t\right)^{\frac{1}{p}}\left(\int_a^b |f(t)+g(t)|^p \mathrm{d}t\right)^{\frac{1}{q}}+\left(\int_a^b |g(t)|^p \mathrm{d}t\right)^{\frac{1}{p}}\left(\int_a^b |f(t)+g(t)|^p \mathrm{d}t\right)^{\frac{1}{q}},$$

两边同除以$\left(\int_a^b |f(t)+g(t)|^p \mathrm{d}t\right)^{\frac{1}{q}}$,得

$$\left(\int_a^b |f(t)+g(t)|^p \mathrm{d}t\right)^{\frac{1}{p}} \leqslant \left(\int_a^b |f(t)|^p \mathrm{d}t\right)^{\frac{1}{p}}+\left(\int_a^b |g(t)|^p \mathrm{d}t\right)^{\frac{1}{p}}.$$

证毕.

引理 2.1.4 (Clarkson 第一不等式)　设 $2\leqslant p<\infty$，则对 $\forall f,g\in L^p$，有

$$\left\|\frac{f+g}{2}\right\|_{L^p}^p+\left\|\frac{f-g}{2}\right\|_{L^p}^p\leqslant\frac{1}{2}(\|f\|_{L^p}^p+\|g\|_{L^p}^p).$$

证明　由于一元函数 $(x^2+1)^{\frac{p}{2}}-x^p-1$ 在 $[0,+\infty)$ 上单调递增，则

$$(x^2+1)^{\frac{p}{2}}-x^p-1\geqslant 0,x\in[0,+\infty).$$

令 $x=\dfrac{\alpha}{\beta}$ 且 $\alpha,\beta\geqslant 0$，于是有

$$\alpha^p+\beta^p\leqslant(\alpha^2+\beta^2)^{\frac{p}{2}},\ \alpha,\beta\geqslant 0.$$

在此不等式中取 $\alpha=\left|\dfrac{a+b}{2}\right|$ 和 $\beta=\left|\dfrac{a-b}{2}\right|$，可得

$$\left|\frac{a+b}{2}\right|^p+\left|\frac{a-b}{2}\right|^p\leqslant\left(\left|\frac{a+b}{2}\right|^2+\left|\frac{a-b}{2}\right|^2\right)^{\frac{p}{2}}=\left(\frac{a^2}{2}+\frac{b^2}{2}\right)^{\frac{p}{2}}\leqslant\frac{1}{2}|a|^p+\frac{1}{2}|b|^p,$$

其中，最后一个不等式当 $p\geqslant 2$ 时，函数 $|x|^{\frac{p}{2}}$ 是凸函数. 最后取 $a=f(x)$，$b=g(x)$，可得 Clarkson 不等式.

证毕.

推论 2.1.1 (Clarkson 第二不等式)　当 $1<p\leqslant 2$ 时，对 $\forall f,g\in L^p$，有

$$\left\|\frac{f+g}{2}\right\|_{L^p}^{p'}+\left\|\frac{f-g}{2}\right\|_{L^p}^{p'}\leqslant\left(\frac{1}{2}\|f\|_{L^p}^p+\frac{1}{2}\|g\|_{L^p}^p\right)^{\frac{1}{p-1}},$$

其中 $\dfrac{1}{p}+\dfrac{1}{p'}=1$.

例 2.1.9 欧氏(Euclid)　空间 K^n.

对 n 元数组空间(例 2.1.1)中的点 $x=(a_1,a_2,\cdots,a_n)$ 定义范数

$$\|x\|=\left(\sum_{i=1}^n|a_i|^2\right)^{\frac{1}{2}},$$

利用引理 2.1.3(2)中的 Minkowski 不等式($p=2$)，容易验证 $\|\cdot\|$ 是范数(明确起见，称为欧氏范数). 此空间称为 n 维欧氏空间，记作 K^n，当 $K=R$ 记作 R^n，当 $K=\mathbb{C}$ 记作 $\mathbb{C}^n$. 点 $x=(a_1,a_2,\cdots,a_n)$ 与点 $y=(b_1,b_2,\cdots,b_n)$ 的距离

$$\rho(x,y)=\|x-y\|=\left(\sum_{i=1}^n|a_i-b_i|^2\right)^{\frac{1}{2}},$$

正是多元微积分中用到的通常的距离.

例 2.1.10　空间 $(K^n,\|\cdot\|_p)$ 与 $(K^n,\|\cdot\|_\infty)$，其中 $p\in[1,+\infty)$，$p\neq 2$.

若对 K^n 中的点 $x=(a_1,a_2,\cdots,a_n)$，定义

$$\|x\|_p=\left(\sum_{i=1}^n|a_i|^p\right)^{\frac{1}{p}},\ \|x\|_\infty=\max_{1\leqslant i\leqslant n}|a_i|.$$

当 $p\in[1,2)\cup(2,+\infty)$，利用引理 2.1.3(1)中的 Minkowski 不等式，容易验证 $\|\cdot\|$ 是 K^n 上的范数. 由于

$$\|x\|_\infty\leqslant\|x\|_p\leqslant n^{\frac{1}{p}}\|x\|_\infty,$$

故 $\|x\|_\infty=\lim\limits_{p\to+\infty}\|x\|_p$，由此容易验证 $\|\cdot\|_\infty$ 是 R^n 上的范数. $(K^n,\|\cdot\|_p)$ 与

$(K^n, \|\cdot\|_\infty)$是不同于欧氏空间的赋范空间(区别起见，$\|\cdot\|_p$ 称为 p-范数，$p\neq 2$).

在例 2.1.10 中，不同的 p 对应不同的赋范空间. 例 2.1.10 表明，n 维赋范空间可有无限多个.

例 2.1.11 空间 $l^p(1\leqslant p<+\infty)$及 l^∞.

设 $l^p=\left\{x=\{a_i\}_{i=1}^\infty \mid \sum\limits_{i=1}^\infty |a_i|^p<+\infty\right\}$，则 l^p 是无穷数列空间的子集. 对 $x=\{a_i\}\in l^p$，定义

$$\|x\|=\left(\sum_{i=1}^\infty |a_i|^p\right)^{\frac{1}{p}}.$$

利用引理 2.1.3(3)中的 Minkowski 不等式，容易验证 l^p 是线性空间，$\|\cdot\|$ 是 l^p 上的范数. 因此 l^p 是赋范空间.

设 $l^\infty=\{x=\{a_i\}_{i=1}^\infty \mid \sup\limits_{i\geqslant 1}|a_i|<+\infty\}$，对 $x=\{a_i\}\in l^\infty$，定义

$$\|x\|=\sup_{i\geqslant 1}|a_i|.$$

用类似于例 2.1.7 的方法容易验证 l^∞ 是线性空间且 $\|\cdot\|$ 是 l^∞ 上的范数. 因此，l^∞ 是赋范空间.

例 2.1.12 空间 $L^p[a,b]$ $(1\leqslant p<+\infty)$及 $L^\infty[a,b]$.

设 $L^p[a,b]=\left\{f \mid f(t)\text{ 在}[a,b]\text{上 Lebesgue 可测，且}\int_a^b |f(t)|^p\mathrm{d}t<+\infty\right\}$，$f,g\in L^p[a,b]$，$f=g$ 当且仅当 $f(t)=g(t)$ a. e.，则 $L^p[a,b]$是函数空间的子集. 定义

$$\|f\|=\left(\int_a^b |f(t)|^p\mathrm{d}t\right)^{\frac{1}{p}}.$$

由于两个可测函数的线性组合仍是可测的，两个零测集之并仍是零测集，根据例 2.1.3，并利用引理 2.1.3(1)的 Minkowski 不等式，容易验证 $L^p[a,b]$是线性空间，且 $\|\cdot\|$ 是 $L^p[a,b]$上的范数. 因此，$L^p[a,b](1\leqslant p<+\infty)$是赋范空间.

$[a,b]$上的可测函数称为本性有界的，是指除去$[a,b]$的某个零测子集 E 外，在$[a,b]\setminus E$ 上是有界的. 设 $L^\infty[a,b]$为$[a,b]$上本性有界 Lebesgue 可测函数全体. $f\in L^\infty[a,b]$，若 α 满足 $m(\{t\in[a,b] \mid |f(t)|>\alpha\})=0$，则称 α 是 f 的本性上界. 若 α 是 f 的本性上界，则 $|f(t)|\leqslant\alpha$，a. e.，记

$$\|f\|_\infty=\inf\{\alpha \mid \alpha\text{ 是 } f \text{ 在}[a,b]\text{的本性上界}\},$$

称 $\|f\|_\infty$ 为 f 的本性上确界(也记为$\operatorname*{ess\,sup}\limits_{t\in[a,b]}|f(t)|$)，即

$$\|f\|_\infty=\inf_{mE=0}\sup_{t\in[a,b]\setminus E}|f(t)|.$$

由于两个本性有界可测函数的线性组合仍是本性有界的可测函数，所以 $L^\infty[a,b]$是线性空间(联系例 2.1.3). 下面证明 $\|\cdot\|_\infty$ 是范数. 先证 $\forall f\in L^\infty[a,b]$，必存在 $E\subset[a,b]$使 $mE=0$ 且

$$\|f\|_\infty=\sup_{t\in[a,b]\setminus E}|f(t)|. \tag{2.1.4}$$

事实上，$\forall n$，按下确界的定义，可取 $E_n\subset[a,b]$，$mE_n=0$，使 $\sup\limits_{t\in[a,b]\setminus E_n}|f(t)|\leqslant\|f\|_\infty+$

$\frac{1}{n}$. 记 $E=\bigcup\limits_{n=1}^{\infty}E_n$，则 $mE_n=0$，且

$$\|f\|_\infty\leqslant\sup_{t\in[a,b]\setminus E}|f(t)|\leqslant\sup_{t\in[a,b]\setminus E_n}|f(t)|\leqslant\|f\|_\infty+\frac{1}{n}.$$

E 与 n 无关，令 $n\to\infty$ 得，$\|f\|_\infty=\sup\limits_{t\in[a,b]\setminus E}|f(t)|$.

(1) 显然 $\|f\|_\infty\geqslant 0$，若 $f=\theta$，即 $f(t)=0$, a. e.，则 $\|f\|_\infty=0$. 反之，若 $\|f\|_\infty=0$，则由式(2.1.4)得，存在 $E\subset[a,b]$，$mE=0$，$\forall t\in[a,b]\setminus E$，有 $f(t)=0$. 于是 $f(t)=0$, a. e.，即 $f=\theta$.

(2) 显然 $\|\alpha f\|_\infty=|\alpha|\,\|f\|_\infty$.

(3) 设 $f,g\in L^\infty[a,b]$，则由式(2.1.4)得，存在 $E_1,E_2\subset[a,b]$，$mE_1=mE_2=0$，有 $\|f\|_\infty=\sup\limits_{t\in[a,b]\setminus E_1}|f(t)|$，$\|g\|_\infty=\sup\limits_{t\in[a,b]\setminus E_2}|g(t)|$. 于是

$$\begin{aligned}\|f+g\|_\infty&\leqslant\sup_{t\in[a,b]\setminus(E_1\cup E_2)}|f(t)+g(t)|\\&\leqslant\sup_{t\in[a,b]\setminus(E_1\cup E_2)}|f(t)|+\sup_{t\in[a,b]\setminus(E_1\cup E_2)}|g(t)|\\&\leqslant\sup_{t\in[a,b]\setminus E_1}|f(t)|+\sup_{t\in[a,b]\setminus E_2}|g(t)|\\&=\|f\|_\infty+\|g\|_\infty\end{aligned}$$

所以，$L^\infty[a,b]$ 依 $\|\cdot\|_\infty$ 称为赋范空间.

注　(1) 本性上确界与上确界是不同的概念，二者的差别可由下面的例子看出：

$$f(t)=\begin{cases}1, & t\in[0,1),\\ 2, & t=1,\end{cases}\qquad g(t)=\begin{cases}-1, & t\in[0,1)\setminus\frac{1}{n},\\ n, & t=\frac{1}{n},n=1,2,\cdots,\end{cases}$$

则 $\sup|f(t)|=2$，$\|f\|_\infty=1$；$\sup|g(t)|=+\infty$，$\|g\|_\infty=1$.

(2) 例 2.1.10、例 2.1.11、例 2.1.12 中的范数常统称为 p-范数. 借助于 p-范数概念，引理 2.1.2 中的 Hölder 不等式可以形式地记为 $\|fg\|_1\leqslant\|f\|_p\,\|g\|_q$ 等，引理 2.1.3 中的 Minkowski 不等式可以形式地记为 $\|f+g\|_p\leqslant\|f\|_p+\|g\|_p$ 等，形式如此简明！由此可以体会到抽象语言的力量.

(3) 对于 $1\leqslant p\leqslant q\leqslant+\infty$，应用 Hölder 不等式可以得到

$$l^1\subset l^p\subset l^q\subset l^\infty,\ L^\infty[a,b]\subset L^q[a,b]\subset L^p[a,b]\subset L^1[a,b].$$

但当 $a=1,b=+\infty$ 时，即 $[a,b]=[1,+\infty)$ 无界时，$L^p[1,+\infty)$ 不包含 $L^q[1,+\infty)$.

例如，取 $p=1<q=2<\infty$ 和 $f(x)=\frac{1}{x}$.

$$\|f\|_{L^2}=\left(\int_1^{+\infty}|f(x)|^2\mathrm{d}x\right)^{\frac{1}{2}}=\left(\int_1^{+\infty}\frac{1}{x^2}\mathrm{d}x\right)^{\frac{1}{2}}=\left(-\frac{1}{x}\Big|_1^{+\infty}\right)^{\frac{1}{2}}=1$$

于是，$f\in L^2[1,+\infty)$，但 $\|f\|_{L^1}=\int_1^{+\infty}\left|\frac{1}{x}\right|\mathrm{d}x=\ln x\Big|_1^{+\infty}=+\infty$，于是 $f\notin L^1[1,+\infty)$，则

$$L^2[1,+\infty)\not\subset L^1[1,+\infty).$$

不过当区域$[a,b]$无界时，虽然空间 L^p 和 L^q 无包含关系($p\neq q$)，但有下面更广泛的一个包含关系. 无论区域有界还是无界，只要 $0<p_0<p<p_1\leqslant\infty$，就有

$$L^{p_0}\cap L^{p_1}\subset L^p\subset L^{p_0}+L^{p_1}.$$

引理 2.1.5 设 $0<p_0<p<p_1\leqslant\infty$ 和 $0<\theta<1$，记 $\frac{1}{p}=\frac{1-\theta}{p_0}+\frac{\theta}{p_1}$.

(1) 若 $f\in L^{p_0}\cap L^{p_1}$，则 $f\in L^p$ 且 $\|f\|_{L^p}\leqslant\|f\|_{L^{p_0}}^{1-\theta}\|f\|_{L^{p_1}}^{\theta}$；

(2) 若 $f\in L^p$，则存在 $g\in L^{p_0}$ 和 $h\in L^{p_1}$ 使得 $f=g+h$，且

$$\left\|g\right\|_{L^{p_0}}^{1-\theta}\left\|h\right\|_{L^{p_1}}^{\theta}\leqslant\left\|f\right\|_{L^p}.$$

证明 (1) 令 $1-\gamma=\frac{(1-\theta)p}{p_0}$，则 $\gamma=\frac{\theta p}{p_1}$. 由 Hölder 不等式可得

$$\begin{aligned}\|f\|_{L^p}&=\left(\int|f|^p\mathrm{d}x\right)^{\frac{1}{p}}=\left(\int|f|^{p(1-\theta)}|f|^{p\theta}\mathrm{d}x\right)^{\frac{1}{p}}\\&\leqslant\left(\int|f|^{\frac{1-\theta}{1-\gamma}}\mathrm{d}x\right)^{\frac{1-\gamma}{p}}\left(\int|f|^{\frac{\theta p}{\gamma}}\mathrm{d}x\right)^{\frac{\gamma}{p}}\\&=\left(\int|f|^{p_0}\mathrm{d}x\right)^{\frac{1-\theta}{p_0}}\left(\int|f|^{p_1}\mathrm{d}x\right)^{\frac{\theta}{p_1}}\\&=\left\|f\right\|_{L^{p_0}}^{1-\theta}\left\|f\right\|_{L^{p_1}}^{\theta}.\end{aligned}$$

(2) 取 $g=f_{(|f|>1)}$ 和 $h=f-g$，显然有 $|g|^{p_0}\leqslant|f|^p$ 且 $\left\|g\right\|_{L^{p_0}}\leqslant\left\|f\right\|_{L^p}^{\frac{p}{p_0}}$，以及 $|h|\leqslant1$ 且 $|h|^{p_1}\leqslant|h|^p\leqslant\left\|f\right\|^p$ 和 $\left\|h\right\|_{L^{p_1}}\leqslant\left\|f\right\|_{L^p}^{\frac{p}{p_1}}$. 于是 $\left\|g\right\|_{L^{p_0}}^{1-\theta}\left\|h\right\|_{L^{p_1}}^{\theta}\leqslant\left\|f\right\|_{L^p}^{(1-\theta)\frac{p}{p_0}+\theta\frac{p}{p_1}}=\left\|f\right\|_{L^p}$.

证毕.

例 2.1.13 Orlicz 空间L^φ.

设 $\varphi(t)$是$[0,+\infty)$上非递减的凸函数，且 $\varphi(0)=0$，$\lim\limits_{t\to\infty}\frac{\varphi(t)}{t}=+\infty$. 定义 Orlicz 空间为 $L^\varphi(\Omega)=\left\{f\mid f\text{ 在 }\Omega\text{ 上可测，且 }\exists\lambda>0\text{，使得}\int_\Omega\varphi\left(\frac{f(x)}{\lambda}\right)\mathrm{d}x<\infty\right\}$，则称范数

$$\|f\|_{L^\varphi}=\inf\left\{\lambda>0\,\middle|\,\int_\Omega\varphi\left(\frac{|f(x)|}{\lambda}\right)\mathrm{d}x\leqslant1\right\}.$$

为 Luxemburg 范数.

注 Orlicz 空间 $L^\varphi(\Omega)$在 Luxemburg 范数下是一个 Banach 空间(赋范线性空间)，其完备性的证明与 L^p 相似. 需要说明的是，若 $1<p<\infty$，且 $\varphi(t)=\frac{t^p}{p}$，则

$$L^\varphi(\Omega)=L^p(\Omega)\text{且}\|f\|_{L^\varphi}=p^{-\frac{1}{p}}\|f\|_{L^p}.$$

定义 2.1.6 设 f 是区域$\Omega\subset R^N$ 上的可测出函数，对 $\forall t>0$，称函数

$$m_f(t)=m\{x\in\Omega\mid|f(x)|>t\}$$

为 f 的分布函数，其中 $m\{E\}$表示区域 E 的 Lebesgue 测度.

引理 2.1.6 设 $f\in L^p(\Omega)$，$0<p<\infty$，则

$$\| f \|_{L^p}^p = p\int_0^{+\infty} t^{p-1} m_f(t)\mathrm{d}t.$$

证明

$$p\int_0^{+\infty} t^{p-1} m_f(t)\mathrm{d}t = p\int_0^{+\infty} t^{p-1}\int_\Omega \chi_{\{x\in\Omega \| f(x)|>t\}}\mathrm{d}x\mathrm{d}t = \int_\Omega\int_0^{|f(x)|} pt^{p-1}\mathrm{d}t\mathrm{d}x$$

$$= \int_\Omega |f(x)|^p\mathrm{d}x = \left\| f\right\|_{L^p}^p,$$

其中第 2 个等号由 Fubini 定理保证，χ_E 表示集合 E 上的特征函数.

定义 2.1.7 (弱 L^p 空间)　设 f 是区域 $\Omega\subset R^N$ 上的可测函数，对 $\forall\, 0<p<\infty$，若满足

$$\| f \|_{L^{p,\infty}} = \inf\{c>0 \mid (t^p\cdot m_f(t))^{\frac{1}{p}}\leqslant c, \forall\, t>0\} = \sup\{t\cdot (m_f(t))^{\frac{1}{p}} \mid t>0\},$$

$$\| f \|_{L^{p,\infty}} \stackrel{\Delta}{=} \inf\{c>0 \mid (t^p m_f(t))^{\frac{1}{p}}\leqslant c, \forall\, t>0\}<\infty.$$

将所有满足上式的可测函数收集组成一个集合，记为 $L^{p,\infty}(\Omega)$，并称为弱 L^p 空间.

注　$\| f \|_{L^{p,\infty}}$ 不是范数，而是拟范数，相应地，$L^{p,\infty}$ 不是赋范空间，而是拟赋范空间，对 $\forall\, f,g\in L^{p,\infty}$ 有

$$\| f+g \|_{L^{p,\infty}} \leqslant C_p(\| f \|_{L^{p,\infty}} + \| g \|_{L^{p,\infty}}),$$

其中，$C_p=\max\{2,2^{\frac{1}{p}}\}$.

此外，可引出下列包含关系

引理 2.1.7　$L^p(\Omega)\subsetneqq L^{p,\infty}(\Omega)$，$\forall\, 0<p<\infty$.

证明　由 Chebyshev 不等式

$$t^p\cdot m_f(t)\leqslant \int_{\{x\mid |f(x)|>t\}} |f(x)|^p\mathrm{d}x \leqslant \| f \|_{L^p}^p,$$

和弱 L^p 空间的定义，可得 $\| f \|_{L^{p,\infty}}\leqslant \| f \|_{L^p}^p$

在区间(0,1)上取函数

$$g(x)=\frac{1}{x^{\frac{1}{p}}}, p>0$$

则 $\left\| g\right\|_{L^p(0,1)}^p = \int_0^1 |g(x)|^p\mathrm{d}x = \int_0^1 \frac{1}{x}\mathrm{d}x = \infty$ 积分发散，于是 $g\notin L^p(0,1)$.

对 $\forall\, t>0$，由 $m_g(t)=m\{x\in(0,1) \| g(x)|>t\}$，可得

$$t\,(m_g(t))^{\frac{1}{p}}\leqslant 1.$$

根据弱 L^p 范数的定义，可得

$$\| g \|_{L^{p,\infty}}=1.$$

则 $g\in L^{p,\infty}$.

证毕.

由 L^p 收敛可得出弱 L^p 收敛，进而又可得出依测度收敛.

引理 2.1.8*　令 $0<p\leqslant\infty$，有

(1) 若 $f_n,f\in L^p$，且在 L^p 中 $f_n\xrightarrow{L^p}f$，则在弱 L^p 空间中，$f_n\xrightarrow{L^{p,\infty}}f$.

(2) 若在弱 L^p 空间中，$f_n\to f$，则 f_n 依测度收敛于 f，即 $f_n\Rightarrow f$.

证明 (1) 包含关系 $L^p\subset L^{p,\infty}$，对 $\forall\,\varepsilon>0$，有

$$\varepsilon^p m\{x\in\Omega \,\|\, f_n(x)-f(x)\,|>\varepsilon\}\leqslant\int_\Omega |f_n(x)-f(x)|^p\mathrm{d}x,$$

由此在 L^p 中可得 f_n 在 $L^{p,\infty}$ 中收敛于 f.

(2) 对任意给定的 $\varepsilon>0$，由 $f_n\xrightarrow{L^{p,\infty}}f$ 可得

$$\|f_n-f\|_{L^{p,\infty}}<\varepsilon^{1+\frac{1}{p}}$$

而由弱 L^p 空间的拟范数

$$\begin{aligned}\|f_n-f\|_{L^{p,\infty}}&=\sup\{t(m_{f_n-f}(t))^{\frac{1}{p}}\,|\,t>0\}\\&=\sup\{t(m\{x\in\Omega\,|\,|f_n(x)-f(x)|>t\})^{\frac{1}{p}}\,|\,t>0\}.\end{aligned}$$

于是，$\sup\{t\,(m\{x\in\Omega \,\|\, f_n(x)-f(x)|>t\})^{\frac{1}{p}}\,|\,t>0\}\leqslant\varepsilon^{1+\frac{1}{p}}$，取 $t=\varepsilon$，可得

$$m\{x\in\Omega \,\|\, f_n(x)-f(x)|>\varepsilon\}\leqslant\varepsilon.$$

则 $f_n\Rightarrow f$. 上述过程，反过来是不对的.

证毕.

通常，一个线性空间上未必定义了度量；反之，一个度量空间也未必是线性的. 正如本节开头所述，度量空间是有度量结构而无代数结构的空间，线性空间是有代数结构而无度量结构的空间，只有赋范空间才是度量结构与代数结构的结合，是有很好性态的空间. 前述的例子表明，很多空间可以纳入赋范空间的框架. 因此，研究一般赋范空间的性质是十分重要的. 以下重点讨论赋范空间的理论问题，当仅涉及线性运算时，可以在线性空间的框架下讨论；当仅涉及度量概念时，可以在度量空间的框架下讨论. 这两种框架下的讨论结果，对于赋范空间来说都是适用的.

§2.2 收敛性及空间上的映射

2.2.1 收敛性

通俗地说，收敛就是距离趋近于零. 本节将在度量空间的框架下引入与收敛及收敛有关的一些概念，并讨论它们的基本性质.

定义 2.2.1 设 (X,ρ) 为度量空间，点列 $\{x_n\}\subset X$. 若存在点 $x\in X$ 使 $\lim\limits_{n\to\infty}\rho(x_n,x)=0$，则称点列 $\{x_n\}$ 收敛于 x，x 为 $\{x_n\}$ 的极限，记作 $\lim\limits_{n\to\infty}x_n=x$，或 $x_n\to x\,(n\to\infty)$.

按上述定义，收敛与度量有关. 若同一非空集合上定义不同的度量，则视为不同的度量空间，导出的收敛性可能会不相同.

若 (X,ρ) 中的点列 $\{x_n\}$ 收敛，则极限必是唯一的. 事实上，设 $\lim\limits_{n\to\infty}x_n=x$，$\lim\limits_{n\to\infty}y_n=y$，则 $\forall\,n$，有

$$\rho(x,y)\leqslant\rho(x,x_n)+\rho(x_n,y).$$

令 $n\to\infty$，得 $\rho(x,y)=0$，由正定性可知 $x=y$.

对赋范空间 X 而言，由于 $\rho(x_n,x)=\|x_n-x\|$，因此 $\lim\limits_{n\to\infty}x_n=x$ 意即 $\lim\limits_{n\to\infty}\|x_n-x\|=0$. 有时明确地称此收敛为依范数收敛或强收敛. 在赋范空间中可以讨论级数. X 中的级数 $\sum\limits_{i=1}^{\infty}x_i$ 称为收敛的，是指存在 $x\in X$ 使 $x=\lim\limits_{n\to\infty}\sum\limits_{i=1}^{n}x_i$.

例 2.2.1　在欧氏空间 K^n 中，点列收敛等价于依坐标(分量)收敛.

事实上，设 $\{x_k\}\subset K^n$，$x\in K^n$，其中 $x_k=(a_1^{(k)},a_2^{(k)},\cdots,a_n^{(k)})$，$x=(a_1,a_2,\cdots,a_n)$，有

$$\|x_k-x\|=\left(\sum_{i=1}^{n}|a_i^{(k)}-a_i|^2\right)^{\frac{1}{2}},$$

$$|a_i^{(k)}-a_i|\leqslant\|x_k-x\|\leqslant|a_1^{(k)}-a_1|+|a_2^{(k)}-a_2|+\cdots+|a_n^{(k)}-a_n|.$$

于是，$\lim\limits_{k\to\infty}x_k=x\Leftrightarrow\lim\limits_{k\to\infty}a_i^{(k)}=a_i$，$i=1,2,\cdots,n$.

例 2.2.2　在连续函数空间 $C[a,b]$ 中，点列收敛等价于函数列一致收敛.

设 $x_n=x_n(t)$，$x=x(t)\in C[a,b]$，有

$$\|x_n-x\|=\max_{a\leqslant t\leqslant b}|x_n(t)-x(t)|.$$

于是

$$\begin{aligned}&\lim_{n\to\infty}x_n=x\Leftrightarrow\forall\varepsilon>0,\exists N,\forall n>N,\|x_n-x\|<\varepsilon\\&\Leftrightarrow\forall\varepsilon>0,\exists N,\forall n>N,\forall t\in[a,b],|x_n(t)-x(t)|<\varepsilon\\&\Leftrightarrow\text{函数列}\{x_n(t)\}\text{在}[a,b]\text{上一致收敛于}x(t).\end{aligned}$$

例 2.2.3　在离散度量空间 X 中，由于 $\forall\varepsilon\in(0,1)$，$\rho(x_n,x)<\varepsilon$ 等价于 $x_n=x$，因此点列 $\{x_n\}$ 收敛于 x 意味着 $\{x_n\}$ 基本上是常点列，即存在正整数 N，$n>N$ 必有 $x_n=x$，从而 $\{x_n\}$ 就是 $x_1,x_2,\cdots,x_N,x,\cdots,x,\cdots$.

例 2.2.4　在 $L^p[a,b](1\leqslant p<+\infty)$ 中，点列 $\{f_n\}$ 收敛于 f，即

$$\|f_n-f\|=\left(\int_a^b|f_n(t)-f(t)|^p\mathrm{d}t\right)^{\frac{1}{p}}\to0\ (n\to\infty).$$

这种收敛被称为函数列 $\{f_n(t)\}$ 的 p 次幂平均收敛. 特别地，当 $p=2$ 时，其物理意义是按能量收敛. 由函数列 $\{f_n(t)\}$ 的 p 次幂平均收敛，一般不能得到 $\{f_n(t)\}$ 逐点(对每点 $t\in[a,b]$)收敛于 $f(t)$，但必定存在子列 $\{f_{n_k}(t)\}$，使 $f_{n_k}(t)\to f(t)\quad(n\to\infty)$ a. e..(参见后面定理 2.3.1 中相应的证明).

本书第 1 章定理 1.3.11 提到 Fatou 引理是不等式的形式，Brezis-Lie 引入一个修正项使 Fatou 引理从不等式变成一个等式. 此 Fatou 引理的等式形式在测度论中有重要价值，并且已经成功解决了变分学中的一些问题.

引理 2.2.1* (Brezis-Lieb 引理)　设 $\Omega\subset R^N$ 是一个开集，令 $u_n\subset L^p(\Omega)$ 且 $1\leqslant p<\infty$. 若

(1) u_n 在 $L^p(\Omega)$ 空间中有界；

(2) $u_n\to u$ a. e. Ω

则

$$\lim_{n\to\infty}\left(\left\|u_n\right\|_{L^p}^p-\left\|u_n-u\right\|_{L^p}^p\right)=\left\|u\right\|_{L^p}^p$$

或

$$\lim_{n\to\infty}\int_\Omega \| u_n(x) |^p - | u_n(x) - u(x) |^p - | u(x) |^p | \mathrm{d}x = 0$$

证明 分两步进行.

第一步,先证明不等式:当 $1\leqslant p<\infty$ 时,对 $\forall\varepsilon>0$,$\exists$ 常数 $C_\varepsilon>0$,使得对任意实数 $a,b\in R^1$,都有

$$||a+b|^p-|b|^p|\leqslant\varepsilon|b|^p+C_\varepsilon|a|^p. \tag{2.2.1}$$

由于 $1\leqslant p<\infty$,则 $|t|^p$ 关于 t 是凸函数. 对 $\forall\lambda\in(0,1)$ 可得

$$\begin{aligned}|a+b|^p&\leqslant[(1-\lambda)(1-\lambda)^{-1}|a|+\lambda\lambda^{-1}|b|]^p\\&\leqslant(1-\lambda)^{1-p}|a|^p+\lambda^{1-p}|b|^p.\end{aligned}$$

取 $\lambda=(1+\varepsilon)^{-\frac{1}{p-1}}$ 可得结论.

第二步,根据 Fatou 引理,显然有

$$\|u\|_{L^p}^p\leqslant\varliminf_{n\to\infty}\|u_n\|_{L^p}^p<\infty.$$

在式(2.2.1)中取 $b=u_n-u$ 和 $a=u$,于是对 $\forall\varepsilon>0$,可得

$$\|(u_n-u)+u|^p-|u_n-u|^p|\leqslant\varepsilon|u_n-u|^p+C(\varepsilon)|u|^p,$$

则

$$\|(u_n-u)+u|^p-|u_n-u|^p-|u|^p|\leqslant\varepsilon|u_n-u|^p+(1+C(\varepsilon))|u|^p.$$

记 $G_n^\varepsilon=(\|u_n|^p-|u_n-u|^p-|u|^p|-\varepsilon|u_n-u|^p)^+$,其中 $(f)^+=\max\{0,f(x)\}$ 表示函数 f 的正部. 于是由上述不等式可得

$$G_n^\varepsilon\leqslant(1+C(\varepsilon))|u|^p.$$

由于在 Ω 中 $G_n^\varepsilon(x)\to0$ a. e.,结合 Lebesgue 控制收敛定理,当 $n\to\infty$ 时,有

$$\int_\Omega G_n^\varepsilon(x)\mathrm{d}x\to0.$$

由于 $\|u_n|^p-|u_n-u|^p-|u|^p|\leqslant G_n^\varepsilon+\varepsilon|u_n-u|^p$,可得

$$\lim_{n\to\infty}\int_\Omega\|u_n|^p-|u_n-u|^p-|u|^p|\mathrm{d}x\leqslant M\varepsilon,$$

其中,$M=\int_\Omega|u_n-u|^p\mathrm{d}x\leqslant2^p\int_\Omega(|u_n|^p+|u|^p)\mathrm{d}x\leqslant2^{p+1}\int_\Omega|u_n|^p\mathrm{d}x$. 再结合 u_n 在 L^p 中有界(即 $\left(\int_\Omega|u_n|^p\mathrm{d}x\right)^{\frac{1}{p}}\leqslant C$) 和 $\varepsilon>0$ 的任意性,引理得证.

证毕.

从上述几例可以看到,极限在具体的空间有各自具体的含义,但都可以抽象统一于度量空间的极限概念中加以描述,这种思想方法十分富有成效.

2.2.2 空间上的映射

空间与空间之间的关系往往通过映射加以讨论. 习惯上,将从度量空间到度量空间的映射仍称为映射,从度量空间到数域(特殊的赋范空间)的映射称为函数或泛函,从线性空

间到线性空间的映射称为算子或变换，从线性空间到数域的映射称为泛函. 点 x 在映射 T 下的像点及集 A 在映射下的像集常常分别记为 Tx 与 TA. 点 y 与集 B 在 T 下的原像(逆像)分别记为 $T^{-1}y$ 与 $T^{-1}B$.

定义 2.2.2　设 X,Y 是同一数域 K 上的线性空间，T 是从 X 到 Y 的映射. 若 T 满足

$$T(x+y)=Tx+Ty,T(\alpha x)=\alpha Tx,(\alpha\in K,x,y\in X) \tag{2.2.2}$$

则称 T 是从 X 到 Y 的线性算子，当 Y 是数域时，称 T 为线性泛函. 若式(2.2.2)中两条件不全成立，则称 T 为非线性算子. T 的值域 $R(T)=TX(\subset Y)$ 也称为 T 的像空间，$N(T)=T^{-1}(\theta)=\{x\in X\mid Tx=\theta\}$ 称为 T 的零空间或核空间.

式(2.2.2)中两条件等价于

$$T(\alpha x+\beta y)=\alpha Tx+\beta Ty,\quad (\alpha,\beta\in K,x,y\in X).$$

这意味着 T 保持线性运算. 由定义(2.2.2)第二个条件可得 $T\theta=\theta$，即线性算子将零元映射为零元.

常见的线性算子的例子很多，若 $Tx=\alpha x(x\in X)$，其中 $\alpha\in K$ 为常数，则 T 是从线性空间 X 到自身的线性算子；当 $\alpha=0$ 时称为零算子；当 $\alpha\neq 0$ 时称为相似算子，并记作 αI；当 $\alpha=1$，$T=I$ 称为单位算子或恒等算子.

例 2.2.5　设 $X=K^n,Y=K^m,A=(a_{ij})$ 为 $m\times n$ 矩阵，其中 $a_{ij}\in K$. 定义 $T:K^n\rightarrow K^m$，$T(x_1,x_2,\cdots,x_n)=(y_1,y_2,\cdots,y_m)$，使得 $y_i=\sum\limits_{j=1}^{n}a_{ij}x_j,i=1,2,\cdots,m$. 即

$$\begin{pmatrix}y_1\\ \vdots\\ y_m\end{pmatrix}=\begin{pmatrix}a_{11} & \cdots & a_{1n}\\ \vdots & & \vdots\\ a_{m1} & \cdots & a_{mn}\end{pmatrix}\begin{pmatrix}x_1\\ \vdots\\ x_n\end{pmatrix}.$$

容易验证 T 是从 K^n 到 K^m 的线性算子.

反之，对每个线性算子 $T:K^n\rightarrow K^m$，各取 K^n 与 K^m 的一组基 $e_1,e_2,\cdots,e_n$ 与 $\eta_1,\eta_2,\cdots,\eta_m$. 令 $Te_i=\sum\limits_{j=1}^{m}a_{ji}\eta_j(i=1,2,\cdots,n)$，即可形式地写成

$$T(e_1,e_2,\cdots,e_n)=(\eta_1,\eta_2,\cdots,\eta_m)\begin{pmatrix}a_{11} & \cdots & a_{1n}\\ \vdots & & \vdots\\ a_{m1} & \cdots & a_{mn}\end{pmatrix},$$

则得到 $m\times n$ 矩阵 $A=(a_{ij})$.

于是，从 K^n 到 K^m 的线性算子与 $m\times n$ 阶矩阵相对应. 特别地，取 $m=1$，记 $a_{1i}=\alpha_i$，$\alpha=(\alpha_1,\alpha_2,\cdots,\alpha_n)$便得到 K^n 上的线性泛函 $f:K^n\rightarrow K$，$f(x)=\alpha_1x_1+\alpha_2x_2+\cdots+\alpha_nx_n$，其中，$x=(x_1,x_2,\cdots,x_n)\in K^n$. 这表明 K^n 上线性泛函 f 与 $\alpha=(\alpha_1,\alpha_2,\cdots,\alpha_n)$相对应.

例 2.2.6　在 $C[a,b]$上定义

$$(Tx)(t)=\int_a^t x(u)\mathrm{d}u,t\in[a,b]\text{及}F(x)=\int_a^b x(u)\mathrm{d}u,$$

则容易验证 T 是 $C[a,b]$到自身的线性算子，而 F 是 $C[a,b]$上的线性泛函.

线性算子具有良好的代数性质，最基本的性质汇总如下（证明是简单的，详见线性代数方面的书籍）．

定理 2.2.1 设 X,Y 是同一数域 K 上的线性空间，$T:X\to Y$ 是一线性算子，则

(1) $N(T)$是 X 的线性子空间，TX 是 Y 的线性子空间．

(2) T 是单射当且仅当 $N(T)=\{\theta\}$．

(3) 若 T 可逆（即 T 是单满射或称为双射），则 T^{-1}是从 Y 到 X 的线性算子．

(4) 若 $M\subset X$ 是线性相关集，则 $TM\subset Y$ 亦线性相关．

在微积分中，一元函数 $f(x)$的连续性概念是我们所熟知的．若对任意的 $\varepsilon>0$，存在 $\delta>0$，当$|x-x_0|<\delta$ 时都有$|f(x)-f(x_0)|<\varepsilon$，则称 f 在点 x_0 连续．R 是赋范空间的特例，其距离由绝对值导出．推而广之，引入度量空间上映射的连续性定义，只要将 R 中两点间的距离一般化为度量空间的距离．

定义 2.2.3 设 T 是从度量空间(X,ρ)到度量空间(Y,d)的映射，$x_0\in X$．若对任意 $\varepsilon>0$，存在 $\delta>0$，使得对 X 中一切满足$\rho(x,x_0)<\delta$ 的 x，都有 $d(Tx,Tx_0)<\varepsilon$，则称 T 在 x_0 连续．若 T 在 X 中的每个点都是连续的，则称 T 是 X 上的连续映射．

若 X,Y 都是赋范空间，则定义 2.2.3 与一元函数的连续性在形式上更接近：当$\|x-x_0\|<\delta$，有$\|Tx-Tx_0\|<\varepsilon$．

与一元函数的连续性通过数列刻画的情形相类似，度量空间上映射的连续性也可通过点列来刻画．

定理 2.2.2 设(X,ρ)与(Y,d)为度量空间，$x_0\in X$，$T:X\to Y$ 为映射，则 T 在点 x_0 连续的充要条件是：对任意点列$\{x_n\}\subset X$，只要$\{x_n\}$收敛于 x_0，就有$\{Tx_n\}\subset Y$ 也收敛于 Tx_0．

证明 必要性 $\forall\varepsilon>0$，因为 T 在点 x_0 连续，所以 $\exists\delta>0$，当 $\rho(x,x_0)<\delta$，有 $d(Tx,Tx_0)<\varepsilon$．设有$\{x_n\}\subset X$ 且 $x_n\to x_0(n\to\infty)$．则对上述 δ，$\exists N$（正整数），$\forall n>N$，有 $\rho(x_n,x_0)<\delta$．因此，$\forall n>N$，有 $d(Tx_n,Tx_0)<\varepsilon$．证得 $Tx_n\to Tx_0(n\to\infty)$．

充分性 用反证法．假设充分性的条件成立，但 T 在 x_0 不连续，则 $\exists\varepsilon_0>0$，$\forall\delta_n=\dfrac{1}{n}(n=1,2,\cdots)$，$\exists x_n\in X$，$\rho(x_n,x_0)<\dfrac{1}{n}$，但 $d(Tx_n,Tx_0)\geqslant\varepsilon_0$．于是得到$\{x_n\}\subset X$：显然 $x_n\to x_0(n\to\infty)$，但$\{Tx_n\}$不收敛于 Tx_0．这与充分性的条件矛盾．

证毕．

下面指出范数与距离函数本身都是连续的．

定理 2.2.3 (1) 范数$\|\cdot\|$是赋范空间 X 上的连续泛函，即当 $x_n\to x$，有$\|x_n\|\to\|x\|$．

(2) 距离 ρ 是度量空间(X,ρ)上的二元连续泛函，即当 $x_n\to x$，$y_n\to y$ 有 $\rho(x_n,y_n)\to\rho(x,y)$．

证明 (1) 由

$$\|y\|=\|y-x+x\|\leqslant\|y-x\|+\|x\|$$

得 $\|y\|-\|x\|\leqslant\|y-x\|$，同样地，

$$\|x\|-\|y\|\leqslant\|x-y\|=\|y-x\|;$$

从而

$$\big|\|y\|-\|x\|\big|\leqslant\|y-x\|. \tag{2.2.3}$$

当 $x_n\to x(n\to\infty)$，即 $\|x_n-x\|\to 0(n\to\infty)$，利用式(2.2.3)得

$$\big|\|x_n\|-\|x\|\big|\leqslant\|x_n-x\|,$$

故有 $\|x_n\|\to\|x\|$.

(2) 由 ρ 的三角形不等式与对称性得

$$\rho(x,y)-\rho(x,z)\leqslant\rho(z,y)=\rho(y,z),$$

同样地，$\rho(x,z)-\rho(x,y)\leqslant\rho(y,z)$. 于是

$$|\rho(y,x)-\rho(z,x)|=|\rho(x,y)-\rho(x,z)|\leqslant\rho(y,z). \tag{2.2.4}$$

设 $x_n\to x$，$y_n\to y$，即 $\rho(x_n,x)\to 0$，$\rho(y_n,y)\to 0(n\to\infty)$，利用式(2.2.4)得到

$$\begin{aligned}|\rho(x_n,y_n)-\rho(x,y)|&\leqslant|\rho(x_n,y_n)-\rho(x,y_n)|+|\rho(x,y_n)-\rho(x,y)|\\&\leqslant\rho(x_n,x)+\rho(y_n,y)\end{aligned}$$

令 $n\to\infty$，得 $\rho(x_n,y_n)\to\rho(x,y)$.

证毕.

2.2.3　空间中的点集

类似于通常的几何术语，把空间的任何子集都称为点集. 以下在度量空间 X 中引入开球、闭球、球面、开集、闭集等概念. 这些概念仅从形式上看与欧氏空间并无多大区别. 可以说，我们是类比通常欧氏空间的点集来描述抽象空间点集的. 但应注意，由于给定的非空集合的抽象性或任意性，各自具体的距离的多样性，这些概念包含了更加丰富和更加深刻的内容.

定义 2.2.4　设 (X,d) 是度量空间，$x_0\in X$，$r>0$，称 X 中的点集

$$B(x_0,r)=\{x\in X\,|\,\rho(x,x_0)<r\},$$

$$B[x_0,r]=\{x\in X\,|\,\rho(x,x_0)\leqslant r\},$$

$$S_r(x_0)=\{x\in X\,|\,\rho(x,x_0)=r\}$$

分别为以 x_0 为中心，以 r 为半径的开球、闭球、球面.

对于赋范空间 $(X,\|\cdot\|)$ 中原点的单位开球、闭球与球面，分别记为

$$B(X)=\{x\in X\,|\,\|x\|<1\},$$

$$B[X]=\{x\in X\,|\,\|x\|\leqslant 1\},$$

$$S(X)=\{x\in X\,|\,\|x\|=1\}.$$

很容易想象，度量空间中的球就是与通常欧氏空间 R^3 中的球或 R^2 中的圆盘类似的东西. 这样类比大体上是可以的，但不要过于简单化. 即使在二维的赋范空间中，球概念也有复杂而丰富的涵义. 本书取例 2.1.10 中的 p-范数，在欧氏平面上画出单位 p-球面(图 2.4).

$p=1$，$\|x\|_1=1$ 即 $|x_1|+|x_2|=1$.

$p=2$，$\|x\|_2=1$ 即 $|x_1|^2+|x_2|^2=1$.

$p=+\infty$，$\|x\|_\infty=1$ 即 $\max\{|x_1|,|x_2|\}=1$.

这些球面是很不相同的，值得指出的是，正是球的不同特性，决定着空间的不同类型.

定义 2.2.5 设 (X,ρ) 为度量空间，$E\subset X$，$x_0\in X$，$r>0$. 称 $\rho(x_0,E)=\inf\limits_{y\in E}\rho(x_0,y)$ 为点 x_0 到集 E 的距离(图 2.5)，称

$$B(E,r)=\{x\in X\mid\rho(x,E)<r\},B[E,r]=\{x\in X\mid\rho(x,E)\leqslant r\}$$

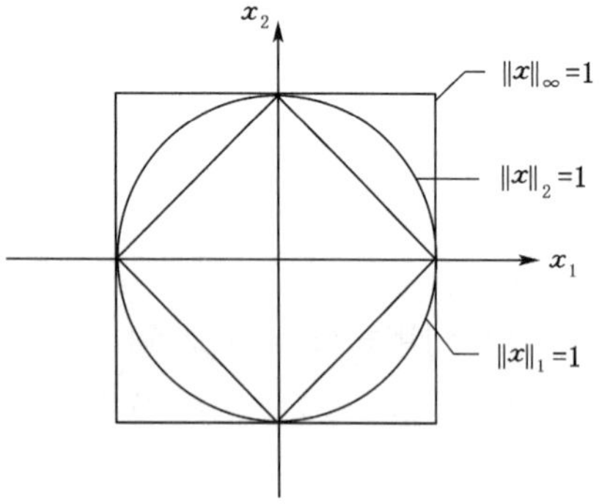

图 2.4

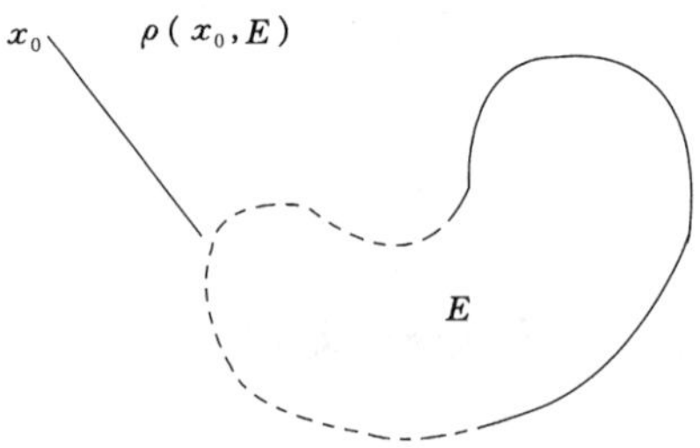

图 2.5

分别是以集 E 为中心，r 为半径的开球与闭球. 当 $E=\{x_0\}$ 时就是定义 2.2.4 中的开球与闭球.

定义 2.2.6 设 (X,ρ) 为度量空间，$E\subset X$，$x_0\in X$.

(1) 若存在 $r>0$，使 $B(x_0,r)\subset E$，则称 x_0 为 E 的内点，E 的内点全体称为 E 的内部，记为 E°.

(2) 若 $E=E^\circ$(即 E 的每一点都是内点)，则称 E 为开集.

(3) 若 $\forall\varepsilon>0$，$B(x_0,\varepsilon)\cap E\neq\varnothing$，则称 x_0 为 E 的接触点或极限点. E 的接触点的全体称为 E 的闭包，记为 $\overline{E}$(显然 $E\subset\overline{E}$).

(4) 若 $E=\overline{E}$(即 E 含有 E 的一切接触点)，则称 E 为闭集.

(5) 若 $\forall\varepsilon>0$，$B(x_0,r)\cap E\neq\varnothing$ 且 $B(x_0,r)\cap E^c\neq\varnothing$，其中 $E^c=X\backslash E$ 表示 E 的余集，则称 x_0 为 E 的边界点. E 的边界点的全体称为 E 的边界，记为 ∂E.

(6) $d(E)=\sup\limits_{x,y\in E}\rho(x,y)$ 称为 E 的直径(图 2.6). 若 $d(E)<+\infty$，则称 E 为有界集，否则称为无界集.

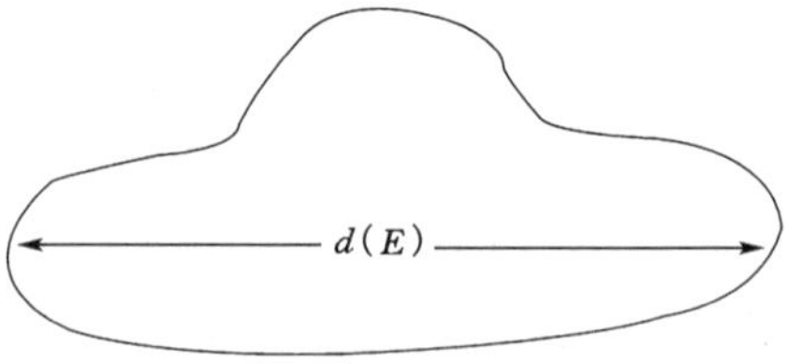

图 2.6

例 2.2.7 (1) 设 (X,ρ) 为度量空间，则 $\forall E\subset X$，$\forall r>0$，开球 $B(E,r)$ 开集，闭球 $B[E,r]$ 是闭集.

(2) 设 E 是赋范空间 X 的凸集，则 $\forall r>0$，$B(E,r)$，$B[E,r]$ 都是凸集.

证明　(1) 先证明，$\forall x,y\in X$，有

$$\rho(x,E)\leqslant\rho(x,y)+\rho(y,E). \tag{2.2.5}$$

事实上，$\forall z\in E$，有 $\rho(x,z)\leqslant\rho(x,y)+\rho(y,z)$. 于是

$$\begin{aligned}\rho(x,E)&=\inf_{z\in E}\rho(x,z)\leqslant\inf_{z\in E}[\rho(x,y)+\rho(y,z)]\\&=\rho(x,y)+\inf_{z\in E}\rho(y,z)\\&=\rho(x,y)+\rho(y,E),\end{aligned}$$

证得式(2.2.5)成立.

下证 $B(E,r)$是开集.

$\forall x_0\in B(E,r)$，有 $\rho(x_0,E)<r$. 令 $\delta=r-\rho(x_0,E)$，则 $\delta>0$，此时 $\forall x\in B(x_0,\delta)$，有 $\rho(x,x_0)<\delta$，从而由式(2.2.5)得

$$\begin{aligned}\rho(x,E)&\leqslant\rho(x,x_0)+\rho(x_0,E)\\&<\delta+\rho(x_0,E)=r,\end{aligned}$$

即 $B(x_0,\delta)\subset B(E,r)$，故 $B(E,r)$ 是开集(图 2.7).

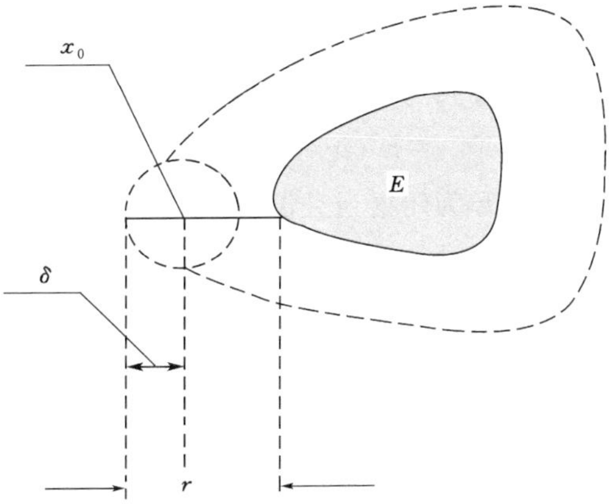

图 2.7

再证 $B[E,r]$是闭集.

若 $x_0\notin B[E,r]$，则 $\rho(x_0,E)>r$，令 $\delta=\rho(x_0,E)-r$，则 $\delta>0$. 此时 $\forall y\in B(x_0,\delta)$，有 $\rho(y,x_0)<\delta$. 从而由式(2.2.5)得，

$$\begin{aligned}\rho(y,E)&\geqslant\rho(x_0,E)-\rho(y,x_0)\\&>\rho(x_0,E)-\delta=r,\end{aligned}$$

即 $y\notin B[E,r]$. 所以 $B(x_0,\delta)\cap B[E,r]=\varnothing$. 这表明 $x_0\notin\overline{B[E,r]}$. 证得 $\overline{B[E,r]}\subset B[E,r]$. 因此 $B[E,r]$是闭集.

(2) 先证 $B(E,r)$是凸集.

设 $x,y\in B(E,r)$，$\lambda\in[0,1]$，则 $\rho(x,E)=\inf\limits_{e\in E}\|x-e\|<r$，$\rho(y,E)=\inf\limits_{e\in E}\|y-e\|<r$. 根据下确界定义，$\exists e_1\in E$ 使 $\|x-e_1\|<r$，$\exists e_2\in E$ 使 $\|y-e_2\|<r$. 因为 E 是凸集，故 $\lambda e_1+(1-\lambda)e_2\in E$，于是

$$\begin{aligned}\rho(\lambda x+(1-\lambda)y,E)&\leqslant\|[\lambda x+(1-\lambda)y]-[\lambda e_1+(1-\lambda)e_2]\|\\&=\|\lambda(x-e_1)+(1-\lambda)(y-e_2)\|\\&\leqslant\lambda\|x-e_1\|+(1-\lambda)\|y-e_2\|\\&<\lambda r+(1-\lambda)r=r,\end{aligned}$$

即 $\lambda x+(1-\lambda)y\in B[E,r]$.

再证 $B[E,r]$是凸集.

设 $x,y\in B[E,r]$，$\lambda\in[0,1]$，则 $\rho(x,E)\leqslant r$，$\rho(y,E)\leqslant r$. 对 $\forall\varepsilon>0$，有 $\rho(x,E)<r+\varepsilon$，$\rho(y,E)<r+\varepsilon$，于是同样地有

$$\rho(\lambda x+(1-\lambda)y,E)<r+\varepsilon.$$

令 $\varepsilon\to 0$ 得

$$\rho(\lambda x+(1-\lambda)y,E)\leqslant r.$$

所以

$$\lambda x+(1-\lambda)y\in B[E,r].$$

证毕.

作为上述例 2.2.7 的特例，$\forall x\in X$，$\forall r>0$，开球 $B(x,r)$ 是开集，闭球 $B[x,r]$ 是闭集. 但值得注意的是，在度量空间的框架下，开球的闭包未必是闭球.

例 2.2.8 设 $X=\{x,y\}$ 为仅有两个元素的离散的度量空间，$r=1$，则开球 $B(x,1)=\{x\}$. 由于对 y 而言，存在 $\varepsilon_0=\frac{1}{2}$，$B(y,\varepsilon_0)=\{y\}$，因而 $B(y,\varepsilon_0)\cap\{x\}=\varnothing$，故 y 不是 $B(x,1)$ 的接触点，即 $y\notin\overline{B(x,1)}$. 于是 $\overline{B(x,1)}=\{x\}$，但 $B[x,1]=\{x,y\}$.

从例 2.2.8 可认识到，欧氏空间的直观形象为理解与研究空间理论提供了有益启示，但过分依赖直观往往会导致谬误.

定理 2.2.4 设 X 是度量空间，$E\subset X$.

(1) $E^{c-c}=E^{\circ}$(记住 $c-c=0$).

(2) E 为闭集当且仅当 E^{c} 为开集.

(3) A° 为开集，$\overline{A}$ 为闭集.

证明 (1) 利用定义 2.2.6(1)、(3)得

$$x\in E^{\circ}\Leftrightarrow\exists r>0,B(x,r)\subset E\Leftrightarrow\exists r>0,E^{c}\cap B(x,r)=\varnothing$$
$$\Leftrightarrow x\notin E^{c-}\Leftrightarrow x\in E^{c-c}$$

(2) 利用已证定理 2.2.4(1)得

$$E^{-c}=(E^{cc})^{-c}=(E^{c})^{c-c}=E^{c^{\circ}}.$$

根据定义 2.2.6(2)、(4)，E 为闭集 $\Leftrightarrow\overline{E}=E\Leftrightarrow E^{c}=E^{-c}\Leftrightarrow E^{c}=E^{c^{\circ}}\Leftrightarrow E^{c}$ 为开集.

(3) 设 $x\in A^{\circ}$，则 $\exists r>0$，$B(x,r)\subset A$. 由于 $B(x,r)$ 是开集(例 2.2.7)，所以 $B(x,r)=(B(x,r))^{\circ}\subset A^{\circ}$，证得 A° 是开集. 由已证定理 2.2.4(1)得，$A^{-}=A^{cc-cc}=A^{c^{\circ}c}$，而 $A^{c^{\circ}}$ 是开集. 所以 $\overline{A}$ 是闭集.

证毕.

下面的定理可仿照实直线或欧氏空间的情况证明之，这里将具体的证明略.

定理 2.2.5 设 X 是度量空间，则

(1) 空集 $\varnothing$ 与 X 是开集.

(2) 有限个开集之交是开集.

(3) 任意多个开集之并是开集.

利用定理 2.2.4(2)，由定理 2.2.5 立即推出下述与定理 2.2.5 对偶的定理.

定理 2.2.6 设 X 是度量空间，则

(1) 空集 $\varnothing$ 与 X 是闭集.

(2) 有限多个闭集之并是闭集.

(3) 任意多个闭集之交是闭集.

注　设 $T=\{U_\lambda|\lambda\in\Lambda\}$ 是集合 X 的子集族. 若 $\varnothing$ 与 X 属于 T，且该集族 T 中的集合对于集合的任意并与有限交运算是封闭的，则称 T 为 X 上的拓扑，称 T 的元素为开集，并称 X 是拓扑空间. 定理 2.2.5 的结论表明，度量空间中由全体开集构成的集族是该度量空间的拓扑(实际上拓扑空间概念是将定理 2.2.5 的性质作为拓扑的公理抽象出来的). 当然地，每个度量空间是拓扑空间，拓扑空间以度量空间为特例，如果考虑线性结构，则线性拓扑空间以赋范空间为特例.

定义 2.2.7　设 (X,ρ) 是度量空间，下面导出 X 的一个拓扑. 定义球形邻域，设 $x_0\in X$，$r>0$，称 X 的子集

$$B(x_0,r)=\{x\in X\,|\,\rho(x_0,x)<r\}$$

为以 x_0 为球心、r 为半径的开球(或球形邻域). 规定 X 的子集族

$$T_\rho=\{U|U\text{ 是若干个开球的并}\}.$$

下面验证 T_ρ 满足拓扑定义中的三条.

(1) 显然 $X,\varnothing\in T_\rho$.

(2) 因为 T_ρ 中的成员 U 是若干球形邻域的并集，那么任意多个这样的 U 再取并集仍是若干球形邻域的并集，所以 T_ρ 对任意多个 U 的并封闭，满足拓扑的第二条.

(3) 由于取有限个交集，所以不妨取两个开集 U 和 V 的交集，则 $U=\bigcup\limits_{\lambda\in\Lambda}B(x_\lambda,r_\lambda)$，$V=\bigcup\limits_{j\in\Sigma}B(x_j,r_j)$，其中 Λ 和 Σ 为指标集，于是

$$\begin{aligned}U\cap V&=(\bigcup_{\lambda\in\Lambda}B(x_\lambda,r_\lambda))\cap(\bigcup_{j\in\Sigma}B(x_j,r_j))\\&=\bigcup_{\substack{\lambda\in\Lambda\\ j\in\Sigma}}(B(x_\lambda,r_\lambda)\cap B(x_j,r_j))\end{aligned}$$

下证 $B(x_\lambda,r_\lambda)\cap B(x_j,r_j)$ 是若干球形邻域的并. $\forall\, y\in B(x_\lambda,r_\lambda)\cap B(x_j,r_j)$，取很小的 $0<\varepsilon\leqslant\min\{r_\lambda-\rho(y,x_\lambda),r_j-\rho(y,x_j)\}$，则 $B(y,\varepsilon)\subset B(x_\lambda,r_\lambda)\cap B(x_j,r_j)$. 当 y 取遍 $B(x_\lambda,r_\lambda)\cap B(x_j,r_j)$ 时，有

$$B(x_\lambda,r_\lambda)\cap B(x_j,r_j)=\bigcup_{y\in B(x_\lambda,r_\lambda)\cap B(x_j,r_j)}B(y,\varepsilon).$$

可得 T_ρ 对 $U\cap V$ 封闭，则 T_ρ 是 X 上的一个拓扑.

2.2.4　基本性质的进一步刻画

按前述定义 2.2.3，度量空间上的映射 T 在点 x_0 连续等价于 $\forall\varepsilon>0$，$\exists\delta>0$ 使 $T(B(x_0,\delta))\subset B(Tx_0,\varepsilon)$(图 2.8).

借助于开集的语言，可得到连续映射的与定理 2.2.2 同样重要的刻画.

定理 2.2.7　设 (X,ρ) 与 (Y,d) 为度量空间，则 $T:X\to Y$ 为连续映射的充要条件是：对 Y 中任一开集 E，$T^{-1}E$ 是 X 中开集.

定理 2.2.7 可简述为 T 连续等价于开集的原像是开集.

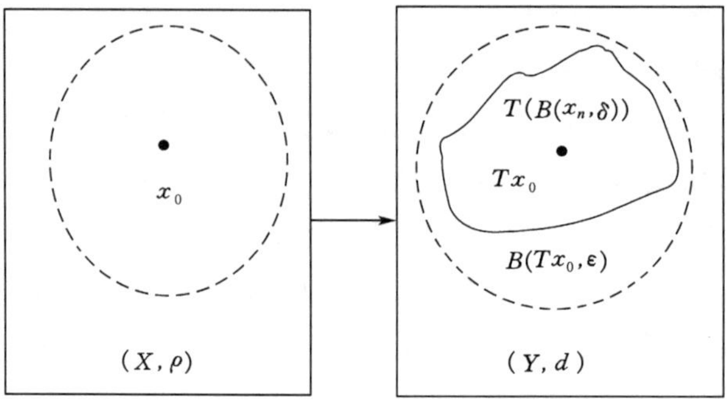

图 2.8

证明 必要性. 设 T 连续, $E\subset Y$ 为开集. $\forall x\in T^{-1}E$, 由 $y=Tx\in E$ 及开集的定义, 可取 $\varepsilon>0$, $B(Tx,\varepsilon)\subset E$. 因为 T 在 x 连续, $\exists\delta>0$, 使 $T(B(x,\delta))\subset B(Tx,\varepsilon)\subset E$. 故 $B(x,\delta)\subset T^{-1}T(B(x,\delta))\subset T^{-1}E$, 表明 $T^{-1}E$ 为开集.

充分性. 设任一开集 $E\subset Y$ 有 $T^{-1}E\subset X$ 为开集. $\forall x\in X$, $\forall\varepsilon>0$, 因 $B(Tx,\varepsilon)$ 是 Y 的开集, 故 $T^{-1}(B(Tx,\varepsilon))$ 为 X 的开集. 由于 $x\in T^{-1}(B(Tx,\varepsilon))$, 所以由开集的定义, $\exists\delta>0$, $B(x,\delta)\subset T^{-1}(B(Tx,\varepsilon))$. 于是

$$TB(x,\varepsilon)\subset TT^{-1}(B(Tx,\varepsilon))\subset B(Tx,\varepsilon),$$

表明 T 是连续映射.

证毕.

与定理 2.2.7 相对偶, T 是连续映射也等价于任一闭集的原像是闭集. 在具体问题中, 判定一个集是否为开集或闭集往往很重要.

例 2.2.9 设 $R^{n\times n}$ 表示 $n\times n$ 阶实矩阵空间, 赋通常欧氏范数成为 $n\times n$ 维的欧氏空间, $f:R^{n\times n}\to R$ 是实泛函, 使 $f(A)=\det A$(行列式), 其中 $A\in R^{n\times n}$. 根据行列式的定义易知 f 是连续的. 于是按定理 2.2.7, 有

$$G=\{A\in R^{n\times n}\mid f(A)\neq 0\}=f^{-1}((-\infty,0)\cup(0,+\infty))$$

是开集, 即可逆矩阵之全体构成开集 G. 因此若 $A\in G$, 则 A 是 G 的内点, 从而充分接近于 A 的矩阵也属于 G, 或者说, 微小的扰动不会改变矩阵可逆性. 这说明矩阵的可逆性是一稳定的性质.

利用收敛性等价地刻画接触点(极限点)、闭包与闭集, 有下面的定理. 该定理是经常被使用的.

定理 2.2.8 设 X 是度量空间, 则

(1) $x\in\overline{A}$ 当且仅当存在 $\{x_n\}\subset A$, $x_n\to x$.

(2) A 是闭集当且仅当 A 对极限运算封闭, 即当 $\{x_n\}\subset A$, $x_n\to x$ 时有 $x\in A$.

证明 (1) $x\in\overline{A}\Leftrightarrow\forall\varepsilon_n=\dfrac{1}{n}$($n$ 为正整数), $B(x,\varepsilon_n)\cap A\neq\varnothing$

$$\Leftrightarrow\exists x_n\in B(x,\varepsilon_n)\text{ 且 }x_n\in A$$

$$\Leftrightarrow \exists \{x_n\} \subset A, \rho(x_n, x) < \frac{1}{n}$$

$$\Leftrightarrow \exists \{x_n\} \subset A, x_n \to x.$$

(2) 设 A 是闭集且 $\{x_n\} \subset A, x_n \to x$. 由(1)已证,有 $x \in \overline{A}$. 而 $\overline{A} = A$,因此 $x \in A$. 反之,设 A 对极限运算封闭,且 $x \in \overline{A}$. 由(1)已证,存在 $\{x_n\} \subset A$,使 $x_n \to x$. 于是 $x \in A$,即 $\overline{A} \subset A$. 故 $\overline{A} = A$,A 是闭集.

证毕.

由定理 2.2.8(1)可知接触点也称为极限点的由来.

用直径概念描述有界集往往不如直接用度量来描述更方便,后者在形式上与实直线上有界集的描述相类似.

定理 2.2.9　(1) E 是度量空间 X 的有界集当且仅当 $\exists M > 0, \forall x \in E$,有 $\rho(x, x_0) \leqslant M$,其中 $x_0 \in X$ 为某定点. 特别地,E 是赋范空间 X 的有界集当且仅当 $\exists M > 0, \forall x \in E$, $\|x\| \leqslant M$(直观意义是,E 为 X 的有界集等价于 E 包含在 X 的某球中).

(2) 若 $\{x_n\}$ 是度量空间 X 中的收敛点列,则 $\{x_n\}$ 是有界集.

证明　(1) 设 E 是有界集, $x_0 \in X$,则 $d(E) = \sup\limits_{x, y \in E} \rho(x, y) = M_0 < +\infty$. 取 $y_0 \in E$,则 $M = \rho(x_0, y_0) + M_0 > 0, \forall x \in E$,有

$$\rho(x, x_0) \leqslant \rho(x, y_0) + \rho(y_0, x_0) \leqslant M_0 + \rho(x_0, y_0) = M.$$

反之,设 $M > 0$, $\forall x \in E, \rho(x, x_0) \leqslant M$. 于是 $\forall x, y \in E$,

$$\rho(x, y) \leqslant \rho(x, x_0) + \rho(x_0, y) \leqslant 2M,$$

$$d(E) = \sup_{x, y \in E} \rho(x, y) \leqslant 2M < +\infty,$$

即 E 是有界集.

特别地,当 X 是赋范空间时,取 $x_0 = \theta$,有 $\rho(x, \theta) = \|x - \theta\| = \|x\|$,因此 E 是有界集当且仅当 $\exists M > 0, \forall x \in E, \|x\| \leqslant M$.

(2) 设 $x_n \to x$ $(n \to \infty)$,则 $\lim\limits_{n \to \infty} \rho(x_n, x) = 0$. 即 $\{\rho(x_n, x)\}$ 是收敛于 0 的数列. 所以 $\exists M > 0, \forall n, \rho(x_n, x) \leqslant M$. 由(1)已证,此式表明 $\{x_n\}$ 是度量空间 X 中的有界点列.

2.2.5　空间的同构

空间与空间之间有某种相同性质的关系往往通过空间之间的双映射加以揭示. 概括地说,若两个线性空间存在保持线性关系的双射,自然认为它们有相同的线性结构,称为线性同构. 若两个度量空间有相同的极限运算结构,称为拓扑同构或同胚,自然是指两空间之间存在双连续(T 与 T^{-1} 都连续)的双射;若两个度量空间的度量结构相同(即同构),就是指两空间之间存在保持距离(等距)的双射;度量空间的等距蕴涵同胚,反之不真. 对两个赋范空间而言,若存在双射既保持线性关系又保持范数,则这两个赋范空间就是同构的. 同构的赋范空间看作相同的赋范空间而不加区别. 若两个赋范空间作为线性空间是同构的,作为度量空间仅是拓扑同构(同胚),则也称它们线性同胚. 赋范空间的同构蕴涵线性同胚,反之不真. 严格起见,有下述定义.

定义 2.2.8 (1) 设 X,Y 是同一数域 K 上的线性空间. $T:X\to Y$ 是双射(即单满射). 若 T 是线性算子,则称 T 为线性同构映射,X 与 Y 称为同构的线性空间.

(2) 设 X,Y 是两个度量空间,$T:X\to Y$ 是双射,若 T 与 T^{-1} 都是连续的,则称 T 是拓扑同构映射或同胚映射,X 与 Y 称为拓扑同构或同胚的度量空间.

(3) 设 (X,ρ) 与 (Y,d) 是两个度量空间,$T:X\to Y$ 是满射. 若 T 是等距的,即 $\forall x,y\in X$,有

$$d(Tx,Ty)=\rho(x,y),$$

则称 T 是等距同构映射,X 与 Y 称为等距同构的.

(4) 设 $(X,\|\cdot\|)$ 与 $(Y,\|\cdot\|^*)$ 是赋范空间,$T:X\to Y$ 是满射. 若 T 是线性算子且 T 是保范的,即 $\forall x\in X$,有 $\|Tx\|^*=\|x\|$,则称 T 是同构映射,X 与 Y 称为同构的.

若 $T:X\to Y$ 是线性的双射且 T 与 T^{-1} 都是连续的,则称 T 为线性同胚映射,X 与 Y 称为线性同胚的.

在定义 2.2.8(3)、(4)中,当 T 是等距或保范映射时,由距离与范数的正定性可知,T 必是单射. 因此 T 为等距或保范满射时,T 必定是双射. 从而,验证 T 是否为同构映射就不必验证 T 是单射了. 另外,当 T 是保范的线性算子时,由 $\|Tx-Ty\|=\|T(x-y)\|=\|x-y\|$ 可知,T 也必是等距的.

作为本节的结束和下一节可分性的引出,本书罗列如下四个常用的结论(证明略).

定理 2.2.10 任意一个实 N 维赋范线性空间都与 N 维欧式空间 R^N 线性同构且拓扑同胚(线性同胚).

定理 2.2.11 任意一个复 N 维赋范线性空间都与 N 维复欧式空间 C^N 线性同构且拓扑同胚(线性同胚).

定理 2.2.12 任意一个可分的 Banach 空间都与 $C[0,1]$中的某闭子空间线性同构且等距同构.

定理 2.2.13 任意一个实(或复)可分的 Hilbert 空间都与实(或复)空间 l^2 线性同构且等距同构.

以上这四个结论可参考文献[3,10,18],其中 Hilbert 空间将在第 4 章介绍,可分性将在下一节介绍.

§2.3 完备性与可分性

2.3.1 空间的完备性

在数学分析或高等数学课程的许多问题的讨论中,极限的存在性是十分重要的. 在一维实欧氏空间 R 中有著名的判定极限存在的 Cauchy 准则,实数列收敛当且仅当它满足 Cauchy 条件,对任意 $\varepsilon>0$,总存在正整数 N,当 $m,n>N$ 时有 $|x_m-x_n|<\varepsilon$. 以下将满足 Cauchy 条件的数列称为 Cauchy 数列. 当从 R 转到一般的度量空间时会提出类似的问题:

对于度量空间的点列是否也有相应的 Cauchy 准则呢？例如有理数集 Q，它作为 R 的度量子空间，其中的 Cauchy 数列不一定都收敛于 Q 中的元素. 例如 $\left\{\left(1+\frac{1}{n}\right)^n\right\}\subset Q$ 显然是 Cauchy 数列，但极限 $e\notin Q$，也就是说，$\left\{\left(1+\frac{1}{n}\right)^n\right\}$ 在 Q 中不收敛. 所以 Cauchy 准则对于 Q 并不成立，造成这一现象的原因并不是点列本身的分析性质不好，而在于空间中的点不够多，以至于存在空隙. 因此，度量空间上的 Cauchy 准则是否成立的性质就称为空间本身是否具备完备性.

定义 2.3.1　设 (X,ρ) 是度量空间，$\{x_n\}\subset X$.

(1) 若对任意 $\varepsilon>0$，总存在正整数 N，当 $m,n>N$ 时有 $\rho(x_m,x_n)<\varepsilon$（也记为 $\lim\limits_{m,n\to\infty}\rho(x_m,x_n)=0$），则称 $\{x_n\}$ 是 Cauchy 点列.

(2) 若 X 中每个 Cauchy 点列都是收敛的，即 $\exists x\in X$，使 $\lim\limits_{n\to\infty}\rho(x_n,x)=0$，则称 X 是完备的.

(3) 完备的赋范空间称为 Banach 空间（注意赋范空间中 Cauchy 列的定义，此时 $\rho(x_m,x_n)=\|x_m-x_n\|$）.

根据定义 2.3.1，利用三角形不等式容易验证，若 $\{x_n\}$ 是收敛点列，则它必是 Cauchy 点列. 若 $\{x_n\}$ 是 Cauchy 点列，则它必是有界点列，反之都未必成立.

定理 2.3.1　K^n，$C[a,b]$，$L^p[a,b](1\leqslant p\leqslant+\infty)$，$l^p(1\leqslant p\leqslant+\infty)$ 都是 Banach 空间.

在例 2.1.7 至例 2.1.8，例 2.1.11 至例 2.1.12 中已证它们都是赋范空间. 以下只须证明它们都是完备的.

(1) 证明 K^n 完备.

设 $\{x_k\}\subset K^n$ 为 Cauchy 列，其中 $x_k=(a_1^{(k)},a_2^{(k)},\cdots,a_n^{(k)})$，则 $\forall\varepsilon>0$，$\exists N$，$\forall k$，$m>N$ 有

$$\|x_k-x_m\|=\left(\sum_{i=1}^{n}|a_i^{(k)}-a_i^{(m)}|^2\right)^{\frac{1}{2}}<\varepsilon,$$

于是

$$|a_i^{(k)}-a_i^{(m)}|\leqslant\|x_k-x_m\|<\varepsilon\quad(i=1,2,\cdots,n).$$

这表明 $\{a_i^{(k)}\}_{k=1}^{\infty}$ 是 Cauchy 数列，因而可设 $\lim\limits_{k\to\infty}a_i^{(k)}=a_i^{(0)}\in K\ (i=1,2,\cdots,n)$，则 $x_0=(a_1^{(0)},a_2^{(0)},\cdots,a_n^{(0)})\in K^n$ 且 $\{x_k\}$ 依坐标收敛于 x_0. 于是 $\lim\limits_{k\to\infty}x_k=x_0$（见例 2.2.1）. 所以 K^n 是完备的.

证毕.

(2) 证明 $C[a,b]$ 完备（即函数列一致收敛 Cauchy 准则）.

设 $\{x_n\}\subset C[a,b]$ 为 Cauchy 列，则 $\forall\varepsilon>0$，$\exists N$，$\forall m,n>N$，$\forall t\in[a,b]$，有

$$|x_m(t)-x_n(t)|\leqslant\max_{a\leqslant t\leqslant b}|x_m(t)-x_n(t)|=\|x_m-x_n\|<\varepsilon.\tag{2.3.1}$$

固定 t，则 $\{x_n(t)\}$ 是 Cauchy 数列，从而有唯一的 $x(t)$ 使 $\lim\limits_{n\to\infty}x_n(t)=x(t)$. 由式(2.3.1)定义的 $x(t)$ 是 $[a,b]$ 上的函数. 对式(2.3.1)令 $n\to\infty$ 得

$$\forall n>N, \forall t\in[a,b], |x(t)-x_n(t)|\leqslant\varepsilon,$$

即$\{x_n(t)\}$一致收敛于$x(t)$. 又每个$x_n(t)$是连续的,所以极限函数$x(t)$连续,即$x\in C[a,b]$. 由依范数收敛与一致收敛的等价性(例 2.2.2),有

$$x_n\to x\ (n\to\infty).$$

这表明$C[a,b]$完备.

证毕.

(3) 证明$l^p(1\leqslant p<+\infty)$完备.

设$\{x_n\}\subset l^p$为 Cauchy 列,其中$x_n=(a_1^{(n)},a_2^{(n)},\cdots,a_i^{(n)},\cdots)$,则$\forall\varepsilon>0$, $\exists N$, $\forall m,n\geqslant N$,有

$$\left(\sum_{i=1}^{\infty}|a_i^{(m)}-a_i^{(n)}|^p\right)^{\frac{1}{p}}=\|x_n-x_m\|<\varepsilon. \tag{2.3.2}$$

于是$\forall m,n\geqslant N, \forall i$有

$$|a_i^{(m)}-a_i^{(n)}|\leqslant\|x_m-x_n\|<\varepsilon,$$

即$\{a_i^{(n)}\}_{n=1}^{\infty}$是 Cauchy 数列($\forall i$),因而可设$a_i^{(0)}=\lim\limits_{n\to\infty}a_i^{(n)}$, $x_0=(a_1^{(0)},a_2^{(0)},\cdots,a_i^{(0)},\cdots)$,由式(2.3.2)得, $\forall m,n\geqslant N, \forall k$,有

$$\left(\sum_{i=1}^{k}|a_i^{(m)}-a_i^{(n)}|^p\right)^{\frac{1}{p}}<\varepsilon. \tag{2.3.3}$$

对式(2.3.3)令$m\to\infty$,则$\forall n\geqslant N, \forall k$,有

$$\left(\sum_{i=1}^{k}|a_i^{(0)}-a_i^{(n)}|^p\right)^{\frac{1}{p}}\leqslant\varepsilon. \tag{2.3.4}$$

对式(2.3.4)令$k\to\infty$,则

$$\forall n\geqslant N, \left(\sum_{i=1}^{\infty}|a_i^{(0)}-a_i^{(n)}|^p\right)^{\frac{1}{p}}\leqslant\varepsilon, \text{即 } \|x_0-x_n\|\leqslant\varepsilon.$$

这表明$x_n\to x_0\ (n\to\infty)$. 而且由$\|x_0-x_N\|\leqslant\varepsilon$也表明$x_0-x_N\in l^p$. 由于$l^p$是线性空间,故$x_0=x_N+(x_0-x_N)\in l^p$,因此$l^p$是完备的.

证毕.

(4) 证明l^∞完备.

设$\{x_n\}\subset l^\infty$是 Cauchy 数列,其中$x_n=(a_1^{(n)},a_2^{(n)},\cdots,a_i^{(n)},\cdots)$,则$\forall\varepsilon>0$, $\exists N$, $\forall m,n\geqslant N$,有$\sup\limits_{i\geqslant1}|a_i^{(m)}-a_i^{(n)}|=\|x_m-x_n\|<\varepsilon$. 于是

$$\forall m,n\geqslant N, \forall i, \quad |a_i^{(m)}-a_i^{(n)}|<\varepsilon, \tag{2.3.5}$$

即$\{a_i^{(n)}\}_{n=1}^{\infty}$是 Cauchy 数列($\forall i$),因而可设$a_i^{(0)}=\lim\limits_{n\to\infty}a_i^{(n)}$, $x_0=(a_1^{(0)},a_2^{(0)},\cdots,a_i^{(0)},\cdots)$. 对式(2.3.5)令$m\to\infty$,则$\forall n\geqslant N, \forall i, |a_i^{(0)}-a_i^{(n)}|\leqslant\varepsilon$. 于是

$$\forall n\geqslant N, \|x_0-x_n\|=\sup_{i\geqslant1}|a_i^{(0)}-a_i^{(n)}|\leqslant\varepsilon.$$

这表明$x_n\to x_0\ (n\to\infty)$. 由$\|x_0-x_N\|\leqslant\varepsilon$也表明$x_0-x_N\in l^\infty$. 由于$l^\infty$是线性空间,所以$x_0=x_0-x_N+x_N\in l^\infty$,因此$l^\infty$完备.

证毕.

(5) 证明　$L^p[a,b](1\leqslant p<+\infty)$完备.

设$\{f_n\}\in L^p[a,b]$为 Cauchy 列,则

$$\varepsilon=\frac{1}{2},\exists n_1,\forall n>n_1,\text{有}\ \|f_n-f_{n_1}\|<\frac{1}{2};\tag{2.3.6}$$

$$\varepsilon=\frac{1}{2^2},\exists n_2>n_1,\forall n>n_2,\text{有}\ \|f_n-f_{n_2}\|<\frac{1}{2^2};\tag{2.3.7}$$

$$\cdots$$

$$\varepsilon=\frac{1}{2^k},\exists n_k>n_{k-1},\forall n>n_k,\text{有}\ \|f_n-f_{n_k}\|<\frac{1}{2^k};$$

$$\cdots$$

依次地,在式(2.3.6)中令$n=n_2$,在式(2.3.7)中令$n=n_3$,…,可以得到$\{f_n\}$的子列$\{f_{n_k}\}$使$\|f_{n_{k+1}}-f_{n_k}\|<\frac{1}{2^k}(\forall k)$. 令$g_m(t)=\sum\limits_{k=0}^{m}|f_{n_{k+1}}(t)-f_{n_k}(t)|$,其中$f_{n_0}(t)\equiv 0$. 由 Hölder 不等式可得

$$\begin{aligned}\int_a^b|f_{n_{k+1}}(t)-f_{n_k}(t)|\mathrm{d}t&\leqslant\left(\int_a^b|f_{n_{k+1}}(t)-f_{n_k}(t)|^p\mathrm{d}t\right)^{\frac{1}{p}}\left(\int_a^b\mathrm{d}t\right)^{\frac{1}{q}}\\&=\|f_{n_{k+1}}-f_{n_k}\|(b-a)^{\frac{1}{q}}.\end{aligned}\tag{2.3.8}$$

因为$\{g_m(t)\}$是$[a,b]$上的非负可测函数的递增列,$\lim\limits_{m\to\infty}g_m(t)$存在或为$+\infty$. 应用 Fatou 定理,由式(2.3.8)可得

$$\begin{aligned}\int_a^b\lim_{m\to\infty}g_m(t)\mathrm{d}t&\leqslant\liminf_{m\to\infty}\int_a^b g_m(t)\mathrm{d}t=\liminf_{m\to\infty}\sum_{k=0}^{m}\int_a^b|f_{n_{k+1}}(t)-f_{n_k}(t)|\mathrm{d}t\\&\leqslant\liminf_{m\to\infty}\sum_{k=0}^{m}\|f_{n_{k+1}}-f_{n_k}\|\ (b-a)^{\frac{1}{q}}\\&\leqslant(b-a)^{\frac{1}{q}}\left[\|f_{n_1}\|+\sum_{k=1}^{\infty}\|f_{n_{k+1}}-f_{n_k}\|\right]\\&\leqslant(b-a)^{\frac{1}{q}}\left[\|f_{n_1}\|+\sum_{k=1}^{\infty}\frac{1}{2^k}\right]\\&=(b-a)^{\frac{1}{q}}[\|f_{n_1}\|+1]<+\infty.\end{aligned}$$

由此可得

$$\int_a^b\left(\sum_{k=0}^{\infty}|f_{n_{k+1}}(t)-f_{n_k}(t)|\right)\mathrm{d}t=\int_a^b\lim_{m\to\infty}g_m(t)\mathrm{d}t<+\infty.$$

于是,$\sum\limits_{k=0}^{\infty}|f_{n_{k+1}}(t)-f_{n_k}(t)|<+\infty$ a. e. ,进一步有$\sum\limits_{k=0}^{\infty}[f_{n_{k+1}}(t)-f_{n_k}(t)]$几乎处处收敛. 注意它的部分和函数列为$\{f_{n_k}(t)\}$,设和函数为$f(t)$,则$\lim\limits_{k\to\infty}f_{n_k}(t)=f(t)$ a. e. ,且$f(t)$也是可测的. 注意到$g_m(t)\in L^p[a,b]$,由

$$|f(t)|\leqslant\sum_{k=0}^{\infty}|f_{n_{k+1}}(t)-f_{n_k}(t)|=\lim_{m\to\infty}g_m(t)\in L^p[a,b]$$

得$f\in L^p[a,b]$. 由于f是和函数,故

$$f(t)-f_{n_i}(t)=\sum_{k=i}^{\infty}[f_{n_{k+1}}(t)-f_{n_k}(t)] \quad \text{a. e.}. \tag{2.3.9}$$

对式(2.3.9)的部分和应用三角形不等式得

$$\left\|\sum_{k=i}^{m}(f_{n_{k+1}}-f_{n_k})\right\| \leqslant \sum_{k=i}^{m}\|f_{n_{k+1}}-f_{n_k}\|, \tag{2.3.10}$$

对式(2.3.10),令 $m\to\infty$ 便得到式(2.3.9)的范数估计式:

$$\|f-f_{n_i}\| = \left\|\sum_{k=i}^{\infty}(f_{n_{k+1}}-f_{n_k})\right\| \leqslant \sum_{k=i}^{\infty}\|f_{n_{k+1}}-f_{n_k}\|. \tag{2.3.11}$$

式(2.3.11)右端是收敛级数的余项,故 $\|f-f_{n_i}\|\to 0$. 由于 $\{f_{n_i}\}$ 是 Cauchy 列 $\{f_n\}$ 的子列,从

$$\|f-f_n\|\leqslant\|f-f_{n_i}\|+\|f_{n_i}-f_n\|$$

可知,$f_n\to f(n\to\infty)$. 因此 $L^p[a,b]$ 完备.

证毕.

(6) 证明 $L^\infty[a,b]$ 完备.

设 $\{f_n\}\subset L^\infty[a,b]$ 为 Cauchy 列,则利用与 $L^p[a,b]$ 完备性证明同样的方法可找到 $\{f_n\}$ 的子列 $\{f_{n_k}\}$ 使

$$\|f_{n_{k+1}}-f_{n_k}\|<\frac{1}{2^k}.$$

因为

$$\|f_{n_{k+1}}-f_{n_k}\|=\inf_{mE=0}\sup_{t\in[a,b]\setminus E}|f_{n_{k+1}}(t)-f_{n_k}(t)|<\frac{1}{2^k}$$

中的下确界是可达的(见例 2.1.12),所以 $\exists E_k\subset[a,b]$, $mE_k=0$,使

$$\sup_{t\in[a,b]\setminus E_k}|f_{n_{k+1}}(t)-f_{n_k}(t)|=\|f_{n_{k+1}}-f_{n_k}\|<\frac{1}{2^k}.$$

令 $E_0=\bigcup_{k=1}^{\infty}E_k$,则 $mE_0=0$,且 $\forall k$,有 $\sup\limits_{t\in[a,b]\setminus E_0}|f_{n_{k+1}}(t)-f_{n_k}(t)|<\frac{1}{2^k}$. 于是 $\forall k$, $\forall t\in[a,b]\setminus E_0$,有 $|f_{n_{k+1}}(t)-f_{n_k}(t)|<\frac{1}{2^k}$. 由绝对值的三角形不等式,$\forall k,i$, $\forall t\in[a,b]\setminus E_0$,有

$$|f_{n_{k+i}}(t)-f_{n_k}(t)|\leqslant\frac{1}{2^{k+i-1}}+\cdots+\frac{1}{2^k}<\frac{1}{2^{k-1}}. \tag{2.3.12}$$

这表明,$\forall t\in[a,b]\setminus E_0$, $\{f_{n_k}(t)\}$ 是 Cauchy 数列,因而可设 $\lim\limits_{k\to\infty}f_{n_k}(t)=f(t)$. 于是,$f(t)$ 在 $[a,b]\setminus E_0$ 是有界可测的,即 $f\in L^\infty[a,b]$. 对式(2.3.12)令 $i\to+\infty$ 得 $|f(t)-f_{n_k}(t)|\leqslant\frac{1}{2^{k-1}}$. 从而,

$$\|f-f_{n_k}\|=\inf_{mE=0}\sup_{t\in[a,b]\setminus E}|f(t)-f_{n_k}(t)|\leqslant\sup_{t\in[a,b]\setminus E_0}|f(t)-f_{n_k}(t)|\leqslant\frac{1}{2^{k-1}}.$$

这表明 $f_{n_k}\to f(k\to\infty)$. 由于 $\{f_{n_k}\}$ 是 Cauchy 列 $\{f_n\}$ 的子列,从

$$\|f-f_n\|\leqslant\|f-f_{n_k}\|+\|f_{n_k}-f_n\|$$

立即得到 $f_n\to f(n\to\infty)$,所以 $L^\infty[a,b]$ 是完备的.

证毕.

验证空间的完备性通常都是从给定的 Cauchy 列出发，利用一维实欧氏空间的完备性即实数的 Cauchy 准则找到极限点(或 Cauchy 列的子列的极限点)，然后验证极限点属于该空间且所给的 Cauchy 列在度量或范数意义下收敛于该极限点. 定理 2.3.1 的证明中只有 $L^p[a,b](1\leqslant p<+\infty)$ 的完备性证明稍有例外，它利用了级数及积分极限的理论技巧.

度量空间 (X,ρ) 的一切性质不仅与集合 X 有关，也与所考虑的度量 ρ 有关，完备性也不例外. 本节开头已指出，有理数集 Q 作为一维实欧氏空间的子空间是不完备的，定理 2.3.1指出 $C[a,b]$(赋最大值范数)是完备的. 下面两例将说明，对 Q 赋以离散度量则它是完备的，对 $C[a,b]$ 赋以 p-范数(如 $p=1$)，则它是不完备的.

例 2.3.1　设 Q 为有理数集，ρ 为离散度量，则 (Q,ρ) 是完备的度量空间.

事实上，对 $\varepsilon\in(0,1)$，$\rho(x_m,x_n)<\varepsilon$ 意味着 $x_m=x_n$. 于是若 $\{x_n\}\subset Q$ 为 Cauchy 列，则它基本上是常数列，即存在正整数 N，当 $n>N$ 时皆有 $x_n=x$. 于是 $\{x_n\}$ 收敛于 $x\in Q$，(Q,ρ) 完备.

例 2.3.2　在 $C[a,b]$ 中赋以 p-范数($p=1$)，即

$$\|x\|_1=\int_a^b|x(t)|\mathrm{d}t,x\in C[a,b].$$

则 $(C[a,b],\|\cdot\|_1)$ 不完备.

事实上，不妨设 $[a,b]=[-1,1]$，取

$$x_n(t)=\begin{cases}1, & t\in\left[\dfrac{1}{n},1\right],\\ nt, & t\in\left(0,\dfrac{1}{n}\right),\\ 0, & t\in[-1,0],\end{cases}$$

如图 2.9 所示，有 $\|x_m-x_n\|_1=\int_{-1}^1|x_m(t)-x_n(t)|\mathrm{d}t=\dfrac{1}{2}\left|\dfrac{1}{m}-\dfrac{1}{n}\right|$. 故 $\{x_n\}$ 是 $C[-1,1]$ 中的 Cauchy 列. 下证 $\{x_n\}$ 在 $(C[a,b],\|\cdot\|_1)$ 中不收敛.

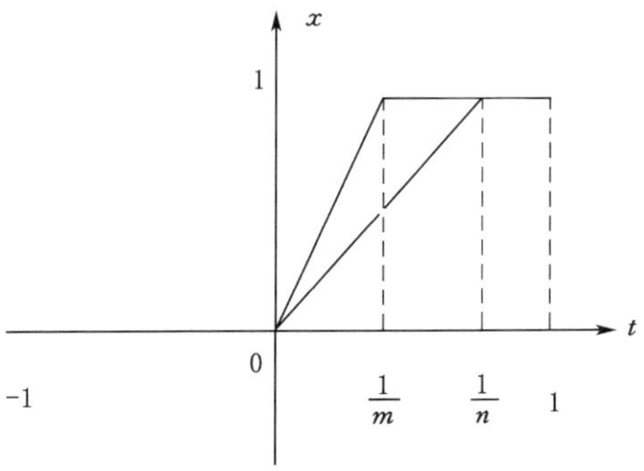

图 2.9

用反证法. 假设存在 $x_0(t)\in C[-1,1]$ 使 $\|x_n-x_0\|_1\to0(n\to\infty)$. 由于

$$\| x_n - x_0 \|_1 = \int_{-1}^{0} |x_0(t)| \mathrm{d}t + \int_{0}^{\frac{1}{n}} |nt - x_0(t)| \mathrm{d}t + \int_{\frac{1}{n}}^{1} |1 - x_0(t)| \mathrm{d}t,$$

故令 $n \to \infty$，必有 $\int_{-1}^{0} |x_0(t)| \mathrm{d}t = 0$ 及 $\int_{0}^{1} |1 - x_0(t)| \mathrm{d}t = 0$. 因为 $x_0(t)$ 在 $[-1,1]$ 连续，由 $\int_{-1}^{0} |x_0(t)| \mathrm{d}t = 0$ 得

$$t \in [-1,0], x_0(t) \equiv 0.$$

由 $\int_{0}^{1} |1 - x_0(t)| \mathrm{d}t = 0$ 得

$$t \in [0,1], x_0(t) \equiv 1.$$

这是矛盾的.

2.3.2　空间的稠密性与可分性

数学研究中有一个明智的想法是将复杂集合通过它的较简单的子集表示出来. 在线性代数中可以看到，n 维线性空间的任何元素可表示成基的线性组合，在微积分学中，任何一个实数可用有理数列来逼近；任何一个连续函数可用多项式序列来逼近. 一般地说，希望将抽象空间的每个元素由较小的子集（如可数集）通过代数运算或极限运算表示出来. 而稠密、可分、基本集这些概念体现了这种想法.

定义 2.3.2　设 (X,ρ) 是度量空间，$E \subset X$.

(1) 若 $\overline{E} = X$，则称 E 在 X 中稠密，E 称为 X 的稠集. 设 $A \subset X$，若 $\overline{E} \supset A$，也称 E 在 A 中稠密.

(2) 若 X 含有一个可数多元的稠集 E（即 E 可数，$\overline{E} = X$），则称 X 可分. 设 $A \subset X$，若 (A,ρ) 可分，则称 A 是 X 中可分集.

下设 $(X, \|\cdot\|)$ 是数域 K 上赋范空间.

(3) 若 $A \subset X$ 使 $\overline{\mathrm{span}\, A} = X$，则称 A 为基本集.

(4) 若点列 $\{e_n\} \subset X$ 使每个 $x \in X$ 可唯一地表示成 $x = \sum\limits_{n=1}^{\infty} a_n e_n$，其中 $\{a_n\} \subset K$，则称 $\{e_n\}$ 为 X 的 Schauder 基.

按定义 2.3.2，$\overline{Q} = R$，Q 是 R 的稠子集且 Q 是可数的，所以 R 是可分的.

若 E 是度量空间 X 中的稠集，则由定理 2.2.8(1) 可知，每个 $x \in X$ 可表示为 E 中某序列的极限，或说 x 可用 E 的元逼近. 若 A 是赋范空间 X 的基本集，则每个 $x \in X$ 可用 A 中元的线性组合逼近. 对赋范空间而言，稠集与 Schauder 基都是基本集.

另外，在度量空间 X 中，设 $A \subset E \subset X$，按 X 上的距离，若 $\overline{A} \supset E$，$\overline{E} = X$，则必有 $\overline{A} = X$. 因此，关于稠密性有下述性质：若 A 在 E 中稠密，E 在 X 中稠密，则 A 在 X 中稠密.

例 2.3.3　关于 Weierstrass 逼近定理与 Lusin 定理的表述.

数学分析中有下列著名的 Weierstrass 逼近定理：设 $x(t)$ 是 $[a,b]$ 上的实连续函数，则对任意 $\varepsilon > 0$，总存在实系数多项式 $y(t)$，使得 $\max\limits_{t \in [a,b]} |x(t) - y(t)| < \varepsilon$.

若将$[a,b]$上实系数多项式全体记为$P[a,b]$，则$P[a,b]$是$C[a,b]$的子集. 利用最大值范数，上述定理即

$$\forall x\in C[a,b],\ \forall \varepsilon>0,\ \exists y\in P[a,b] \text{ 使 } \|x-y\|<\varepsilon.$$

因此，上述定理被表述为：

Weierstrass 逼近定理：$P[a,b]$在$C[a,b]$中稠密.

定理 2.3.2(Weierstrass 逼近定理)　设$f\in C[0,1]$，则对$\forall \varepsilon>0$，$\exists$多项式$p(x)$，使得对$\forall x\in[0,1]$，有

$$|f(x)-p(x)|<\varepsilon.$$

证明　设$f\in C[0,1]$，记

$$B_n(f(x))=\sum_{k=0}^{n} f\left(\frac{k}{n}\right)C_n^k x^k(1-x)^{n-k},n\in N,$$

称$B_n(f)(x)$为$f(x)$的n阶 Bernstein 多项式. 利用概率论的思想来讨论一致逼近定理，设随机度量ξ表示n重 Bernstein 实验中随机事件A发生的次数.

令$P(A)=x$，则$P(\overline{A})=1-x, x\in[0,1]$，则$\xi\sim B(n,x)$，于是$\xi$和$\xi^2$是数学期望为

$$E(\xi)=nx,$$

且

$$E(\xi^2)=D(\xi)+(E(\xi))^2=nx-mx^2+n^2x^2.$$

在二项式定理

$$\sum_{k=0}^{n} C_n^k x^k(1-x)^{n-k}=1$$

两边同时乘以$f(x)$，可得

$$f(x)=\sum_{k=0}^{n} f(x)C_n^k x^k(1-x)^{n-k}.$$

将上式与 Bernstein 多项式$B_n(f)(x)$相减，可得

$$\begin{aligned}|B_n(f)(x)-f(x)|&=\left|\sum_{k=0}^{n}\left[f(\frac{k}{n})-f(x)\right]C_n^k x^k(1-x)^{n-k}\right|\\&\leqslant\sum_{k=0}^{n}\left|f(\frac{k}{n})-f(x)\right|C_n^k x^k(1-x)^{n-k}.\end{aligned}$$

由于f在$[0,1]$上连续，则$\exists M>0$，使得$\forall x\in[0,1]$，$|f(x)|\leqslant M$且$f(x)$一致连续，对$\forall \varepsilon>0$，$\exists \delta>0$，使得当$|x'-x|<\delta$时，有$|f(x')-f(x)|<\frac{\varepsilon}{2}$，$x,x'\in[0,1]$.

将上式右端分为两部分求和：

$$\begin{aligned}|B_n(f)(x)-f(x)|&\leqslant\left\{\sum_{|\frac{k}{n}-x|<\delta}+\sum_{\left|\frac{k}{n}-x\right|\geqslant\delta}\right\}\left|f(\frac{k}{n}-f(x))\right|C_n^k x^k(1-x)^{n-k}\\&<\frac{\varepsilon}{2}+\sum_{\left|\frac{k}{n}-x\right|\geqslant\delta}\left|f(\frac{k}{n})-f(x)\right|C_n^k\cdot x^k\cdot(1-x)^{n-k}\\&<\frac{\varepsilon}{2}+2M\sum_{\left|\frac{k}{n}-x\right|\geqslant\delta}C_n^k x^k(1-x)^{n-k}\end{aligned}$$

$$
\begin{aligned}
&< \frac{\varepsilon}{2} + \frac{2M}{n^2\delta^2}\sum_{k=0}^{n}(k-nx)^2 C_n^k x^k (1-x)^{n-k} \\
&= \frac{\varepsilon}{2} + \frac{2M}{n^2\delta^2}\left[\sum_{k=0}^{n} k^2 C_n^k x^k (1-x)^{n-k} - 2nx\sum_{k=0}^{n} kC_n^k x^k (1-x)^{n-k} + n^2x^2\right] \\
&= \frac{\varepsilon}{2} + \frac{2M}{n^2\delta^2}[E(k^2) - 2nxE(k) + n^2x^2] \\
&= \frac{\varepsilon}{2} + \frac{2M}{n^2\delta^2}(nx - nx^2 + n^2x^2 - 2nxnx + n^2x^2) \\
&= \frac{\varepsilon}{2} + \frac{2M}{n\delta^2}(x - x^2) \\
&\leqslant \frac{\varepsilon}{2} + \frac{M}{2n\delta^2}.
\end{aligned}
$$

取 $N=\left[\frac{M}{\varepsilon\delta^2}\right]$，则当 $n>N$ 时，有 $\frac{M}{2n\delta^2}<\frac{\varepsilon}{2}$，代入上式，对 $\forall x\in[0,1]$ 有

$$|f(x)-B_n(f)(x)|<\varepsilon.$$

经过变量替换 $t=a+(b-a)s, s\in[0,1]$ 可将 $[0,1]$ 变换为闭区间 $[a,b]$，上述定理仍然正确. 此定理不仅指出了在闭区间 $[a,b]$ 上可用多项式一致逼近连续函数，而且给出了多项式的具体表达形式.

证毕.

实分析中有下面的著名的 Lusin 定理.

设 f 是 $[a,b]$ 上的有界 Lebesgue 可测函数，则对任意 $\varepsilon>0$，存在 $[a,b]$ 上连续函数 g 使测度 $m(\{t|f(t)\neq g(t)\})<\varepsilon$ 且 $\max\limits_{t\in[a,b]}|g(t)|\leqslant\sup\limits_{t\in[a,b]}|f(t)|$.

现设 $1\leqslant p<+\infty$，$\forall x(t)\in L^p[a,b]$，$\forall\varepsilon>0$，由积分的绝对连续性，$\exists\delta>0$，当 $E\subset[a,b]$，$mE<\delta$，有 $\int_E |x(t)|^p\mathrm{d}t<\varepsilon^p$. 又因 $\int_a^b |x(t)|^p\mathrm{d}t<+\infty$，故存在正整数 N（与 ε 无关），使 $m(\{t\,|\,|x(t)|>N\})<\delta$. 记 $E_1=\{t\,|\,|x(t)|>N\}$，令

$$x_N(t)=\begin{cases}x(t), & |x(t)|\leqslant N,\\ 0, & |x(t)|>N,\end{cases}.$$

则 $x_N\in L^p[a,b]$，且

$$\|x-x_N\|_p=\left(\int_a^b |x(t)-x_N(t)|^p\mathrm{d}t\right)^{\frac{1}{p}}=\left(\int_{E_1}|x(t)|^p\mathrm{d}t\right)^{\frac{1}{p}}<\varepsilon.$$

对 $x_N(t)$（有界的 Lebesgue 可测函数），应用 Lusin 定理，存在 $y\in C[a,b]$ 使 $mE_2<\varepsilon^p$，其中，$E_2=\{t|y(t)\neq x_N(t)\}$ 且 $\max\limits_{a\leqslant t\leqslant b}|y(t)|\leqslant N$. 于是

$$\|x_N-y\|_p=\left(\int_a^b |x_N(t)-y(t)|^p\mathrm{d}t\right)^{\frac{1}{p}}\leqslant\left(\int_{E_2}(2N)^p\mathrm{d}t\right)^{\frac{1}{p}}=(2N)(mE_2)^{\frac{1}{p}}<2N\varepsilon,$$

从而

$$\|x-y\|_p\leqslant\|x-x_N\|_p+\|x_N-y\|_p<(2N+1)\varepsilon.$$

因此，可以得到

Lusin 逼近定理：$C[a,b]$按 p-范数在 $L^p[a,b]$中稠密$(1\leqslant p<+\infty)$.

例 2.3.4　在 $l^p(1\leqslant p<+\infty)$中，令 $e_n=(0,\cdots,0,1,0,\cdots)$，即 e_n 是 l^p 中第 n 个分量为 1、其余为 0 的向量，则$\{e_n\}$是 l^p 中的一个 Schauder 基.

证明　设 $x=(a_1,a_2,\cdots a_i,\cdots)\in l^p$，则

$$\| x-\sum_{i=1}^{n}a_ie_i\| = \|(0,\cdots,0,a_{n+1},a_{n+2},\cdots)\| = (\sum_{i=n+1}^{\infty}|a_i|^p)^{\frac{1}{p}}\to 0\quad (n\to\infty).$$

所以，$x=\lim\limits_{n\to\infty}\sum\limits_{i=1}^{n}a_ie_i=\sum\limits_{i=1}^{\infty}a_ie_i$.

若又有 $x=\sum\limits_{i=1}^{\infty}b_ie_i$，记 $y=(b_1,b_2,\cdots b_i,\cdots)$，对任何正整数 n，有

$$\|\sum_{i=1}^{n}a_ie_i-\sum_{i=1}^{n}b_ie_i\|\leqslant\|\sum_{i=1}^{n}a_ie_i-x\|+\|x-\sum_{i=1}^{n}b_ie_i\|.$$

令 $n\to\infty$，有

$$(\sum_{i=1}^{n}|a_i-b_i|^p)^{\frac{1}{p}}=\|\sum_{i=1}^{n}a_ie_i-\sum_{i=1}^{n}b_ie_i\|\to 0,$$

即 $\|x-y\|=(\sum\limits_{i=1}^{\infty}|a_i-b_i|^p)^{\frac{1}{p}}=0$. 故 $x=y$，从而有 $a_i=b_i(i=1,2,\cdots)$，表明 x 的表示法是唯一的. 所以，$\{e_n\}$是 l^p 中的一个 Schauder 基.

证毕.

例 2.3.5　R^n，$C[a,b]$，$l^p(1\leqslant p<+\infty)$，$L^p[a,b](1\leqslant p<+\infty)$都是可分的.

证明　(1) 令 $Q^n=\{(r_1,r_2,\cdots,r_n)\mid r_i\in Q,i=1,2,\cdots,n\}$，其中，$Q$ 是有理数集，则 Q^n 是可数的，且按欧氏范数，Q^n 在 R^n 中稠密. 这表明 R^n 是可分的.

(2) 若 Banach 空间 X 有 Schauder 基，则 X 必是可分的. 事实上，令 $E=\left\{\sum\limits_{i=1}^{n}r_ie_i\mid r_i\in Q,i=1,2,\cdots,n;n\geqslant 1\right\}$. 其中 Q 是有理数集，$\{e_i\}_{i=1}^{\infty}$ 为 Schauder 基. 因为 E 是可数集，且在 X 中稠密，故 X 是可分的.

取 $X=l^p$，利用例 2.3.4 立即得到 $l^p(1\leqslant p<+\infty)$是可分的.

(3) 记有理系数多项式的全体为 $P_0[a,b]$，它是可数集. 容易知道 $P_0[a,b]$(按最大值范数)在 $P[a,b]$中稠密. 利用 Weierstrass 定理(例 2.3.3)得，$P[a,b]$在 $C[a,b]$中稠密. 故 $P_0[a,b]$在 $C[a,b]$中稠密，因此 $C[a,b]$可分.

(4) 已知可数集 $P_0[a,b]$按最大值范数在 $C[a,b]$中稠密. 由 p-范数 $\|\cdot\|_p$ 与最大值范数 $\|\cdot\|$ 的定义可知，$\|x\|_p\leqslant\|x\|$，$\|x-y\|<\varepsilon\Rightarrow\|x-y\|_p<\varepsilon$. 因此，$P_0[a,b]$按 p-范数在 $C[a,b]$中稠密. 再利用 Lusin 逼近定理(例 2.3.3)得，$C[a,b]$按 p-范数在 $L^p[a,b]$中稠密. 于是 $P_0[a,b]$按 p-范数在 $L^p[a,b]$中稠密. 所以 $L^p[a,b]$是可分的.

证毕.

例 2.3.6　l^∞，$L^\infty[a,b]$都是不可分的.

常用的验证方法是找一个不可数的定距点集.

(1) **证明** l^∞不可分.

令 A 是 l^∞ 中坐标仅由 0,1 两个数组成的数列全体构成的集合,即

$$A=\{x=(a_1,a_2,\cdots,a_n,\cdots)\mid a_n=0 \text{ 或 } a_n=1,n=1,2,\cdots\}.$$

则将$[0,1]$中的实数用二进位表示可知,A 与$[0,1]$中实数一一对应,因此 A 是不可数的.且有 $\forall x=(a_1,a_2,\cdots),y=(b_1,b_2,\cdots)\in A$,当 $x\neq y$ 时,必存在 n_0 使$|a_{n_0}-b_{n_0}|=1$,于是 $\rho(x,y)=\|x-y\|=\sup\limits_{n\geqslant 1}|a_n-b_n|=|a_{n_0}-b_{n_0}|=1$.

(反证法)假设 l^∞ 可分,则有 $E\subset l^\infty$ 为可数集使 $\overline{E}=l^\infty$.因为 A 是定距为 1 的点集,故 $\left\{B\left(x,\frac{1}{3}\right)\middle| x\in A\right\}$是 l^∞ 中互不相交的开球族,所以也是不可数的. $\forall x\in A\subset l^\infty=\overline{E}$,由闭包定义得,$B\left(x,\frac{1}{3}\right)\cap E\neq\phi$,即$\left\{B\left(x,\frac{1}{3}\right)\middle| x\in A\right\}$中每个球至少含 E 的一个点,与 E 是可数的相矛盾(同样的方法表明,A 及 l^∞ 中含 A 的任何子集按 l^∞ 中范数导出的度量都是不可分的).

(2) **证明** $L^\infty[a,b]$不可分. 令 $f_s(t)=\begin{cases}0, & a\leqslant t\leqslant s,\\ 1, & s<t\leqslant b,\end{cases}$ 当 $s_1\neq s_2$ 时,不妨设 $s_1<s_2$,有 $f_{s_1}(t)-f_{s_2}(t)=\begin{cases}1, & t\in(s_1,s_2],\\ 0, & t\notin(s_1,s_2],\end{cases}$ 如图 2.10 所示.

$$\|f_{s_1}-f_{s_2}\|=\inf_{mE=0}\sup_{t\in[a,b]\setminus E}|f_{s_1}(t)-f_{s_2}(t)|=1.$$

令 $A=\{f_s(t)\mid s\in[a,b]\}$,由于$[a,b]$是不可数的,因而 A 是不可数的.

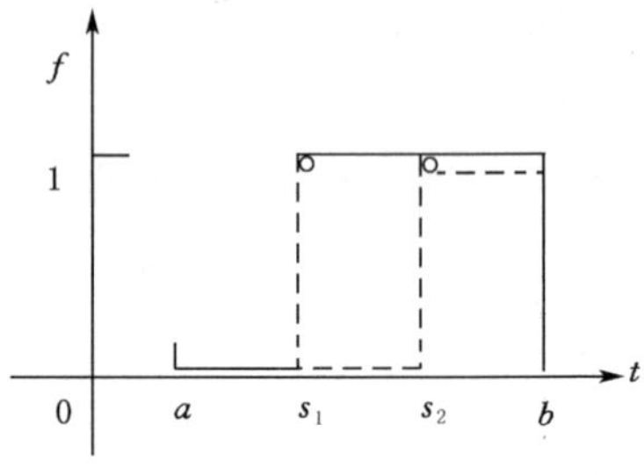

图 2.10

(用反证法,接下去的证明完全与(1)相同.也可采用下面的不同表达方式)

假设 $L^\infty[a,b]$是可分的,则有 $E\subset L^\infty[a,b]$是可数集且使 $\overline{E}=L^\infty[a,b]$. 于是 $L^\infty[a,b]$ 中开球族 $\left\{B(f,\frac{1}{3})\middle| f\in E\right\}$为至多可数集. $\forall g\in L^\infty[a,b]=\overline{E}$,$\exists f\in E$,使 $\rho(f,g)<\frac{1}{3}$,即 $g\in B(f,\frac{1}{3})$.这表明$\bigcup\limits_{f\in E}B(f,\frac{1}{3})=L^\infty[a,b]$.由于 $L^\infty[a,b]\supset A$,而 A 是不可数的,因而 A 中必有两个不同的元 f_1,f_2 落入某同一个球 $B(f_0,\frac{1}{3})$中,有

$$1=\rho(f_1,f_2)\leqslant\rho(f_1,f_0)+\rho(f_0,f_2)\leqslant\frac{2}{3},$$

这是矛盾的.

证毕.

注 (1) 注意线性基(Hamel 基)与 Schauder 基是两个不同的概念.线性基只涉及线性运算,不涉及极限运算,任何非零的线性空间必存在线性基. Schauder 基涉及限运算,虽然存在 Schauder 基的 Banach 空间是可分的,但是可分的 Banach 空间未必一定存在 Schauder

基. 1973 年,芬兰数学家 Enflo 构造了一个不具有 Schauder 基的可分的 Banach 空间的例子,可参考文献[17].

(2) 不完备的度量空间借助稠密性可扩大成完备空间,这种扩大本质上来说是唯一的. 可以证明,当度量空间 (X,ρ) 不完备时,必可找到一个完备度量空间 (X^*,ρ^*),使 X 与 X^* 的稠密子空间等距同构,(X^*,ρ^*) 在等距同构的意义下是唯一的. 即 X 可视为 X^* 的稠密子空间而 X^* 完备,称 X^* 为 X 的完备化. 这一点正如同下述熟知的事实一样:有理数空间 Q 是一维欧式空间 R 的稠密子空间而 R 完备,R 就是 Q 的完备化空间. 例 2.3.2 中的 $(C[a,b],\|\cdot\|_1)$ 作为 $L^1[a,b]$ 的子空间是不完备的,但 $(C[a,b],\|\cdot\|_1)$ 在 $L^1[a,b]$ 中稠密而 $L^1[a,b]$ 完备. 用上述的术语来说,$L^1[a,b]$ 是 $(C[a,b],\|\cdot\|_1)$ 的完备化空间. 用此观点审视 Riemann 积分与 Lebesgue 积分间的关系是十分有趣的:Lebesgue 可积函数空间实质上是 Riemann 可积函数空间的完备化. 由此可进一步认识到 Riemann 积分的局限性与 Lebesgue 积分的优越性.

2.3.3　Baire 纲定理

可以想见,完备的度量空间与 Banach 空间将具有更为优良的性质. 本书将抽象地考察这些性质.

定理 2.3.3　设 (X,ρ) 是度量空间,$E\subset X$.

(1) 若 E 是完备子空间,则 E 为闭集.

(2) 若 X 完备且 E 是闭集,则 E 是完备子空间.

证明　(1) 设 E 是 X 的完备子空间,点列 $\{x_n\}\subset E$ 是收敛点列,即 $\exists x\in X$ 使 $x_n\to x(n\to\infty)$. 于是 $\{x_n\}$ 也是 E 中的 Cauchy 点列. 但 E 完备,所以 $\{x_n\}$ 必在 E 中收敛,即 $x\in X$. 这表明 E 是闭集.

(2) 设 E 是 X 的闭子集,$\{x_n\}\subset E$ 为 Cauchy 列,则 $\{x_n\}$ 也是 X 中的 Cauchy 列. 由于 X 完备,故有 $x\in X$ 使 $x_n\to x\ (n\to\infty)$. E 是闭的蕴涵 $x\in E$. 这表明 E 是完备的.

证毕.

下面的闭集套定理与 R 中闭区间套定理是完全类似的.

定理 2.3.4 (闭集套定理)　设 (X,ρ) 是完备的度量空间,$\{F_n\}$ 是 X 中一列非空递缩闭集,即有 $F_n\supset F_{n+1}(n\geqslant 1)$,并且直径 $d(F_n)\to 0(n\to\infty)$. 则 $\{F_n\}$ 存在唯一公共元 x,即 $\bigcap\limits_{n=1}^{\infty}F_n=\{x\}$.

证明　取 $x_n\in F_n$,$n\geqslant 1$. 由 $F_n\supset F_{n+1}$ 可知,$\forall m\geqslant n$,有 $F_m\subset F_n$,从而 $x_m\in F_n$.

$$\rho(x_m,x_n)\leqslant d(F_n)\to 0\quad (m,n\to\infty).$$

这说明 $\{x_n\}$ 是 Cauchy 列. 因为 X 是完备的,故有 $x\in X$ 使 $\lim\limits_{n\to\infty}x_n=x$. 固定 $n\geqslant 1$. 由 $\forall m\geqslant n,x_m\in F_n$,而 F_n 是闭集,令 $m\to\infty$ 得,$x=\lim\limits_{m\to\infty}x_m\in F_n$. 证得 $x\in\bigcap\limits_{n=1}^{\infty}F_n$.

假设又有 $y\in\bigcap\limits_{n=1}^{\infty}F_n$,则 $\forall n$,有 $x,y\in F_n$,

$$\rho(x,y)\leqslant d(F_n)\to 0 \quad (n\to\infty).$$

这表明 $\rho(x,y)=0$，即 $x=y$.

证毕.

如果说不完备的空间是有空隙的空间的话，那么完备的空间就是稠密到一定程度的空间，使得稠密开集的可数交仍是稠密的. Baire 纲定理揭示了完备空间的这一重要性质. 下面先介绍与此有关的概念.

定义 2.3.3 设 X 是度量空间，$E\subset X$.

(1) 若 $E^{-\circ}=\varnothing$，则称 E 为无处稠密集或疏集.

(2) 若 E 可表示成可数个疏集之并，则称 E 是第一纲集，不是第一纲的集称为第二纲集.

(3) 若 X 中可数多个稠密开集之交仍在 X 中稠密，则称 X 具有 Baire 性质.

很容易举出疏集的例子. 疏集等价于其闭包无内点. 因此无内点的闭集必是疏集. 设 R 为通常实数空间，则 R 中任意有限集必为疏集；$A=\left\{1,\frac{1}{2},\cdots,\frac{1}{n},\cdots\right\}$，由于 $\overline{A}=A\cup\{0\}$ 无内点，所以 A 是疏集.

疏集本身是第一纲集. 在实数空间 R 中，由于单点集是疏集，因而可数集都是第一纲集，有理数集 Q 是第一纲集.

由定义 2.3.3 可知，若 E 是 X 的疏集，则 E^c 必是 X 的稠集，反之未必成立.

事实上，设 E 是 X 的疏集，则 $E^{-\circ}=\varnothing$，由 $E\subset E^-$ 得 $E^\circ=\varnothing$，由定理 2.2.4(1)，此式即 $E^{c-c}=\varnothing$. 因此 $E^{c-}=X$，E^c 是 X 的稠集.

反之，设 Q 是 R 中有理点集，Q^c 作为无理点集显然是 R 的稠集，但因 $Q^{-\circ}=R^\circ=R$，Q 不是 R 的疏集.

关于疏集与稠集的下列等价性质是成立的：

设 E 是度量空间 X 的闭集，则 E 是疏集的充要条件是 E^c 是稠集.

定理 2.3.5 (Baire 纲定理)

(1) 完备度量空间具有 Baire 性质.

(2) 具有 Baire 性质的度量空间是第二纲的.

上述的 Baire 定理同时也指出，完备度量空间必是第二纲的，即不可表示为至多可数个疏集之并.

证明 (1) 设 X 是完备的，$\{A_n\}$ 是 X 中一列(可数个)稠密开集，$A=\bigcap\limits_{n=1}^{\infty}A_n$. 下证 $\overline{A}=X$，即证 $\forall x\in X$，$\forall \varepsilon>0$，$B(x,\varepsilon)\cap A\neq\varnothing$.

记 $U=B(x,\varepsilon)$，则 U 作为开球是开集. 因为开集 A_1 在 X 中稠密，故 $A_1\cap U\neq\varnothing$，此时由 $A_1\cap U$ 是开的得到，$\exists x_1\in X$ 及 $0<r_1<1$，使

$$B(x_1,r_1)\subset A_1\cap U,$$

于是闭球 $B[x_1,r_1/2]\subset B(x_1,r_1)$；因开集 A_2 在 X 中稠密，故 $A_2\cap B(x_1,r_1/2)\neq\varnothing$，从而由

$A_2\cap B(x_1,r_1/2)$是开集，可得$\exists\, x_2\in X$及$0<r_2<\frac{1}{2}$使

$$B(x_2,r_2)\subset A_2\cap B(x_1,r_1/2),$$

于是开球$B(x_2,r_2)\subset A_2\cap U$且闭球$B[x_2,r_2/2]\subset B(x_2,r_2)\subset B[x_1,r_1/2]\subset\cdots$

如此继续做下去，得到递缩闭球序列$\{B[x_n,r_n/2]\}$，$B[x_n,r_n/2]$的直径满足$0<r_n<\frac{1}{n}$，且

$$B[x_n,r_n/2]\subset B(x_n,r_n)\subset A_n\cap U.$$

因为X是完备的，由闭集套定理（定理 2.3.4），$\exists\, x\in X$使

$$\{x\}=\bigcap_{n=1}^{\infty}B[x_n,r_n/2]\subset\bigcap_{n=1}^{\infty}(A_n\cap U)=(\bigcap_{n=1}^{\infty}A_n)\cap U=A\cap U$$

故$A\cap U\neq\varnothing$. 这表明$\overline{A}=X$，即A在X中稠密.

(2) 假设X是第一纲的，即$X=\bigcup_{n=1}^{\infty}E_n$，每个$E_n$是疏集，则显然有$X=\bigcup_{n=1}^{\infty}\overline{E}_n$. 令$A_n=E_n^{-c}$，由$E_n^{-\circ}=\varnothing$应用定理 2.2.4(1)得$E_n^{-c-c}=\varnothing$，即$\overline{A}_n=E_n^{-c-}=X$. 因此，$A_n$是$X$中的开的稠密子集. 于是

$$\varnothing=X^c=(\bigcup_{n=1}^{\infty}\overline{E}_n)^c=\bigcap_{n=1}^{\infty}E_n^{-c}=\bigcap_{n=1}^{\infty}A_n,$$

这与X的 Baire 性质矛盾. 所以X是第二纲集.

证毕.

Baire 纲定理具有基本的重要性，用途非常广泛，例如第 3 章中一致有界原理（定理 3.2.1）和开映射定理（定理 3.2.2）就有应用.

若将第一纲集的余集称为剩余集，则对完备度量空间X而言，由 Baire 定理可知，剩余集也是第二纲的（当$A\subset X$是第一纲集时，若A^c也是第一纲集，此时由于两个至多可数疏集族的并仍是至多可数的，故有$X=A\cup A^c$是第一纲的，这与X完备，X是第二纲的性质相矛盾）. 用此观点审视实数空间R，有理点集是第一纲的，而无理点集是第二纲的. 这与测度的观点异曲同工，几乎每个实数都是无理数.

在数学分析课程中，Weierstrass 构造出一个处处连续且处处不可导的函数. 而且，在闭区间$[0,1]$上，这种处处连续且处处不可导的函数是非常多的.

定理 2.3.6　在$C[0,1]$中，记处处不可导的函数组成的集合为E，则E的余集E^c是第一纲集.

注　由 Weierstrass 构造的处处连续且处处不可导的函数可知$E\neq\varnothing$. 由于E^c是第一纲集，且E是E^c的余集，所以E是E^c的剩余集，而由上段说明可知，剩余集E是第二纲集.

证明　先记一些符号，而后再分两步证明.

令$X=C[0,1]$，记A_n表示X中满足下面条件的元素f组成的集合：取$f\in X$，$\exists\, s\in[0,1]$，使得对于$0\leqslant s+h\leqslant 1$和$|h|\leqslant\frac{1}{n}$的任意$h$，有下式成立

$$\left|\frac{f(s+h)-f(s)}{h}\right|\leqslant n.$$

显然，若 f 在某点 s_0 处可微，则存在正整数 n，使得 $f\in A_n$ 在 X 中至少有一点可导的函数的集合满足

$$X\backslash E\subset\bigcup_{n=1}^{\infty}A_n.$$

下面分两步说明 A_n 是疏集.

(1) 下证 A_n 是闭集. 这只需证明 $X\backslash A_n$ 是开集即可.

于是任取 $f\in X\backslash A_n$，由前述记号可知，对 $\forall s\in[0,1]$，$\exists h_s$，使得

$$|h_s|\leqslant\frac{1}{n}\text{ 且 }|f(s+h_s)-f(s)|>n|h_s|. \tag{2.3.13}$$

由 f 的连续性，$\exists\varepsilon_s>0$ 和包含 s 的某个小邻域 J_s，使得对 $\forall x\in J_s$，有

$$|f(x+h_s)-f(x)|>n|h_s|+2\varepsilon_s.$$

再根据区间$[0,1]$是紧集. 所以由有限开覆盖定理，可得存在有限个开区间 $J_{s_1},J_{s_2},\cdots,J_{s_{k_0}}$ 覆盖$[0,1]$，记

$$\varepsilon=\min\{\varepsilon_{s_1},\varepsilon_{s_2},\cdots,\varepsilon_{s_{k_0}}\}.$$

记 $B(f,\varepsilon)$为以 f 为球心、以 ε 为半径的开球(在 X 中的开球). 任取 $g\in B(f,\varepsilon)$，可知 $\|f-g\|_C<\varepsilon$. 由式(2.3.13)，对 $\forall x\in J_{s_i}(i=1,2,\cdots,k_0)$有

$$\begin{aligned}|g(x+h_{s_i})-g(x)|&\geqslant|f(x+h_{s_i})-f(x)|-2\varepsilon\\&>n|h_{s_i}|.\end{aligned}$$

则 $B(f,\varepsilon)\subset X\backslash A_n$. 于是 $X\backslash A_n$ 是开集，从而 A_n 是闭集.

(2) 下证 A_n 的内部是空集(即$\mathring{A}_n=\varnothing$).

任取 $f\in A_n$ 和 $\forall\varepsilon>0$，由 Weierstrass 逼近定理(定理 2.3.2)，存在多项式 $p(x)$，使得

$$\|f-p\|_C<\frac{\varepsilon}{2},$$

且由于多项式 $p(x)$在$[0,1]$上光滑可导，则 $p(x)$的导数有界. 由微分中值定理可得，存在 $M>0$，使得对 $\forall x\in[0,1]$和 $|h|<\frac{1}{n}$，有下式

$$|p(x+h)-p(x)|\leqslant M|h|.$$

取 $g(x)\in C[0,1]$，它是一个分段"锯齿"函数，满足 $\|g\|_C<\frac{\varepsilon}{2}$，且各条"锯齿"线段斜率的绝对值都大于 $M+n$，于是

$$\|g+p-f\|_C<\varepsilon,\quad\text{即}\quad g+p\in B(f,\varepsilon).$$

但
$$|p(x+h)+g(x+h)-p(x)-g(x)|>nh,$$

即 $g+p\notin A_n$，这说明当 $f\in A_n$ 时，对 $\forall\varepsilon>0$，$B(f,\varepsilon)\notin A_n$. 于是$\mathring{A}_n=\varnothing$，再由前面记号可知

$$E^c=X\backslash E\subset\bigcup_{n=1}^{\infty}A_n,$$

可知 E^c 为第一纲集，剩余集 E 是第二纲集.

证毕.

§2.4　紧　　性

2.4.1　紧性

在一维欧氏空间 R 中，定义在闭区间上的连续函数一定能在该区间取得最大值与最小值. 连续函数之所以能有如此好的性态，其关键在于它定义在闭区间上. 闭区间具有优良的分析特性：其上的任何开覆盖都能选出有限子覆盖(Hahn-Borel 定理)，其中的任何点列必有在其中收敛的子点列(Bolzano-Weierstrass 定理). 闭区间，或一般的，R^n 中的有界闭集，它们所具有的这些特性在抽象空间中的类似物就是紧性.

首先，从三个侧面引入紧性概念并讨论它们的关系.

定义 2.4.1　设 X 是度量空间，$A\subset X$，若 $\bigcup\limits_{\lambda\in\Lambda}E_\lambda\supset A$，称集族 $\{E_\lambda\,|\,\lambda\in\Lambda\}$ 是 A 的覆盖，若以 E 中的点为心的开球族 $\{B(x,\varepsilon)\,|\,x\in E\}$ 覆盖 A，称 E 是 A 的 ε-网.

(1) 称 A 是紧的，若任一覆盖 A 的开集族中存在有限个开集仍覆盖 A(即 A 的任一开覆盖存在有限子覆盖).

(2) 称 A 是列紧的，若 A 中任何点列都含有在 X 中收敛的子点列.

(3) 称 A 是全有界的，若对任意 $\varepsilon>0$，X 中总存在由有限个元素构成的集 E 为 A 的 ε-网(即 $\forall\,\varepsilon>0$，A 有有限 ε-网).

注意到在上述定义 2.4.1(2)中并没有要求收敛子点列的极限一定属于 A. 若作这样的要求，则称 A 为自列紧集或列紧闭集. 列紧集未必是列紧闭集. 当空间 X 本身是列紧集时当然它是列紧闭集.

在上述定义 2.4.1(3)中，当 ε 变小时，有限集 E 的元素随之改变，元素的个数一般来说会变多. 另外作为 A 的 ε-网的有限集合 E 并没有要求 $E\subset A$. 实际上，是否要求 $E\subset A$ 并不改变全有界性. 利用 ε 的任意性可以证明二者是等价的. 当已知 A 全有界时，为方便计算，常假定 $E\subset A$.

比较定义 2.4.1(1)与 2.4.1(3)可知，A 是全有界集相当于说 A 的任何以 ε 为半径的开球族覆盖(特殊的开覆盖)有有限子覆盖，所以紧集必是全有界集.

全有界集也称为准紧集. 当 X 是赋范空间时，设 $B(X)$ 为 X 的开单位球，则 $B(x_0,\varepsilon)=x_0+\varepsilon B(X)$. 于是 A 是全有界的等价 $\forall\,\varepsilon>0$，$\exists\,x_1,x_2,\cdots,x_{n(\varepsilon)}\in X$ 使

$$A\subset\bigcup_{i=1}^{n(\varepsilon)}x_i+\varepsilon B(X).$$

按定义 2.4.1，在欧氏空间 R^n 中，因为任何有界点列必有收敛的子点列(Bolzano-Weierstrass 定理)，故 R^n 中任何有界集是列紧的. 因为对 R^n 中有界闭集，其任何开覆盖必有有限子覆盖(Hahn-Borel 定理)，故 R^n 中任何有界闭集是紧集.

在一般度量空间中，有限集必是紧集，必是列紧集，也必是全有界集.

例 2.4.1　设 $A\subset l^\infty$，其中

$$A=\{x=(a_1,a_2,\cdots,a_n,\cdots)\,|\,a_n=0 \text{ 或 } a_n=1,n=1,2,\cdots\}$$

则 A 是 l^∞ 中不可分子集(见例 2.3.6(1)),且 A 是有界闭集. 事实上,因为

$\forall x\in A,x\neq\theta$,皆有 $\|x\|_\infty=1$,表明 A 有界. 设 $\{x_i\}\subset A,x_i\to x$,则

$$\|x_i-x_j\|_\infty\leqslant\|x_i-x\|_\infty+\|x-x_j\|_\infty,$$

由于 $x_i\neq x_j$,有 $\|x_i-x_j\|_\infty=1$,于是当 i,j 充分大时必有 $x_i=x_j$,即 $\{x_i\}$ 基本上是常点列,即 $\exists N,i>N,x_i=x$. 因此 $x\in A$. 这表明 A 是闭集.

上述推理同时也表明,A 中任何互异点列都不会收敛,因此 A 不是列紧集.

A 也不是全有界的. 因为 A 是定距为 1 的点集且 A 是不可数集,于是当 $0<\varepsilon<\frac{1}{2}$,$\forall x\in l^\infty$,$B(x,\varepsilon)$ 至多含 A 的一个元,对 l^∞ 中任何有限集 E,$\{B(x,\varepsilon)\,|\,x\in E\}$ 至多盖住 A 中有限个元. 因此 A 不是全有界的.

全有界集有下述性质.

定理 2.4.1 设 (X,ρ) 是度量空间,$A\subset X$ 为全有界集,则

(1) A 有界.

(2) A 可分.

(3) A 中任一点列必含有 Cauchy 子点列.

证明 (1) 对 $\varepsilon=1$,A 有有限 1-网,即 $\exists E=\{e_1,e_2,\cdots,e_k\}$,使 $A\subset\bigcup_{i=1}^{k}B(e_i,1)$. 于是直径 $d(E)<+\infty$ 且 $\forall x,y\in A$,$\exists e_i,e_j$ 使 $x\in B(e_i,1)$,$y\in B(e_j,1)$;$\rho(x,y)\leqslant\rho(x,e_i)+\rho(e_i,e_j)+\rho(e_j,y)\leqslant 1+d(E)+1=2+d(E)$. 从而 $d(A)\leqslant 2+d(E)<+\infty$,$A$ 是有界集.

(2) $\varepsilon=\frac{1}{n}$(n 为正整数),A 有有限 $\frac{1}{n}$-网 $E_n=\{e_1^{(n)},e_2^{(n)},\cdots,e_{k_n}^{(n)}\}$. 令 $E=\bigcup_{n=1}^{\infty}E_n$,则 E 至多为可数集. 下证 $\overline{E}\supset A$. 事实上,$\forall x\in A$,$\forall n$,因 $A\subset\bigcup_{i=1}^{k_n}B(e_i^{(n)},\frac{1}{n})$,故 $\exists i$ 使 $x\in B(e_i^{(n)},\frac{1}{n})$,即 $\rho(x,e_i^{(n)})<\frac{1}{n}$. 于是 $e_i^{(n)}\in B(x,\frac{1}{n})\cap E$. 由 $\forall n$,$B(x,\frac{1}{n})\cap E\neq\varnothing$ 可知 $x\in\overline{E}$,证得 $A\subset\overline{E}$. 所以 A 为可分集.

(3) 设 $\{x_i\}\subset A$ 为任一点列(不妨设其不含有无限多个相同元的项,否则的话结论已得证). $\varepsilon=\frac{1}{n}$(n 为正整数),A 有有限 $\frac{1}{n}$-网 $E_n=\{e_1^{(n)},e_2^{(n)},\cdots,e_{k_n}^{(n)}\}$,有

$$A\subset\bigcup_{i=1}^{k_n}B\left(e_i^{(n)},\frac{1}{n}\right).$$

注意到 E_n 总是有限集,而点列 $\{x_i\}$ 及其子列是无限集,依次有:

取 $n=1$,至少有一个半径为 1 的球含 $\{x_i\}$ 的无穷个点,设该子列为 $\{x_i^{(1)}\}$;

取 $n=2$,至少有一个半径为 $\frac{1}{2}$ 的球含 $\{x_i^{(1)}\}$ 的子列,设为 $\{x_i^{(2)}\}$;…

如此下去得到可数多个点列:

$$x_1^{(1)},x_2^{(1)},x_3^{(1)},\cdots$$

$$x_1^{(2)}, x_2^{(2)}, x_3^{(2)}, \cdots$$
$$x_1^{(3)}, x_2^{(3)}, x_3^{(3)}, \cdots$$
$$\cdots$$

这可数多个点列中每个是前面一个的子列，选取对角线上的元素$\{x_i^{(i)}\}$，它是$\{x_i\}$的子列，且必是 Cauchy 列. 事实上，当 $m>n$ 时，$x_m^{(m)}$ 与 $x_n^{(n)}$ 同含在某半径为$\frac{1}{n}$的球内，$\rho(x_m^{(m)}, x_n^{(n)})<\frac{2}{n}$.

证毕.

度量空间的三种紧性有下述简明的关系.

定理 2.4.2　设 X 是度量空间，$A\subset X$.

(1) 若 A 列紧，则 A 全有界；若 X 完备，则 A 列紧的充要条件是 A 全有界.

(2) A 是紧集的充要条件是 A 为列紧闭集.

证明　(1) 反证法. 设 A 列紧，若 A 不是全有界的，则 $\exists\, \varepsilon_0>0$，$A$ 无有限 ε_0-网. 依次取

$x_1\in A$；

$x_2\in A$ 且 $x_2\notin B(x_1,\varepsilon_0)$；

$x_3\in A$ 且 $x_3\notin B(x_1,\varepsilon_0)\cup B(x_2,\varepsilon_0)$；

$\cdots$

$x_n\in A$ 且 $x_n\notin \bigcup\limits_{i=1}^{n-1} B(x_i,\varepsilon_0)$；

因为 A 不含于$\bigcup\limits_{i=1}^{n-1} B(x_i,\varepsilon_0)$，故总能取到这样的 x_n. 于是，当 $m\neq n$ ($\forall\, m,n$)，有 $\rho(x_m,x_n)\geqslant \varepsilon_0$，从而$\{x_n\}\subset A$ 不可能有收敛子列. 这与 A 列紧相矛盾. 故 A 必是全有界的.

设 X 完备，$A\subset X$ 是全有界的，$\{x_n\}\subset A$ 是任一点列，则由定理 2.4.1(3)可知，$\{x_n\}$含有 Cauchy 子点列. 由 X 的完备性可知该子点列收敛. 从而，A 是列紧的.

(2) 必要性. 设 A 是紧的，首先证明 A 是闭集. 设 $x_0\in A^c$. 因为 $\forall\, x\in A$，有 $\rho(x,x_0)>0$，取 $\varepsilon_x=\frac{1}{2}\rho(x,x_0)$，则 $B(x_0,\varepsilon_x)\cap B(x,\varepsilon_x)=\varnothing$，有

$$B(x_0,\varepsilon_x)\subset (B(x,\varepsilon_x))^c. \tag{2.4.1}$$

因为开球族 $H=\{B(x,\varepsilon_x)\mid x\in A\}$ 显然是 A 的开覆盖，而 A 是紧的，所以有有限子覆盖，即存在 $x_1,x_2,\cdots,x_n\in A$，使

$$A\subset \bigcup_{i=1}^{n} B(x_i,\varepsilon_{x_i}). \tag{2.4.2}$$

令 $\delta=\min\limits_{1\leqslant i\leqslant n}\varepsilon_{x_i}$，则由式(2.4.1)与式(2.4.2)得

$$B(x_0,\delta)\subset\bigcap_{i=1}^{n} B(x_0,\varepsilon_{x_i})\subset\bigcap_{i=1}^{n}(B(x_i,\varepsilon_{x_i}))^c=(\bigcup_{i=1}^{n} B(x_i,\varepsilon_{x_i}))^c\subset A^c,$$

即 x_0 是 A^c 的内点，故 A^c 是开集，从而 A 是闭集.

再证 A 是列紧的(用反证法). 若 A 不是列紧的，则存在互异点列$\{x_n\}\subset A$，$\{x_n\}$无收敛子列. 将 x_n 从$\{x_n\}$中去掉，记为 E_n，即 E_n 为下述点列构成的集：

$$x_1, x_2, \cdots, x_{n-1}, x_{n+1}, \cdots$$

则 E_n 不含有收敛点列，从而必是闭集(此时显然 E_n 对极限运算封闭，或者说必有 $\overline{E}_n = E_n$，否则有 $x \in \overline{E}_n, x \notin E_n$，从而据定理 2.2.8(1)，$E_n$ 中必有收敛点列收敛于 x，这是矛盾的)．于是 E_n^c 是开集且

$$\bigcup_{n=1}^{\infty} E_n^c = (\bigcap_{n=1}^{\infty} E_n)^c = \varnothing^c = X \supset A.$$

因 A 是紧集，开覆盖 $\{E_n^c \mid n=1,2,\cdots\}$ 有有限子覆盖．设 $A \subset \bigcup_{n=1}^{k} E_n^c$，即

$$A \subset (\bigcap_{n=1}^{k} E_n)^c = \{x_n \mid n \geqslant k+1\}^c. \tag{2.4.3}$$

注意到 $x_{k+1} \in A$ 而 $x_{k+1} \notin \{x_n \mid n \geqslant k+1\}^c$，与式(2.4.3)矛盾．因此 A 是列紧的．

充分性．设 A 是列紧闭集(反证法)．若 A 不是紧集，则存在 A 的开覆盖 $B = \{U_\lambda \mid \lambda \in \Lambda\}$ 没有有限子覆盖．因 A 列紧，由(1)已证，A 是全有界的，对 $\varepsilon = \frac{1}{n}$ (n 为任意正整数)，A 有有限 $\frac{1}{n}$-网 $E_n = \{e_1^{(n)}, e_2^{(n)}, \cdots, e_{k_n}^{(n)}\}$，使

$$A \subset \bigcup_{i=1}^{k_n} B\left(e_i^{(n)}, \frac{1}{n}\right),$$

$$A = A \cap \left(\bigcup_{i=1}^{k_n} B(e_i^{(n)}, \frac{1}{n})\right) = \bigcup_{i=1}^{k_n}\left[A \cap B(e_i^{(n)}, \frac{1}{n})\right],$$

于是 $\left\{A \cap B(e_i^{(n)}, \frac{1}{n}) \mid i=1,2,\cdots,k_n\right\}$ 这 k_n 个集中必有某一个，记为

$$A \cap B\left(e_{i_0}^{(n)}, \frac{1}{n}\right), \tag{2.4.4}$$

它不能被 B 中有限个元所覆盖．

取 $a_n \in A \cap B\left(e_{i_0}^{(n)}, \frac{1}{n}\right)$，得到点列 $\{a_n\} \subset A$．由于 A 是列紧闭集，$\{a_n\}$ 必有收敛子列 $\{a_n\}$ 且

$$a_{n_k} \to a \in A.$$

因为 B 是 A 的覆盖，$\exists U_{\lambda_0} \in B$ 使 $a \in U_{\lambda_0}$，U_{λ_0} 是开集，必 $\exists \varepsilon_0 > 0$ 使 $B(a, \varepsilon_0) \subset U_{\lambda_0}$．取 k 充分大，使 $\frac{2}{n_k} < \frac{\varepsilon_0}{2}$ 且 $\rho(a_{n_k}, a) < \frac{\varepsilon_0}{2}$．于是 $\forall x \in A \cap B(e_{i_0}^{(n_k)}, \frac{1}{n_k})$，有

$$\rho(x, a) \leqslant \rho(x, a_{n_k}) + \rho(a_{n_k}, a) < \frac{2}{n_k} + \frac{\varepsilon_0}{2} < \varepsilon_0,$$

即 $A \cap B(e_{i_0}^{(n_k)}, \frac{1}{n_k}) \subset B(a, \varepsilon_0) \subset U_{\lambda_0}$，这与式(2.4.4)指出的事实，每个 $A \cap B(e_{i_0}^{(n_k)}, \frac{1}{n_k})$ 都不能被 B 中有限个元所覆盖是相矛盾的．因此 A 是紧的．

证毕．

从上面的定理可知，紧蕴涵列紧，列紧蕴涵全有界，全有界蕴涵有界，全有界蕴涵可分，反过来皆不蕴涵．紧集与列紧闭集等价，因而列紧集也称为相对紧集．在空间完备的情况

下,列紧与全有界等价.

容易理解,可分集未必是全有界集.例如,R 是可分的,但不是有界的,从而不是全有界的.例 2.4.1 提供的反例说明,在一般度量空间中,有界集未必是全有界集;有界闭集未必是紧集.这一点与欧氏空间 K^n 中的情况大相径庭.

推论 2.4.1　在欧氏空间 K^n 中,A 为列紧集的充要条件是 A 为有界集;A 是紧集的充要条件是 A 为有界闭集.

证明　因为在任何度量空间中,列紧集是全有界集,从而是有界集,紧集是列紧闭集从而是有界闭集,故必要性成立.反之,在 K^n 中,由 Bolzano-Weierstrass 定理及 Hahn-Borel 定理得,有界集必列紧,有界闭集必是紧集,充分性也成立.

证毕.

实际上,对赋范空间而言,任意有界闭集是否必是紧集,这是有限维空间的一个特征性质.

2.4.2　有限维空间的紧性

定理 2.4.3　K 上一切 n 维赋范空间都是线性同胚的.确切地说,R 上 n 维赋范空间与实欧氏空间 R^n 线性同胚,C 上 n 维赋范空间与复欧氏空间 C^n 线性同胚.

证明　设$(X,\|\cdot\|)$为 K 上 n 维赋范空间,$\{e_1,e_2,\cdots,e_n\}$ 是 X 的一个基,则 $\forall x\in X$,$x=\sum\limits_{i=1}^{n}a_ie_i$,其中 $a_1,a_2,\cdots,a_n\in K$ 且表示法是唯一的.于是 $\overline{x}=(a_1,a_2,\cdots,a_n)\in K^n$.设 $T:X\to K^n$ 使 $Tx=\overline{x}$(即 T 将 x 映为它的坐标向量),则 T 是映射.

$\forall\,\overline{y}=(b_1,b_2,\cdots,b_n)\in K^n$,令 $y=\sum\limits_{i=1}^{n}b_ie_i$,有 $Ty=\overline{y}$,T 是满射.显然 T 是线性的.$\forall x\in X$,由 Hölder 不等式($p=q=2$)得

$$\|x\|=\Big\|\sum_{i=1}^{n}a_ie_i\Big\|\leqslant\sum_{i=1}^{n}|a_i|\,\|e_i\|\leqslant\Big(\sum_{i=1}^{n}|a_i|^2\Big)^{\frac{1}{2}}\Big(\sum_{i=1}^{n}\|e_i\|^2\Big)^{\frac{1}{2}}.$$

记 $m_1=\Big(\sum\limits_{i=1}^{n}\|e_i\|^2\Big)^{\frac{1}{2}}$.由于 $\forall i$ 有 $\|e_i\|>0$,故 $m_1>0$.区别起见,记 K^n 的欧氏范数为 $\|\cdot\|^*$.于是有

$$\|x\|\leqslant m_1\|Tx\|^*. \tag{2.4.5}$$

因 T 是线性的,$\forall x,y\in X$,由式(2.4.5)得

$$\|x-y\|\leqslant m_1\|T(x-y)\|^*=m_1\|Tx-Ty\|^*. \tag{2.4.6}$$

由式(2.4.6)可知,$Tx=Ty\Rightarrow x=y$,故 T 是单射,从而 T 是线性的双射.

设 $\overline{x}_n\to\overline{x}$,由式(2.4.6)得,$\|T^{-1}\overline{x}_n-T^{-1}\overline{x}\|\leqslant m_1\|\overline{x}_n-\overline{x}\|^*$,由此得,$T^{-1}\overline{x}_n\to T^{-1}\overline{x}$,即

$$T^{-1}:K^n\to X\text{ 是连续的.}$$

定义函数 $f:K^n\to R$ 使

$$f(\overline{x})=\|x\|=\|T^{-1}\overline{x}\|\quad(\overline{x}=(a_1,a_2,\cdots,a_n)\in K^n),$$

则由 T^{-1} 的连续性及范数的连续性可知 f 是 K^n 上的连续函数. 令 $S=S(K^n)=\{\bar{x}\in K^n \mid \|\bar{x}\|^*=1\}$，则 S 是 K^n 中有界闭集，且 $\forall \bar{y}\in S$，有 $\bar{y}\neq\theta$，因 T, T^{-1} 是线性的，仅将零元映为零元，故 $f(\bar{y})=\|y\|>0$，即连续函数 f 在 K^n 的有界闭集 S 上处处为正，从而 f 必在 S 上取得最小值 m_2 且 $m_2>0$.

$\forall x\in X$，$x\neq\theta$，令 $x_0=\dfrac{x}{\|\bar{x}\|^*}$. 因 T 是线性的，$\bar{x}_0=Tx_0=\dfrac{\bar{x}}{\|\bar{x}\|^*}\in S$，于是应有 $f(\bar{x}_0)=\|x_0\|>m_2$，即 $\|x\|\geqslant m_2\|\bar{x}\|^*$. 当 $x=\theta$ 时此式也成立，于是 $\forall x\in X$，有

$$\|Tx\|^*\leqslant\frac{1}{m_2}\|x\| \tag{2.4.7}$$

设 $x_n\to x$，由式(2.4.7)得，$\|Tx_n-Tx\|^*=\|T(x_n-x)\|^*\leqslant\dfrac{1}{m_2}\|x_n-x\|$. 由此得 $Tx_n\to Tx$，即

$$T:X\to K^n \text{ 是连续的.}$$

综上所述，$T:X\to K^n$ 是线性同胚映射，X 与 K^n 线性同胚. 于是，所有的 n 维赋范空间都是线性同胚的.

证毕.

在上述证明中，若令 $M_1=\dfrac{1}{m_1}$，$M_2=\dfrac{1}{m_2}$，则由式(2.4.5)与式(2.4.7)也可得以下不等式：

$$M_1\|x\|\leqslant\|Tx\|^*\leqslant M_2\|x\| \tag{2.4.8}$$

从上述证明可见，若 T 是使式(2.4.8)成立的线性满射，则 T 必是线性同胚映射.

推论 2.4.2 (1) 任何有限维赋范空间都是完备的，赋范空间的任何有限维子空间都是闭的.

(2) 设 X 是有限维赋范空间，$A\subset X$，则 A 为列紧集的充要条件是 A 为有界集，A 为紧集的充要条件是 A 为有界闭集.

证明 (1) 由定理 2.3.3，定理 2.4.3 及欧氏空间的完备性得证.

(2) 由定理 2.4.2 及定理 2.4.3 的推论得证.

证毕.

推论 2.4.3 设 X 是有限维线性空间，$\|\cdot\|_1$ 与 $\|\cdot\|_2$ 是 X 上的两个范数，则必有常数 $c_1>0$，$c_2>0$ 使 $\forall x\in X$，

$$c_1\|x\|_1\leqslant\|x\|_2\leqslant c_2\|x\|_1.$$

(此时称 $\|\cdot\|_1$ 与 $\|\cdot\|_2$ 为等价范数).

证明 设 $\dim X=n$，$\|\cdot\|^*$ 是 K^n 上的范数. 设 $T_1:(X,\|\cdot\|_1)\to K^n$ 与 $T_2:(X,\|\cdot\|_2)\to K^n$ 分别都是定理 2.4.3 中的线性同胚映射. 利用式(2.4.8)得，存在正数 M_1'，M_2'，M_1''，M_2''，使

$$M_1'\|x\|_1\leqslant\|\bar{x}\|^*\leqslant M_2'\|x\|_1,$$

$$M_1''\|x\|_2\leqslant\|\bar{x}\|^*\leqslant M_2''\|x\|_2,$$

令 $c_1=\frac{M_1'}{M_2''}, c_2=\frac{M_2'}{M_1''}$，得 $c_1\|x\|_1\leqslant\|x\|_2\leqslant c_2\|x\|_1$.

证毕.

引理 2.4.1 (Riesz 引理)　设 X 是赋范空间，$E\subset X$ 是闭线性子空间. 若 $E\neq X$，则 $\forall\varepsilon\ (0<\varepsilon<1)$，存在 $x_0\in X$，$\|x_0\|=1$ 使 $\rho(x_0,E)=\inf\limits_{x\in E}\|x_0-x\|>\varepsilon$.（定理结论的含义如图 2.11 所示）

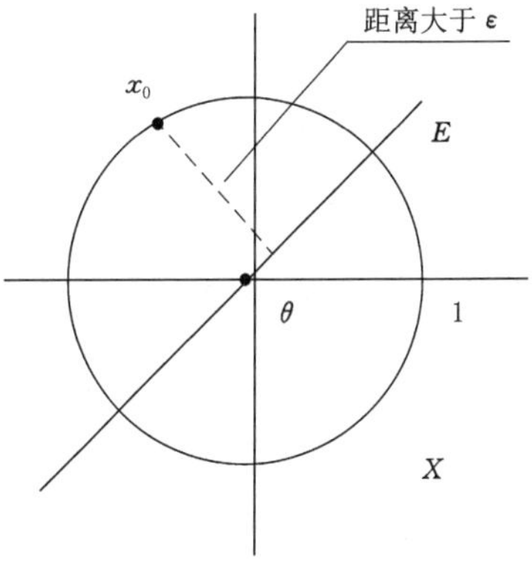

图 2.11

证明　取 $y\in E^c$，由于 E 是闭的，故 $\rho(y,E)=\rho>0$（否则 $\rho(y,E)=0$，由下确界定义，$\exists x_n\in E$ 使 $\|y-x_n\|<\frac{1}{n}$，于是 $x_n\to y\in E$，导致矛盾）. 因为 $\rho(y,E)<\frac{\rho}{\varepsilon}$，故存在 $e\in E$ 使 $\|y-e\|<\frac{\rho}{\varepsilon}$. 令 $x_0=\frac{y-e}{\|y-e\|}$，则 $\|x_0\|=1$. $\forall x\in E$，由于 E 是线性子空间，$e+\|y-e\|x\in E$. 此时

$$\|x_0-x\|=\left\|\frac{y-e}{\|y-e\|}-x\right\|=\frac{1}{\|y-e\|}\|y-(e+\|y-e\|x)\|\geqslant\frac{\rho(y,E)}{\|y-e\|},$$

$$\rho(x_0,E)=\inf_{x\in E}\|x_0-x\|\geqslant\frac{\rho(y,E)}{\|y-e\|}>\frac{\rho}{\rho/\varepsilon}=\varepsilon.$$

证毕.

定理 2.4.4　设 X 是赋范空间，则以下条件等价：

(1) 维数 $\dim X<+\infty$.

(2) X 中每个有界闭集是紧集.

(3) X 中闭单位球 $B(X)=\{x\in X \mid \|x\|\leqslant 1\}$ 是紧集.

(4) X 中单位球面 $S(X)=\{x\in X \mid \|x\|=1\}$ 是紧集.

证明　由推论 2.4.2(2)得(1)⇒(2)；由于闭单位球是有界闭集，所以(2)⇒(3)；因为列紧集的子集是列紧的，紧集等价于列紧闭集，故紧集的闭子集是紧集，因此有(3)⇒(4). 下证(4)⇒(1).

反证法. 假设 $\dim X=+\infty$，取 $x_1\in X$，$\|x_1\|=1$，记 $Y_1=\text{span}\{x_1\}$，则 $\dim Y_1=1$. 由推论 2.4.2(1)，Y_1 是闭线性子空间且 $Y_1\neq X$. 由 Riesz 引理得

$$\text{存在 } x_2\in X,\ \|x_2\|=1, \rho(x_2,Y_1)>\frac{1}{2};$$

$Y_2=\text{span}\{x_1,x_2\}$，则 $\dim Y_2=2$，Y_2 闭且 $Y_2\neq X$. 应用 Riesz 引理得

存在

$$x_3\in X, \|x_3\|=1, \rho(x_3,Y_2)>\frac{1}{2};$$

$$\cdots$$

由此得到点列 $\{x_n\}\subset S(X)$，且当 $i\neq j$ 时，不妨设 $i>j$，则 $x_j\in Y_{i-1}$ 且

$$\| x_i - x_j \| \geqslant \rho(x_i, Y_{i-1}) > \frac{1}{2}.$$

于是$\{x_n\}$没有收敛子列.故$S(X)$不是紧集,矛盾.所以(4)⇒(1).

证毕.

按照定理2.4.4,赋范空间中,若每个有界闭集都是紧集,则赋范空间必是有限维的.换言之,无限维赋范空间中一定存在不是紧集的有界闭集.特别地,无限维赋范空间中闭单位球与单位球面就不是紧集.

2.4.3 无穷维空间中的紧性

对于具体的无限维赋范空间而言,弄清什么样的集是紧集或列紧集往往很有用.下面著名的Arzela-Ascoli定理给出了$C[a,b]$中列紧集的等价条件.

定理2.4.5(Arzela-Ascoli定理) $A \subset C[a,b]$是列紧集的充要条件是A为$C[a,b]$中范数有界的等度连续的函数族.

$x=x(t) \in C[a,b]$作为$[a,b]$上连续函数必是一致连续的.通常,对不同的函数,一致连续定义中的$\delta=\delta(\varepsilon)$对某连续函数族中每个函数都适合,这族函数就是等度连续的.严格地说,连续函数空间$C[a,b]$中的点集A称为等度连续函数族是指:$\forall \varepsilon>0$,$\exists \delta=\delta(\varepsilon)>0$,$\forall x \in A$,$\forall t_1, t_2 \in [a,b]$,当$|t_1-t_2|<\delta$,有

$$|x(t_1)-x(t_2)|<\varepsilon. \tag{2.4.9}$$

证明 充分性.设$A \subset C[a,b]$是范数有界的等度连续的族.因为$C[a,b]$完备,列紧等价于全有界,故只须证明A是全有界集.

$\forall \varepsilon>0$,由等度连续性,$\exists \delta>0$,$\forall x \in A$,当$|t-t'|<\delta$,有$|x(t)-x(t')|<\frac{\varepsilon}{4}$.对闭区间$[a,b]$作如下分割:

$$a=t_0<t_1<t_2<\cdots<t_n=b,$$

使$t_i-t_{i-1}<\delta$,$i=1,2,\cdots,n$.此时$\forall t \in [a,b]$,$\exists i$使$|t-t_i|<\delta$,有

$$|x(t)-x(t_i)|<\frac{\varepsilon}{4}. \tag{2.4.10}$$

记$A^*=\{\bar{x}(t)=(x(t_1),x(t_2),\cdots,x(t_n)) \mid x(t) \in A\}$,则$A^* \subset K^n$,$K^n$是数域$K$上的欧氏空间,区别起见,范数记为$\|\cdot\|^*$.因为$A$是范数有界的,故$\forall \bar{x} \in A^*$,有

$$\|\bar{x}\|^*=\left(\sum_{i=1}^{n}|x(t_i)|^2\right)^{\frac{1}{2}} \leqslant \sqrt{n}\max_{1\leqslant i\leqslant n}|x(t_i)| \leqslant \sqrt{n}\max_{a\leqslant t\leqslant b}|x(t)|=\sqrt{n}\|x\|.$$

这表明A^*是K^n中有界集.由推论2.4.1可知,A^*是K^n中列紧集,从而是全有界集.

对上述ε,A^*有有限$\frac{\varepsilon}{3}$-网$E^*=\{\bar{x}_1,\bar{x}_2,\cdots,\bar{x}_k\} \subset A^*$.证明,与$\bar{x}_1,\bar{x}_2,\cdots,\bar{x}_k$相应的函数集$E=\{x_1,x_2,\cdots,x_k\} \subset A$是$A$的$\varepsilon$-网.

事实上,$\forall x \in A$,对应的$\bar{x}=(x(t_1),x(t_2),\cdots,x(t_n)) \in A^*$,从而有$\bar{x}_j \in E^*$,使$\|\bar{x}-\bar{x}_j\|^*=\left(\sum_{i=1}^{n}|x(t_i)-x_j(t_i)|^2\right)^{\frac{1}{2}} \leqslant \frac{\varepsilon}{3}$.于是$\forall i, 1 \leqslant i \leqslant n$,有

$$|x(t_i)-x_j(t_i)|<\frac{\varepsilon}{3}. \tag{2.4.11}$$

$\forall t\in[a,b]$，取 t_i 使 $|t-t_i|<\delta$. 注意到对 $x,x_j\in A$ 都有式(2.4.10)成立，由式(2.4.10)与式(2.4.11)得

$$\begin{aligned}|x(t)-x_j(t)|&\leqslant|x(t)-x(t_i)|+|x(t_i)-x_j(t_i)|+|x_j(t_i)-x_j(t)|\\&<\frac{\varepsilon}{4}+\frac{\varepsilon}{3}+\frac{\varepsilon}{4}=\frac{5\varepsilon}{6}.\end{aligned}$$

于是 $\|x-x_j\|=\max\limits_{a\leqslant t\leqslant b}|x(t)-x_j(t)|\leqslant\frac{5\varepsilon}{6}<\varepsilon$.

必要性. 设 $A\subset C[a,b]$ 为列紧集，则 A 是全有界集，从而 A 是 $C[a,b]$ 中范数有界集. 下证 A 是等度连续族.

$\forall\varepsilon>0$，设 $E=\{x_1,x_2,\cdots,x_k\}$ 是 A 的 $\frac{\varepsilon}{3}$-网. 因为每个 $x_i(1\leqslant i\leqslant k)$ 在闭区间 $[a,b]$ 上连续，所以必一致连续，$\exists\delta_i>0$，$|t-t'|<\delta_i$，有 $|x_i(t)-x_i(t')|<\frac{\varepsilon}{3}$. 令 $\delta=\min\limits_{1\leqslant i\leqslant k}\delta_i$，则 $\delta>0$，且 $\forall i(1\leqslant i\leqslant k)$，当 $|t-t'|<\delta$，有 $|x_i(t)-x_i(t')|<\frac{\varepsilon}{3}$，又因为 $\forall x\in A$，$\exists i(1\leqslant i\leqslant k)$ 使 $\|x-x_i\|<\frac{\varepsilon}{3}$，故

$$\begin{aligned}|x(t)-x(t')|&\leqslant|x(t)-x_i(t)|+|x_i(t)-x_i(t')|+|x_i(t')-x(t')|\\&\leqslant\|x-x_i\|+\frac{\varepsilon}{3}+\|x_i-x\|<\varepsilon,\end{aligned}$$

表明 A 是等度连续的.

证毕.

定理 2.4.6　子集 $A\subset l^p(1\leqslant p<\infty)$ 是列紧集的充要条件应满足

(1) A 一致有界. 即存在常数 $M>0$，使得对 $\forall x=(x_1,x_2,\cdots)\in A$，有

$$\|x\|_{l^p}=\left(\sum_{k=1}^{\infty}|x_k|^p\right)^{\frac{1}{p}}\leqslant M.$$

(2) A 中的序列等度收敛，即对 $\forall\varepsilon>0$，$\exists N>0$，使得 $\forall x=(x_1,x_2,\cdots)\in A$，有

$$\sum_{k=N+1}^{\infty}|x_k|^p<\varepsilon.$$

证明　必要性. 设 A 列紧，则 A 为全有界集，显然条件(1)成立. 下证条件(2)成立. 由于 A 是全有界集，则对 $\forall\varepsilon>0$，总存在 A 的有限 $\frac{1}{2}\varepsilon^{\frac{1}{p}}$-网 $E_n=\{y_1,y_2,\cdots,y_n\}$，其中 $y_k=(y_1^{(k)},y_2^{(k)},\cdots,y_m^{(k)},\cdots)\in l^p$，于是存在 m，使得对 $\forall N>m$ 和 $\forall k$ 满足 $1\leqslant k\leqslant n$，有

$$\left(\sum_{j=N+1}^{\infty}|y_j^{(k)}|^p\right)^{\frac{1}{p}}<\frac{1}{2}\varepsilon^{\frac{1}{p}},$$

且对 $\forall x=(x_1,x_2,\cdots,x_n,\cdots)\in A$，存在 $y_k(1\leqslant k\leqslant n)$，使得

$$\|x-y_k\|_{l^p}=\left(\sum_{j=1}^{\infty}|x_j-y_j^{(k)}|^p\right)^{\frac{1}{p}}<\frac{1}{2}\varepsilon^{\frac{1}{p}},$$

于是

$$\left(\sum_{j=N+1}^{\infty}|x_j|^p\right)^{\frac{1}{p}} \leqslant \left(\sum_{j=N+1}^{\infty}|x_j-y_j^{(k)}|^p\right)^{\frac{1}{p}}+\left(\sum_{j=N+1}^{\infty}|y_j^{(k)}|^p\right)^{\frac{1}{p}}$$

$$\leqslant \|x-y_k\|_{l^p}+\frac{1}{2}\varepsilon^{\frac{1}{p}}<\varepsilon^{\frac{1}{p}}$$

充分性. 由条件(2)可知, 对 $\forall \varepsilon>0, \exists N>0$, 使得对 $\forall x=(x_1,x_2,\cdots)\in A$, 有 $\sum\limits_{k=N+1}^{\infty}|x_k|^p<\varepsilon$.

记 $D=\{x=(x_1,x_2,\cdots,x_N,0,\cdots)\mid x\in A\}$, 则 D 是 A 的一个 ε-网, 再结合条件(1), 对 $\forall x=(x_1,x_2,\cdots,x_n,\cdots)\in A$, 有

$$|x_k|\leqslant\|x\|_{l^p}\leqslant M,$$

对 $\forall k$, 任取 $y_n=(x_1^{(n)},x_2^{(n)},\cdots,x_N^{(n)},0,\cdots)\in D$, 由上式的有界性, 可得 $|x_k^{(n)}|\leqslant M$. 数列 $\{x_k^{(n)}\}$ 有界则必有收敛子列, 不妨设 $x_k^{(n)}\to x_k^0(1\leqslant k\leqslant N)$, 当 $n\to\infty$ 时, 同时再记 $y_0=(x_1^{(0)},x_2^{(0)},\cdots,x_N^{(0)},0,0,\cdots)$, 则 $y_0\in l^p$ 且 $\|y_n-y_0\|_{l^p}\to 0(n\to\infty)$. 这说明 D 是列紧集, 也是全有界的. 那么 D 存在有限 ε-网 E, 则 E 是 A 的有限 ε-网. 于是 A 是全有界集, 再由 $l^p(1\leqslant p<\infty)$ 完备, 可得 A 列紧.

证毕.

$L^p(\Omega)$ 空间中子集 A 列紧的判别定理是"L^p 版"的 Arzela-Ascoli 定理.

定理 2.4.7*(Riesz-Frechlet-Kolmogorov 定理) $L^p(\Omega)$ 空间 $(1\leqslant p<\infty)$ 中有界子集 A 列紧的充分必要条件是对 $\forall\varepsilon>0, \exists\delta>0$ 和子集 $G\subset\subset\Omega$, 使得对 $\forall f\in A$ 和 $\forall h\in R^N$ 且 $|h|<\delta$, 有

$$\int_{\Omega}|\tilde{f}(x+h)-\tilde{f}(x)|^p\,\mathrm{d}x<\varepsilon^p \tag{2.4.12}$$

且

$$\int_{\Omega\setminus\overline{G}}|f(x)|^p\,\mathrm{d}x<\varepsilon^p, \tag{2.4.13}$$

其中, $G\subset\subset\Omega$ 表示 $\overline{G}\subset\Omega$ 且 $\overline{G}$ 是 R^N 中的紧集,

$$\tilde{f}(x)=\begin{cases}f(x), x\in\Omega,\\ 0, x\in R^N\setminus\Omega.\end{cases}$$

证明 记 $(\tau_h f)(x)=f(x+h)$. 首先证明必要性, 假设有界子集 A 在 L^p 中列紧, 下证式(2.4.12)和式(2.4.13)成立.

对 $\forall\varepsilon>0$, 由定理 2.4.2 的第一个结论, A 为全有界且 A 有有限的 $\frac{\varepsilon}{6}$-网, 又因为 $1\leqslant p<\infty$, 由例 2.3.5 可得 $C_0(\Omega)$ 在 $L^p(\Omega)$ 中稠密. 于是存在一个由在 Ω 上具有紧支集的连续函数组成的有限集合 S, 使得对 $\forall f\in A$, $\exists\varphi\in S$ 满足

$$\|f-\varphi\|_{L^p}<\frac{\varepsilon}{3}.$$

令 G 为有限集 S 中的函数的支集之并, 则显然有 $G\subset\subset\Omega$ 且

$$\int_{\Omega\setminus\overline{G}} |f(x)|^p \mathrm{d}x < \varepsilon^p.$$

下证：对 $\forall f \in A$，有$\int_{\Omega} |\tilde{f}(x+h)-\tilde{f}(x)|^p \mathrm{d}x < \varepsilon^p$.

取以原点 O 为球心、r 为半径的闭球$\overline{B(0,r)}$，包含 G，当 $|h|<1$ 且很小时，$(\tau_h\varphi-\varphi)(x)=\varphi(x+h)-\varphi(x)$在球 $B(0,r+1)$上一致连续，且在 $B(0,r+1)^c=R^N\setminus B(0,r+1)$上为 0，于是对 $\forall\,\varphi\in S$，都有下述极限

$$\lim_{|h|\to 0}\int_{R^N} |\tau_h\varphi(x)-\varphi(x)|^p \mathrm{d}x = 0.$$

取$|h|$很小时，对上述 $\varepsilon>0$，有

$$\|\tau_h\varphi-\varphi\|_{L^p}<\frac{\varepsilon}{3}.$$

由于当 $\varphi\in S$ 时，有 $\|f-\varphi\|_{L^p}<\frac{\varepsilon}{3}$. 同理有

$$\|\tau_h\tilde{f}-\tau_h\varphi\|_{L^p}<\frac{\varepsilon}{3}.$$

于是

$$\|\tau_h\tilde{f}-\tilde{f}\|_{L^p}\leqslant\|\tau_h\tilde{f}-\tau_h\varphi\|_{L^p}+\|\tau_h\varphi-\varphi\|_{L^p}+\|\varphi-f\|_{L^p}<\varepsilon.$$

可得结论(2.4.13)，下证其充分性.

对于积分区域 Ω，只须取 $\Omega=R^N$就可以说明问题. 因为若 Ω 是一般区域，可以证明 f 的延拓函数$\tilde{f}$组成的集合$\tilde{A}=\{\tilde{f}\,|\,f\in A\}$是列紧的.

由 $f\in A\subset L^p(R^N)$有界性，可得 $\exists\, G\subset\subset R^N$，使得对 $\forall\,\varepsilon>0$ 有

$$\int_{R^N\setminus\overline{G}} |f(x)|^p \mathrm{d}x < \frac{\varepsilon}{3}. \tag{2.4.14}$$

对 $\forall\,\eta>0$，记磨光函数$f_\eta=\alpha_\eta * f$，由第 5 章定理 5.1.1 给出，且$f_\eta=\alpha_\eta * f\in C^\infty(R^N)\cap C(\overline{G})$. 当 $\varphi\in C_0(R_N)$时，由 Hölder 不等式，可得

$$|(\alpha_\eta*\varphi)(x)-\varphi(x)|^p = \left|\int_{R^N}\alpha_\eta(y)(\varphi(x-y)-\varphi(x))\mathrm{d}y\right|^p$$
$$\leqslant\int_{B(0,\eta)}\alpha_\eta(y)\ |(\tau_{-y}\varphi)(x)-\varphi(x)|^p\mathrm{d}y.$$

于是

$$\|\alpha_\eta*\varphi-\varphi\|_{L^p}\leqslant\sup_{h\in B(0,\eta)}\|\tau_h\varphi-\varphi\|_{L^p}.$$

由于 $f\in L^p(R^N)$，令 $\varphi_j\in C_0(R_N)$在L^p 空间中收敛于 f，即在 $L^p(R^N)$中，$\varphi_j\to f(j\to\infty)$.

由第 5 章定理 5.1.1 可得，在$L^p(R^N)$中有

$$\alpha_\eta*\varphi_j\longrightarrow\alpha_\eta*f.$$

由于在$L^p(R^N)$中，$\tau_h\varphi_j\longrightarrow\tau_h f$，于是有下式

$$\|\alpha_\eta*f-f\|_{L^p}\leqslant\sup_{h\in B(0,\eta)}\|\tau_h f-f\|_{L^p}. \tag{2.4.15}$$

由式(2.4.12)可得极限

$$\lim_{|h|\to\infty}\|\tau_h f-f\|_{L^p}=0,$$

关于 $f\in A$ 也是一致的. 对 $\forall\eta>0$ 以及 $\forall f\in A$ 一致有下式

$$\int_{\overline{G}}|\alpha_\eta * f(x)-f(x)|^p\mathrm{d}x<\frac{\varepsilon}{3\cdot 2^{p-1}}. \tag{2.4.16}$$

下证，$\alpha_\eta * f>0$ 满足 Arzela-Ascoli 定理，则 $\alpha_\eta * f>0$ 在$\overline{G}$上是列紧的，再由本书第 5 章定理 5.1.1，可得

$$|\alpha_\eta * f(x)|\leqslant(\sup_{y\in R^N}\alpha_\eta(y))^{\frac{1}{p}}\|f\|_{L^p},$$

上述不等式关于 $x\in R^N$ 和 $f\in A$ 是一致有界的. 同理，关于 $x\in R^N$ 和 $f\in A$，有下式

$$|\alpha_\eta * f(x+h)-\alpha_\eta * f(x)|\leqslant(\sup_{y\in R^N}\alpha_\eta(y))^{\frac{1}{p}}\|\tau_h f-f\|_{L^p},$$

且

$$\lim_{|h|\to 0}\alpha_\eta * f(x+h)=\alpha_\eta * f(x).$$

则$\alpha_\eta * f_{\eta>0}$在 $C(\overline{G})$中列紧. 由定理 2.4.2 可得，在 $C(\overline{G})$中存在一个有限集$\psi_1,\psi_2,\cdots,\psi_m$使得当 $f\in A$ 和 $x\in\overline{G}$时，有某个 $j(1\leqslant j\leqslant m)$有

$$|\psi_j(x)-\alpha_\eta * f(x)|<\frac{\varepsilon}{3\cdot 2^{p-1}|\overline{G}|}.$$

由式(2.4.12)、式(2.4.13)和不等式$(|a|+|b|)^p\leqslant 2^{p-1}(|a|^p+|b|^p)(1\leqslant p<\infty)$，有

$$\begin{aligned}\int_{R^N}|f(x)-\widetilde{\psi_j}(x)|\mathrm{d}x&=\int_{R^N\setminus\overline{G}}|f(x)|^p\mathrm{d}x+\int_{\overline{G}}|f(x)-\widetilde{\psi_j}(x)|^p\mathrm{d}x\\&<\frac{\varepsilon}{3}+2^{p-1}\int_{\overline{G}}(|f(x)-\alpha_\eta * f(x)|^p+|\alpha_\eta * f(x)-\widetilde{\psi_j}(x)|\mathrm{d}x\\&<\frac{\varepsilon}{3}+2^{p-1}\left(\frac{\varepsilon}{3\cdot 2^{p-1}}+\frac{\varepsilon}{3\cdot 2^{p-1}|\overline{G}|}\cdot|\overline{G}|\right)=\varepsilon.\end{aligned}$$

于是，集合 A 在$L^p(R^N)$空间中有有限ε-网，由定理 2.4.2 可得，A 在 L^p 空间中列紧.

证毕.

2.4.4 紧集上的连续映射

本书将有限维空间上有界闭集概念扩充为一般度量空间上紧性概念的根本目的是研究紧集上的映射与函数. 一般的度量空间中，紧集上连续映射(函数)具有下述与闭区间上连续函数相类似的性质.

定理 2.4.8 设(X,ρ)与(Y,d)是度量空间，$T:X\to Y$ 是连续映射，$A\subset X$ 为紧集(即列紧闭集)，则

(1) $T(A)$是 Y 的紧集；

(2) T 在 A 上一致连续.

证明 (1) 设$\{y_n\}\subset T(A)$是任一点列，则$\exists x_n\in A$ 使 $Tx_n=y_n$，于是$\{x_n\}$是A 中点列. 但 A 是紧集，从而存在子列$\{x_{n_k}\}$使 $x_{n_k}\to x_0\in A$. 由于 T 在 x_0 连续，故 $y_{n_k}=Tx_{n_k}\to Tx_0\in$

$T(A)$. 因此 $T(A)$ 是紧集.

(2) 反证法. 假设 T 在 A 上不是一致连续的，则 $\exists \varepsilon_0>0$，$\forall n$，$\exists u_n, v_n \in A$，使

$$\rho(u_n, v_n) < \frac{1}{n}, d(Tu_n, Tv_n) \geqslant \varepsilon_0. \tag{2.4.17}$$

因为 A 是紧集，故 $\{u_n\}$ 有收敛子列 $\{u_{n_k}\}$，使 $u_{n_k} \to x_0 \in A$，于是由

$$\rho(v_{n_k}, x_0) \leqslant \rho(v_{n_k}, u_{n_k}) + \rho(u_{n_k}, x_0) < \frac{1}{n_k} + \rho(u_{n_k}, x_0)$$

可知 $v_{n_k} \to x_0$. 由于 T 在 x_0 连续，故 $Tu_{n_k} \to Tx_0$ 且 $Tv_{n_k} \to Tx_0$. 由式(2.4.17)得 $d(Tu_{n_k}, Tv_{n_k}) \geqslant \varepsilon_0$，对此式令 $k \to \infty$，由距离函数的连续性得

$$0 = d(Tx_0, Tx_0) = \lim_{k \to \infty} d(Tu_{n_k}, Tv_{n_k}) \geqslant \varepsilon_0,$$

矛盾！所以 T 在 A 上一致连续.

证毕.

推论 2.4.4　设 A 是度量空间 X 中紧集，$f: A \to R$ 是连续函数，则 f 在 A 上取得最大值与最小值.

证明　根据定理 2.4.8(1)，$f(A) \subset R$ 是紧集从而是有界闭集. 根据有界性，可设 $L = \inf f(A)$，$M = \sup f(A)$. 由上、下确界定义，$\forall n$，$\exists b_n \in f(A)$，$c_n \in f(A)$ 使

$$L \leqslant b_n < L + \frac{1}{n}, M - \frac{1}{n} < c_n \leqslant M.$$

令 $n \to \infty$ 得 $b_n \to L$，$c_n \to M$. 由于 $f(A)$ 是闭集，故 $L \in f(A)$，$M \in f(A)$，即 f 取得最小值与最大值.

证毕.

定理 2.4.8 的证明与微积分中闭区间上连续函数性质的证明本质上是完全类同的，但很简短. 从这里可以再次感受到抽象空间数学语言的简洁性.

§2.5　空间理论的应用：不动点与最佳逼近

2.5.1　Banach 压缩映射原理及应用

方程的求解是数学的基本问题之一. 抽象地看，代数方程、微分方程、积分方程等各类方程都是映射(算子)方程，其求解常常可以转化为求映射的不动点. 映射方程的解与映射的不动点其实是同义语. 点 x 称为映射 T 的不动点是指它满足 $Tx = x$，即不动点是映射方程 $Tx = x$ 的解. 反之，对给定的 y_0 求映射方程 $Tx = y_0$ 的解就是求映射 T_1 的不动点，其中 T_1 由 $T_1 x = Tx - y_0 + x$ 所定义.

1922 年，Banach 基于度量空间的完备性将经典的 Picard 迭代法的基本思想提炼出来，提出了第一个不动点定理——压缩映射原理. 此后不动点定理与方法迅速发展起来，成为现代数学的重要分支，在科学技术的众多领域有着广泛的应用. 本节重点讨论 Banach 压缩映射原理及其应用，而对其他重要的不动点定理只作扼要介绍.

定义 2.5.1 设 X 是度量空间，$T:X\to X$ 是一个映射. 若存在 $\alpha\in[0,1)$，使 $\forall x,y\in X$，有 $\rho(Tx,Ty)\leqslant\alpha\rho(x,y)$，则称 T 为 X 上的压缩映射，α 称为压缩常数或压缩因子.

压缩映射有明显的几何意义. 经压缩映射作用后，像点间的距离缩短了，至多是原像点间距离的 α 倍，因而映射称为压缩的.

压缩映射必是连续映射. 事实上，设 $\{x_n\}\subset X$ 为任意点列且 $x_n\to x_0$. 因为 $\rho(Tx_n,Tx_0)\leqslant\alpha\rho(x_n,x_0)$，当 $n\to\infty$ 时，由 $\rho(x_n,x_0)\to 0$ 便得到 $\rho(Tx_n,Tx_0)\to 0$，即 $Tx_n\to Tx_0$，T 在任一点 x_0 连续.

定理 2.5.1 (Banach 压缩映射原理) 设 X 是完备的度量空间，T 是 X 上的压缩映射，则 T 存在唯一的不动点 $\overline{x}$，即 $T\overline{x}=\overline{x}$.

证明 任取 $x_0\in X$，由此点出发逐次迭代，$x_1=Tx_0$，$x_2=Tx_1=T^2x_0$，…，$x_n=Tx_{n-1}=T^nx_0$，…得到点列 $\{x_n\}$，其中 $x_n=Tx_{n-1}$.

先证 $\{x_n\}$ 是 Cauchy 列. 事实上，由于 T 是压缩的，存在 $\alpha\in[0,1)$ 有

$$\begin{aligned}\rho(x_{n+1},x_n)&=\rho(Tx_n,Tx_{n-1})\leqslant\alpha\rho(x_n,x_{n-1})\\&\leqslant\alpha^2\rho(x_{n-1},x_{n-2})\leqslant\cdots\leqslant\alpha^n\rho(x_1,x_0)\ .\end{aligned}\tag{2.5.1}$$

对任意 $m=n+p$，有

$$\begin{aligned}\rho(x_{n+p},x_n)&=\rho(x_{n+p},x_{n+p-1})+\rho(x_{n+p-1},x_{n+p-2})+\cdots+\rho(x_{n+1},x_n)\\&\leqslant(\alpha^{n+p-1}+\alpha^{n+p-2}+\cdots+\alpha^n)\rho(x_1,x_0)\\&=\frac{\alpha^n-\alpha^{n+p}}{1-\alpha}\rho(x_1,x_0)\leqslant\frac{\alpha^n}{1-\alpha}\rho(x_1,x_0).\end{aligned}\tag{2.5.2}$$

由于 $\alpha^n\to 0\ (n\to\infty)$，所以 $\{x_n\}$ 是 Cauchy 列.

再证不动点的存在性. 因为 X 完备，故 $\exists\,\overline{x}\in X$，使 $\lim\limits_{n\to\infty}x_n=\overline{x}$，又因为 T 是压缩映射，从而必是连续映射，对 $x_n=Tx_{n-1}$，令 $n\to\infty$ 得到 $\overline{x}=T\overline{x}$.

最后证不动点的唯一性. 若又有 x^* 使 $Tx^*=x^*$，则

$$\rho(\overline{x},x^*)=\rho(T\overline{x},Tx^*)\leqslant\alpha\rho(\overline{x},x^*),$$

即 $(1-\alpha)\rho(\overline{x},x^*)\leqslant 0$. 由于 $1-\alpha>0$，因此 $\rho(\overline{x},x^*)=0$，即 $\overline{x}=x^*$.

证毕.

从上述定理 2.5.1 的证明可以看到，压缩映射的唯一不动点 $\overline{x}$ 是从任一初始点 x_0 出发逐次迭代的极限. 经 n 次迭代得到的是不动点方程的近似解 x_n，x_n 与 $\overline{x}$ 的误差估计式也是不难得到的.

由式(2.5.2)及 ρ 的连续性，对 $\rho(x_{n+p},x_n)\leqslant\dfrac{\alpha^n}{1-\alpha}\rho(x_1,x_0)$，令 $p\to\infty$，便得到 $\rho(\overline{x},x_n)\leqslant\dfrac{\alpha^n}{1-\alpha}\rho(x_1,x_0)$.

若希望通过点 x_n 与 x_{n-1} 的距离来估计误差，则由式(2.5.1)得

$$\begin{aligned}\rho(x_{n+p},x_n)&=\rho(x_{n+p},x_{n+p-1})+\rho(x_{n+p-1},x_{n+p-2})+\cdots+\rho(x_{n+1},x_n)\\&\leqslant(\alpha^p+\alpha^{p-1}+\cdots+\alpha)\rho(x_n,x_{n-1})\end{aligned}$$

$$=\frac{\alpha-\alpha^{p+1}}{1-\alpha}\rho(x_n,x_{n-1})\leqslant\frac{\alpha}{1-\alpha}\rho(x_n,x_{n-1}).$$

令 $p\to\infty$，得 $\rho(\overline{x},x_n)\leqslant\frac{\alpha}{1-\alpha}\rho(x_n,x_{n-1})$.

推论 2.5.1　设 T 是完备度量空间 X 到自身的压缩映射，压缩常数为 α，则对任意初始点 $x_0\in X$，以 $x_n=T^nx_0$ 逐次迭代逼近，x_n 与不动点 $\overline{x}$ 的误差估计式是

$$\rho(\overline{x},x_n)\leqslant\min\left\{\frac{\alpha^n}{1-\alpha}\rho(x_1,x_0),\frac{\alpha}{1-\alpha}\rho(x_n,x_{n-1})\right\}.$$

对定理 2.5.1 的证明作进一步分析可知，点列极限是否存在与最初有限项无关，实际上只要 T^{n_0} 为压缩映射(其中 n_0 为某个正整数)，就能保证 T 的不动点存在唯一性. 若 T 是压缩的，则 T^{n_0} 必是压缩的；反之，T^{n_0} 压缩未必 T 压缩. 因此，便得到压缩映射原理的一个简单推广.

推论 2.5.2　设 T 是完备度量空间 X 上的压缩映射，若存在正整数 n_0 使 T^{n_0} 为压缩映射，则 T 有唯一不动点.

证明　令 $F=T^{n_0}$. 由定理 2.5.1 可知，F 有唯一不动点 $\overline{x}$. 由于

$$F(T\overline{x})=T^{n_0}(T\overline{x})=T^{n_0+1}\overline{x}=T(T^{n_0}\overline{x})=T(F\overline{x})=T\overline{x},$$

故 $T\overline{x}$ 也是 F 的不动点，由 F 的不动点的唯一性得 $T\overline{x}=\overline{x}$. 这表明 $\overline{x}$ 是 T 的不动点. 设 x^* 也为 T 的不动点. 则 $Tx^*=x^*$，从而

$$Fx^*=T^{n_0}x^*=T^{n_0-1}(Tx^*)=T^{n_0-1}x^*=\cdots=Tx^*=x^*,$$

x^* 也是 F 的不动点，仍由 F 不动点的唯一性得 $x^*=\overline{x}$. 这表明 T 的不动点是唯一的.

必须指出，在 Banach 压缩映射原理中，完备性条件一般不能除去，具有压缩常数 $\alpha\in[0,1)$ 的不等式一般不能降低为 $\rho(Tx,Ty)<\rho(x,y)$ (满足此式的映射称为严格非扩张映射)，可分别考虑下述反例.

$X_1=(0,+\infty)$ 作为一维欧氏空间 R 的度量子空间是不完备的，$T_1x=\frac{1}{2}x$，T_1 的压缩常数为 $\frac{1}{2}$，但 T_1 在 X_1 中没有不动点.

$X_2=[0,+\infty)$ 作为一维欧氏空间 R 的度量子空间是完备的，且 $T_2x=x+\frac{1}{1+x}$，易知 $|T_2x-T_2y|<|x-y|$，但由 $T_2\overline{x}=\overline{x}$ 会导致 $\frac{1}{1+\overline{x}}=0$，矛盾，故 T_2 在 X_2 中也没有不动点.

证毕.

在讨论方程解的存在唯一性问题时，压缩映射原理起着关键作用. 应用方面的例子很多.

例 2.5.1 (常微分方程解的存在唯一性)　考虑初值问题

$$\begin{cases}\dfrac{\mathrm{d}x}{\mathrm{d}t}=f(t,x),\\ x(t_0)=x_0.\end{cases}\tag{2.5.3}$$

其中，$f(t,x)$在平面R^2上连续，且关于变量x满足 Lipschitz 条件：

$$|f(t,x_1)-f(t,x_2)|\leqslant L|x_1-x_2|,$$

$L>0$为常数. 则初值问题(2.5.3)在$[t_0-\beta,t_0+\beta]$上存在唯一解，其中$\beta<\dfrac{1}{L}$.

证明 首先指出，初值问题(2.5.3)有解与积分方程

$$x(t)=x_0+\int_{t_0}^{t}f(u,x(u))\mathrm{d}u \tag{2.5.4}$$

有连续解，且是等价的.

事实上，设式(2.5.3)有解$x=x(t)$，则它满足常微分方程与初始条件

$$\frac{\mathrm{d}x(t)}{\mathrm{d}t}=f(t,x(t)),\ x(t_0)=x_0.$$

对上式两端积分可得

$$x(t)-x(t_0)=\int_{t_0}^{t}f(u,x(u))\mathrm{d}u.$$

这表明$x=x(t)$是式(2.5.4)的解，且由$x(t)$的可微性知$x(t)$是连续的.

反之，若$x=x(t)$是式(2.5.4)的连续解，则在式(2.5.4)中令$t=t_0$得$x(t_0)=x_0$，由于$x(t)$连续，故变上限积分函数可微，对式(2.5.4)两边求导得

$$\frac{\mathrm{d}x(t)}{\mathrm{d}t}=f(t,x(t)).$$

这表明$x=x(t)$是式(2.5.3)的解.

现利用式(2.5.4)，在连续函数空间$C[t_0-\beta,t_0+\beta]$上定义映射T为

$$(Tx)(t)=x_0+\int_{t_0}^{t}f(u,x(u))\mathrm{d}u. \tag{2.5.5}$$

由f的连续性可知，$Tx\in C[t_0-\beta,t_0+\beta]$，且

$$\begin{aligned}\|Tx-Ty\| &= \max_{|t-t_0|\leqslant\beta}|(Tx)(t)-(Ty)(t)|\\ &\leqslant \max_{|t-t_0|\leqslant\beta}\left|\int_{t_0}^{t}|f(u,x(u))-f(u,y(u))|\mathrm{d}u\right|\\ &\leqslant \max_{|t-t_0|\leqslant\beta}\left|\int_{t_0}^{t}L|x(u)-y(u)|\mathrm{d}u\right|\\ &\leqslant \max_{|t-t_0|\leqslant\beta}\left|\int_{t_0}^{t}L\|x-y\|\mathrm{d}u\right|=\max_{|t-t_0|\leqslant\beta}L\|x-x_0\|\,|t-t_0|\\ &= L\beta\|x-x_0\|.\end{aligned}$$

因$L\beta<1$，故T是 Banach 空间$C[t_0-\beta,t_0+\beta]$上的压缩映射. 由压缩映射原理，存在唯一的$\bar{x}=\bar{x}(t)\in C[t_0-\beta,t_0+\beta]$，使$T\bar{x}=\bar{x}$. 按式(2.5.5)，$T\bar{x}=\bar{x}$就表示$\bar{x}$是式(2.5.4)的唯一的连续解. 从而式(2.5.3)存在唯一的解.

证毕.

例 2.5.2（积分方程的 Fredholm 定理） 设$f\in L^2[a,b]$，$K(t,u)$是定义在矩形$[a,b]\times[a,b]$上的 Lebesgue 可测函数，且是平方可积的，即$M=\int_a^b\int_a^b|K(t,u)|^2\mathrm{d}t\mathrm{d}u<+\infty$，则

Fredholm 积分方程

$$x(t)=\varphi(t)+\lambda\int_a^b K(t,u)x(u)\mathrm{d}u, \tag{2.5.6}$$

当 $|\lambda|<\dfrac{1}{\sqrt{M}}$ 时，有唯一解 $x=x(t)\in L^2[a,b]$.

证明　作 $L^2[a,b]$ 上的映射 T 为

$$(Tx)(t)=\varphi(t)+\lambda\int_a^b K(t,u)x(u)\mathrm{d}u. \tag{2.5.7}$$

由 Hölder 不等式 ($p=q=2$) 可得

$$\begin{aligned}\int_a^b\left|\int_a^b K(t,u)x(u)\mathrm{d}u\right|^2\mathrm{d}t &\leqslant \int_a^b\left[\int_a^b |K(t,u)|^2\mathrm{d}u\cdot\int_a^b |x(u)|^2\mathrm{d}u\right]\mathrm{d}t\\ &= M\|x\|^2<+\infty.\end{aligned}$$

故 $\int_a^b K(t,u)x(u)\mathrm{d}u\in L^2[a,b]$，从而由 $L^2[a,b]$ 是线性空间及 $\varphi\in L^2[a,b]$ 可知，$Tx\in L^2[a,b]$. T 是 $L^2[a,b]$ 到 $L^2[a,b]$ 的映射. 已知 $L^2[a,b]$ 是 Banach 空间，由 Hölder 不等式 ($p=q=2$) 得

$$\begin{aligned}\|Tx-Ty\|^2 &= \int_a^b |(Tx)(t)-(Ty)(t)|^2\mathrm{d}t\\ &= \int_a^b\left|\lambda\int_a^b K(t,u)(x(u)-y(u))\mathrm{d}u\right|^2\mathrm{d}t\\ &\leqslant |\lambda|^2\int_a^b\left[\int_a^b |K(t,u)|^2\mathrm{d}u\cdot\int_a^b |x(u)-y(u)|^2\mathrm{d}u\right]\mathrm{d}t\\ &= |\lambda|^2 M\|x-y\|^2,\end{aligned}$$

即 $\|Tx-Ty\|\leqslant|\lambda|\sqrt{M}\|x-y\|$. 因为 $|\lambda|\sqrt{M}<1$，故 T 为压缩映射. 由压缩映射原理得，T 存在唯一不动点 $\bar{x}=\bar{x}(t)\in L^2[a,b]$. 由 $(T\bar{x})(t)=\bar{x}(t)$ 及式 (2.5.7) 可知，$\bar{x}=\bar{x}(t)$ 是积分方程 (2.5.6) 的唯一解.

证毕.

例 2.5.3（分形空间压缩映射的不动点）　设 (X,ρ) 是完备的度量空间，$C(X)$ 是 X 中非空紧子集全体，$A,B\in C(X)$. 令

$$\rho(A,B)=\sup_{x\in A}\rho(x,B),$$
$$h(A,B)=\max\{\rho(A,B),\rho(B,A)\},$$

h 称为 Hausdorff 距离. 由于 A,B 是紧集的，故 $\rho(x,B)$ 的下确界及 $\rho(A,B)$ 的上确界都是可达的. 可以证明，$(C(X),h)$ 仍是完备的度量空间，称为分形空间.

现设 $T_i:X\to X$ 是压缩常数为 α_i 的压缩映射 ($i=1,2,\cdots,n$). 令 $\alpha=\max\limits_{1\leqslant i\leqslant n}\alpha_i$，则 $\alpha<1$. 因为 $\forall A\in C(X)$，有 $T_iA\in C(X)$（定理 2.4.8），故 $\bigcup\limits_{i=1}^n T_iA\in C(X)$. 定义 $\widehat{T}:C(X)\to C(X)$ 使

$$\widehat{T}A=\bigcup_{i=1}^n T_iA,\ \forall A\in C(X).$$

可以证明 $\widehat{T}$ 是分形空间 $(C(X),h)$ 上的压缩映射，其压缩常数为 α. 于是按 Banach 压缩映射

原理，$\widehat{T}$ 存在唯一不动点 $A^* \in C(X)$.

2.5.2 Schauder 不动点定理及应用

另一类重要的不动点定理与赋范空间上的紧集及凸集有关，只揭示不动点的存在性. 1901 年，Brouwer 证明了下述不动点定理.

定理 2.5.2 (Brouwer 不动点定理) 设 $A \subset R^n$ 为有界闭凸集，$T: A \to A$ 连续. 则 $\exists \bar{x} \in A$ 使 $T\bar{x} = \bar{x}$.

Schauder 将 Brouwer 不动点定理推广到下述一般情况.

定义 2.5.2 设 X, Y 为赋范线性空间，$T: X \to Y$ 为线性算子，若算子 T 将 X 中的任一有界集映成 Y 中的列紧集，则称 T 为紧算子.

定理 2.5.3 (Schauder 不动点定理) 设 X 是 Banach 空间，$A \subset X$ 为凸闭集，$T: A \to A$ 连续，且 TA 为列紧集，则 $\exists \bar{x} \in A$ 使 $T\bar{x} = \bar{x}$.

Brouwer 不动点定理和 Schauder 不动点定理的证明见文献[5,19,20,23,25].

下面利用 Schauder 不动点定理解决常微分方程解的存在性问题(注意与例 2.5.1 相比较，这里不要求函数 f 关于 x 满足 Lipschitz 条件).

例 2.5.4 设 $K(s,t)$ 是矩形 $[0,1] \times [0,1]$ 上的连续函数，则积分算子

$$(Tx)(s) = \int_0^1 K(s,t)x(t)\,\mathrm{d}t, x(\cdot) \in C[0,1]$$

是 $C[0,1]$ 的紧算子.

证明 由 Arzela-Ascoli 定理(定理 2.4.5)，只需证明 $C[0,1]$ 中任何有界集 $\{x \in C[0,1] \mid \|x\|_c \leqslant L\}$ 在算子 T 下的像是一致有界且等度连续.

记 $M = \sup\limits_{(s,t) \in [0,1] \times [0,1]} |K(s,t)|$，则有

$$|(Tx)(s)| \leqslant \int_0^1 |K(s,t)x(t)|\,\mathrm{d}t \leqslant \int_0^1 ML\,\mathrm{d}t \leqslant ML.$$

其中，$\|x\|_c \leqslant L$，于是像集是一致有界的. 再由 $K(s,t)$ 在 $[0,1] \times [0,1]$ 上连续可知 $K(s,t)$ 是一致连续的，即 $\forall \varepsilon > 0, \exists \delta > 0$，使得当 $|s_1 - s_2| < \delta, 0 \leqslant t \leqslant 1$ 时，有

$$|K(s_1,t) - K(s_2,t)| < \varepsilon,$$

于是

$$\begin{aligned} |(Tx)(s_1) - (Tx)(s_2)| &\leqslant \int_0^1 |K(s,t) - K(s,t)|\,|x(t)|\,\mathrm{d}t \\ &\leqslant \varepsilon \int_0^1 |x(t)|\,\mathrm{d}t \\ &\leqslant L\varepsilon, \end{aligned}$$

其中 $\|x\|_c \leqslant L$ 且 $|s_1 - s_2| < \delta$. 这说明像集等度连续.

证毕.

例 2.5.5 (常微分方程的 Peano 定理) 设 $f(t,x)$ 在矩形 $S = [t_0 - a, t_0 + a] \times [x_0 - b, x_0 + b]$ 上连续有，

$$M=\max_{(t,x)\in S}|f(t,x)|,\quad h=\min\{a,b/M\}.$$

同时,初值问题

$$\begin{cases}\dfrac{\mathrm{d}x}{\mathrm{d}t}=f(t,x),\\ x(t_0)=x_0,\end{cases}\tag{2.5.8}$$

在$[t_0-h,t_0+h]$上有解.

证明　初值问题(2.5.8)有解等价于积分方程

$$x(t)=x_0+\int_{t_0}^{t}f(u,x(u))\mathrm{d}u\tag{2.5.9}$$

有连续解(见例 2.5.1).考虑映射 T:

$$(Tx)(t)=x_0+\int_{t_0}^{t}f(u,x(u))\mathrm{d}u,\ x\in[t_0-h,t_0+h].\tag{2.5.10}$$

取闭球 $B[x_0,b]=\{x\mid\|x-x_0\|\leqslant b\}\subset C[t_0-h,t_0+h]$,其中 $x_0(t)\equiv x_0$,$B[x_0,b]$是闭凸集.下证 $T:B[x_0,b]\to B[x_0,b]$是连续映射.

事实上,$\forall x\in B[x_0,b]$,由于$\forall t\in[t_0-h,t_0+h]$,有$|x(t)-x_0|\leqslant b$,故

$$|(Tx)(t)-x_0|=\left|\int_{t_0}^{t}f(u,x(u))\mathrm{d}u\right|\leqslant M|t-t_0|\leqslant Mh\leqslant M\cdot\frac{b}{M}=b,$$

即$(Tx)(t)\in B[x_0,b]$.设 $x_n,x\in B[x_0,b]$,$x_n\to x$.由于$\{x_n(t)\}$一致收敛于 $x(t)$(例 2.2.2),应用积分极限定理得

$$\|Tx_n-Tx\|=\max_{|t-t_0|\leqslant h}\left|\int_{t_0}^{t}[f(u,x_n(u))-f(u,x(u))]\mathrm{d}u\right|\to 0.$$

这表明 T 是连续的.

再证 $TB[x_0,b]$是列紧集.

事实上,按 Arzela-Ascoli 定理(定理 2.4.5),只须证 $TB[x_0,b]$按范数有界且等度连续,即

$$\begin{aligned}|(Tx)(t)|&\leqslant|x_0|+\left|\int_{t_0}^{t}f(u,x(u))\mathrm{d}u\right|\\&\leqslant|x_0|+M|t-t_0|\leqslant|x_0|+Mh\leqslant|x_0|+b,\end{aligned}$$

故$\|Tx\|\leqslant|x_0|+b$($\forall x\in B[x_0,b]$).又$\forall x\in B[x_0,b]$,$\forall t_1,t_2\in[t_0-h,t_0+h]$,有

$$|(Tx)(t_1)-(Tx)(t_2)|\leqslant\left|\int_{t_1}^{t_2}|f(u,x(u))|\mathrm{d}u\right|\leqslant M|t_1-t_2|.$$

这表明 $TB[x_0,b]$等度连续,于是 $TB[x_0,b]$是列紧集.由 Schauder 不动点定理,$\exists\,\bar{x}=\bar{x}(t)\in B[x_0,b]$,使 $T\bar{x}=\bar{x}$.结合式(2.5.10)得方程(2.5.9)有解 $\bar{x}=\bar{x}(t)\in C[t_0-h,t_0+h]$.于是 $\bar{x}=\bar{x}(t)$,$t\in[t_0-h,t_0+h]$是初值问题(2.5.8)的解.

证毕.

2.5.3　赋范空间中的最佳逼近

现在考虑空间理论另一方面的应用——赋范空间中的最佳逼近.逼近问题通常是指给

定一个较复杂的函数 f 和一组较简单的函数 $g_1,g_2,\cdots,g_n$，用这组函数的线性组合按某种尺度逼近 f. 微积分中碰到的 Taylor 多项式、三角多项式等就是这样的线性组合. 所谓最佳逼近，就是寻求与 f 最接近的或距离最小的线性组合. 由此提取成赋范空间的问题就是：在赋范空间 X 中给定 n 个向量 $e_1,e_2,\cdots,e_n$ 及一个向量 x，求 $(\lambda_1,\lambda_2,\cdots,\lambda_n)\in K^n$ 使

$$\| x-\sum_{i=1}^{n}\lambda_i e_i \| = \min_{\alpha\in K^n}\| x-\sum_{i=1}^{n}\alpha_i e_i \|,$$

其中 $\alpha=(\alpha_1,\alpha_2,\cdots,\alpha_n)\in K^n$.

不妨设 $\{e_i\}_{i=1}^n$ 是线性无关组，则 $E=\mathrm{span}\ \{e_i\}_{i=1}^n$ 是 X 的 n 维线性子空间. 问题相当于在 E 中求一点 e_0，使 x 与 e_0 的距离 $\|x-e_0\|$ 就是 x 到 E 上点的最短距离 $\rho(x,E)$.

定义 2.5.3 设 X 是赋范空间，E 是 X 的线性子空间，$x\in X$. 若存在 $e_0\in E$ 使 $\|x-e_0\|=\inf\limits_{e\in E}\|x-e_0\|=\rho(x,E)$，则称 e_0 是 x 在 E 中的最佳逼近元，如图 2.12 所示.

注意到范数本身作为赋范空间上的泛函是连续的(定理 2.2.3)，而连续泛函在紧集上必须取得最小值(推论 2.4.4). 受此启发，希望在紧集上解决最佳逼近元的存在性问题.

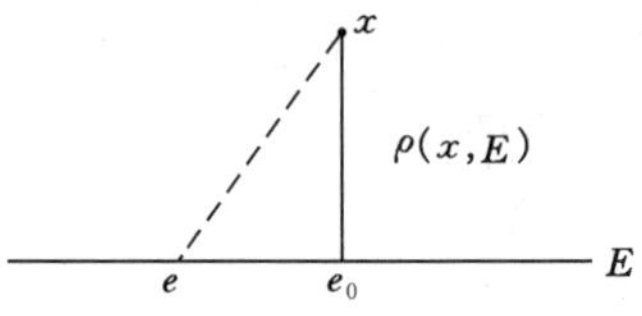

图 2.12

考虑 n 维空间 E 中半径为 r 的闭球 $B[\theta,r]\cap E$，它是有界闭集从而是紧集，于是必存在某点 e_r 使 $B[\theta,r]\cap E$ 上的函数 $f(e)=\|x-e\|$ 取最小值. 当 r 充分大时，e_r 必是要找的最佳逼近点.

定理 2.5.4 设 X 是赋范空间，E 是 X 的有限维线性子空间，则 $\forall x\in X$，x 在 E 中的最佳逼近元存在.

证明 记 $B=B[\theta,2\|x\|]\cap E=\{e\in E\mid \|e\|\leqslant 2\|x\|\}$ 为 E 中闭球，设 $e\in E$，此时若 $e\in B$，则

$$\|x-e\|\geqslant\rho(x,B);$$

若 $e\notin B$，则由 $\rho(x,B)=\inf\limits_{y\in B}\|x-y\|\leqslant\|x-\theta\|=\|x\|$ 得

$$\|x-e\|\geqslant\|e\|-\|x\|>2\|x\|-\|x\|=\|x\|\geqslant\rho(x,B).$$

总之，$\forall e\in E$，必有 $\|x-e\|\geqslant\rho(x,B)$. 因此，

$$\rho(x,E)=\inf_{e\in E}\|x-e\|\geqslant\rho(x,B).$$

又因为 $E\supset B$，故 $\rho(x,E)\leqslant\rho(x,B)$，所以

$$\rho(x,E)=\rho(x,B).$$

由于 B 是有限维空间 E 的有界闭集，故 B 是紧集，B 上的函数 $f(y)=\|x-y\|$ 是连续函数，所以必在 B 上取得最小值，即存在 $e\in B\subset E$，使 $f(e)$ 为最小值. 因此，

$$\|x-e\|=\inf_{y\in B}\|x-y\|=\rho(x,B)=\rho(x,E).$$

证毕.

例 2.5.6 取 $X=C[a,b]$，$E=\mathrm{span}\ \{x_0,x_1,\cdots,x_n\}$，其中 $x_k=x_k(t)=t^k$，$k=0,1,\cdots,n$，则 E 是 X 的 $n+1$ 维子空间，E 中的元素是次数不超过 n 的多项式. 对给定的 $x=x(t)\in X$，

按定理 2.24,必存在 $e=e(t)\in E$,使对 E 中的任意多项式 $y=y(t)$,有

$$\|x-e\|=\max_{a\leqslant t\leqslant b}|x(t)-e(t)|\leqslant\max_{a\leqslant t\leqslant b}|x(t)-y(t)|=\|x-y\|.$$

对一般赋范空间而言,最佳逼近元的唯一性未必成立.

例 2.5.7*　取 X 为实连续函数空间 $C[0,1]$,E 为其一维闭线性子空间 span $\{t\}$,即 $E=\{\alpha t|\alpha\in R\}$,$x=x(t)\equiv 1(t\in[0,1])$,则满足 $\|x-e\|=\inf\limits_{y\in E}\|x-y\|$ 的元 $e\in E$ 不是唯一的.

事实上,$\forall\, y=\alpha t\in E$,有

$$\|x-y\|=\max_{0\leqslant t\leqslant 1}|1-\alpha t|=\begin{cases}>1, & \alpha<0,\\ =1, & 0\leqslant\alpha\leqslant 2,\\ >1, & \alpha>2.\end{cases}$$

因此,当 $e\in\{\alpha t|0\leqslant\alpha\leqslant 2\}$ 时,都有 $\|x-e\|=\inf\limits_{y\in E}\|x-y\|=1$.

2.5.4　空间的凸性

最佳逼近元的唯一性与赋范空间的凸性(或范数的凸性)密切相关.

定义 2.5.4　设$(X,\|\cdot\|)$是赋范空间.若 $\forall\, x,y\in X$,$x\neq y$,$\|x\|=\|y\|=1$,都有 $\|x+y\|<2$,则称$(X,\|\cdot\|)$是严格凸的赋范空间.

定义 2.5.5　设$(X,\|\cdot\|)$是赋范线性空间,对 $\forall\, x,y\in X$,$x\neq y$,只要 $\|x\|=\|y\|=1$,有

$$\|\lambda x+\mu y\|<1(\forall\,\lambda,\mu>0,\lambda+\mu=1),$$

则称$(X,\|\cdot\|)$为严格凸,如图 2.13 所示.

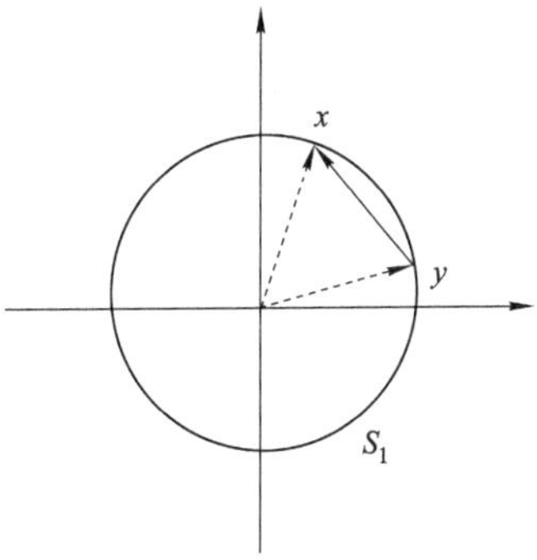

图 2.13

$\lambda x+\mu y$ 不属于单位球面 S_1,即单位球面 S_1 严格凸.

由于严格凸空间广泛应用在空间论和偏微分方程中,下面再给出一个严格凸空间的等价定义.

定义 2.5.6　设$(X,\|\cdot\|)$是赋范线性空间,对 $\forall\, x\neq 0,y\neq 0,x,y\in X$,只要 $\|x+y\|=\|x\|+\|y\|$,有

$$x=\alpha y(\alpha \text{ 为某一正数}),$$

则称$(X,\|\cdot\|)$为严格凸.

下面说明定义 2.5.5 与定义 2.5.6 的等价性.

"$\Leftarrow$":反证.若 X 的单位球面 S_1 不严格凸,于是必有两个不同的元素 $x_0,y_0\in S_1$ 和 $\lambda_0\in(0,1)$,满足

$$\|\lambda_0x_0+(1-\lambda_0)y_0\|=1.$$

则 $\|\lambda_0x_0+(1-\lambda_0)y_0\|=1=\lambda_0\|x_0\|+(1-\lambda_0)\|y_0\|=\|\lambda_0x_0\|+\|(1-\lambda_0)y_0\|$,其中 $x_0,y_0\in S_1$.

于是由定义 2.5.6 可得 $\exists \alpha_0>0$，使得

$$\lambda_0 x_0=\alpha_0(1-\lambda_0)y_0,$$

即

$$x_0=\frac{\alpha_0(1-\lambda_0)}{\lambda_0}y_0.$$

又因为 $x_0,y_0\in S_1$，$\|x\|=\|y\|=1$，则由上式可得

$$\frac{\alpha_0(1-\lambda_0)}{\lambda_0}=1.$$

于是 $x_0=y_0$. 但这与必有两个不同的元素 $x_0,y_0\in S_1$ 是矛盾的.

"$\Rightarrow$"：反证法. 若 $(X,\|\cdot\|)$ 不满足定义 2.5.4，那么必存在两个非零元 x_0,y_0，使得 $\|x_0+y_0\|=\|x_0\|+\|y_0\|$，但

$$x_0\neq\alpha y_0(\text{对 }\forall\alpha>0).$$

由定义 2.5.5，X 的单位球面 S_1 是严格凸的，则有

$$\left\|\left(\frac{\|x_0\|}{\|x_0\|+\|y_0\|}\right)\frac{x_0}{\|x_0\|}+\left(\frac{\|y_0\|}{\|x_0\|+\|y_0\|}\right)\frac{y_0}{\|y_0\|}\right\|<1,$$

即

$$\left\|\frac{x_0+y_0}{\|x_0\|+\|y_0\|}\right\|<1.$$

于是 $\|x_0+y_0\|<\|x_0\|+\|y_0\|$. 这与 $\|x_0+y_0\|=\|x_0\|+\|y_0\|$ 是矛盾的.

从几何上讲，严格凸空间是指使得单位球面上任何两点的中点都不在球面上的那种空间.

例 2.5.8 $L^p[a,b]$，$l^p(1<p<+\infty)$ 都是严格凸的，而 $L^1[a,b]$，$L^\infty[a,b]$，l^1，l^∞，$C[a,b]$ 都不是严格凸的.

事实上，假设 $x,y\in L^p[a,b]$ $(1<p<+\infty)$，$\|x\|_p=\|y\|_p=1$ 且 $\|x+y\|_p=2$，则 $\|x+y\|_p=\|x\|_p+\|y\|_p$，即引理 2.1.3 中 Minkowski 不等式等号成立. 可以证明，该不等式等号成立等价于存在 $\alpha\geqslant 0$ 使 $x(t)=\alpha y(t)$ a. e.. 于是由

$$\|x\|_p=\|y\|_p=1$$

可知 $\alpha=1$，即 $x=y$. 根据定义 2.5.4，可知 $L^p[a,b](1<p<+\infty)$ 是严格凸的.

同样地，$l^p(1<p<+\infty)$ 也是严格凸的.

在 l^1 中，取 $x=(1,0,0,\cdots)$，$y=(0,1,0,\cdots)$，则 $x\neq y$，$\|x\|_1=\|y\|_1=1$，但 $\|x+y\|_1=2$，可知 l^1 不是严格凸的.

在 $C[a,b]$ 中，以 $C[0,1]$ 为例，取 $x(t)\equiv 1$，$y(t)=t$，满足 $x\neq y$，$\|x\|=\|y\|=1$，但 $\|x+y\|=2$，可知 $C[0,1]$ 不是严格凸的.

同样地，$L^1[a,b]$，$L^\infty[a,b]$，l^∞ 也都不是严格凸的.

在严格凸空间中，定理 2.5.4 中的最佳逼近元必是唯一的.

定理 2.5.5 设 X 是严格凸赋范空间，E 是 X 的线性子空间，$x\in X$，则 x 在 E 中的最佳逼近元至多只有一个.

证明　反证法. 假设 $e_1, e_2 \in E, e_1 \neq e_2, e_1, e_2$ 都是 x 在 E 中的最佳逼近元. 记 $m = \rho(x, E)$, 则

$$\| x - e_1 \| = \| x - e_2 \| = m, \quad 0 < \| e_1 - e_2 \| \leqslant \| e_1 - x \| + \| x - e_2 \| = 2m,$$

故 $m > 0$. 令 $x_1 = \frac{x - e_1}{m}, x_2 = \frac{x - e_2}{m}$, 则 $x_1 \neq x_2$, $\| x_1 \| = \| y_1 \| = 1$. 由严格凸性, 有 $\frac{1}{m} \| x - \frac{e_1 + e_2}{2} \| = \| \frac{x_1 + x_2}{2} \| < 1$, 即

$$\left\| x - \frac{e_1 + e_2}{2} \right\| < m. \tag{2.5.11}$$

注意到 $\frac{e_1 + e_2}{2} \in E$, 可知式(2.5.11)与 m 的定义是相矛盾的, 因此 $e_1 = e_2$.

证毕.

将上述定义 2.5.3 中的线性子空间 E 用凸集取代, 可提出更为一般的最佳逼近问题. 这类问题构成逼近理论与最优化理论的重要内容. 就数值最优化来说, 一方面, 这类问题的解决往往为数值最优化领域的某些应用性方法提供了理论依据; 另一方面, 数值最优化技术也给这类问题提供了许多具体的算法.

定义 2.5.7　设 $(X, \| \cdot \|)$ 是赋范线性空间, 若对 $\forall \varepsilon \in (0, 2]$, 存在 $\delta(\varepsilon) > 0$, 使得当 $x, y \in X$, 且 $\| x \| = \| y \| = 1$ 和 $\| x - y \| \geqslant \varepsilon$ 时, 就有 $\| \frac{x - y}{2} \| \leqslant 1 - \delta(\varepsilon)$, 则称 $(X, \| \cdot \|)$ 是一致凸的赋范线性空间.

例 2.5.9　由 Clarkson 不等式(定理 2.1.4)可知 $L^p[a, b], l^p (1 < p < +\infty)$ 都是一致凸赋范线性空间. 由例 2.5.8 可知 $L^1[a, b], L^\infty[a, b], l^1, l^\infty, C[a, b]$ 都不是严格凸的. $L^1[a, b]$ 不是一致凸由下述例子给出.

取

$$x_n(t) = \begin{cases} n, & 0 \leqslant t \leqslant \frac{1}{n}, \\ 0, & \frac{1}{n} \leqslant t \leqslant 1, \end{cases}$$

和

$$y_n(t) = \begin{cases} 2n, & 0 \leqslant t \leqslant \frac{1}{2n}, \\ 0, & \frac{1}{2n} \leqslant t \leqslant 1, \end{cases}$$

由简单计算可得, $\| x_n \|_{L^1} = \| y_n \|_{L^1} = 1$, $\| x_n + y_n \|_{L^1} = 2$.

但

$$\| x_n - y_n \|_{L^1} = \int_0^1 | x_n(t) - y_n(t) | \, dt = 1.$$

于是, $L^1[a, b]$ 不是一致凸的. 此例也说明 $L^1[a, b]$ 不是严格凸.

定义 2.5.8 (一致凸的等价定义) 设$(X,\|\cdot\|)$是赋范线性空间,对$\forall\{x_n\},\{y_n\}\subset X$,只要满足$\|x\|=\|y\|=1$且$\|x_n+y_n\|\to 2(n\to\infty)$,就有$\|x_n-y_n\|\to 0(n\to\infty)$,则称$(X,\|\cdot\|)$是一致凸的赋范线性空间.

用反证法即可说明定义 2.5.7 和定义 2.5.8 的等价性.

定理 2.5.6 一致凸空间是严格凸的.

证明 反证法. 如果空间 X 是一致凸,但不是严格凸,则必存在 X 中的两个非零元 x_0,y_0 满足

$$\|x_0+y_0\|=\|x_0\|+\|y_0\|,$$

且 $x_0\neq\alpha y_0$,$\forall\alpha>0$.

经简单计算可得

$$\left\|\frac{x_0}{\|x_0\|}-\frac{x_0+y_0}{\|x_0+y_0\|}\right\|\neq 0$$

和

$$\left\|\frac{y_0}{\|y_0\|}-\frac{x_0+y_0}{\|x_0+y_0\|}\right\|\neq 0.$$

又因为 X 为一致凸,由上式可得

$$\left\|\frac{x_0}{\|x_0\|}+\frac{x_0+y_0}{\|x_0+y_0\|}\right\|\neq 2$$

和

$$\left\|\frac{y_0}{\|y_0\|}+\frac{x_0+y_0}{\|x_0+y_0\|}\right\|\neq 2.$$

由范数的三角不等式,可得严格不等式

$$\left\|\frac{x_0}{\|x_0\|}+\frac{x_0+y_0}{\|x_0+y_0\|}\right\|<2$$

和

$$\left\|\frac{y_0}{\|y_0\|}+\frac{x_0+y_0}{\|x_0+y_0\|}\right\|<2.$$

将上式整理相加,可得

$$\begin{aligned}&\|(x_0+y_0)\|x_0+y_0\|+(\|x_0\|+\|y_0\|)(x_0+y_0)\|\\&\leqslant\|x_0\|x_0+y_0\|+\|x_0\|(x_0+y_0)+y_0\|x_0+y_0\|+\|y_0\|(x_0+y_0)\|\\&<2(\|x_0\|+\|y_0\|)\|x_0+y_0\|\end{aligned}$$

再结合$\|x_0+y_0\|=\|x_0\|+\|y_0\|$,可得

$$2(\|x_0+y_0\|)^2<2(\|x_0+y_0\|)^2.$$

出现矛盾.

证毕.

习 题 二

1. 设 ρ 是集 X 上的距离函数，证明 $\rho_1=\dfrac{\rho}{1+\rho}$ 也是 X 上的距离函数.

2. 设 C_0 为一切收敛于 0 的数列组成的空间，证明 C_0 是 l^∞ 的线性子空间.

3. 在度量空间中，一个半径为 4 的开球能否成为一个半径为 3 的开球的真子集？

4. 设 $C^{(k)}[a,b]$ 为 $[a,b]$ 上具有 k 阶连续导数的函数的全体. 对 $x\in C^{(k)}[a,b]$，定义 $\|x\|=\sum\limits_{i=0}^{k}\max\limits_{a\leqslant t\leqslant b}|x^{(i)}(t)|$，证明 $C^{(k)}[a,b]$ 是赋范空间.

5. 设 (X,ρ) 为度量空间，$A\subset X$. 证明：

(1) A° 是包含于 A 的最大开集，$\overline{A}$ 是包含 A 的最小闭集；

(2) $x\in\overline{A}$ 的充分必要条件是 $\rho(x,A)=0$.

6. 设 $(X,\|\cdot\|)$ 是赋范空间，$x,y\in X$，$r,\varepsilon>0$. 证明：

(1) $y+B(x,\varepsilon)=B(x+y,\varepsilon)$；

(2) $rB(x,\varepsilon)=B(rx,r\varepsilon)$.

在(1)(2)中将开球 $B(x,\varepsilon)$ 换成闭球 $B[x,\varepsilon]$，结论是否成立？

7. 设 $(X,\|\cdot\|)$ 是赋范空间，$A\subset X$. 证明：

(1) $|\rho(x,A)-\rho(y,A)|\leqslant\|x-y\|\quad(\forall x,y\in X)$；

(2) $f(x)=\rho(x,A)$ 是 X 上的连续泛函.

8. 设 $\{x_n\}$ 是度量空间 X 中的 Cauchy 列，证明：

若 $\{x_n\}$ 有子列 $\{x_{n_k}\}$ 收敛于 $x_0\in X$，则 $\{x_n\}$ 也收敛于 x_0.

9. 证明下列赋范空间为 Banach 空间：

(1) $C^{(k)}[a,b]\quad(C^{(k)}[a,b]$ 及 $\|\cdot\|$ 如第 4 题所述).

(2) C_0 (C_0 如第 2 题所述，范数取 l^∞ 中上确界范数).

(3) $E=\{x\in C[a,b]\,|\,x(a)=x(b)\}$　(范数取 $C[a,b]$)中的最大值范数).

10. 设 $(X,\|\cdot\|)$ 是 Banach 空间，$\{x_n\}\subset X$. 证明：若 $\sum\limits_{n=1}^{\infty}\|x_n\|$ 收敛，则 $\sum\limits_{n=1}^{\infty}x_n$ 收敛.

11. 设 (X,ρ) 为度量空间，证明：

(1) 若每个 $E_i(i=1,2,\cdots,n)$ 是 X 上的紧集，则 $\bigcup\limits_{i=1}^{n}E_i$ 也是紧集.

(2) 若 $\{E_\lambda\,|\,\lambda\in\Lambda\}$ 是 X 的一族紧集，则 $\bigcap\limits_{\lambda\in\Lambda}E_\lambda$ 也是紧集.

12. 设 E 是赋范空间 X 的紧集，$x\in X$. 证明：存在 $e\in E$ 使得 $\|x-e\|=\rho(x,E)$.

13. 证明：存在闭区间 $[0,1]$ 上的连续函数 $x(t)$，使得 $x(t)=\dfrac{1}{2}\sin x(t)+a(t)$，其中 $a(t)$ 是给定的 $[0,1]$ 上的连续函数.

14. 验证方程 $x^3+4x-2=0$ 在 $[0,1]$ 上有实根，并用迭代法求出该方程在 $[0,1]$ 上的近似解.

15. 设 X 是 Banach 空间，$E\subset X$ 是紧集，$T:E\to E$ 是映射，$\forall x,y\in E,x\neq y$，有 $\| Tx-Ty\| < \| x-y\|$，证明：T 有唯一不动点.

第 3 章　线性算子理论基础

线性算子(泛函)是算子(泛函)中最简单的一类,同时也是最重要的一类,因为非线性算子(泛函)常常要用线性算子(泛函)近似与逼近. 本章主要研究有界线性算子与泛函的基本性质.

§3.1　有界线性算子与有界线性泛函

前文已经在线性空间框架下引入了线性算子(泛函)的概念,在度量空间的框架下引入了映射连续性的概念. 本节将在赋范空间框架下进一步讨论线性算子(泛函)的连续性. 虽然两个赋范空间 X 与 Y 上的范数一般是不同的,但为了方便起见,将采用同一记号 $\|\cdot\|$,希望不要引起混淆.

3.1.1　有界性与连续性

对于赋范空间上的线性算子 T,连续性就是考察 $\|x-y\|<\delta$ 是否蕴涵 $\|Tx-Ty\|<\varepsilon$,从而需估计 $\dfrac{\|Tx-Ty\|}{\|x-y\|}$. 因为 $Tx-Ty=T(x-y)$,所以实际只要估计 $\dfrac{\|Tx\|}{\|x\|}$,即两者的"长度"之比. 其直观意义是像与原像的伸缩率. 由此产生出算子的有界性概念. 对线性算子而言,有界性与连续性是形式上不同而实际上等价的概念.

定义 3.1.1　设 X,Y 是同一数域 K 上的赋范空间,若算子 $T:X\rightarrow Y$ 将 X 中的任一有界集映射成 Y 中的有界集,则称 T 是有界算子. 若 T 又是线性的,则称 T 为有界线性算子. 从 X 到 Y 的有界线性算子全体记为 $B(X,Y)$. 当 $Y=K$,记 $X^*=B(X,K)$, 即 X^* 是 X 上有界线性泛函全体.

对于赋范空间中的有界集,可以采用定理 2.2.9 中的等价表述. 注意应该将上述定义 3.1.1 中的有界算子的概念与数学分析中有界函数的概念加以区别. 后者指值域有界. 例如,$f:R\rightarrow R$ 定义为 $f(x)=2x$,按后者的意义,f 是无界函数,但是按定义 3.1.1 的意义,f 是有界线性泛函.

定理 3.1.1　设 X,Y 是赋范空间,$T:X\rightarrow Y$ 是线性算子,则下列诸条件等价:

(1) T 是有界算子;

(2) $\exists M>0, \forall x\in X$,有 $\|Tx\|\leqslant M\|x\|$;

(3) T 在某一点 $x_0\in X$ 连续;

(4) T 在 X 上连续.

证明 (1)⇒(2). 设 T 有界,即 T 将 X 的任一有界集映射为 Y 的有界集,则 T 将 $S(X)=\{y\in X \mid \|y\|=1\}$ 映射成有界集,即 $\exists M>0, \forall y\in S(X)$,有 $\|Ty\|\leqslant M$. 从而, $\forall x\in X$, 若 $x=\theta$, 则 $T\theta=\theta$, 显然有 $\|Tx\|\leqslant M\|x\|$; 若 $x\neq\theta$, 则 $y=\dfrac{x}{\|x\|}\in S(X)$, 由于 $\dfrac{\|Tx\|}{\|x\|}=\left\|T\left(\dfrac{x}{\|x\|}\right)\right\|\leqslant M$,故 $\|Tx\|\leqslant M\|x\|$.

(2)⇒(3). 设 $x_n\to\theta$. 由条件(2)得, $\|Tx_n\|\leqslant M\|x_n\|$. 于是由 $x_n\to\theta$ 得, $Tx_n\to\theta=T\theta$. 这表明 T 在 $x_0=\theta$ 连续.

(3)⇒(4). 设 T 在某点 $x_0\in X$ 连续,即当 $x_n\to x_0$ 有 $Tx_n\to Tx_0$. 设 $y_0\in X$ 是任一点且 $y_n\to y_0$. 令 $x_n=y_n-y_0+x_0$,则 $x_n\to x_0$,从而应有 $Tx_n=T(y_n-y_0+x_0)\to Tx_0$. 由于 T 是线性的,故

$$T(y_n-y_0+x_0)=Ty_n-Ty_0+Tx_0.$$

因此

$$\|Ty_n-Ty_0\|=\|T(y_n-y_0+x_0)-Tx_0\|\to 0,$$

即 $Tx_n\to Tx_0$. y_0 的任意性表明 T 在 X 上连续.

(4)⇒(1)(反证法). 若 T 不是有界算子,则 T 将 X 的某有界集映射成 Y 的无界集. 不妨设 A 有界而 TA 无界. 于是, $\exists M>0, \forall x\in A$, $\|x\|\leqslant M$,且 $\forall n$(正整数), $\exists x_n\in A$,有 $\|Tx_n\|>n$. 令 $y_n=\dfrac{x_n}{n}$,则

$$\|y_n\|=\frac{1}{n}\|x_n\|\leqslant\frac{M}{n}, y_n\to\theta\ (n\to\infty).$$

由于 T 连续,因而 $Ty_n\to T\theta=\theta\ (n\to\infty)$. 这与

$$\|Ty_n\|=\frac{1}{n}\|Tx_n\|>1$$

相矛盾. 所以 T 有界.

证毕.

定理 3.1.1 表明,线性算子的连续性等价于有界性,因此有界线性算子也称为连续线性算子. 例 2.2.5 已指出从 K^n 到 K^m 的线性算子可以与 $m\times n$ 阶矩阵相对应,或者说线性算子可表示为矩阵. 下面的定理指出它是连续的.

定理 3.1.2 有限维赋范空间上任何线性算子都是有界的,从而都是连续的.

证明 考虑从任一 n 维赋范空间 X 到任一赋范空间 Y 的线性算子 T,取 $e_1,e_2,\cdots,e_n$ 为 X 的基,则 $\forall x\in X$,有 $(x_1,x_2,\cdots,x_n)\in K^n$ 使 $x=\sum\limits_{i=1}^{n}x_ie_i$,于是 $Tx=\sum\limits_{i=1}^{n}x_iTe_i$. 由 Hölder 不等式($p=q=2$) 得

$$\begin{aligned}\| Tx \| &= \| \sum_{i=1}^{n} x_i Te_i \| \leqslant \sum_{i=1}^{n} |x_i| \, \| Te_i \| \\ &\leqslant \left(\sum_{i=1}^{n} |x_i|^2\right)^{\frac{1}{2}} \left(\sum_{i=1}^{n} \| Te_i \|^2\right)^{\frac{1}{2}} = M_1 \| x \|,\end{aligned}$$

其中 $M_1 = \left(\sum_{i=1}^{n} \| Te_i \|^2\right)^{\frac{1}{2}}$，$\| \cdot \|$ 是欧氏范数. 由于 $Te_1, Te_2, \cdots, Te_n$ 是 Y 中确定的元，故 $M_1 < +\infty$. 由于 n 维赋范空间上的范数是等价的[见式(2.4.8) 或推论 2.4.3]，故 $\exists M_2 > 0$，使 $\| x \|^* \leqslant M_2 \| x \|$. 令 $M_1 M_2 = M$，则 $\| Tx \| \leqslant M \| x \|$. 这表明 T 是有界的.

证毕.

注意算子的有界性不仅与算子的构造有关，而且与定义域空间的范数有关.

例 3.1.1 设 $C^{(1)}[a,b]$ 表示 $[a,b]$ 上具有连续的一阶导数的函数的全体，则它是 $C[a,b]$ 的线性子空间.

考虑微分算子 $T = \frac{\mathrm{d}}{\mathrm{d}t}: C^1[0,1] \to C[0,1]$，$(Tx)(t) = x'(t)$，$\forall x \in C^1[0,1]$，则 T 是线性算子.

(1) 在 $C^1[0,1]$ 上赋以范数

$$\| x \| = \max\{\max_{0 \leqslant t \leqslant 1} |x(t)|, \max_{0 \leqslant t \leqslant 1} |x'(t)|\}.$$

容易验证 $\| x \|$ 是范数，$C^1[0,1]$ 是赋范空间. 由于

$$\| Tx \| = \max_{0 \leqslant t \leqslant 1} |x'(t)| \leqslant \| x \|,$$

所以 T 是有界线性算子.

(2) 在 $C^1[0,1]$ 上赋以范数 $\| x \| = \max_{0 \leqslant t \leqslant 1} |x(t)|$，则 $C^1[0,1]$ 是 $C[0,1]$ 的赋范子空间. 取 $x_n(t) = t^n$，则 $\| x_n \| = \max_{0 \leqslant t \leqslant 1} |t^n| = 1$，$\{x_n\}$ 是 $C^1[0,1]$ 中有界集. 但

$$\| Tx_n \| = \max_{0 \leqslant t \leqslant 1} |nt^{n-1}| = n,$$

$\{Tx_n\}$ 是 $C[0,1]$ 中无界集. 这表明 T 是无界的(即在任何点都是不连续的).

从微分算子有时是无界算子这一事实可知，无界线性算子与有界线性算子一样具有重要价值，在算子理论研究中不可当作例外排除掉. 不过，有界线性算子相对来说要简单些，因而成为优先研究的对象.

3.1.2 算子空间的完备性

由于理论与应用两方面的需要，下文讨论有界线性算子集 $B(X,Y)$ 的整体性态.

容易验证，从 X 到 Y 的任何两个线性算子的和仍是线性算子，线性算子的数积仍是线性算子，又因为两个连续算子的和是连续的，连续算子的数积是连续的，故两个有界线性算子的和仍是有界线性算子，有界线性算子的数积仍是有界线性算子. 于是作为映射空间(例 2.1.3)的子集，$B(X,Y)$ 是线性空间.

当 $T \in B(X,Y)$ 时，$\forall x \in X$，有 $\| Tx \| \leqslant M \| x \|$，从而伸缩率的数集 $\left\{ \frac{\| Tx \|}{\| x \|} \,\middle|\, x \in X, x \neq \theta \right\}$ 是非负有界数集. 于是 T 有界等价于该数集的上确界是有限数.

定理 3.1.3 对每个 $T\in B(X,Y)$，令 $\|T\|=\sup\limits_{x\neq\theta}\dfrac{\|Tx\|}{\|x\|}$，则

(1) $\|Tx\|\leqslant\|T\|\,\|x\| \quad (\forall x\in X)$.

(2) $\|T\|=\sup\limits_{\|x\|\leqslant 1}\|Tx\|=\sup\limits_{\|x\|=1}\|Tx\|$.

(3) $\|T\|$ 为 $B(X,Y)$ 上的范数，从而 $B(X,Y)$ 是赋范空间.

证明 (1) 由于 $\forall x\neq\theta$，$\dfrac{\|Tx\|}{\|x\|}\leqslant\|T\|$，故 $\forall x\in X$，有 $\|Tx\|\leqslant\|T\|\,\|x\|$.

(2) 因为
$$\|T\|=\sup_{x\neq\theta}\frac{\|Tx\|}{\|x\|}=\sup_{x\neq\theta}\left\|T\left(\frac{x}{\|x\|}\right)\right\|=\sup_{\|x\|=1}\|Tx\|$$
$$\leqslant\sup_{\|x\|\leqslant 1}\|Tx\|\leqslant\sup_{\|x\|\leqslant 1}\|T\|\,\|x\|\leqslant\|T\|,$$
故结论成立.

(3) 由于 $\|T\|$ 满足正定性：$\|T\|\geqslant 0$；
$$\|T\|=\sup_{x\neq\theta}\frac{\|Tx\|}{\|x\|}=0\Leftrightarrow\forall x\neq 0,\ \|Tx\|=0\Leftrightarrow\forall x\neq\theta, Tx=\theta\Leftrightarrow T=\theta.$$

绝对齐性：
$$\forall\alpha\in K,\ \|\alpha T\|=\sup_{\|x\|\leqslant 1}\|\alpha Tx\|=|\alpha|\sup_{\|x\|\leqslant 1}\|Tx\|=|\alpha|\,\|T\|.$$

三角形不等式：若 $T_1,T_2\in B(X,Y)$，则
$$\|T_1+T_2\|=\sup_{\|x\|\leqslant 1}\|(T_1+T_2)x\|\leqslant\sup_{\|x\|\leqslant 1}(\|T_1x\|+\|T_2x\|)$$
$$\leqslant\sup_{\|x\|\leqslant 1}(\|T_1\|+\|T_2\|)\|x\|=\|T_1\|+\|T_2\|.$$
所以线性空间 $B(X,Y)$ 按 $\|T\|$ 成为赋范空间.

证毕.

上述定理 3.1.3(1)是对 $\|Tx\|$ 的估计的所有不等式 $\|Tx\|\leqslant M\|x\|$ 中的最佳估计. 定理 3.1.3(2)中算子范数的三个表达式都是常用的. 它表明，T 将 X 上单位闭球 $B(X)$ 映入 Y 的某个以原点为中心的最小闭球中，闭球的半径恰好为 $\|T\|$.

定义 3.1.2 设 $T_n,T\in B(X,Y)$，若 $\|T_n-T\|\to 0\ (n\to\infty)$，则称有界线性算子列 T_n 按算子范数收敛于算子 T，记为 $T_n\to T$.

定理 3.1.4 若 Y 是 Banach 空间，则 $B(X,Y)$ 也是 Banach 空间.

证明 设 $\{T_n\}$ 是 $B(X,Y)$ 中的 Cauchy 列，则

$\forall\varepsilon>0$，$\exists N$，$\forall m,n\geqslant N$，有 $\|T_n-T_m\|<\varepsilon$，于是 $\forall x\in X$ 有
$$\|T_nx-T_mx\|\leqslant\varepsilon\|x\|. \tag{3.1.1}$$

式(3.1.1)表明，$\forall x\in X$，$\{T_nx\}$ 是 Y 中的 Cauchy 列. 而 Y 是完备的，可设 $y=\lim\limits_{n\to\infty}T_nx$. 现定义 $T:X\to Y$ 使 $Tx=y$. 由极限运算的线性可知，T 是线性算子. 在式(3.1.1)中固定 $n\geqslant N$，令 $m\to\infty$，由范数的连续性得
$$\|T_nx-Tx\|\leqslant\varepsilon\|x\|.$$
从而 $\forall n\geqslant N$，有
$$\|T_n-T\|=\sup_{\|x\|\leqslant 1}\|T_nx-Tx\|\leqslant\varepsilon. \tag{3.1.2}$$

式(3.1.2)表明,按算子范数有 $T_n \to T$ 且 $T_N - T \in B(X,Y)$. 因为 $B(X,Y)$是线性空间,故 $T = T_N - (T_N - T) \in B(X,Y)$,因此 $B(X,Y)$完备.

证毕.

3.1.3　线性泛函的零空间

对于 $f \in X^* = B(X,K)$,f 的范数

$$\|f\| = \sup_{x \neq \theta} \frac{|f(x)|}{\|x\|} = \sup_{\|x\| \leqslant 1} |f(x)| = \sup_{\|x\| = 1} |f(x)|.$$

由于数域 K 总是完备的,由定理 3.1.4 可以得到下列推论.

推论 3.1.1　任一赋范空间 X 上的连续线性泛函全体 X^* 是 Banach 空间,称为 X 的共轭空间.

注　(1) 现设 f 是数域 K 上线性空间 X 上的线性泛函,且 $f \neq \theta$,则零空间 $N(f) = \{x \in X \mid f(x) = 0\}$是 X 的线性子空间(见定理 2.2.1). 因此,$N(f)$是 X 的极大的线性子空间.

事实上,设 E 是 X 中任一真包含 $N(f)$的子空间. 取 $e \in E$ 且 $e \notin N(f)$,于是 $f(e) \neq 0$. 令 $e_0 = \dfrac{e}{f(e)}$,则 $e_0 \in E$ 且 $f(e_0) = 1$. $\forall x \in X$,令

$$y = x - f(x)e_0,$$

则 $f(x)e_0 \in E$, 且 $f(y) = f(x) - f(x)f(e_0) = 0$,即 $y \in N(f)$. 于是有 $x = f(x)e_0 + y \in E$,即 $E = X$. 这表明 X 中除了 X 外没有真包含 $N(f)$的子空间. 因此 $N(f)$是极大的线性子空间.

于是,对任意 $b \in K$,必可取到 $x_0 \in X$ 使 $f(x_0) = b$(例如取 $x_0 = \dfrac{b}{f(e)} e$,其中 $f(e) \neq 0$),则线性流形(见定义 2.1.2)

$$f^{-1}(b) = \{x \in X \mid f(x) = b\} = x_0 + N(f)$$

是超平面. 当 $b = 0$,超平面 $f^{-1}(0) = N(f)$. 这里的记号 $f^{-1}(b)$表示 b 在 f 下的原像(或逆像),不可误解为 f 可逆.

(2) 若线性空间 X 可唯一分解成两个子空间 E_1 与 E_2 的和,则称 X 是 E_1 与 E_2 的代数直和,记为 $E = E_1 \oplus E_2$.

仍设 $f \neq \theta$,取 x_0 使 $f(x_0) \neq 0$,则每个 $x \in X$ 可分解为

$$x = \left[x - \frac{f(x)}{f(x_0)} x_0\right] + \frac{f(x)}{f(x_0)} x_0,$$

其中 $x - \dfrac{f(x)}{f(x_0)} x_0 \in N(f)$,$\dfrac{f(x)}{f(x_0)} x_0 \in \operatorname{span}\{x_0\}$,如图 3.1 所示. 若 $\alpha x_0 \in N(f)$,即 $0 = f(\alpha x_0) = \alpha f(x_0)$,则推出 $\alpha = 0$,即上述分解式是唯一的. 所以,X 是 f 的零空间与一维子空间 $\operatorname{span}\{x_0\}$的直和[由此也可认识

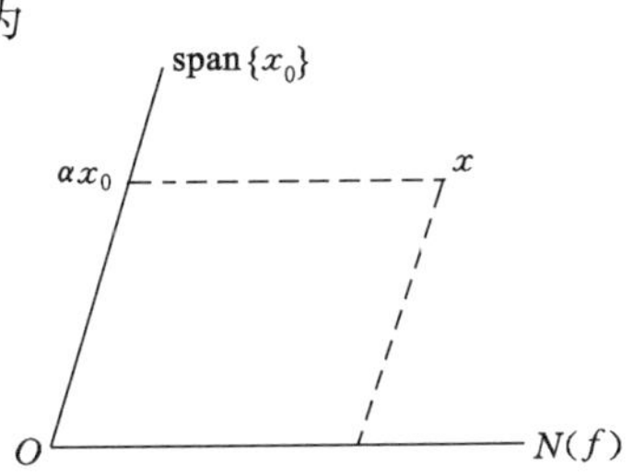

图 3.1

$N(f)$的极大性]：

$$X = N(f) \oplus \operatorname{span}\{x_0\} \tag{3.1.3}$$

若 X 是赋范空间，$X=E_1 \oplus E_2$，且 E_1，E_2 都是闭线性子空间，则称 X 是 E_1 与 E_2 的拓扑直和，记为 $X=E_1 \oplus E_2$.

式(3.1.3)能否是拓扑直和？这仅取决于 $N(f)$是否闭.因为任何有限维子空间总是闭的，$\operatorname{span}\{x_0\}$总是闭的，而 $N(f)$是否闭取决于 f 是否连续(见定理 3.1.5).因此当 $f \in X^*$ 且 $f \neq \theta$，必有

$$X = N(f) \oplus \operatorname{span}\{x_0\}. \tag{3.1.4}$$

定理 3.1.5 设 f 是数域 K 上赋范空间 X 上的线性泛函，$f \neq \theta$，$b \in K$ 且 $b \neq 0$，则下述结论等价：

(1) $f \in X^*$.

(2) $N(f)$是闭线性子空间.

(3) 超平面 $f^{-1}(b)=\{x \in X \mid f(x)=b\}$是闭集.

证明 (1)⇒(2).因为 f 是连续的，取 $\{x_n\} \subset N(f)$，使 $x_n \to x$，则必有 $f(x)=\lim\limits_{n\to\infty} f(x_n)=0$，即 $x \in N(f)$.所以 $N(f)$是闭线性子空间.

(2)⇒(3).取 $x_0 \in f^{-1}(b)$，则 $f^{-1}(b)=x_0+N(f)$，由 $N(f)$是闭的可知，$f^{-1}(b)$是闭集.

(3)⇒(1)(反证法).假设 f 不连续，即 f 是无界的，则

$$\|f\| = \sup_{\|x\|=1} |f(x)| = +\infty.$$

从而，$\forall n$(正整数)，$\exists x_n$，$\|x_n\|=1$，$|f(x_n)|>n$.令 $y_n=\dfrac{b}{f(x_n)}x_n$，则 $f(y_n)=b$，$\{y_n\} \subset f^{-1}(b)$.由于

$$\|y_n\| = \frac{|b|}{|f(x_n)|}\|x_n\| < \frac{|b|}{n},$$

故 $y_n \to \theta$.由于 $f^{-1}(b)$是闭集，故 $\theta \in f^{-1}(b)$，$b=f(\theta)=0$.这与 $b \neq 0$ 矛盾，因此 $f \in X^*$.

证毕.

根据定理 3.1.5，非零的 $f \in X^*$ 是式(3.1.4)成立的充要条件.定理 3.1.5 仅当 X 是无限维空间时才真正有价值.还必须指出，定理 3.1.5 关于线性泛函的结果不能推广到线性算子.一般地说，若线性算子 T 有界，则零空间 $N(T)$必是闭的；反之，若 $N(T)$是闭的，则 T 未必是有界的.例 3.1.1(2)中的微分算子提供了一个反例.

3.1.4 具体的算子的范数

为了定量地研究有界线性算子，常常需要精确求出算子范数的大小.例如，对于相似算子 T，由 $Tx=\alpha x$ 容易知道 $\|T\|=|\alpha|$，恒等算子的范数为 1.一般情况下，由于算子 T 的范数 $\|T\|$ 实际上就是实泛函 $f(x)=\|Tx\|$ 在闭单位球面上的上确界，而无限维空间中的闭单位球不是紧集，上确界未必能在球面上达到，即使达到也很难求出最大值点.因此，

要精确求出算子 T 的范数并非易事. 如问题需要求出(或证明)算子范数,通常依据如下步骤:

首先,对 $\| Tx \|$ 作尽可能准确的估计: $\| Tx \| \leqslant M \| x \|$, $\| T \| \leqslant M$(由此推测 $\| T \| = M$).

其次,设法证明 $\| T \| = M$. 方法有两种:其一是取点 x_0 使 $\| x_0 \| = 1$, $\| Tx_0 \| = M$. 由此得

$$\| T \| = \| T \| \| x_0 \| \geqslant \| Tx_0 \| = M.$$

其二是取点列 $\{x_n\}$(不一定要收敛)使 $\| x_n \| = 1$, $\| Tx_n \| \geqslant M - \frac{1}{n}$. 由此得

$$\| T \| = \| T \| \| x_n \| \geqslant \| Tx_n \| \geqslant M - \frac{1}{n}.$$

下面给出计算算子范数的若干例子.

例 3.1.2　设积分算子 T 定义为

$$(Tx)(t) = \int_a^t x(u) \mathrm{d}u,$$

其中 $x(t) \in L^1[a,b]$.

(1) T 是从 $L^1[a,b]$ 到 $C[a,b]$ 的算子.

(2) T 是从 $L^1[a,b]$ 到自身的算子.

分别求出 $\| T \|$.

解　(1) $\forall x \in L^1[a,b]$,有

$$\begin{aligned} \| Tx \| &= \max_{a \leqslant t \leqslant b} \left| \int_a^t x(u) \mathrm{d}u \right| \leqslant \max_{a \leqslant t \leqslant b} \int_a^t |x(u)| \mathrm{d}u \\ &= \int_a^b |x(u)| \mathrm{d}u = \| x \|, \end{aligned}$$

得到 $\| T \| \leqslant 1$. 令 $x_0(t) = \frac{1}{b-a}$,则 $x_0 \in L^1[a,b]$,且 $\| x_0 \| = \int_a^b |x_0(u)| \mathrm{d}u = 1$,于是得到

$$\| T \| = \sup_{\| x \| = 1} \| Tx \| \geqslant \| Tx_0 \| = \max_{a \leqslant t \leqslant b} \left| \int_a^t \frac{\mathrm{d}u}{b-a} \right| = \int_a^b \frac{\mathrm{d}t}{b-a} = 1.$$

所以 $\| T \| = 1$.

(2) $\forall x \in L^1[a,b]$,有

$$\begin{aligned} \| Tx \| &= \int_a^b \left| \int_a^t x(u) \mathrm{d}u \right| \mathrm{d}t \leqslant \int_a^b \int_a^t |x(u)| \mathrm{d}u \mathrm{d}t \leqslant \int_a^b \left[\int_a^b |x(u)| \mathrm{d}u \right] \mathrm{d}t \\ &= \| x \| \int_a^b \mathrm{d}t = (b-a) \| x \|, \end{aligned}$$

得到 $\| T \| \leqslant b-a$. $\forall n$(正整数),如图 3.2 所示,令

$$x_n(t) = \begin{cases} n, & t \in [a, a+\frac{1}{n}], \\ 0, & t \in (a+\frac{1}{n}, b], \end{cases}$$

则 $\|x_n\| = \int_a^b |x_n(t)|\mathrm{d}t = \int_a^{a+\frac{1}{n}} n\mathrm{d}t = 1$，且

$$\|Tx_n\| = \int_a^b \left|\int_a^t x_n(u)\mathrm{d}u\right|\mathrm{d}t = \int_a^{a+\frac{1}{n}} n(t-a)\mathrm{d}t + \int_{a+\frac{1}{n}}^b \mathrm{d}t = b-a-\frac{1}{2n}.$$

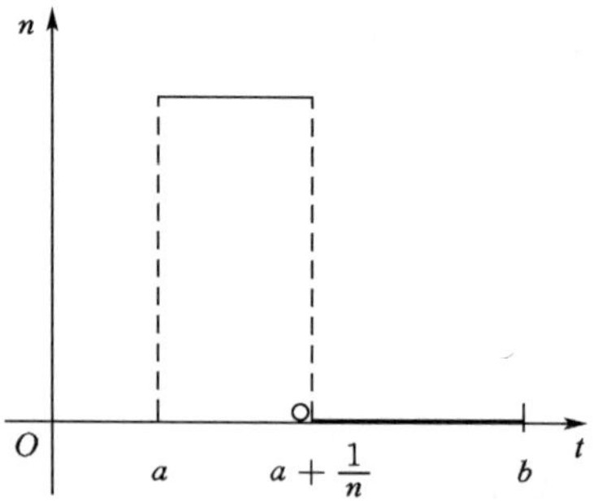

图 3.2

于是

$$\|T\| = \|T\|\ \|x_n\| \geqslant \|Tx_n\| = b-a-\frac{1}{2n}.$$

由 n 的任意性得，$\|T\| \geqslant b-a$. 所以 $\|T\| = b-a$.

例 3.1.3 设 $\sup\limits_{n\geqslant 1}|a_n| < \infty$，在 l^1 中定义算子 T

$$y = Tx,$$

其中 $x=(x_1,x_2,\cdots,x_n,\cdots)\in l^1$，$y=(y_1,y_2,\cdots,y_n,\cdots)\in l^1$ 且对 $\forall n\geqslant 1$ 有 $y_n = a_n x_n$，则 T 是有界线性算子，且

$$\|T\| = \sup_{n\geqslant 1}|a_n|.$$

证明 由定义 $T: l^1 \to l^1$ 显然是线性算子，又因为 $y = Tx\in l^1$，则有

$$\|Tx\|_{l^1} = \sum_{n=1}^{\infty} |a_n x_n| \leqslant \sup_{n\geqslant 1}|a_n| \cdot \|x\|_{l^1},$$

则

$$\|T\| = \sup_{x\neq 0}\frac{\|Tx\|_{l^1}}{\|x\|_{l^1}} \leqslant \sup_{n\geqslant 1}|a_n|.$$

另一方面，对 $\forall n\geqslant 1$，取 $e_n = (0,0,\cdots,\overset{n}{1},0,\cdots)\in l^1$ 且 $\|e_n\|_{l^1}=1$，则

$$\|T\| = \|T\| \cdot \|e_n\|_{l^1} \geqslant \|Te_n\|_{l^1} = |a_n|.$$

于是

$$\|T\| \geqslant \sup_{n\geqslant 1}|a_n|.$$

所以

$$\|T\| = \sup_{n\geqslant 1}|a_n|.$$

证毕.

例 3.1.4　在空间 $C[a,b]$中定义线性泛函

$$\delta_{t_0}(x)=x(t_0).$$

泛函 δ_{t_0} 在函数 $x(t)$上的值等于函数 x 在点 t_0 的值. 泛函 δ_{t_0} 通常写作

$$\delta_{t_0}(x)=\int_a^b x(t)\delta(t-t_0)\mathrm{d}t$$

的形式. δ 是 Dirac 函数，除点 $t=0$ 外，处处为 0，且积分为 1. 它将在广义函数理论中出现.

由 $C[a,b]$最大值范数显然有

$$|\delta_{t_0}(x)|=|x(t_0)|\leqslant\|x\|_C.$$

同时，当 $x(t)\equiv$常数时，上式等号成立. 由此可得

$$\|\delta_{t_0}\|=1.$$

例 3.1.5　设 $f\in X^*$，$f\neq\theta$. d 为 X 中零元 θ 到超平面

$$f^{-1}(b)=\{x\in X\,|\,f(x)=b\}$$

的距离，即 $d=\inf\{\|x\|\,|\,x\in f^{-1}(b)\}$，其中 $b\neq 0$. 证明 $\|f\|=\dfrac{|b|}{d}$（如图 3.3 所示，这是 R^2 中原点到直线距离公式及 R^3 中原点到平面距离公式的推广）.

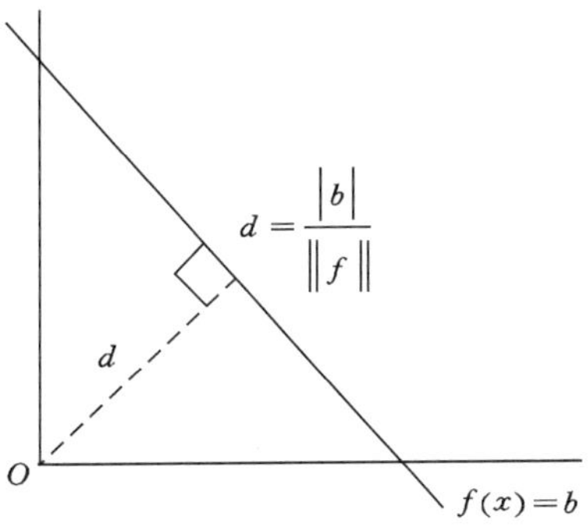

图 3.3

证明　$\forall x\in f^{-1}(b)$，由 $|b|=|f(x)|\leqslant\|f\|\,\|x\|$ 得 $\dfrac{|b|}{\|f\|}\leqslant\|x\|$，于是

$$\frac{|b|}{\|f\|}\leqslant\inf_{x\in f^{-1}(b)}\|x\|=d.$$

另一方面，由 $\|f\|$ 的定义，$\forall n$（正整数），$\exists x_n\in X$，使 $\|x_n\|=1$ 且 $|f(x_n)|>\|f\|-\dfrac{1}{n}$.

令 $y_n=\dfrac{b}{f(x_n)}x_n$，则 $f(y_n)=b$，即 $\{y_n\}\subset f^{-1}(b)$，从而

$$d\leqslant\|y_n\|=\frac{|b|}{|f(x_n)|}\|x_n\|<\frac{|b|}{\|f\|-\dfrac{1}{n}},$$

即 $d<\dfrac{|b|}{\|f\|-\dfrac{1}{n}}$. 令 $n\to\infty$ 得 $d\leqslant\dfrac{|b|}{\|f\|}$，所以 $\|f\|=\dfrac{|b|}{d}$.

证毕.

例 3.1.6 在插值理论中,通常用 Lagrange 公式来求已知连续函数的近似多项式. 设 $C[a,b]$为实连续函数空间,$x=x(t)\in C[a,b]$. 在$[a,b]$内任取 n 个点 $a\leqslant t_1<t_2<\cdots<t_n\leqslant b$,作多项式

$$P_i(t)=\frac{(t-t_1)(t-t_2)\cdots(t-t_{i-1})(t-t_{i+1})\cdots(t-t_n)}{(t_i-t_1)(t_i-t_2)\cdots(t_i-t_{i-1})(t_i-t_{i+1})\cdots(t_i-t_n)},i=1,2,\cdots,n.$$

令 $T_n:C[a,b]\to C[a,b]$ 为 $T_nx=y_n$,其中 $y_n(t)=\sum\limits_{i=1}^{n}x(t_i)P_i(t)$,则 T_n 是线性算子,求 $\|T_n\|$.

解 一方面,$\forall x\in C[a,b]$,有 $|x(t_i)|\leqslant\|x\|$. 于是

$$\begin{aligned}\|T_nx\|&=\max_{a\leqslant t\leqslant b}\left|\sum_{i=1}^{n}x(t_i)P_i(t)\right|\leqslant\max_{a\leqslant t\leqslant b}\sum_{i=1}^{n}|x(t_i)||P_i(t)|\\&\leqslant\left(\max_{a\leqslant t\leqslant b}\sum_{i=1}^{n}|P_i(t)|\right)\|x\|,\end{aligned}$$

得到 $\|T_n\|\leqslant\max\limits_{a\leqslant t\leqslant b}\sum\limits_{i=1}^{n}|P_i(t)|$.

另一方面,由于 $\sum\limits_{i=1}^{n}|P_i(t)|$ 在 $[a,b]$ 连续,$\exists t_0\in[a,b]$,使 $\max\limits_{a\leqslant t\leqslant b}\sum\limits_{i=1}^{n}|P_i(t)|=\sum\limits_{i=1}^{n}|P_i(t_0)|$. 注意到 $|P_i(t_0)|=\operatorname{sgn}(P_i(t_0))P_i(t_0)$,必可取到 $x_0\in C[a,b]$,使 $x_0(t_i)=\operatorname{sgn}P_i(t_0)(i=1,2,\cdots,n)$且 $\|x_0\|=1$(取依次连接 R^2 上点$(t_i,\operatorname{sgn}P_i(t_0))$的折线即可). 于是

$$\begin{aligned}\|T_n\|\geqslant\|T_nx_0\|\geqslant|(T_nx_0)(t_0)|&=\left|\sum_{i=1}^{n}\operatorname{sgn}(P_i(t_0))P_i(t_0)\right|\\&=\sum_{i=1}^{n}|P_i(t_0)|=\max_{a\leqslant t\leqslant b}\sum_{i=1}^{n}|P_i(t)|.\end{aligned}$$

所以,$\|T_n\|=\max\limits_{a\leqslant t\leqslant b}\sum\limits_{i=1}^{n}|P_i(t)|$.

应当指出,不能准确地求出 $\|T\|$ 未必总是一个很严重的问题. 在很多情况下,只要能得出关于 $\|T\|$ 的某个合乎需要的估计,或者甚至只要知道 $\|T\|<\infty$就可以了.

§ 3.2 Banach 空间中的基本定理

3.2.1 一致有界原理

一致有界原理(又称共鸣定理,也称为 Banach-Steinhaus 定理)、开映射定理(以及逆算子定理、闭图像定理)与 Hahn-Banach 泛函延拓定理(以及凸集隔离定理),常被称为 Banach 空间的三大基本定理. 前两个涉及完备性,由 Baire 纲定理得出;后一个借助纯代数的方法

得出.三大定理是 Banach 空间中线性算子与线性泛函理论的基石,具有极其广泛的应用.本节旨在阐明定理的含义.但给出的证明对定理的理解无疑是有帮助的.由于技巧上的困难与准备知识的缺乏,跳过某些证明或证明的某些部分不失为明智的学习策略.

为了叙述方便起见,本节用到下述半范数概念.

定义 3.2.1　设 X 为数域 K 上线性空间,$p: X\to R$ 为泛函.若 $\forall x, y\in X$, $\forall \alpha\in K$,p 满足

(1) 绝对齐性 $p(\alpha x)=|\alpha|p(x)$,

(2) 三角形不等式 $p(x+y)\leqslant p(x)+p(y)$.

则称 p 为 X 上的半范数.

由定义 3.2.1 可知,范数必是半范数,反之不真.半范数比范数仅少了一个正定性公理.取 $\alpha=0$,由绝对齐性得 $p(\theta)=0$,在三角形不等式中令 $y=-x$ 得 $0=p(\theta)\leqslant p(x)+p(-x)=2p(x)$,得到 $\forall x\in X, p(x)\geqslant 0$,但 $p(x)=0$ 未必蕴涵 $x=\theta$.

一致有界原理由 Banach 与 Steinhaus 于 1927 年共同建立,也称为 Banach-Steinhaus 定理.在此之前,这一定理的一系列特例在不同的数学领域被陆续发现,其中包括连续函数的 Fourier 级数的发散性、Lagrange 插值问题研究、机械求积公式的收敛性等.后来逐渐意识到这一系列工作的论证是相似的,实际上可统一成一个一般的定理,就是一致有界原理.

通俗地说,一致有界原理是指在一定条件下由算子族的点态有界性可得到算子范数的有界性.

设 $F=\{T_\lambda|\lambda\in\Lambda\}$ 是一族算子.若 $\forall x\in E$, $\{T_\lambda x|\lambda\in\Lambda\}$ 是像空间中有界集,就称算子族 F 点态有界,$\{T_\lambda x|\lambda\in\Lambda\}$ 也称为算子族 F 在点 x 的轨道.因此点态有界又称为轨道有界.这也等价于 $\forall x\in X$,数集 $\{\|T_\lambda x\| \,|\, \lambda\in\Lambda\}$ 是有界的,即 $\forall x\in X, \sup\limits_{\lambda\in\Lambda}\|T_\lambda x\|<+\infty$.若 F 是算子空间中的有界集(或按算子范数有界),就称 F 是一致有界的.这也等价于 $\{\|T_\lambda\| \,|\, \lambda\in\Lambda\}$ 是有界集,即 $\sup\limits_{\lambda\in\Lambda}\|T_\lambda\|<+\infty$.显然一致有界蕴涵点态有界.

由于 Baire 纲定理(第 2 章定理 2.3.5)在三大基本定理的证明中起到基础性作用,再将 Baire 纲定理的内容简述一遍

Baire 纲定理　完备的度量空间是第二纲,即完备的度量空间不可表示为至多可数个疏集之并.

定理 3.2.1 (一致有界原理)　设 X 是 Banach 空间,Y 是赋范空间,$\{T_\lambda|\lambda\in\Lambda\}\subset B(X,Y)$ 是一族有界线性算子.若 $\forall x\in X$ 有 $\sup\limits_{\lambda\in\Lambda}\|T_\lambda x\|<+\infty$,则 $\sup\limits_{\lambda\in\Lambda}\|T_\lambda\|<+\infty$.

一致有界原理的逆否形式是:若 $\sup\limits_{\lambda\in\Lambda}\|T_\lambda\|=+\infty$,则

$$\exists x\in X, \sup_{\lambda\in\Lambda}\|T_\lambda x\|=+\infty. \tag{3.2.1}$$

因为满足式(3.2.1)的点 x 称为"共鸣点",所以一致有界原理又称为共鸣定理.

证明　设 $p(x)=\sup\limits_{\lambda\in\Lambda}\|T_\lambda x\|\ (x\in X)$,则 p 是绝对齐性的且由范数的三角形不等式可知,p 也满足三角形不等式.因此 p 是半范数.设

$$A_k=\{x\in X|p(x)\leqslant k\},$$

其中 k 为正整数.

则 A_k 是闭集. 事实上,设 $\{x_n\}\subset A_k$, $x_n\to\overline{x}$,则 $\forall\lambda\in\Lambda$,有 $\|T_\lambda x_n\|\leqslant p(x_n)\leqslant k$. 因为 T_λ 是有界的,从而是连续的,故对 $\|T_\lambda x_n\|\leqslant k$,令 $n\to\infty$,得 $\|T_\lambda\overline{x}\|\leqslant k(\forall\lambda\in\Lambda)$. 于是 $p(\overline{x})=\sup\limits_{\lambda\in\Lambda}\|T_\lambda\overline{x}\|\leqslant k$,即 $\overline{x}\in A_k$, A_k 是闭集.

由于 $\forall x\in X$, $\exists M_x>0$, $\sup\limits_{\lambda\in\Lambda}\|T_\lambda x\|\leqslant M_x$,即 $p(x)\leqslant M_x$,故取 k 使 $M_x\leqslant k$,有 $p(x)\leqslant k$. 证得 $\exists k$, $x\in A_k$. 所以

$$X=\bigcup_{k=1}^{\infty}A_k.$$

因为 X 是完备的,所以由 Baire 纲定理(第二章定理 2.3.5)得,$\exists k_0$, A_{k_0} 不是疏集,即 $(\overline{A_{k_0}})^c\neq\varnothing$,但 $(\overline{A_{k_0}})^c=A_{k_0}^c$,于是 A_{k_0} 含有内点,设为 x_0,即

$$\exists r>0, B(x_0,r)\subset A_{k_0}. \tag{3.2.2}$$

$\forall x\in X$, $\|x\|\leqslant 1$,有 $x_0+\frac{r}{2}x, x_0-\frac{r}{2}x\in B(x_0,r)$. 因为 p 是半范数,故由式(3.2.2)得

$$\begin{aligned}p(rx)&=p\left[\left(x_0+\frac{r}{2}x\right)-\left(x_0-\frac{r}{2}x\right)\right]\leqslant p\left(x_0+\frac{r}{2}x\right)+p\left(x_0-\frac{r}{2}x\right)\\&\leqslant k_0+k_0=2k_0.\end{aligned}$$

由 p 的绝对齐性得 $p(x)\leqslant\frac{2k_0}{r}$,即

$$\forall x\in X, \|x\|\leqslant 1, \forall\lambda\in\Lambda, \|T_\lambda x\|\leqslant\frac{2k_0}{r}.$$

令 $M=\frac{2k_0}{r}$,则 $\forall\lambda\in\Lambda$, $\|T_\lambda\|=\sup\limits_{\|x\|\leqslant 1}\|T_\lambda x\|\leqslant M$. 因此, $\sup\limits_{\lambda\in\Lambda}\|T_\lambda\|<+\infty$.

证毕.

下面应用一致有界原理(共鸣定理)讨论 Lagrange 插值公式的收敛性问题.

例 3.2.1 在例 3.1.6 中我们已求出 Lagrange 插值公式 $T_n x=y_n$ 中算子 T_n 的范数:

$$\|T_n\|=\max_{a\leqslant t\leqslant b}\sum_{i=1}^{n}|P_i(t)|.$$

在函数逼近论中一个已知的结果是 $\|T_n\|>\frac{\ln n}{8\sqrt{\pi}}$. 因此 $\sup\limits_{n\geqslant 1}\|T_n\|=+\infty$. 由共鸣定理,必存在 $x_0\in[a,b]$ 使得 $\sup\limits_{n\geqslant 1}\|T_n x_0\|=+\infty$,从而 $T_n x_0$ 不收敛于 x_0,即 $\{T_n x_0(t)\}$ 在 $[a,b]$ 上不一致收敛于 $x_0(t)$.

例 3.2.2 存在以 2π 为周期的连续函数 $f_0\in C[-\pi,\pi]$,使得其前 n 项 Fourier 级数和 $S_n(x)$ 在 $x=0$ 处发散.

证明 写出前 n 项和 $S_n(x)$ 并对其变形可得

$$\begin{aligned}S_n(x)&=\frac{a_0}{2}+\sum_{k=1}^{n}(a_k\cos kx+b_k\sin kx)\\&=\frac{1}{\pi}\int_{-\pi}^{\pi}f(x-s)D_n(s)\mathrm{d}s,\end{aligned}$$

其中

$$a_k = \frac{1}{\pi}\int_{-\pi}^{\pi} f(t)\cos kt\,dt, b_k = \frac{1}{\pi}\int_{-\pi}^{\pi} f(t)\sin kt\,dt,$$

$$D_n(s) = \begin{cases} n+\frac{1}{2}, s=0, \\ \dfrac{\sin\left(n+\frac{1}{2}\right)s}{2\sin\frac{s}{2}}, s\neq 0, \end{cases}$$ 为 Dirichlet 核.

令 $x=0$,记

$$F_n(f) = S_n(0) = \frac{1}{\pi}\int_{-\pi}^{\pi} f(-s)D_n(s)\,ds$$

和

$$L_n = \frac{1}{\pi}\int_{-\pi}^{\pi} |D_n(s)|\,ds.$$

于是 F_n 是定义在 $C[-\pi,\pi]$上的线性泛函.

下证 $\|F_n\|=L_n$ 且 $L_n\to\infty$. 先证 $\|F_n\|=L_n$.

由于

$$|F_n(f)| \leqslant \frac{1}{\pi}\int_{-\pi}^{\pi}|f(-s)|\cdot|D_n(s)|\,ds \leqslant \frac{1}{\pi}\int_{-\pi}^{\pi}|D_n(s)|\,ds\cdot\|f\|_C = L_n\cdot\|f\|_C,$$

则 $\|F_n\| = \sup\dfrac{|F_n(f)|}{\|f\|_C} \leqslant L_n$.

再对 $\forall\,\varepsilon>0$,取 $g_\varepsilon(s)=\dfrac{D_n(s)}{|D_n(s)|+\varepsilon}, s\in[-\pi,\pi]$,于是有

$$|g_\varepsilon(s)|\leqslant 1 \text{ 且 } |g_\varepsilon(s)|\in C[-\pi,\pi],$$

以及 $\|g_\varepsilon\|_c = \max\limits_{s\in[-\pi,\pi]}|g_\varepsilon(s)|\leqslant 1$. 按泛函范数的定义

$$\begin{aligned}\|F_n\| &= \sup_{\|f\|_c\leqslant 1}|F_n(f)| \geqslant |F_n(g_\varepsilon)| = \frac{1}{\pi}\int_{-\pi}^{\pi}\frac{D_n^2(s)}{|D_n(s)|+\varepsilon}\,ds \\ &\geqslant \frac{1}{\pi}\int_{-\pi}^{\pi}|D_n(s)|\,ds - 2\varepsilon \\ &= L_n - 2\varepsilon\end{aligned}$$

由 ε 的任意性,可得

$$F_n \geqslant L_n,$$

则 $\|F_n\|=L_n$.

下证 $L_n\to\infty$.

经直接计算

$$L_n = \frac{1}{\pi}\int_{-\pi}^{\pi}|D_n(s)|\,ds \geqslant \frac{1}{\pi}\int_0^{n\pi}\frac{|\sin s|}{s}\,ds \geqslant \frac{1}{\pi}\sum_{k=1}^{n}\int_{(k-1)\pi}^{k\pi}\frac{|\sin s|}{k\pi}\,ds = \frac{1}{\pi^2}\sum_{k=1}^{n}\frac{1}{k}$$

于是 $L_n \geqslant \dfrac{2}{\pi^2}\left(1+\dfrac{1}{2}+\dfrac{1}{3}+\cdots+\dfrac{1}{n}\right)\to\infty$,当 $n\to\infty$.

则由共鸣定理可得,存在 $f_0\in C([-\pi,\pi])$,使得

$$|F_n(f_0)|=|S_n(0)|\to+\infty$$

当 $n\to\infty$时,即 f_0 前 n 项 Fourier 级数和 $S_n(x)$在 $x=0$ 处发散.

证毕.

3.2.2 开映射定理与闭图像定理

方程理论中,解的存在性与唯一性、解的稳定性、解对所给数据的连续依赖性等统称为适定问题.对于方程 $Tx=y$(T 是映射)来说,所谓解是否具有稳定性或连续依赖性,是指当 y 作微小变化时,对应的解 x 是否也作微小变化.若 T 是可逆的,则该问题就是 T^{-1} 是否具有连续性.而一般情况下 T 不是可逆的,该问题就与 T 是否为开映射有关.

根据连续映射的拓扑刻画,映射 T 连续等价于任一开集的逆像是开集.若映射 T 是双射,即 T^{-1}存在,则 T 连续等价于 T^{-1}将开集映射为开集,同样地,T^{-1}连续等价于 T 将开集映射为开集.

定义 3.2.2 设 X,Y 是度量空间,$T:X\to Y$ 是一映射.若 T 将 X 中的每个开集映射为 Y 中的开集,则称 T 为开映射.

由定义 3.2.2 与定理 2.2.7 可知,若 T 是双射,则 T 为开映射等价于 T^{-1}为连续映射.但开映射的上述定义中并不要求 T 是双射.这就是说,开映射类是将逆连续的映射类作子类的范围更广的映射类,二者的差别只是 T 是否可逆.

注 设 T 是从赋范空间 X 到赋范空间 Y 的线性算子.若 $\exists L>0$, $\forall x\in X$,有

$$\|Tx\|\geqslant L\|x\|,$$

则称 T 为下有界的.易知,下有界算子必是单射,满的下有界算子必可逆,其逆算子必是有界的.于是作为线性的双映射又有下列等价的刻画:设 T 是从赋范空间 X 到赋范空间 Y 的线性双映射,则 T 为开映射的充要条件是 T 为下有界的.

定理 3.2.2 (开映射定理) 设 T 是从 Banach 空间 X 到 Banach 空间 Y 的有界线性算子.若 $TX=Y$(满射),则 T 是开映射.

由于可逆的开映射等价于逆映射连续,线性算子连续等价于有界,因而由开映射定理立即得到下述的逆算子定理.

定理 3.2.3 (Banach 逆算子定理) 设 T 是从 Banach 空间 X 到 Banach 空间 Y 的有界线性算子.若 T 是双射(单满射),则 T^{-1}也是有界线性算子.

逆算子定理指出,对于可逆的线性算子 $T:X\to Y$,T 与 T^{-1}中有一个有界,则另一个必有界,只要具备 X 与 Y 都完备的条件.利用线性同胚的术语来说,逆算子定理的意义在于:若 X 与 Y 都是 Banach 空间,T 是线性双射,只要 T 与 T^{-1}之一连续(不必验证 T 与 T^{-1}都连续),便可断言 X 与 Y 是线性同胚的.

开映射定理的证明* 分 4 步进行.以下记 X 中的球 $B_n=B\left(\theta,\frac{1}{2^n}\right)$, $n=(0,1,2,\cdots)$,为区别起见,Y 中的球 B 记为 B_Y.

(1) 证明 $\overline{T(B_1)}\supset B_Y(y_0,\varepsilon)$(其中 $\varepsilon>0$).

$\forall x\in X$,存在正整数 k 使 $\left\|\frac{x}{k}\right\|<\frac{1}{2}$,即 $x\in kB_1$. 于是 $X=\bigcup\limits_{k=1}^{\infty}kB_1$,$Y=T(X)=\bigcup\limits_{k=1}^{\infty}kT(B_1)$. 因为 Y 是完备的,由 Baire 纲定理(第 2 章定理 2.3.5),存在正整数 k_0,$\overline{k_0TB_1}=k_0\overline{TB_1}$ 含有内点 z_0,即 $\exists\delta>0$,有

$$k_0\overline{T(B_1)}\supset B_Y(z_0,\delta).$$

记 $y_0=\frac{1}{k_0}z_0$,$\varepsilon=\frac{1}{k_0}\delta$,则 $\overline{T(B_1)}\supset\frac{1}{k_0}B_Y(z_0,\delta)=B_Y(y_0,\varepsilon)$.

(2) 证明对任意正整数 n,有 $\overline{TB_n}\supset B_Y\left(\theta,\frac{\varepsilon}{2^n}\right)$.

由于 $B_Y(y_0,\varepsilon)=y_0+B_Y(\theta,\varepsilon)\subset\overline{TB_1}$,故

$$B_Y(\theta,\varepsilon)=y_0+B_Y(\theta,\varepsilon)-y_0\subset\overline{TB_1}-y_0 \tag{3.2.3}$$

设 $y\in\overline{TB_1}-y_0$,则 $y_0+y\in\overline{TB_1}$,又因为 $y_0\in\overline{TB_1}$,故 $\exists\{u_n\}\subset TB_1$,$u_n\to y_0+y$,且 $\exists\{v_n\}\subset TB_1$,$v_n\to y_0$. 于是 $\exists p_n\in B_1$ 使 $Tp_n=u_n$,$\exists q_n\in B_1$ 使 $Tq_n=v_n$. 从而

$$T(p_n-q_n)=Tp_n-Tq_n\to(y_0+y)-y_0=y. \tag{3.2.4}$$

由 $\|p_n-q_n\|\leqslant\|p_n\|-\|q_n\|<\frac{1}{2}+\frac{1}{2}=1$ 得 $p_n-q_n\in B_0$. 式(3.2.4)表明 $y\in\overline{TB_0}$. 因此 $\overline{TB_1}-y_0\subset\overline{TB_0}$. 再由式(3.2.3)得 $B_Y(\theta,\varepsilon)\subset\overline{TB_0}$. 所以,

$$B_Y\left(\theta,\frac{\varepsilon}{2^n}\right)=\frac{1}{2^n}B_Y(\theta,\varepsilon)\subset\frac{1}{2^n}\overline{TB_0}=\overline{TB_n}.$$

(3) 证明 $TB_0\supset B_Y\left(\theta,\frac{\varepsilon}{2}\right)$.

设 $y\in B_Y\left(\theta,\frac{\varepsilon}{2}\right)$. 反复利用(2)中已证结果,对上述 ε,因 $B_Y\left(\theta,\frac{\varepsilon}{2}\right)\subset\overline{TB_1}$,由 $y\in\overline{TB_1}$ 得

$$\exists x_1\in B_1,使\ \|y-Tx_1\|<\frac{\varepsilon}{2^2},即\ y-Tx_1\in B_Y\left(\theta,\frac{\varepsilon}{2^2}\right);$$

因 $B_Y\left(\theta,\frac{\varepsilon}{2^2}\right)\subset\overline{TB_2}$,由 $y-Tx_1\in\overline{TB_2}$ 得

$$\exists x_2\in B_2,使\ \|y-Tx_1-Tx_2\|<\frac{\varepsilon}{2^3},即\ y-T(x_1+x_2)\in B_Y\left(\theta,\frac{\varepsilon}{2^3}\right);$$

$$\cdots$$

如此继续下去,得到点列 $\{x_n\}$,其中 $x_n\in B_n$,且

$$\left\|y-T\left(\sum_{k=1}^{n}x_k\right)\right\|<\frac{\varepsilon}{2^{n+1}}. \tag{3.2.5}$$

由 $x_n\in B_n$ 得 $\|x_n\|<\frac{1}{2^n}$,从而

$$\left\|\sum_{k=n+1}^{n+p}x_k\right\|\leqslant\sum_{k=n+1}^{n+p}\|x_k\|<\sum_{k=n+1}^{n+p}\frac{1}{2^k}<\frac{1}{2^n}.$$

这表明$\left\{\sum_{k=1}^{n}x_k\right\}_{n=1}^{\infty}$是 X 中 Cauchy 列. 由 X 的完备性得$\sum_{k=1}^{\infty}x_k$收敛. 设$\sum_{k=1}^{\infty}x_k=x$,则有

$$\|x\|\leqslant\|x_1\|+\left\|\sum_{k=2}^{\infty}x_k\right\|\leqslant\|x_1\|+\sum_{k=2}^{\infty}\frac{1}{2^k}<\frac{1}{2}+\frac{1}{2}=1,$$

表明 $x\in B_0$,由 T 的连续性得 $T\left(\sum_{k=1}^{n}x_k\right)\to Tx$. 对式(3.2.5)令 $n\to\infty$ 得 $y=Tx\in T(B_0)$. 证得 $B_Y\left(\theta,\frac{\varepsilon}{2}\right)\subset T(B_0)$.

(4) 证明 T 是开映射.

设 $A\subset X$ 为开集且设 $y\in T(A)$. 则 $\exists x\in A$ 使 $Tx=y$,且由 A 是开集得 $\exists r>0$,$B(x,r)=B(\theta,r)+x\subset A$,于是

$$T(B_0)=T\left[\frac{1}{r}B(\theta,r)\right]\subset T\left[\frac{1}{r}(A-x)\right]=\frac{1}{r}(TA-y).$$

利用(3)已证结果得,$B_Y\left(\theta,\frac{\varepsilon}{2}\right)\subset T(B_0)\subset\frac{1}{r}(T(A)-y)$. 所以,$B_Y\left(y,\frac{r\varepsilon}{2}\right)=B_Y\left(\theta,\frac{r\varepsilon}{2}\right)+y\subset T(A)$,表明 y 是内点,从而 TA 也是开集.

证毕.

开映射定理与逆算子定理都有非常广泛的应用,尤其是逆算子定理的应用,在下面的讨论中将会陆续看到. 应当指出,从逻辑上讲,开映射定理的作用自然强于逆算子定理. 因为在线性算子未必可逆的情况下就只能应用开映射定理了. 我们把它们的具体的应用实例放在本章第 5 节.

利用逆算子定理可以导出闭图像定理,它在理论与应用上也是十分重要的. 图像的概念与积空间的概念有关. 类似于二维平面 R^2 的构建,让我们先引入集合的积与映射图像的概念.

定义 3.2.3 设 X,Y 是两个集合,称 $X\times Y=\{(x,y)\mid x\in X,y\in Y\}$为 X 与 Y 的积($X=Y$ 时记为 X^2),X 与 Y 称为 $X\times Y$ 的坐标集. 设 $T:X\to Y$ 为映射,称 $G(T)=\{(x,Tx)\mid x\in X\}$为 T 的图像,如图 3.4 所示. 显然,$G(T)\subset X\times TX\subset X\times Y$;$(x,y)\in G(T)$当且仅当 $x\in X$,$y=Tx$.

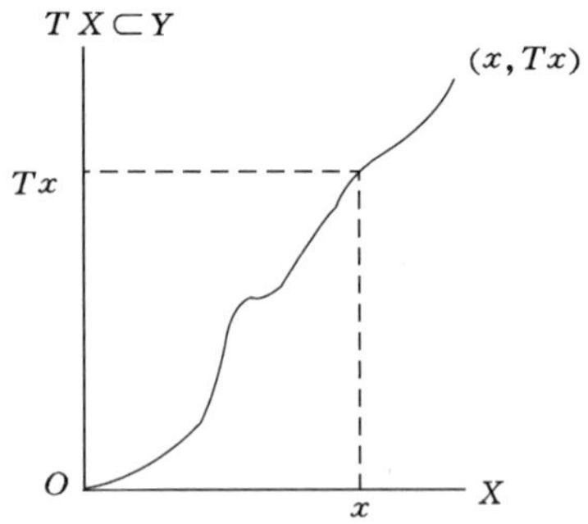

图 3.4

设 X,Y 是同一数域 K 上的线性空间. 在 $X\times Y$ 上按坐标定义加法与数乘,即

$$(x_1,y_1)+(x_2,y_2)=(x_1+x_2,y_1+y_2),$$

$$\alpha(x,y)=(\alpha x,\alpha y).$$

则容易验证 $X\times Y$ 是线性空间. 由于 T 是线性的,故也容易验证 $G(T)$是 $X\times Y$ 的线性子空间.

再设 X,Y 是同一数域 K 上的赋范空间,类似于 K^2 上的 p-范数,在 $X\times Y$ 上定义积范数:

$$\|(x,y)\|_p=(\|x\|^p+\|y\|^p)^{\frac{1}{p}},\ 1\leqslant p<+\infty.$$

则容易验证积空间 $X\times Y$ 成为赋范空间,且积空间中点列收敛等价于按坐标收敛.因此,当 X,Y 都完备时,积空间是 Banach 空间.

通常取最简单的积范数,即 $p=1$ 时的范数.以后考虑两赋范空间的积空间 $X\times Y$,总认为其范数为

$$\|(x,y)\|=\|x\|+\|y\|.$$

定义 3.2.4　设 X,Y 为赋范空间,$T:X\to Y$ 为线性算子.若 $G(T)$ 是积空间 $X\times Y$ 的闭集,则称 T 为闭算子.

由定义 3.2.4 可见,闭算子实际上是闭图像的线性算子.

定理 3.2.4　设 X,Y 为赋范空间,$T:X\to Y$ 是线性算子.

(1) T 为闭算子的充要条件是:任一点列 $\{x_n\}\subset X$,若 $x_n\to x$,$Tx_n\to y$,则 $y=Tx$.

(2) 有界线性算子是闭算子.

证明　(1) 必要性　设 T 是闭算子且设 $\{x_n\}\subset X$,$x_n\to x$,$Tx_n\to y$,则 $\{(x_n,Tx_n)\}\subset G(T)$,且

$$\|(x_n,Tx_n)-(x,y)\|=\|x_n-x\|+\|Tx_n-y\|\to 0,$$

即 $(x_n,Tx_n)\to(x,y)$.由于 $G(T)$ 是 $X\times Y$ 中闭集,故 $(x,y)\in G(T)$,从而有 $y=Tx$.

充分性　设 $\{(x_n,Tx_n)\}\subset G(T)$,$(x_n,Tx_n)\to(x,y)$,则

$$\begin{aligned}\max\{\|x_n-x\|,\|Tx_n-y\|\}&\leqslant\|x_n-x\|+\|Tx_n-y\|\\&=\|(x_n,Tx_n)-(x,y)\|\to 0.\end{aligned}$$

所以 $x_n\to x$,$Tx_n\to y$.于是由题设所述的条件得,$y=Tx$,即 $(x,y)\in G(T)$,$G(T)$ 是闭的.证得 T 是闭算子.

(2) 设 $T:X\to Y$ 是有界的,并设 $\{x_n\}\subset X$,$x_n\to x$ 且 $Tx_n\to y$.由 T 的连续性得,$Tx_n\to Tx$;再利用极限的唯一性得,$Tx=y$.由(1)可知,T 是闭算子.

证毕.

例 3.2.3　闭算子未必是有界算子.考虑例 3.1.1 中的微分算子 $T=\dfrac{\mathrm{d}}{\mathrm{d}t}:C^1[a,b]\to C[a,b]$.已知 T 是无界的,以下验证 T 是闭算子.

事实上,设 $\{x_n\}\subset X$,$x\in X$,有 $x_n\to x$,$Tx_n\to y$,则 $(Tx_n)(t)=\dfrac{\mathrm{d}}{\mathrm{d}t}(x_n(t))$,由 $C[a,b]$ 中点列的收敛性可知 $\{x_n(t)\}$ 在 $[a,b]$ 上一致收敛于 $x(t)$ 且 $\left\{\dfrac{\mathrm{d}}{\mathrm{d}t}(x_n(t))\right\}$ 在 $[a,b]$ 上一致收敛于 $y(t)$.由数学分析中求导与极限运算顺序交换的定理得

$$(Tx)(t)=\frac{\mathrm{d}}{\mathrm{d}t}(x(t))=\frac{\mathrm{d}}{\mathrm{d}t}(\lim_{n\to\infty}x_n(t))=\lim_{n\to\infty}\frac{\mathrm{d}}{\mathrm{d}t}(x_n(t))=y(t).$$

即 $y=Tx$.所以 T 是闭算子.

由于应用中遇到的线性算子并非都是有界的,而很多无界线性算子是闭算子,因此,闭算子的研究是线性算子理论中重要内容之一.

定理 3.2.5（闭图像定理） 设 T 是从 Banach 空间 X 到 Banach 空间 Y 的线性算子. 若 T 是闭算子，则 T 有界.

证明 因为 X,Y 都是 Banach 空间，故积空间 $X\times Y$ 按积范数 $\|(x,y)\|=\|x\|+\|y\|$ 成为 Banach 空间. 因 T 是线性的，故图象 $G(T)$ 是 $X\times Y$ 的线性子空间. 因为 T 是闭算子，故 $G(T)$ 是 $X\times Y$ 的闭子空间. 从而，$G(T)$ 本身是 Banach 空间. 定义投影算子 P: $G(T)\to X$ 使

$$\forall (x,Tx)\in G(T),P(x,Tx)=x.$$

则 P 是线性的，且 P 是双射(单满射). 又因为

$$\|P(x,Tx)\|=\|x\|\leqslant\|x\|+\|Tx\|=\|(x,Tx)\|,$$

故 $\|P\|\leqslant 1$. 根据逆算子定理，$P^{-1}:X\to G(T)$ 是有界的. 于是 $\forall x\in X$，有

$$\|Tx\|\leqslant\|x\|+\|Tx\|=\|(x,Tx)\|=\|P^{-1}x\|\leqslant\|P^{-1}\|\,\|x\|,$$

即 $\|T\|\leqslant\|P^{-1}\|$，表明 T 是有界的.

证毕.

联系闭图像定理与定理 3.2.4(2)，我们得出：若 X,Y 都是 Banach 空间，$T:X\to Y$ 是线性算子，则 T 是闭的等价于 T 是有界的. 例 3.1.1 中 $C^1[a,b]$ 作为 $C[a,b]$ 的赋范子空间必定不是完备的. 闭图像定理告诉我们，在 Banach 空间中，线性算子连续性(有界性)的判定可简化为闭性的判定. 闭性较之连续性容易检验. 事实上，设 $T:X\to Y$ 为线性算子，检验 T 的连续性和闭性与下列三个条件有关：

(1) $x_n\to x$.

(2) $Tx_n\to y$.

(3) $y=Tx$.

通常，验证 T 是连续的需从(1)推出(2)和(3)，而验证 T 是闭的只要从(1)和(2)推出(3). 这就是说，验证 T 的闭性比验证 T 的连续性多一个条件而少了一个结论，当然要容易些.

下面是应用闭图像定理的一个简单例子，从中不难体会到用它解决问题的思路.

关于闭图像定理和弱收敛的结论参考定理 3.3.13.

例 3.2.4 设 T 是从 Banach 空间 X 到 Banach 空间 Y 的线性算子且 T 是幂等的，即对 $\forall x\in X,T(Tx)=Tx$. 若零空间 $N(T)$ 与值空间 TX 都是闭的，证明 T 是有界的.

证明 先证 T 是闭算子. 设

$$\{x_n\}\subset X,x,y\in X,x_n\to x \text{ 且 } Tx_n\to y.$$

因为 TX 是闭的，故 $y\in TX$，从而存在 $\bar{x}\in X$ 使 $T\bar{x}=y$. 因为

$$T(Tx_n-x_n)=T(Tx_n)-Tx_n=Tx_n-Tx_n=\theta,$$

故 $Tx_n-x_n\in N(T)$，而 $N(T)$ 是闭的，所以

$$T\bar{x}-x=\lim_{n\to\infty}(Tx_n-x_n)\in N(T).$$

于是 $T(T\bar{x}-x)=\theta$，从而有 $y=T\bar{x}=T(T\bar{x})=Tx$. 证得 T 是闭算子.

因为 X,Y 是 Banach 空间，故应用闭图像定理得，T 是有界的.

证毕.

3.2.3　Hahn-Banach 定理

对一个赋范空间 X 来说，是否一定存在足够多的非零的连续线性泛函？所谓足够多，是指对 $x_1,x_2\in X,x_1\neq x_2$，存在 $f\in X^*$ 使 $f(x_1)\neq f(x_2)$，即多到可以分离 X 中的两个不同的点. 这个问题实际上可归结为泛函延拓问题. 因为我们知道，有限维空间上的线性泛函总是连续的. 一个任意的赋范空间，若在有限维子空间上定义线性泛函，使之满足所需要的条件，又能保持有界性延拓到整个空间，则非零连续线性泛函的存在性就获得解决. Hahn-Banach 定理对这一问题给出了肯定的回答. 如果进一步深入探讨下去，我们能肯定地回答，与赋范空间有好的凸性有关. 对赋予的拓扑结构稍差些的线性空间来说，未必能保证有非零的连续线性泛函存在.

设 X_0,X 是两个集合，$X_0\subset X$，F_0 与 F 分别是 X_0 与 X 上的映射. 若 $\forall x\in X_0$ 有 $F_0(x)=F(x)$，则称 F 是 F_0 的延拓，F_0 是 F 在 X_0 上的限制，常记为 $F_0=F|_X$.

设 E 是赋范空间 X 的子空间. 如果能将 E 上的有界线性泛函 f_0 保持范数不变延拓到 X 上，延拓也就保持了连续性. 因为在 E 上有

$$|f_0(x)|\leqslant\|f_0\|_E\|x\|,$$

所以保范延拓成 X 上线性泛函 f 后，在 X 上应有

$$|f(x)|\leqslant\|f_0\|_E\|x\|.$$

这里 f,f_0 都受到半范数 $p(x)=\|f_0\|_E\|x\|$ 的控制. 我们可把问题讨论的框架扩充到一般的线性空间上，求保持半范控制的延拓.

循此思路，先介绍下面的定理，它不涉及范数或拓扑，可看作一个纯代数的定理.

定理 3.2.6（Hahn-Banach 延拓定理）　设 X 是数域 K 上的线性空间，$p:X\to R$ 是 X 上的半范数，$E\subset X$ 是线性子空间，$f_0:E\to K$ 是 E 上的线性泛函，且

$$|f_0(x)|\leqslant p(x),\ \forall x\in E,$$

则存在 X 上的线性泛函 $f:X\to K$ 使

(1) 延拓 $f(x)=f_0(x),\ \forall x\in E$.

(2) 控制 $|f(x)|\leqslant p(x),\ \forall x\in X$.

证明　通常分 3 步进行. 第 1 步，设 $K=R$，取 $x_0\in X$ 且 $x_0\notin E$，将 f_0 从 E 保持控制 p 延拓到由 x_0 与 E 张成的子空间 E_1 上；第 2 步，以第 1 步所证结果为基础，应用 Zorn 引理，证明可将 f_0 保持控制 p 延拓到整个空间 X 上；第 3 步，利用第 2 步所证结果对 $K=C$ 情形进行证明.

第 2 步与第 3 步的证明参看文献[12,20]. 以下仅给出第 1 步的证明.

设 $K=R,E\neq X$. 取 $x_0\in E^c$，记

$$E_1=\mathrm{span}\{E,x_0\}=\{e+\alpha x_0\mid e\in E,\alpha\in(-\infty,+\infty)\}.$$

首先指出，E_1 中元的表达式是唯一的. 事实上，假设 $e_1+\alpha_1x_0=e_2+\alpha_2x_0$，其中 $\alpha_1\neq\alpha_2$，

则 $e_1-e_2=(\alpha_2-\alpha_1)x_0$,从而 $x_0=\frac{1}{\alpha_2-\alpha_1}(e_1-e_2)\in E$,这与 x_0 的取法矛盾.所以 $\alpha_1=\alpha_2$.表示法是唯一的.

$\forall e_1,e_2\in E$,利用条件(2)及半范数定义得

$$
\begin{aligned}
f_0(e_1)-f_0(e_2)&=f_0(e_1-e_2)\leqslant|f_0(e_1-e_2)|\leqslant p(e_1-e_2)\\
&\leqslant p(e_1+x_0)+p(-x_0-e_2)\\
&=p(e_1+x_0)+p(e_2+x_0),
\end{aligned}
$$

$$
-f_0(e_2)-p(e_2+x_0)\leqslant -f_0(e_1)+p(e_1+x_0), \tag{3.2.6}
$$

记 $m(x_0)=\sup\limits_{e\in E}\{-f_0(e)-p(e+x_0)\}$,$M(x_0)=\inf\limits_{e\in E}\{-f_0(e)+p(e+x_0)\}$.

由式(3.2.6)中 e_1,e_2 的任意性,固定 e_1,对式(3.2.6)左边取上确界可知,$m(x_0)$存在;再对右边取下确界可知 $M(x_0)$存在,且 $m(x_0)\leqslant M(x_0)$.任取 c 使 $m(x_0)\leqslant c\leqslant M(x_0)$,令

$$
f_1(e+\alpha x_0)=f_0(e)+\alpha c,\quad e+\alpha x_0\in E_1. \tag{3.2.7}
$$

由于 f_0 是线性的,故 f_1 是 E_1 上的线性泛函且 $f_1(x_0)=c$. $\forall e\in E$,有 $f_1(e)=f_0(e)$.下证

$$
f_1(e+\alpha x_0)\leqslant p(e+\alpha x_0),\quad e+\alpha x_0\in E_1. \tag{3.2.8}
$$

事实上,当 $\alpha=0$,由条件(2)知式(3.2.8)成立;当 $\alpha>0$ 时,$\forall e\in E$,有$\frac{e}{\alpha}\in E$,从而有

$$
c\leqslant M(x_0)\leqslant -f_0\left(\frac{e}{\alpha}\right)+p\left(\frac{e}{\alpha}+x_0\right)=\frac{1}{\alpha}[-f_0(e)+p(e+\alpha x_0)],
$$

即 $f_0(e)+\alpha c\leqslant p(e+\alpha x_0)$.由式(3.2.7),表明式(3.2.8)成立.当 $\alpha<0$,$\forall e\in E$,有$\frac{e}{\alpha}\in E$,从而有

$$
c\geqslant m(x_0)\geqslant -f_0\left(\frac{e}{\alpha}\right)-p\left(\frac{e}{\alpha}+x_0\right)=\frac{1}{\alpha}[-f_0(e)+p(e+\alpha x_0)],
$$

即 $\alpha c+f_0(e)\leqslant p(e+\alpha x_0)$.由式(3.2.7)可表明式(3.2.8)成立.于是 $\forall e\in E$,$\forall\alpha\in(-\infty,+\infty)$,式(3.2.8)皆成立,即

$$
\forall x\in E_1, f_1(x)\leqslant p(x).
$$

在此式中以 $-x$ 取代 x,得 $-f_1(x)\leqslant p(-x)=p(x)$.因此,

$$
\forall x\in E_1,|f_1(x)|\leqslant p(x).
$$

证毕.

定理 3.2.7 (Hahn-Banach 保范数延拓定理) 设 X 是数域 K 上赋范空间,$E\subset X$ 是线性子空间,f_0 是 E 上连续线性泛函,则存在 X 上的连续线性泛函 f 使得

(1) 延拓 $f(x)=f_0(x)$,$\forall x\in E$.

(2) 保范数 $\|f\|=\|f_0\|$.

证明 令 $p(x)=\|f_0\|\,\|x\|$,则 $p(x)$是 X 上的半范数,并且

$$
|f_0(x)|\leqslant\|f_0\|\,\|x\|=p(x),\forall x\in E.
$$

应用定理 3.2.6,存在 X 上的线性泛函 f 使得 $f(x)=f_0(x)$,$\forall x\in E$;且 $|f(x)|\leqslant$

$p(x)=\|f_0\|\|x\|,\forall x\in X$. 于是有 $\|f\|\leqslant\|f_0\|$. 此外还有

$$\|f_0\|=\sup_{\|x\|=1,x\in E}|f_0(x)|=\sup_{\|x\|=1,x\in E}|f(x)|\leqslant\sup_{\|x\|=1,x\in X}|f(x)|=\|f\|.$$

因此，$\|f\|=\|f_0\|$.

证毕.

推论 3.2.1　设 X 是数域 K 上赋范空间，$E\subset X$ 是线性子空间，$x_0\in X$ 且 $\rho=\rho(x_0,E)>0$，则存在 X 上的连续线性泛函 f 满足

(1) $f(x)=0,x\in E$；(2) $f(x_0)=\rho$；(3) $\|f\|=1$.

证明　因为 $\rho>0$，故 $x_0\notin E$. 记

$$E_1=\mathrm{span}\{E,x_0\}=\{e+\alpha x_0\mid e\in E,\alpha\in K\}.$$

定义 $f_0:E\to K$ 为 $f_0(e+\alpha x_0)=\alpha\rho$，其中 $e+\alpha x_0\in E_1$，则 f_0 是线性的，且显然有

(1) $f_0(e)=0,e\in E$；　(2) $f_0(x_0)=\rho$.

下证 (3) $\|f_0\|=1$.

事实上，因为 $\rho=\rho(x_0,E)=\inf\limits_{e\in E}\|x_0-e\|$，所以

$$|f_0(e+\alpha x_0)|=|\alpha|\rho\leqslant|\alpha|\left\|x_0-\left(-\frac{e}{\alpha}\right)\right\|=\|e+\alpha x_0\|,$$

从而 $\|f_0\|\leqslant 1$；又因为对任意正整数 n，由下确界定义，$\exists e_n\in E$，使 $\|x_0-e_n\|<\rho+\dfrac{1}{n}$，故

$$\|f_0\|\geqslant\frac{|f_0(x_0-e_n)|}{\|x_0-e_n\|}=\frac{|f_0(x_0)|}{\|x_0-e_n\|}\geqslant\frac{\rho}{\rho+\dfrac{1}{n}}.$$

由 n 的任意性得 $\|f_0\|\geqslant 1$. 所以 $\|f_0\|=1$.

应用 Hahn-Banach 定理(定理 3.2.7)，存在连续线性泛函 f 是 f_0 在 X 上的保范延拓，从而 f 自然满足 (1)(2)(3).

图 3.5 给出了推论 3.2.1 在 $X=R^2$ 情形下的解释.

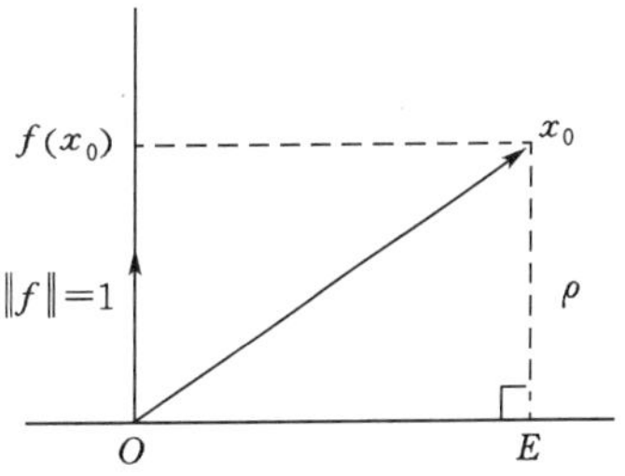

图 3.5

在上述推论 3.2.1 中取 $E=\{\theta\}$，或直接由 $E_1=\{\alpha x_0\mid\alpha\in K\}$ 用推论 3.2.1 的证明方法，可得到下述结果.

推论 3.2.2　设 X 是数域 K 上赋范空间，$x_0\in X$，$x_0\neq\theta$，则存在 $f\in X^*$ 使

(1) $f(x_0)=\|x_0\|$；　(2) $\|f\|=1$.

注　根据推论 3.2.2 可知，当 $x\neq y$，即 $x-y\neq\theta$，必定存在 $f\in X^*$ 使 $f(x-y)\neq 0$，即 $f(x)\neq f(y)$. 由此也称 X^* 可隔离 X 的点，说明 X 上的非零连续线性泛函是足够多的.

推论 3.2.2 是很有用的结论，其逆否形式是：若对每个 $f\in X^*$，都有 $f(x_0)=0$，则必有 $x_0=\theta$. 此推论常用来判断赋范空间中的某些等式是否成立. 欲证 $x=y$，只要证 $\forall f\in X^*$，$f(x)=f(y)$. 通常情况下，后者作为数值等式往往容易判断.

现设 X 是实赋范空间，$f\in X^*$. 对凸集 $A\subset X$，若 A 位于超平面 $f^{-1}(b)$ 的某一侧(即

$A\subset\{x\in X \mid f(x)\geqslant b\}$ 或 $A\subset\{x\in X \mid f(x)\leqslant b\}$，也可分别写成 $f(A)\geqslant b$ 或 $f(A)\leqslant b$)，且 $x_0\in A\cap f^{-1}(b)$，则称超平面 $f^{-1}(b)$ 在 x_0 支撑着 A，如图 3.6 所示.

对 $r>0$，取 $x_0\in X$ 使 $\|x_0\|=r$.

由推论 3.2.2，$\exists f\in X^*$，$f(x_0)=r$，且 $\|f\|=1$. 从而 $\forall x\in B[\theta,r]$，有 $|f(x)|\leqslant\|f\|\,\|x\|=\|x\|\leqslant r$，即有 $f(B[\theta,r])\leqslant r$ 且 $x_0\in B[\theta,r]\cap f^{-1}(r)$. 推论 3.2.2 的几何意义是：对 X 中闭球 $B[\theta,r]$，球面 $S_r(\theta)$ 的每一点处存在支撑 $B[\theta,r]$ 的超平面 $f^{-1}(r)$.

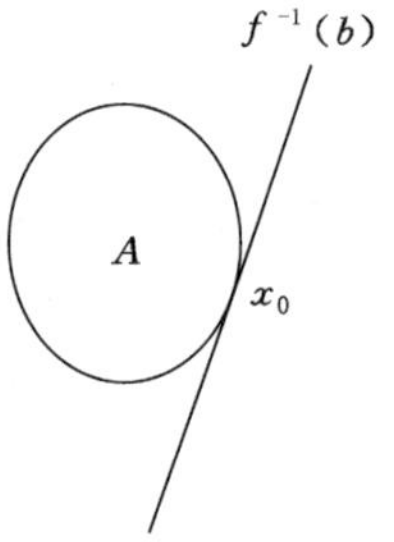

图 3.6

现在介绍 Hahn-Banach 定理的另一组推论，它们具有更加明显的几何特征，表述为凸集的隔离. 设 A,E 为实赋范空间 X 的凸集，$f\in X^*$ 且 $f\neq\theta$，$r\in R$. 若 $f(A)\leqslant r\leqslant f(E)$，则称超平面 $f^{-1}(r)$ 隔离 A 与 E（图 3.7）. 若 $f(A)<r<f(E)$，则称超平面 $f^{-1}(r)$ 严格隔离 A 与 E（图 3.8）.

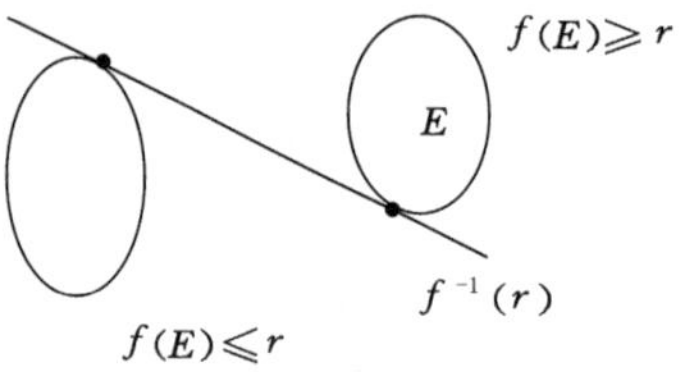

图 3.7

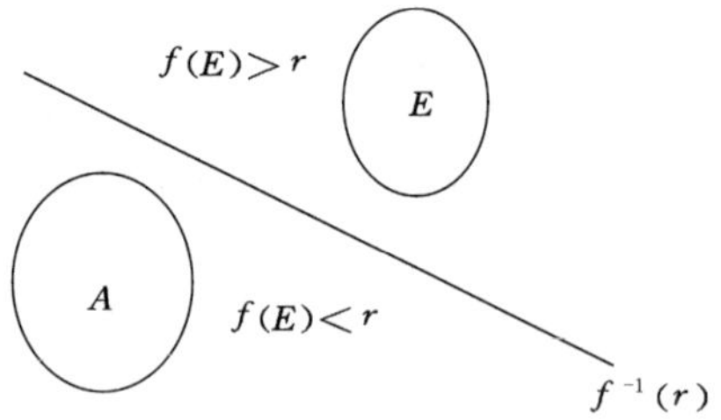

图 3.8

通常情况下，即使 $A\cap E=\varnothing$，凸集 A 与 E 也未必可用超平面隔离. 下述定理常称为 Hahn-Banach 定理的几何形式.

定理 3.2.8（凸集隔离定理） 设 X 是实赋范空间，A,E 都是 X 的非空凸集.

(1) 若 $A^\circ\neq\varnothing$ 且 $A^\circ\cap E=\varnothing$，则存在非零的 $f\in X^*$，$r\in R$ 使 $f(A)\leqslant r\leqslant f(E)$，此时 A 与 E 被超平面 $f^{-1}(r)$ 隔离.

(2) 若 A 是紧集，E 是闭集且 $A\cap E=\varnothing$，则存在非零的 $f\in X^*$ 和 $r\in R$ 使 $f(A)<r<f(E)$，此时 A 与 E 被超平面 $f^{-1}(r)$ 严格隔离.

证明 (1) 证明的关键是应用 Hahn-Banach 定理（定理 3.2.6）. 需要关于凸集的 Minkowski 泛函的准备知识，证明参见文献[6,12,36].

(2) 因为 $A\subset B(A,\varepsilon)$，$A$ 是凸集，所以 $B(A,\varepsilon)$ 是凸开集（见定义 2.2.6 与例 2.2.7）. 下证 $\exists\varepsilon>0$ 使

$$B(A,\varepsilon)\cap E=\varnothing. \tag{3.2.9}$$

（反证法）假设对任何正整数 n，$\exists x_n\in B\left(A,\frac{1}{n}\right)\cap E$，即 $\inf\limits_{a\in A}\|x_n-a\|<\frac{1}{n}$ 且 $x_n\in E$，则 $\exists a_n\in A$ 使

$$\| x_n - a_n \| < \frac{1}{n}. \tag{3.2.10}$$

因为$\{a_n\}\subset A$，而A是紧集，故存在收敛子列$\{a_{n_k}\}$，$a_{n_k}\to a\in A$. 于是由式(3.2.10) $x_{n_k}\to a$，而E是闭集，$a\in E$. 这与题设$A\cap E=\varnothing$矛盾，故式(3.2.9)成立. 于是由(1)，$\exists f\in X^*$，$f\neq\theta$，$r_1\in R$，使

$$f(B(A,\varepsilon))\leqslant r_1\leqslant f(E). \tag{3.2.11}$$

注意到A是紧集而f连续，故f在A上可达到上确界. 设$x_0\in A$使$f(x_0)=\sup\limits_{x\in A} f(x)=r_2$，则

$$f(A)\leqslant r_2. \tag{3.2.12}$$

由于$f\neq\theta$，故$\exists z\in X$使$f(z)\neq 0$. 不妨设$f(z)=\alpha>0$(否则取$-z$即可). 由此知$z\neq\theta$. 令$u=\dfrac{\varepsilon}{2\| z\|}z$，则$x_0+u\in B(A,\varepsilon)$. 由式(3.2.11)

$$r_2=f(x_0)<f(x_0)+\frac{\varepsilon\alpha}{2\| z\|}=f(x_0+u)\leqslant r_1.$$

取$r=\dfrac{r_1+r_2}{2}$，由式(3.2.11)与式(3.2.12)得

$$f(A)<r<f(E).$$

凸集的隔离定理如同Hahn-Banach定理本身一样应用是非常广泛的. 它在控制论、凸分析及最优化理论等方面都有重要应用.

为方便起见，有时将上述一系列有关泛函延拓或泛函存在的定理统称为Hahn-Banach定理，它们的应用在后面章节中经常可以见到.

设X是数域K上的赋范线性空间，$E\subset X$是线性子空间，Y是Banach空间，$T_0:E\to Y$是连续线性算子，可以提出这样的问题：是否存在连续线性算子$T:X\to Y$是$T_0:E\to Y$的延拓？注意到定理3.2.7(Hahn-Banach定理)只是对$Y=R^1$时，肯定地回答了该问题；在某些特殊条件下，此答案是肯定的.

(1) Y的维数$\dim Y<\infty$，即Y是有限维空间，可选取Y的一个基底，再对算子T_0的每个分量应用定理3.2.7，可得结论.

(2) E是X的稠密子空间，有如下定理.

定理3.2.9　设E是赋范线性空间X中的稠密子空间，Y是Banach空间且$T_0:E\to Y$是连续线性算子，则存在唯一一个连续线性算子$T:X\to Y$满足

(1) 延拓$Tx=T_0x$，$\forall x\in E$.

(2) 保范$\| T\|=\| T_0\|$.

关于定理3.2.9的简洁证明如下：

由于E在X中稠密，用序列的极限来定义算子T，就可以得到延拓算子T的存在性，即$Tx=\lim\limits_{n\to\infty}T_0x_n$，$x_n\to x$. 延拓算子$T$的唯一性，可由算子范数不等式直接得到，即若$\{x_n\}$，$\{y_n\}\subset E$，$x_n\to x$且$y_n\to y$，则

$$\| T_0x_n-T_0y_n\|\leqslant\| T_0\|\,\| x_n-y_n\|.$$

注　在一般条件下，算子延拓问题的答案是否定的或不清楚的，那么，在什么条件下，

存在线性算子 $T:X\to Y$ 是 $T_0:E\to Y$ 的延拓,使得 $\|T\|=\|T_0\|$. 这个问题是很难回答的.

§3.3 Banach 空间的共轭性

前文已引入共轭空间的概念. 共轭空间 X^* 由赋范空间 X 上有界线性泛函的全体构成,是一个 Banach 空间. 但是,对共轭的涵义仍知之甚少. 共轭空间不仅仅是由原空间派生出的一种新空间,而且提供了研究原空间的新的思路与方法. 对赋范空间与它的共轭空间之间的相互依存关系作进一步探讨,从共轭角度来研究点列的弱收敛等拓扑性质,正是本节的目的.

3.3.1 共轭空间的表示

如果对每个 $f\in X^*$,有

$$\|f\|=\sup_{\|x\|=1,x\in X}|f(x)|,\tag{3.3.1}$$

那么式(3.3.1)的意义是,每个 f 的范数通过它在单位球面上的值表示出来. 反过来,X 中每个点 x 的范数也可通过 X^* 中单位球面中的泛函在该点的值表示出来.

定理 3.3.1 设 X 是赋范空间,$x_0\in X$,则

$$\|x_0\|=\sup_{\|f\|=1,f\in X^*}|f(x_0)|.\tag{3.3.2}$$

证明 若 $x_0=\theta$,则式(3.3.2)已成立. 下设 $x_0\neq\theta$,由于 $\|f\|=1$,$|f(x_0)|\leqslant\|f\|\,\|x_0\|=\|x_0\|$,故

$$\sup_{\|f\|=1,f\in X^*}|f(x_0)|\leqslant\|x_0\|.$$

另一方面,应用 Hahn-Banach 定理(推论 3.2.2),$\exists f_0\in X^*$ 使 $\|f_0\|=1$ 且 $f_0(x_0)=\|x_0\|$. 于是

$$\|x_0\|=|f_0(x_0)|\leqslant\sup_{\|f\|=1,f\in X^*}|f(x_0)|.$$

所以等式(3.3.2)是成立的.

等式(3.3.1)与等式(3.3.2)反映了赋范空间与它的共轭空间之间的对偶关系.

X^* 作为赋范空间也存在共轭空间,记为 X^{**},称 X^{**} 为 X 的二次共轭空间. 类似地还有 X^{***} 等,它们都是 Banach 空间.

对一个具体的赋范空间 X 来说,X^* 作为以有界线性泛函为元素的空间就不那么具体了,X^{**} 更是如此,因此有必要对其做一番直观化的工作. 从方法上说,研究抽象赋范空间时,可以不直接研究它本身,而去研究与之同构的具体赋范空间就足够了. 因为同构的两赋范空间之间存在保范的线性满射[定义 2.2.8(4)],从而它们的线性运算与范数是完全一样的,至多是符号不同而已. 在这种意义上,也说这两个空间是相等的.

一般说来,一个抽象的赋范空间,如果能与一个具体的赋范空间同构,则称具体的空间为抽象空间的一个表示.

共轭空间 X^* 的表示,就是寻求具体的 Banach 空间 Y 使之与 X^* 同构,方法与步骤通常

如下：

（ⅰ）对任意 $f\in X^*$，取 X 中线性无关基本集 E，即满足 $\overline{\text{span } E}=X$，从求 f 在 E 上的表达式出发，利用 f 的线性与连续性，得到 f 在 X 上的表示式，即得到一个具体空间 Y，使 f 与 Y 中的元 y 对应且 $\|y\|\leqslant\|f\|$；

（ⅱ）对任意 $y\in Y$，按上述表示式，求 $f\in X^*$ 与 y 对应，且 $\|f\|\leqslant\|y\|$；

（ⅲ）利用（ⅰ）与（ⅱ）的结果证明 $T:X^*\to Y$ 是同构映射.

定理 3.3.2　在赋范空间同构的意义下，有

(1) $(K^n)^*=K^n$，其中 K^n 为欧氏空间.

(2) $(l^p)^*=l^q\left(1\leqslant p<+\infty,\dfrac{1}{p}+\dfrac{1}{q}=1\right)$.

(3) $(L^p[a,b])^*=L^q[a,b]\ \left(1\leqslant p<+\infty,\dfrac{1}{p}+\dfrac{1}{q}=1\right)$.

证明　$(K^n)^*=K^n$.

（ⅰ）$\forall f\in(K^n)^*$，令 $e_i\in K^n$ 表示第 i 个分量为 1，其余为 0 的向量. 设 $f(e_i)=b_i$，则存在唯一的 $y=(b_1,b_2,\cdots,b_n)\in K^n$，$\forall x=\sum\limits_{i=1}^{n}a_ie_i\in K^n$，有

$$f(x)=\sum_{i=1}^{n}a_if(e_i)=\sum_{i=1}^{n}a_ib_i.$$

$y=\theta$，显然有 $\|f\|\geqslant\|y\|$ 成立；$y\neq\theta$，令 $a_{i0}=\begin{cases}|b_i|^2/(b_i\|y\|), & b_i\neq 0,\\ 0, & b_i=0,\end{cases}$ 并取 $x_0=(a_{10},a_{20},\cdots,a_{n0})$，则 $\|x_0\|=\dfrac{1}{\|y\|}\left(\sum\limits_{i=1}^{n}|b_i|^2\right)^{\frac{1}{2}}=1$，且

$$\|f\|\geqslant|f(x_0)|=\left|\sum_{i=1}^{n}a_{i0}b_i\right|=\frac{1}{\|y\|}\sum_{i=1}^{n}|b_i|^2=\|y\|. \tag{3.3.3}$$

（ⅱ）$\forall y=(b_1,b_2,\cdots,b_n)\in K^n$，令 $f(x)=\sum\limits_{i=1}^{n}a_ib_i$，其中 $x=(a_1,a_2,\cdots,a_n)\in K^n$. 则 f 必是线性泛函，$f(e_i)=b_i$，且

$$|f(x)|\leqslant\sum_{i=1}^{n}|a_ib_i|\leqslant\left(\sum_{i=1}^{n}|a_i|^2\right)^{\frac{1}{2}}\left(\sum_{i=1}^{n}|b_i|^2\right)^{\frac{1}{2}}=\|y\|\,\|x\|,$$

这表明

$$f\in(K^n)^*,\ \|f\|\leqslant\|y\|. \tag{3.3.4}$$

（ⅲ）令 $T:(K^n)^*\to K^n$ 使 $Tf=(f(e_1),f(e_2),\cdots,f(e_n))=y$. 由已证（ⅰ）知 T 是线性映射，由已证（ⅱ）知 T 是满的，由式(3.3.3)与式(3.3.4)知 $\|Tf\|=\|y\|=\|f\|$，即 T 是保范的. 因此 T 是同构映射，即 $(K^n)^*=K^n$.

证毕.

证明　$(l^1)^*=l^\infty$.

（ⅰ）$\forall f\in(l^1)^*$，令 $e_i\in l^1$，其中 e_i 为第 i 个分量为 1，其余为 0 的向量. 记 $f(e_i)=b_i$，并利用 f 的线性与连续性，可知存在唯一的 $y=(b_1,b_2,\cdots,b_i,\cdots)$，使 $\forall x=(a_1,a_2,\cdots,a_i,\cdots)$

$=\lim\limits_{n\to\infty}\sum\limits_{i=1}^{n}a_ie_i=\sum\limits_{i=1}^{\infty}a_ie_i\in l^1$，有

$$f(x)=\lim_{n\to\infty}\sum_{i=1}^{n}a_if(e_i)=\sum_{i=1}^{\infty}a_ib_i.$$

因为$\forall i,\|e_i\|_1=1,\|f\|\geqslant|f(e_i)|=|b_i|$，故$\|f\|\geqslant\sup\limits_{i\geqslant1}|b_i|=\|y\|_\infty$. 这表明

$$y\in l^\infty\text{ 且 }\|f\|\geqslant\|y\|_\infty. \tag{3.3.5}$$

（ⅱ）$\forall y=(b_1,b_2,\cdots,b_i,\cdots)\in l^\infty$，令$f(x)=\sum\limits_{i=1}^{\infty}a_ib_i$，其中

$$x=(a_1,a_2,\cdots,a_i,\cdots)\in l^1,$$

则f是l^1上的线性泛函，$f(e_i)=b_i$且

$$|f(x)|=\left|\sum_{i=1}^{\infty}a_ib_i\right|\leqslant\sum_{i=1}^{\infty}|a_i||b_i|\leqslant\|y\|_\infty\sum_{i=1}^{\infty}|a_i|=\|y\|_\infty\|x\|_1,$$

表明

$$f\in(l^1)^*,\|f\|\leqslant\|y\|_\infty. \tag{3.3.6}$$

（ⅲ）令$T:(l^1)^*\to l^\infty$使$Tf=(f(e_1),f(e_2),\cdots,f(e_i),\cdots)=y$. 由已证（ⅰ）易知$T$是线性的，以及已证（ⅱ）知$T$是满的，由式(3.3.5)与式(3.3.6)得，$\|Tf\|_\infty=\|y\|_\infty=\|f\|$，即$T$是保范的. 因此$T$是同构映射，$(l^1)^*=l^\infty$.

证明　$(l^p)^*=l^q(1<p<+\infty)$.

（ⅰ）$\forall f\in(l^p)^*$，令$e_i\in l^p$是第i个分量为1、其余为0的向量. 记$f(e_i)=b_i$，并利用f的线性与连续性得，存在唯一的$y=(b_1,b_2,\cdots,b_i,\cdots)$，使$\forall x=(a_1,a_2,\cdots,a_i,\cdots)=\lim\limits_{n\to\infty}\sum\limits_{i=1}^{n}a_ie_i=\sum\limits_{i=1}^{\infty}a_ie_i$，有

$$f(x)=\lim_{n\to\infty}\sum_{i=1}^{n}a_if(e_i)=\sum_{i=1}^{\infty}a_ib_i.$$

当$y=\theta$时，显然$y\in l^q$，且$\|y\|_q=0\leqslant\|f\|$；当$y\neq\theta$，取$x_n=(a_1^{(n)},a_2^{(n)},\cdots,a_i^{(n)},\cdots)\in l^p$，其中

$$a_i^{(n)}=\begin{cases}|b_i|^q/b_i, & i\leqslant n\text{ 且 }b_i\neq0,\\ 0, & i>n\text{ 或 }b_i=0,\end{cases}$$

则$\|x_n\|_p=\left(\sum\limits_{i=1}^{\infty}|a_i^{(n)}|^p\right)^{\frac{1}{p}}=\left(\sum\limits_{i=1}^{n}|b_i|^q\right)^{\frac{1}{p}}$，$f(x_n)=\left(\sum\limits_{i=1}^{n}a_i^{(n)}b_i\right)=\sum\limits_{i=1}^{n}|b_i|^q$. 由

$$|f(x_n)|\leqslant\|f\|\|x_n\|_p$$

得

$$\left(\sum_{i=1}^{n}|b_i|^q\right)^{\frac{1}{q}}\leqslant\|f\|.$$

令$n\to\infty$得$\left(\sum\limits_{i=1}^{\infty}|b_i|^q\right)^{\frac{1}{q}}\leqslant\|f\|$，这表明

$$y\in l^q,\text{且 }\|y\|_q\leqslant\|f\|. \tag{3.3.7}$$

（ⅱ）$\forall y=(b_1,b_2,\cdots,b_i,\cdots)\in l^q$，令 $f(x)=\sum_{i=1}^{\infty}a_ib_i$，其中 $x=(a_1,a_2,\cdots,a_i,\cdots)\in l^p$，易知 f 是 l^p 上的线性泛函，且 $f(e_i)=b_i$. 由 Hölder 不等式得

$$|f(x)|\leqslant\sum_{i=1}^{\infty}|a_ib_i|\leqslant\left(\sum_{i=1}^{\infty}|a_i|^p\right)^{\frac{1}{p}}\left(\sum_{i=1}^{\infty}|b_i|^q\right)^{\frac{1}{q}}=\|y\|_q\|x\|_p.$$

这表明

$$f\in(l^p)^*\text{ 且 }\|f\|\leqslant\|y\|_q. \tag{3.3.8}$$

（ⅲ）令 $T:(l^p)^*\to l^q$ 使

$$Tf=(f(e_1),f(e_2),\cdots,f(e_i),\cdots)=y.$$

由已证（ⅰ）易知 T 是线性算子，由已证（ⅱ）知 T 是满射，由式(3.3.7)与式(3.3.8)得，$\|Tf\|_q=\|y\|_q=\|f\|$，T 是保范的. 因此 T 是同构映射，$(l^p)^*=l^q$.

证毕.

关于 $(L^p[a,b])^*=L^q[a,b]\left(1\leqslant p<+\infty,\frac{1}{p}+\frac{1}{q}=1\right)$ 的证明篇幅较长，参见文献[3,12,18,30]等.

例 3.3.1*　设 C_0 为一切收敛于 0 的实序列组成的集合，其线性运算按 l^1 计算，在 C_0 中，对 $\forall x=(\xi_1,\xi_2,\cdots,\xi_n,\cdots)\in C_0$，取 $\|x\|_{C_0}=\sup\limits_{n\geqslant 0}|\xi_n|$，则 $C_0^*=l^1$.

证明　$\forall f\in C_0^*$，记 $C_k=f(e_k)$，其中 $e_k=(0,0,0,\cdots,1,0,\cdots)$ 表示第 k 个分量为 1、其余为 0 的向量. 因为当 $x=(\xi_1,\xi_2,\cdots,\xi_n,\cdots)\in C_0$ 时，有 $x=\sum_{k=1}^{\infty}\xi_ke_k$，所以 $f(x)=\sum_{k=1}^{\infty}c_k\xi_k$. 下证 $c_k\in l^1$，即 $(c_1,c_2,\cdots,c_n,\cdots)\in l^1$，对 $\forall$ 自然数 $N\geqslant 0$，取

$$x_N\{\xi_i^{(N)}\}=(\mathrm{Sgn}\,c_1,\mathrm{Sgn}\,c_2,\cdots,\mathrm{Sgn}\,c_N,0,0,\cdots,0,\cdots),$$

即

$$\xi_i^{(N)}=\begin{cases}\mathrm{Sgn}\,c_i, & i\leqslant N,\\ 0, & i>N.\end{cases}$$

显然 $x_N\in C_0$. 不妨取 $\|x_N\|_{C_0}=1$，若 $\|x\|_{C_0}\neq 1$，可取 $y_N=\dfrac{x_N}{\|x_N\|_{C_0}}$，则 $\|y_N\|_{C_0}=1$. 则

$$f(x_N)=\sum_{i=1}^{N}|c_i|,$$

于是

$$\sum_{k=1}^{\infty}|c_i|\leqslant f(x_N)\leqslant\|f\|\cdot\|x_N\|_{C_0}=\|f\|.$$

令 $N\to\infty$，则

$$\sum_{k=1}^{\infty}|c_i|\leqslant\|f\|.$$

另一方面，$\forall\{c_k\}=(c_1,c_2,\cdots,c_k,\cdots)\in l^1$，令

$$f(x)=\sum_{k=1}^{\infty}\xi_k c_k,$$

其中 $\forall x=(\xi_1,\xi_2,\cdots,\xi_n,\cdots)\in C_0$. 显然 f 关于 x 是线性的,且

$$|f(x)|=\left|\sum_{k=1}^{\infty}\xi_k c_k\right|\leqslant\sum_{k=1}^{\infty}|\xi_k c_k|\leqslant\sup_{k\geqslant 1}|\xi_k|\cdot\sum_{k=1}^{\infty}|c_k|=\|x\|_{C_0}\cdot\sum_{k=1}^{\infty}|c_k|$$

则

$$\|f\|=\sup_{x\neq 0}\frac{|f(x)|}{\|x\|_{C_0}}\leqslant\sum_{k=1}^{\infty}|c_i|,$$

f 是有界的. 于是 $C_0^*=l^1$ 且 $\|f\|=\sum_{k=1}^{\infty}|c_i|$.

推论 3.3.1 设 $1\leqslant p<+\infty,\frac{1}{p}+\frac{1}{q}=1$. 关于线性泛函的表示式,有

(1) 若 $f\in(K^n)^*$,则对 $x=(x_1,x_2,\cdots,x_n)\in K^n$,有

$$f(x)=\sum_{i=1}^{n}b_i x_i\quad 且\quad \|f\|=\|y\|,$$

其中 $y=(b_1,b_2,\cdots,b_n)\in K^n$.

(2) 若 $f\in(l^p)^*$,则对 $x=(x_1,x_2,\cdots,x_i,\cdots)\in l^p$,有

$$f(x)=\sum_{i=1}^{\infty}b_i x_i\quad 且\quad \|f\|=\|y\|_q,$$

其中 $y=(b_1,b_2,\cdots,b_i,\cdots)\in l^q$.

(3) 若 $f\in(L^p[a,b])^*$,则对 $x=x(t)\in L^p[a,b]$,有

$$f(x)=\int_a^b x(t)y(t)\mathrm{d}t\quad 且\quad \|f\|=\|y\|_q,$$

其中 $y=y(t)\in L^q[a,b]$.

3.3.2 自反空间

上述几类 Banach 空间的共轭空间的表示,为进一步研究共轭空间提供了有益的启示. 以无限维空间 $l^p\,(1<p<+\infty,\frac{1}{p}+\frac{1}{q}=1)$ 为例,从同构的观点看,$(l^p)^*=l^q$,于是有 $(l^p)^{**}=(l^q)^*=l^p$,就是说,l^p 与 l^q 互为共轭,l^p 的二次共轭是自身. 这是 l^p 的一个特殊属性. 显然并非每个赋范空间都有 $X^{**}=X$. 因为 X^{**} 总是完备的,当 X 不完备时,这个同构的等式就不会成立. 因此,有必要考虑 X 与 X^{**} 之间的关系.

设 $x\in X,f\in X^*$,于是 $f(x)$是泛函值. 原来的观点是:泛函 f 是给定的,x 跑遍 X 的变元. 现在反过来,让 x 固定,而让 f 跑遍 X^*,这时 $f(x)$就成了定义在 X^* 上的一个泛函. 例如,l^p 上泛函的表示式 $f(x)=\sum_{i=1}^{\infty}b_i x_i$ 可以视为 f 在点 $x=(x_1,x_2,\cdots,x_i,\cdots)\in l^p$ 的值,亦可以视为泛函 $x\in(l^p)^{**}$ 在点 $f=(b_1,b_2,\cdots,b_i,\cdots)\in(l^p)^*$ 的值,只不过这个 $(l^p)^{**}$ 中的 x 由于涵义上的差别要用 x^{**} 来表示.

定理 3.3.3　设 X 是数域 K 上赋范空间，对每个 $x\in X$，在 X^* 上定义泛函 x^{**}，则

$$x^{**}(f)=f(x),\ \forall f\in X^*,$$

则 $x^{**}\in X^{**}$，且 $\|x^{**}\|=\|x\|$.

证明　因为 $\forall f_1,f_2\in X^*$，$\forall \alpha,\beta\in K$，有

$$\begin{aligned}x^{**}(\alpha f_1+\beta f_2)&=(\alpha f_1+\beta f_2)(x)\\&=\alpha f_1(x)+\beta f_2(x)=\alpha x^{**}(f_1)+\beta x^{**}(f_2).\end{aligned}$$

故 x^{**} 是线性泛函. 由于

$$|x^{**}(f)|=|f(x)|\leqslant\|x\|\ \|f\|,$$

因此 $\|x^{**}\|\leqslant\|x\|$. 当 $x\neq\theta$ 时，由 Hahn-Banach 定理（推论 3.2.2），存在 $f\in X^*$，$\|f\|=1$且 $f(x)=\|x\|$. 从而

$$\|x^{**}\|\geqslant|x^{**}(f)|=|f(x)|=\|x\|.$$

此时有 $\|x^{**}\|=\|x\|$. 当 $x=\theta$ 时 $x^{**}=\theta$，此式也成立. 所以，$\forall x\in X$，有 $\|x^{**}\|=\|x\|$.

定义 3.3.1　设 X 是赋范空间，令 $J:X\to X^{**}$ 使 $Jx=x^{**}$，其中 $x^{**}(f)=f(x)$，$\forall f\in X^*$，则称 J 是从 X 到 X^{**} 的自然嵌入算子.

定理 3.3.4　自然嵌入算子是从 X 到 X^{**} 的子空间 JX 的同构映射.

证明　若 $Jx_1=x_1^{**}$，$Jx_2=x_2^{**}$，则

$$x_1^{**}(f)=f(x_1),\ x_2^{**}(f)=f(x_2),\ \forall f\in X.$$

$$\begin{aligned}(\alpha x_1^{**}+\beta x_2^{**})(f)&=\alpha x_1^{**}(f)+\beta x_2^{**}(f)=\alpha f(x_1)+\beta f(x_2)\\&=f(\alpha x_1+\beta x_2),\end{aligned}$$

于是 $J(\alpha x_1+\beta x_2)=\alpha x_1^{**}+\beta x_2^{**}=\alpha Jx_1+\beta Jx_2$，这表明 J 是线性的，从而 JX 是 X^{**} 的线性子空间. J 当然是从 X 到 JX 的满射. 又由定理 3.3.3 知，$\|Jx\|=\|x^{**}\|=\|x\|$. 故 J 是从 X 到 JX 的同构映射.

证毕.

按定理 3.3.4，若将同构的空间视为同一空间，则 X 是 X^{**} 的线性子空间，$X=JX\subset X^{**}$，J 将 X 自然地嵌入到 X^{**} 中. X^{**} 总是 Banach 空间. 若 X 是 Banach 空间，则 $JX=X$ 是 X^{**} 的闭线性子空间. 若 X 不是完备的，则$\overline{JX}$是 X^{**} 的闭子空间从而是 Banach 空间，而 $X=JX$ 在$\overline{JX}$中稠密，这表明$\overline{JX}$是 X 的完备化.

定义 3.3.2　若自然嵌入算子 J 是赋范空间 X 到它的二次共轭 X^{**} 的同构映射（即 J 是从 X 到 X^{**} 的满射），则称 X 是自反的.

定理 3.3.5　设 X 是一致凸的 Banach 空间，则 X 必自反.

定理 3.3.5 的证明可见文献[3,28].

例 3.3.2　K^n，$l^p(1<p<+\infty)$，以及 $L^p[a,b](1<p<+\infty)$都是自反空间，那么任何有限维赋范空间都是自反空间.

这里仅验证 $l^p(1<p<+\infty)$的自反性. 由定理 3.3.2 可知，当$\dfrac{1}{p}+\dfrac{1}{q}=1$时，$(l^p)^{**}=$

$(l^q)^*=l^p$. 设 $T_1:(l^p)^{**}\to(l^q)^*$ 与 $T_2:(l^q)^*\to l^p$ 是同构映射，则 $\varphi=T_1^{-1}T_2^{-1}:l^p\to(l^p)^{**}$ 也是同构映射. 以下验证 φ 就是自然嵌入 J. 事实上，当 $x=(x_1,x_2,\cdots,x_i,\cdots)\in l^p$，记 $\varphi x=(\varphi_{x_1},\varphi_{x_2},\cdots,\varphi_{x_i},\cdots)\in(l^p)^{**}$. 对任何 $f\in(l^p)^*$，若 f 对应 $y=(b_1,b_2,\cdots,b_i,\cdots)\in l^q$，根据推论 3.3.1，$\varphi x$ 作为 $(l^p)^*$ 上的线性泛函，f 作为 l^p 上的线性泛函，对应地有

$$(\varphi x)(f)=\sum_{i=1}^{\infty}\varphi_{x_i}b_i=\sum_{i=1}^{\infty}x_ib_i=f(x).$$

由于 f 是任意的，故 $Jx=\varphi x,\forall x\in l^p$. 从而 $J=\varphi$.

注意并非每个 Banach 空间都是自反的. 为了给出这样的反例，需要下述定理. 该定理揭示了赋范空间与其共轭空间之间的深刻联系.

定理 3.3.6 若 X^* 可分，则 X 必是可分的.

证明 因为 X^* 可分，设 $A=\{f_n\}_{n=1}^{\infty}$ 是 X^* 的可数的稠集. 不妨设 $\forall n\geqslant 1,f_n\neq\theta$，记 $g_n=\dfrac{f_n}{\|f_n\|}$，则 $\{g_n\}$ 是 $S(X^*)$ 的稠子集.

事实上，对任意 $f\in S(X^*)$，因 A 在 X 中稠密，存在 $f_{n_i}\in A$ 使 $f_{n_i}\to f(i\to\infty)$，则 $\|f_{n_i}\|\to\|f\|=1$ 且

$$\|g_{n_i}-f\|=\left\|\frac{f_{n_i}}{\|f_{n_i}\|}-f\right\|\leqslant\left\|\frac{f_{n_i}}{\|f_{n_i}\|}-\frac{f}{\|f_{n_i}\|}\right\|+\left\|\frac{f}{\|f_{n_i}\|}-f\right\|$$
$$=\frac{1}{\|f_{n_i}\|}\|f_{n_i}-f\|+\left|\frac{1}{\|f_{n_i}\|}-1\right|\to 0.$$

这表明 $\{g_n\}$ 是 $S(X^*)$ 的稠子集.

由于 $\sup\limits_{\|x\|=1}|g_n(x)|=\|g_n\|=1$，可取 $x_n\in X$，$\|x_n\|=1$ 使

$$|g_n(x_n)|>\frac{1}{2},\forall n\geqslant 1.$$

记 $E=\mathrm{span}\{x_n\}$，可以断言 $\overline{E}=X$，从而 X 是可分的. 反证法. 假设有 $x_0\in X$，但 $x_0\notin\overline{E}$，则必有 $\rho(x_0,E)>0$. 这是因为，对任何正整数 k，由 $\rho(x_0,E)=\inf\limits_{y\in E}\|x_0-y\|=0<\dfrac{1}{k}$，利用下确界定义可取 $y_k\in E$ 使 $\|x_0-y_k\|<\dfrac{1}{k}$，这导致 $y_k\to x_0$，从而 $x_0\in\overline{E}$，与 $x_0\notin\overline{E}$ 矛盾. 所以 $\rho(x_0,E)>0$. 根据 Hahn-Banach 定理(推论 3.2.1)，存在 $g\in X^*$，$\|g\|=1$，且 $\forall x\in E$，有 $g(x)=0$. 于是

$$\|g_n-g\|\geqslant|g_n(x_n)-g(x_n)|=|g_n(x_n)|>\frac{1}{2}.$$

这与 $\{g_n\}$ 是 $S(X^*)$ 的稠子集相矛盾.

证毕.

例 3.3.3 X 可分，X^* 未必可分，即定理 3.3.6 的逆命题未必成立. 取 $X=l^1$，则 $(l^1)^*=l^\infty$(定理 3.3.2)，l^1 可分，且 l^∞ 不可分(例 2.3.5 和例 2.3.6).

例 3.3.4 $l^1,l^\infty,L^1[a,b],L^\infty[a,b]$ 不是自反空间. 仅验证 l^1. 已知 $(l^1)^*=l^\infty$，且 l^1 是可分的，而 l^∞ 不可分. 假设 l^1 自反，则 $l^1=(l^1)^{**}=(l^\infty)^*$. 由于 l^1 可分，故 $(l^\infty)^*$ 可分. 按

定理 3.3.6，这将蕴涵 l^∞ 也可分，与 l^∞ 不可分矛盾. 所以 l^1 不是自反的.

3.3.3　点列的弱收敛性

共轭性使我们可以从新的视角来认识赋范空间，为解决更深层次的理论与实际问题打开通道. 利用共轭空间，可以在赋范空间上引入范数收敛之外的其他收敛概念. 应当看到，这些新的收敛概念的引入是有实际意义的. 依范数收敛有时往往要求苛刻. 例如，在连续函数空间 $C[a,b]$ 中，范数收敛就是一致收敛，但对于连续函数的一些问题，诸如积分与极限运算顺序交换问题等，一致收敛往往是充分而不必要的条件. 在许多情况下，一种较弱的收敛往往因要求容易满足更能在问题解决过程中发挥作用.

定义 3.3.3　设 X 是赋范空间.

(1) 设 $\{x_n\}\subset X$，$x\in X$. 若对每个 $f\in X^*$，有 $\lim\limits_{n\to\infty} f(x_n)=f(x)$，则称点列 $\{x_n\}$ 弱收敛于 x，记为 $x_n\xrightarrow{w}x$ 或 $x=w-\lim\limits_{n\to\infty}x_n$.

(2) 设 $\{f_n\}\subset X^*$，$f\in X^*$，若对每个 $x\in X$ 有 $\lim\limits_{n\to\infty}f_n(x)=f(x)$，则称 $\{f_n\}$ 弱 * 收敛于 f，记为 $f_n\xrightarrow{w^*}f$ 或 $f=w^*-\lim\limits_{n\to\infty}f_n$.

(3) 设 $\{x_n\}\subset X$，$x\in X$，若 $\lim\limits_{n\to\infty}\|x_n-x\|=0$，则称点列 $\{x_n\}$ 强收敛于 x 或点列 $\{x_n\}$ 依范数收敛于 x，记为 $x_n\xrightarrow{s}x$ 或 $x_n\longrightarrow x$ 或 $x=s-\lim\limits_{n\to\infty}x_n$.

由定义 3.3.3 可知，X 中点列有 2 种收敛概念，即依范数收敛与弱收敛；X^* 中点列有 3 种收敛概念，即依范数收敛、弱收敛及弱 * 收敛.

弱收敛就是 X 中点列依 X^* 中每个泛函收敛，弱 * 收敛就是 X^* 中泛函列在 X 的点态收敛.

与依范数收敛的情况一样，弱收敛与弱 * 收敛其极限都是唯一的. 事实上，设 $x_n\xrightarrow{w}x$，$x_n\xrightarrow{w}y$，则 $\forall f\in X^*$，有 $f(x_n)\to f(x)$，$f(x_n)\to f(y)$. 于是 $f(x)=f(y)$，即 $f(x-y)=0$. 由 Hahn-Banach 定理，$x-y=\theta$，即 $x=y$. 再设 $f_n\xrightarrow{w^*}f$，$f_n\xrightarrow{w^*}g$，则 $\forall x\in X$ 有 $f_n(x)\to f(x)$，$f_n(x)\to g(x)$. 于是 $f(x)=g(x)$. 由于 x 是任意的，故 $f=g$.

定理 3.3.7　赋范空间中点列依范数收敛必蕴涵弱收敛，弱收敛必蕴涵弱 * 收敛. 自反空间中弱收敛与弱 * 收敛等价.

证明　以 X^* 为例. $\{f_n\}\subset X^*$，$f\in X^*$.

(1) 设 $f_n\to f$，则对 $\forall F\subset X^{**}$，有

$$|F(f_n)-F(f)|\leqslant\|F\|\ \|f_n-f\|\to 0,$$

即 $F(f_n)\to F(f)$. 这表明 $f_n\xrightarrow{w}f$.

(2) 设 $f_n\xrightarrow{w}f$，则对 $\forall F\in X^{**}$，有 $F(f_n)\to F(f)$. 设 J 为自然嵌入算子，则 $JX\subset X^{**}$. $\forall x\in X$，记 $Jx=x^{**}$，则 $x^{**}\in X^{**}$ 且

$$f_n(x)=x^{**}(f_n)\to x^{**}(f)=f(x).$$

故 $f_n \xrightarrow{w^*} f$.

(3) 当 X 是自反空间时,$JX=X^{**}$,弱 * 收敛也蕴涵弱收敛,从而二者等价.事实上,设 $f_n \xrightarrow{w^*} f$,则 $\forall F\in X^{**}=JX$,$\exists x\in X$ 使 $F=Jx=x^{**}$.于是

$$F(f_n)=x^{**}(f_n)=f_n(x)\to f(x)=x^{**}(f)=F(f),$$

即 $f_n \xrightarrow{w} f$.

证毕.

下面的定理指出,弱收敛与弱 * 收敛概念对有限维空间是没有价值的.

定理 3.3.8 有限维赋范空间中依范数收敛、弱收敛及弱 * 收敛三者是等价的.

证明 因为有限维赋范空间是自反的,故弱收敛与弱 * 收敛等价.由于依范数收敛等价于按坐标收敛,故只须在 K^n 中证明任一弱收敛点列必按坐标收敛.

设 $x_i=(a_1^{(i)},a_2^{(i)},\cdots,a_n^{(i)})x_0=(a_1^{(0)},a_2^{(0)},\cdots,a_n^{(0)})\in K^n$,$x_i \xrightarrow{w} x$.取线性泛函 $f_m(m=1,2,\cdots,n)$,使 $\forall x=(a_1,a_2,\cdots,a_n)$,有 $f_m(x)=a_m$,则 $f_m\in(K^n)^*$.由于 $f_m(x_i)=a_m^{(i)}$,$f_m(x_0)=a_m^{(0)}$,因而 $f_m(x_i)\to f_m(x_0)(i\to\infty)$ 就是 $a_m^{(i)}\to a_m^{(0)}(i\to\infty)$,$m=1,2,\cdots,n$.这表明 $\{x_i\}$ 依坐标收敛于 x_0.

证毕.

例 3.3.5 弱收敛未必依范数收敛.

考虑 $l^p(1<p<+\infty)$,取 $e_n\in l^p$ 是第 n 个分量为 1、其余为 0 的向量.$\forall f\in(l^p)^*=l^q$,不妨设 $f=(b_1,b_2,\cdots,b_n,\cdots)$,其中 $\sum\limits_{n=1}^{\infty}|b_n|^q<+\infty$.于是 $b_n\to 0$.此时 $f(e_n)=b_n\to 0$(见定理 3.3.2).这表明 $e_n \xrightarrow{w} \theta$,但 $\|e_n\|_p=1$,$\{e_n\}$ 依范数不收敛于 θ.

例 3.3.6 弱 * 收敛未必弱收敛.

考虑 l^1,根据定理 3.3.2 可知,$C_0^*=l^1$,$(l^1)^*=l^\infty$,取 $e_n\in l^1$ 是第 n 个分量为 1、其余为 0 的向量.$\forall x=(x_1,x_2,\cdots,x_n,\cdots)\in C_0$,有 $e_n(x)=x_n\to 0$,故 $e_n \xrightarrow{w^*} \theta$.取 $f_1=(1,1,\cdots,1,\cdots)\in l^\infty$,有 $f_1(e_n)=1$;取 $f_0=\theta\in l^\infty$,有 $f_0(e_n)=0$.这表明 $\{e_n\}$ 不是弱收敛的.

例 3.3.7 存在某个无穷维赋范线性空间,其中点列的弱收敛和强收敛等价.

注 此空间就是序列空间 l^1.为了说明空间 l^1 中弱收敛和强收敛等价,只须证明 l^1 中的弱收敛点列是强收敛的.因为反过来是显然的.

证明 下证 l^1 中点列弱收敛一定强收敛.

任取 $\{x_n\}\subset l^1$ 弱收敛于 0,即在 l^1 中 $x_n \xrightarrow{w} 0$,其中

$$x_n=(\xi_1^{(n)},\xi_2^{(n)},\cdots,\xi_j^{(n)},\cdots)\in l^1.$$

再由 $(l^1)^*=l^\infty$,于是对任意 $y=(a_1,a_2,\cdots,a_j,\cdots)\in l^\infty$,按弱收敛定义有

$$y(x_n)=\sum_{i=1}^{\infty}a_i\xi_i^{(n)}\to 0,\ n\to\infty.$$

下证 $x_n \to 0$ 在 l^1 中,即证 $\| x_n \|_{l^1} = \sum_{i=1}^{\infty} | \xi_i^{(n)} | \to 0$.

反证,若存在 $\varepsilon_0 > 0$ 和子列 $\{x_{n_k}\} \subset \{x_n\}$,使得

$$\| x_{n_k} \|_{l^1} = \sum_{i=1}^{\infty} | \xi_i^{(n_k)} | \geqslant \varepsilon_0 > 0, k = 1,2,\cdots$$

不妨令上面的不等式对任意 n 都成立. 由 $\{x_n\} \in l^1$ 可知,对每个 n 有

$$\| x_n \|_{l^1} = \sum_{i=1}^{\infty} | \xi_i^{(n)} | < \infty.$$

所以对每个 n,都有 $\sum_{j=1}^{\infty} | \xi_j^{(n)} | \to 0 \ (i \to \infty)$.

其次,由于 $x_n \xrightarrow{w} 0$ 在 l^1 中,所以取

$$y_j(x_n) = \sum_{i=1}^{\infty} a_i \xi_i^{(n)} = \xi_j^{(n)} \to 0 \ (n \to \infty).$$

于是若取定 i_1,必存在 n_1 使得

$$\sum_{i=1}^{i_1} | \xi_i^{(n_1)} | < \frac{\varepsilon_0}{5}.$$

由于 $x_{n_1} = (\xi_1^{(n_1)}, \xi_2^{(n_1)}, \cdots, \xi_i^{(n_1)}, \cdots) \in l^1$,存在 $i_2 > i_1$ 使得

$$\sum_{i=i_2+1}^{\infty} | \xi_i^{(n_1)} | < \frac{\varepsilon_0}{5}.$$

因此,

$$\sum_{i=i_1+1}^{i_2} | \xi_i^{(n_1)} | = \sum_{i=1}^{\infty} | \xi_i^{(n_1)} | - \sum_{i=1}^{i_1} | \xi_i^{(n_1)} | - \sum_{i=i_2+1}^{\infty} | \xi_i^{(n_1)} | > \frac{3}{5}\varepsilon_0.$$

对 i_2,存在 $n_2 > n_1$ 使得 $\sum_{i=1}^{i_2} | \xi_i^{(n_2)} | < \frac{\varepsilon_0}{5}$,而由于

$$x_{n_2} = (\xi_1^{(n_2)}, \xi_2^{(n_2)}, \cdots, \xi_i^{(n_2)}, \cdots) \in l^1,$$

则存在 $i_3 > i_2$ 使得

$$\sum_{i=i_3+1}^{\infty} | \xi_i^{(n_2)} | < \frac{\varepsilon_0}{5}.$$

于是

$$\sum_{i=i_2+1}^{i_3} | \xi_i^{(n_2)} | > \frac{3\varepsilon_0}{5},$$

则由数学归纳法可得,对任何 $i_k > i_{k-1}$,存在 $n_k > n_{k-1}$,使得

$$\sum_{i=1}^{i_k} | \xi_i^{(n_k)} | < \frac{\varepsilon_0}{5}.$$

再结合 $x_{n_k} = (\xi_1^{(n_k)}, \xi_2^{(n_k)}, \cdots, \xi_i^{(n_k)}, \cdots) \in l^1$,则存在 $i_{k+1} > i_k$ 使得

$$\sum_{i=i_{k+1}}^{\infty} | \xi_i^{(n_k)} | < \frac{\varepsilon_0}{5}.$$

如此迭代,得一个子列$\{x_{n_k}\}\subset\{x_n\}$,其中$x_{n_k}=(\xi_1^{(n_k)},\xi_2^{(n_k)},\cdots,\xi_i^{(n_k)},\cdots)\in l^1$且下标$\{i_k\}$和$\{n_k\}$满足

$$i_k<i_{k+1},n_k<n_{k+1}$$

$$\sum_{i=1}^{i_k}|\xi_i^{(n_k)}|<\frac{\varepsilon_0}{5},\sum_{i=i_{k+1}+1}^{\infty}|\xi_i^{(n_k)}|<\frac{\varepsilon_0}{5},\sum_{i=i_k+1}^{i_{k+1}}|\xi_i^{(n_k)}|<\frac{3\varepsilon_0}{5}.$$

$$k=1,2,3,\cdots$$

记

$$b_i=\begin{cases}\operatorname{sgn}\xi_i^{(n_1)}, & i_1\leqslant i\leqslant i_2\\ \operatorname{sgn}\xi_i^{(n_k)}, & i_k\leqslant i\leqslant i_{k+1},k=2,3,\cdots\end{cases}$$

则显然$(b_1,b_2,\cdots,b_i,\cdots)\in l^\infty$且对任何$k$都有

$$\begin{aligned}\sum_{i=1}^{\infty}b_i\xi_i^{(n_k)}&=\sum_{i=1}^{i_k}b_i\xi_i^{(n_k)}+\sum_{i=i_k+1}^{i_{k+1}}b_i\xi_i^{(n_k)}+\sum_{i=i_{k+1}+1}^{\infty}b_i\xi_i^{(n_k)}\\&\geqslant-\sum_{i=1}^{i_k}|\xi_i^{(n_k)}|+\sum_{i=i_k+1}^{i_{k+1}}|\xi_i^{(n_k)}|-\sum_{i=i_{k+1}+1}^{\infty}|\xi_i^{(n_k)}|\\&>\frac{\varepsilon_0}{5}>0.\end{aligned}$$

这与弱收敛定义:对$\forall y=(a_1,a_2,\cdots,a_n,\cdots)\in l^\infty$有$y(x_n)=\sum\limits_{i=1}^{\infty}a_i\xi_i^{(n)}\to 0$矛盾.

证毕.

由例3.3.7可知,点列的强收敛和弱收敛的等价性并不是赋范线性空间为有限维的特征.此例表明存在某个无穷维空间,其点列弱收敛等价于强收敛.不过,其他常见的无穷维空间,点列弱收敛不蕴涵强收敛,但下述两个重要定理值得注意.

定义 3.3.4 设$(X,\|\cdot\|)$是赋范线性空间,$f:X\to R^1$是空间X上的泛函,若对$\forall\{x_n\}\subset X$且$x_n\xrightarrow{w}x_0$在X中弱收敛,有

$$f(x_0)\leqslant\liminf_{n\to\infty}f(x_n),$$

则称泛函f在x_0处弱下半连续.

定理 3.3.9 设$(X,\|\cdot\|)$是赋范线性空间,则范数$\|\cdot\|$弱下半连续.

证明 因为$x_n\xrightarrow{w}x_0$在X中弱收敛,由弱收敛的定义知:对$\forall f\in X^*$,有$\lim\limits_{n\to\infty}f(x_n)=f(x)$.再结合$f$的范数:$|f(x_n)|\leqslant\|f\|\,\|x_n\|$,以及Hahn-Banach定理的推论3.2.2,$\exists f_0\in X^*$,使得

$$f_0(x)=\|x\|\text{和}\|f_0\|=1.$$

在$x_n\xrightarrow{w}x$的弱收敛的定义中,取$f=f_0$,则

$$\begin{aligned}\|x\|=f_0(x)&=\lim_{n\to\infty}f_0(x_n)\leqslant\lim_{n\to\infty}|f_0(x_n)|\\&\leqslant\liminf_{n\to\infty}\|f_0\|\,\|x_n\|=\liminf_{n\to\infty}\|x_n\|,\end{aligned}$$

即 $\|x\| \leqslant \liminf\limits_{n\to\infty} \|x_n\|$.

证毕.

定理 3.3.10　设 X 是赋范空间，$\{x_n\}\subset X, x\in X$. 若 $x_n \xrightarrow{w} x$，则存在 $\{x_n\}$ 中元素的凸组合构成的序列 $\{y_n\}$（即 $y_n = \sum\limits_{i=1}^{k_n} r_{n_i} x_{n_i}, r_{n_i} \geqslant 0, \sum\limits_{i=1}^{k_n} r_{n_i} = 1$），使 $y_n \to x$.

证明*　以实空间（$K=R$）为例. 设 $E=\mathrm{co}\{x_n\}$，只须证明 $x\in \overline{E}$.（反证法）假设 $x\notin \overline{E}$. 由凸集的隔离定理（定理 3.2.8），对凸紧集 $\{x\}$ 和凸闭集 $\overline{E}$，存在 $f\in X^*$ 和 $r\in R$ 使

$$f(x)<r<f(y),\ \forall y\in \overline{E}.$$

取 $y=x_n$，则 $f(x)<r<f(x_n)$. 这与 $x_n \xrightarrow{w} x$ 矛盾.

证毕.

由于收敛性总是关联着有界性，类比地可以引入弱有界集与弱 * 有界集概念.

定义 3.3.5　设 X 是赋范空间.

(1) 设 $E\subset X$，若对每个 $f\in X^*$，$f(E)$ 都是有界集，则称 E 是弱有界集.

(2) 设 $A\subset X^*$，若对每个 $x\in X$，$\{f(x)\,|\,f\in A\}$ 都是有界集，则称 A 是弱 * 有界集.

(3) 设 X 是赋范线性空间，若对每个 $f\in X^*$，$\lim\limits_{n\to\infty} f(x_m)$ 存在，且存在 $x\in X$ 使得 $x_n \xrightarrow{w} x$，则称 X 为序列弱完备.

定理 3.3.11　设 X 是赋范空间，则

(1) $E\subset X$ 是弱有界集当且仅当 E 是（范数）有界集.

(2) 若 X 完备，则 $A\subset X^*$ 是弱 * 有界集当且仅当 A 是（范数）有界集.

(3) 序列弱完备的赋范线性空间是 Banach 空间.

证明　(1) 设 E 有界，即 $\exists M>0, \forall x\in E, \|x\|\leqslant M$. 此时对每个 $f\in X^*$，$\forall x\in E$，有

$$|f(x)|\leqslant \|f\|\,\|x\|\leqslant M\|f\|.$$

这表明 E 弱有界.

反之，设 E 弱有界，J 是自然嵌入算子，则 $JE\subset X^{**}$. $\forall x\in E$，记 $Jx=x^{**}$. 因为对每个 $f\in X^*$，有

$$f(E)=\{x^{**}(f)\,|\,x^{**}\in JE\},$$

JE 是 X^* 上点态有界集，注意到 X^* 是 Banach 空间，应用一致有界原理得 JE 是 X^{**} 中范数有界集，即 $\exists M>0, \forall x\in E, \|x^{**}\|\leqslant M$. 由于 $\|x^{**}\|=\|x\|$，故 E 是 X 中范数有界集.

(2) 证明与(1)类似，充分性直接用一致有界原理得到. 证明从略.

(3) 任取基本柯西列 $\{x_n\}\subset X$，再对 $\forall f\in X^*$，可得 $\{f(x_n)\}$ 为柯西列必收敛. 又因为 X 是序列弱完备，则存在 $x_0\in X$，使得 $x_n \xrightarrow{w} x_0$. 在 X^* 中单位球面上，任取 $f\in X^*$ 且 $\|f\|=1$，则存在 $N>0$，使得当 $n,m>N$ 时，有

$$|f(x_n)-f(x_m)|=|f(x_n-x_m)|\leqslant \|x_n-x_m\|<\varepsilon.$$

在上式中令 $m\to\infty$，则当 $n>N$ 时，对 $\forall f\in X^*$，且 $\|f\|=1$，有 $|f(x_n-x_0)|\leqslant\varepsilon$. 由定理 3.3.1 可得

$$\|x_n-x_0\|=\sup_{f\in X^*,\|f\|=1}|f(x_n)-f(x_0)|\leqslant\varepsilon\ (n>N)$$

所以，$x_n\xrightarrow{s}x_0$ 在 X 中，则 X 为 Banach 空间.

证毕.

注 此定理说明赋范线性空间的弱完备性可导出其完备性. 作为一致有界原理的应用，定理 3.3.11 在 Banach 空间中，弱有界集、弱 * 有界集与有界集是等价的.

回忆一下定义 2.3.2 中给出的基本集概念. E 称为 X 的基本集是指 $\overline{\mathrm{span}E}=X$. 由定理 3.3.11 可得到弱收敛与弱 * 收敛的等价刻画.

定理 3.3.12 设 X 是赋范空间. 则

(1) $\{x_n\}\subset X$ 弱收敛于 x 的充要条件是：$\{\|x_n\|\}$ 有界且对 X^* 中某基本集 A 的每个元 f 有 $f(x_n)\to f(x)$.

(2) 若 X 完备，则 $\{f_n\}\subset X^*$ 弱 * 收敛于 f 的充要条件是 $\{\|f_n\|\}$ 有界且对 X 中某基本集 E 的每个元 x 有 $f_n(x)\to f(x)$.

证明 (1) 必要性 设 $x_n\xrightarrow{w}x$，则 $\{x_n\}$ 是弱有界集. 根据定理 3.3.11，$\{\|x_n\|\}$ 有界，后半部分的结论自然成立.

充分性 设 $\|x_n\|\leqslant M(\forall n)$ 且 $\|x\|\leqslant M$. $\forall f\in X^*=\overline{\mathrm{span}A}$，$\forall\varepsilon>0$，$\exists g\in\mathrm{span}A$，使 $\|g-f\|<\varepsilon$，其中 $g=\sum_{i=1}^{k}\alpha_i f_i$，$f_i\in A$，$\alpha_i\in K$，$i=1,2,\cdots,k$. 由于 $f_i(x_n)\to f_i(x)$，故

$$g(x_n)=\sum_{i=1}^{k}\alpha_i f_i(x_n)\to\sum_{i=1}^{k}\alpha_i f_i(x)=g(x)\ (n\to\infty).$$

于是 $\exists N$，$\forall n\geqslant N$，$|g(x_n)-g(x)|<\varepsilon$. 从而，

$$\begin{aligned}|f(x_n)-f(x)|&\leqslant|f(x_n)-g(x_n)|+|g(x_n)-g(x)|+|g(x)-f(x)|\\&\leqslant\|f-g\|\ \|x_n\|+\varepsilon+\|g-f\|\ \|x\|\\&<M\varepsilon+\varepsilon+M\varepsilon=(2M+1)\varepsilon.\end{aligned}$$

故 $x_n\xrightarrow{w}x$.

(2) 证明与(1)类似，从略.

证毕.

定理 3.3.13 设 X,Y 是 Banach 空间，$T:X\to Y$ 是线性算子，则算子 T 为有界的充要条件是在 X 中对任何 $x_n\xrightarrow{w}x$，有 $Tx_n\xrightarrow{w}Tx$ 在 Y 中.

证明 必要性. 设 T 为有界算子，任取 $f\in Y^*$，记 $g(x)=f(Tx)$，$x\in X$，则 $g\in X^*$. 在 X 中任取 $x_n\xrightarrow{w}x$，则由弱收敛定义和 $g\in X^*$，有

$$g(x_n)\longrightarrow g(x)\ (n\to\infty).$$

即 $f(Tx_n)\to f(Tx)$，再由 $\forall f\in Y^*$，可得

$$Tx_n \xrightarrow{w} Tx \ (n\to\infty).$$

充分性. 下证 T 是闭算子，任取点列 $\{x_n\}\subset X$，使得

$$x_n \xrightarrow{s} x \text{ 和 } Tx_n \xrightarrow{s} y \ (n\to\infty).$$

显然有 $x_n \xrightarrow{w} x$ 和 $Tx_n \xrightarrow{w} y$. 由条件只要 $x_n \xrightarrow{w} x$，就有 $Tx_n \xrightarrow{w} Tx$，再结合弱收敛极限的唯一性，可得

$$y=Tx.$$

于是由定理 3.2.4 可得 T 为闭算子，再由定理 3.2.5 闭图像定理，可得 T 为有界算子.

证毕.

定理 3.3.14 设$(X,\|\cdot\|)$是一致凸赋范线性空间，$\{x_n\subset X\}$，$x_0\in X$，若 $x_n \xrightarrow{w} x_0$ 在 X 中弱收敛且 $\|x_n\|\to\|x_0\|$，则 $x_n\to x_0$ 在 X 中强收敛(当 $n\to\infty$).

证明 若 $x_0=0$，则结论显然.

下设 $x_0\neq 0$，由范数的正齐性，不妨取 $\|x_n\|=\|x_0\|=1$，否则，取$\dfrac{x_n}{\|x_n\|}$. 于是用反证法，假设 $\|x_n-x_0\|$ 不收敛到 0. 这等价于对某 $\varepsilon_0\in(0,2]$，存在子列 $\{x_{n_k}\}$，满足

$$\|x_{n_k}-x_0\|\geqslant\varepsilon_0.$$

由于$(X,\|\cdot\|)$是一致凸空间，则由第 2 章定义 2.5.7 可得

$$\left\|\frac{x_{n_k}+x_0}{2}\right\|\leqslant 1-\delta(\varepsilon_0).$$

另一方面，由 $x_n \xrightarrow{w} x_0$ 可得 $x_{n_k}+x_0 \xrightarrow{w} 2x_0$，则由范数的弱下半连续性

$$2\|x_0\|\leqslant\liminf_{k\to\infty}\|x_{n_k}+x_0\|\leqslant 2(1-\delta(\varepsilon_0)),$$

即

$$\|x_n\|\leqslant 1-\delta(\varepsilon_0)<1.$$

这与 $\|x_0\|=1$ 矛盾.

证毕.

下述两例有助于进一步认识弱收敛概念产生的背景. 对具体的函数空间，有别于依范数收敛的弱收敛正是微分中所碰到的积分极限与点态极限等形式的收敛.

例 3.3.7 $L^p[a,b](1<p<+\infty)$中点列$\{x_n\}$弱收敛于 x 的充要条件是$\{\|x_n\|_p\}$有界且 $\forall t_0\in[a,b]$，有

$$\lim_{n\to\infty}\int_a^{t_0}x_n(t)\,\mathrm{d}t=\int_a^{t_0}x(t)\,\mathrm{d}t.$$

证明 设 $A=\{\chi_{[a,t]}\,|\,t\in[a,b]\}$，其中 $\chi_{[a,t]}$是区间$[a,t]$的特征函数，则 $A\subset L^q[a,b]$，且由 Lebesgue 积分理论得$\overline{\mathrm{span}A}=L^q[a,b]$. $\chi_{[a,t]}$作为 $L^p[a,b]$上的泛函记为 f_t，则 $\forall t_0\in[a,b]$，

$$f_{t_0}(x_n)=\int_a^b \chi_{[a,t_0]} x_n(t)\,\mathrm{d}t=\int_a^{t_0} x_n(t)\,\mathrm{d}t,$$

$$f_{t_0}(x)=\int_a^b \chi_{[a,t_0]} x(t)\,\mathrm{d}t=\int_a^{t_0} x(t)\,\mathrm{d}t,$$

应用定理 3.3.12 得证.

证毕.

例 3.3.8 $C[a,b]$中点列$\{x_n\}$弱收敛于 x 的充要条件是：$\{\|x_n\|\}$有界且 $\forall t\in[a,b]$，$x_n(t)\to x(t)$. 就是说，$C[a,b]$中有界点列的弱收敛即点态收敛.

证明 必要性. 设 $x_n \xrightarrow{w} x$. 由定理 3.3.12(1)知$\{\|x_n\|\}$有界. $\forall t\in[a,b]$，定义 $f_t(x)=x(t)$，则 $f_t\in(C[a,b])^*$. $\forall t\in[a,b]$，由 $f_t(x_n)\to f_t(x)$得 $x_n(t)\to x(t)$.

充分性. 用到 Riesz 关于$(C[a,b])^*$的表示定理. 证明参见文献[12,20]等.

证毕.

3.3.4 弱紧性

在§2.4 节中已知，无限维赋范空间中闭单位球不是紧集. 这对于解决涉及有界集上的收敛性的有关问题时常常带来不便. 下列深刻的结果弥补了这方面的缺憾，不仅在数学许多分支有着广泛应用，而且使我们认识到弱收敛工具的魅力.

定理 3.3.15 (Eberlein-Shmulyan 定理，E-S 定理)

设 X 是自反的 Banach 空间，则

(1) X 中任一有界点列包含有弱收敛的子列.

(2) X 中闭单位球 $B[X]$是点列弱紧集，即 $B[X]$中任何点列含有子列弱收敛于 $B[X]$中元素.

证明 (1) 设$\{x_n\}\subset X$ 为有界点列. 令 $E=\overline{\mathrm{span}\{x_n\}}$，则 E 是 X 的闭线性子空间.

先证 E 是自反的. 设 $J_0:E\to E^{**}$ 是自然嵌入算子，$\forall e^{**}\in E^{**}$，证明：

$$\exists e\in E \text{ 使 } J_0e=e^{**}.$$

$\forall f\in X^*$，记$f|_E$ 为 f 在 E 上的限制，则 $f|_E\in E^*$. 并令 x^{**} 使

$$x^{**}(f)=e^{**}(f|_E). \tag{3.3.9}$$

则 $x^{**}\in X^{**}$. 由于 X 自反，$JX=X^{**}$，其中 $J:X\to X^{**}$ 为自然嵌入算子. 故存在 $x\in X$ 使 $Jx=x^{**}$. 断言

$$x\in E.$$

否则，$x\notin E$，而 E 是闭的，由 Hahn-Banach 定理可知，$\exists f_0\in X^*$，$f_0(x)=1$，且 $\forall y\in E$，$f_0(y)=0$(即$f_0|_E=\theta$). 于是由式(3.3.9)得

$$1=f_0(x)=x^{**}(f_0)=e^{**}(f_0|_E)=0,$$

矛盾. 故 $x\in E$，将此 x 改记为 e，即 $Je=x^{**}$.

$\forall g\in E^*$，g 可延拓为 X^* 中元 f，使$f|_E=g$，从而由式(3.3.9)得

$$g(e)=x^{**}(f)=e^{**}(g).$$

因 g 是任意的，故 $J_0e=e^{**}$. 所以 $J_0E=E^{**}$，$J_0=J|_E$，证得 E 是自反的.

注意到 E 可分，由于 E 自反，E 与 E^{**} 同构，故 E^{**} 可分. 由定理 3.3.6 可知 E^* 可分，设 $\{f_i\}_{i=1}^{\infty}$ 是 E^* 的可数稠密子集.

由于 $\{\|x_n\|\}$ 有界，故 $\{f_1(x_n)\}$ 有界，必有收敛子列，设为 $\{f_1(x_n^{(1)})\}$. 其中，$\{x_n^{(1)}\}$ 是 $\{x_n\}$ 的子列.

同理 $\{f_2(x_n^{(1)})\}$ 有界，必有收敛子列，设为 $\{f_2(x_n^{(2)})\}$. 其中，$\{x_n^{(2)}\}$ 是 $\{x^{(1)}{}_n\}$ 的子列.

如此继续下去，按对角线方法，得 $\{x_k^{(k)}\}$ 为 $\{x_n\}$ 的子列. 记此子列为 $\{e_k\}$，则对稠密子集 $\{f_i\}$ 中每个 f_i，$\{f_i(e_k)\}_{k=1}^{\infty}$ 收敛. 由稠密性可知，$\forall g\in E^*$，$\{g(e_k)\}$ 收敛.

因为 E 自反，$J_0E=E^{**}$（其中 $J_0=J|_E$），$J_0e_k=e_k^{**}\in E^{**}$. $\forall g\in E^*$，$\{e_k^{**}(g)\}$ 收敛，从而 $\{e_k^{**}(g)\}$ 有界. 由一致有界原理得

$$\sup_k\|e_k\|=\sup_k\|e_k^{**}\|=M<+\infty.$$

定义 e_0^{**} 使

$$e_0^{**}(g)=\lim_{k\to\infty}e_k^{**}(g),\ \forall g\in E^*.$$

则 e_0^{**} 是 E^* 上的线性泛函. 又由于 $\forall g\in E^*$，$|e_k^{**}(g)|\leqslant M\|g\|$，故 $|e_0^{**}(g)|\leqslant M\|g\|$. 这表明 $e_0^{**}\in E^{**}$. 由于 J_0 是满射，$\exists e_0\in E$ 使 $J_0e_0=e_0^{**}$ 且 $\lim\limits_{k\to\infty}g(e_k)=g(e_0)$. 对 $\forall f\in X^*$，记 $g=f|_E$，则

$$f(e_k)=g(e_k)\to g(e_0)=f(e_0).$$

证得 $\{x_n\}$ 有子列 $\{e_k\}$ 使 $e_k\xrightarrow{w}e_0$.

(2) 由(1)已证，对 $B[X]$ 中任何点列 $\{x_n\}$ 必有弱收敛子列 $\{x_{n_k}\}$，设 $x_{n_k}\xrightarrow{w}x_0$. 由定理 3.3.10，存在 $\{x_{n_k}\}$ 的凸组合序列 $\{y_k\}$，$y_k\to x_0$. 注意 $B[X]$ 是凸集，$\{y_k\}\subset B[X]$，又 $B[X]$ 是闭集，故 $x_0\in B[X]$. 因此，$B[X]$ 是点列弱紧的.

证毕.

3.3.5 算子列的弱收敛性与共轭算子

将弱收敛概念移植于 $B(X,Y)$ 中算子列，除了依算子范数收敛（也称一致收敛）外，还可考虑两种收敛性.

定义 3.3.6 设 X,Y 为赋范空间，$\{T_n\}\subset B(X,Y)$，$T\in B(X,Y)$.

(1) 若 $\|T_n-T\|\to 0$，$n\to\infty$，则称 $\{T_n\}$ 按算子范数收敛于 T，记为 $T_n\to T$. 按算子范数收敛也称为一致算子拓扑收敛，简称为一致收敛.

(2) 若对 $T=s-\lim\limits_{n\to\infty}T_n$，强收敛也称点态收敛，即逐点按 Y 中范数收敛. 每个 $x\in X$，有 $\|T_nx-Tx\|\to 0$，则称 $\{T_n\}$ 强收敛于 T，记为 $T_n\xrightarrow{s}T$ 或 $T=s-\lim\limits_{n\to\infty}T_n$.

(3) 若对每个 $x\in X$ 及任意 $f\in Y^*$，有 $\lim\limits_{n\to\infty}f(T_nx)=f(Tx)$，则称 $\{T_n\}$ 弱收敛于 T，记为 $T_n\xrightarrow{w}T$ 或 $T=w-\lim\limits_{n\to\infty}T_n$. 弱收敛也称点态弱收敛，即 $\forall x\in X$，$T_nx\xrightarrow{w}Tx$.

由于 Y 中依范数收敛及弱收敛的极限是唯一的,故由定义 3.3.6 不难验证算子列强收敛与弱收敛的极限都是唯一的.

定理 3.3.16 设 $\{T_n\}\subset B(X,Y)$, $T\in B(X,Y)$,则

(1) $T_n\to T$ 蕴涵 $T_n\xrightarrow{s}T$, $T_n\xrightarrow{s}T$ 蕴涵 $T_n\xrightarrow{w}T$.

(2) $T_n\to T$ 的充要条件是 $\{T_n\}$ 在 X 的任一有界集上一致收敛.

证明 (1) $\forall x\in X$,由 $\|T_nx-Tx\|=\|(T_n-T)x\|\leqslant\|T_n-T\|\,\|x\|$ 得到, $T_n\to T$ 蕴涵 $T_n\xrightarrow{s}T$. 由于在 Y 中点列依范数收敛蕴涵弱收敛,故 $T_n\xrightarrow{s}T$ 蕴涵 $T_n\xrightarrow{w}T$.

(2) 必要性. 设 $T_n\to T$ 且 $A\subset X$ 为有界集,则 $\exists M>0$, $\forall x\in A$, $\|x\|\leqslant M$. 于是, $\forall\varepsilon>0$,由 $T_n\to T$ 得, $\exists N$, $\forall n>N$, $\|T_n-T\|<\varepsilon$. 从而 $\forall x\in A$,

$$\|T_nx-Tx\|\leqslant\|T_n-T\|\,\|x\|<M\varepsilon.$$

这表明 $\{T_n\}$ 在 A 上一致收敛.

充分性. 由题设条件知 $\{T_n\}$ 在单位球面上一致收敛. 于是, $\forall\varepsilon>0$, $\exists N$, $\forall n>N$, $\forall x$: $\|x\|=1$,有 $\|T_nx-Tx\|<\varepsilon$,从而

$$\|T_n-T\|=\sup_{\|x\|=1}\|(T_n-T)x\|=\sup_{\|x\|=1}\|T_nx-Tx\|\leqslant\varepsilon.$$

这表明 $T_n\to T$.

证毕.

例 3.3.9 强收敛未必依算子范数收敛. 取 $X=Y=l^2$, $\forall x=(a_1,\cdots,a_i,\cdots)\in l^2$,由 $T_nx=(a_{n+1},a_{n+2},\cdots)$ 定义 $T_n: l^2\to l^2$. 则 T_n 是线性的,且由

$$\|x\|=(\sum_{i=1}^{\infty}|a_i|^2)^{\frac{1}{2}},\ \|T_nx\|=(\sum_{i=n+1}^{\infty}|a_i|^2)^{\frac{1}{2}}$$

得 $\|T_nx\|\leqslant\|x\|$,即 $\|T_n\|\leqslant 1$,且 $\|T_nx-\theta\|\to 0$. 这表明 $\{T_n\}\subset B(X,Y)$ 且 $T_n\xrightarrow{s}\theta$.

但是 $\{T_n\}$ 不依算子范数收敛. 事实上,取 $e_i\in l^2$ 为第 i 个分量为 1、其余为 0 的向量,则 $\|e_1\|=\|e_{n+1}\|=1$, $T_ne_{n+1}=e_1$, $\|T_n\|\geqslant\|T_ne_{n+1}\|=1$,所以 $\|T_n\|=1$. $\{T_n\}$ 必不依算子范数收敛(否则, $T_n\to T$,由 $\|T_n\|=1$ 得 $\|T\|=1$,由 $T_n\xrightarrow{s}\theta$ 得 $T=\theta$,矛盾).

例 3.3.10 算子列弱收敛未必强收敛. 取 $X=Y=l^2$. $\forall x=(a_1,\cdots,a_i,\cdots)\in l^2$, T_n 由 $T_nx=(\underbrace{0,\cdots,0}_{n\text{个}0},a_1,a_2,\cdots)$ 定义,则 T_n 是线性的. 由 $\|T_nx\|=\|x\|$ 得 $\|T_n\|=1$,故 $\{T_n\}\subset B(X,Y)$, $\forall y=(b_1,b_2,\cdots,b_i,\cdots)\in(l^2)^*=l^2$, $y(T_nx)=\sum_{i=1}^{\infty}a_i\overline{b_{i+n}}$. 由 Hölder 不等式 $(p=q=2)$ 得

$$|y(T_nx)|\leqslant(\sum_{i=1}^{\infty}|a_i|^2)^{\frac{1}{2}}(\sum_{i=n+1}^{\infty}|b_i|^2)^{\frac{1}{2}}=\|x\|(\sum_{i=n+1}^{\infty}|b_i|^2)^{\frac{1}{2}}\to 0,$$

即 $y(T_nx)\to y(\theta)=0\quad(n\to\infty)$. 这表明 $T_n\xrightarrow{w}\theta$.

但 $\{T_n\}$ 不是强收敛的. 事实上,设 e_i 表示第 i 个分量为 1、其余为 0 的向量,取 $e_1\in l^2$,当 $m\neq n$ 有 $\|T_ne_1-T_me_1\|=\|e_{n+1}-e_{m+1}\|=\sqrt{2}$,故 $\{T_ne_1\}$ 在 l^2 中显然是不收敛的.

以下结果可以看作定理3.3.12(2)对算子列的推广.

定理3.3.17 设 X,Y 是同一数域 K 上的Banach空间，$\{T_n\}\subset B(X,Y)$，则存在 $T\in B(X,Y)$ 使 $T_n \xrightarrow{s} T$ 的充要条件是：$\{\|T_n\|\}$ 有界且对 X 中某基本集 E 的每个点 x，$\{T_nx\}$ 是Cauchy列.

证明 必要性. 因为 $\forall x\in X$，$\|T_nx-Tx\|\to 0$，故 $\{T_nx\}\subset Y$ 是有界集. 注意到 X 是完备的，由一致有界原理得，$\{\|T_n\|\}$ 有界，后半部分结论自然成立.

充分性. 设 $\exists M>0$，$\forall n\geqslant 1$，$\|T_n\|\leqslant M$. $\forall x\in X=\overline{\mathrm{span}E}$，$\forall \varepsilon>0$，$\exists y\in \mathrm{span}E$ 使 $\|x-y\|<\varepsilon$，其中 $y=\sum\limits_{i=1}^{k}\alpha_i e_i$，$e_i\in E$，$\alpha_i\in K$，$(i=1,2,\cdots,k)$. 由于 $T_ny=\sum\limits_{i=1}^{k}\alpha_i T_n e_i$，每个 $\{T_ne_i\}_{n=1}^{\infty}$ 是Cauchy列，且 k 是有限的，故 $\{T_ny\}$ 是Cauchy列，$\exists N$，$\forall m,n\geqslant N$，必有 $\|T_ny-T_my\|<\varepsilon$. 于是，$\forall x\in X$，有

$$\begin{aligned}\|T_nx-T_mx\| &\leqslant \|T_nx-T_ny\|+\|T_ny-T_my\|+\|T_my-T_mx\| \\ &\leqslant \|T_n\|\,\|x-y\|+\varepsilon+\|T_m\|\,\|y-x\| \\ &< M\varepsilon+\varepsilon+M\varepsilon=(2M+1)\varepsilon.\end{aligned}$$

故 $\{T_nx\}$ 是 Y 中Cauchy列. 但 Y 是完备的，故 $\exists z\in Y$ 使 $T_nx\to z$. 定义

$$Tx=z=\lim_{n\to\infty}T_nx,$$

则 T 是线性的. 由范数连续性可知，$\|Tx\|=\lim\limits_{n\to\infty}\|T_nx\|$. 但 $\|T_nx\|\leqslant\|T_n\|\;\|x\|\leqslant M\|x\|$，故 $\|Tx\|\leqslant M\|x\|$. 因此 $T\in B(X,Y)$，$T_n\xrightarrow{s}T$.

证毕.

3.1节中的定理3.1.4已指出，在 Y 完备的前提下，$B(X,Y)$ 按算子范数收敛的意义是完备的，但 $B(X,Y)$ 未必按强收敛意义完备. 后者蕴涵前者，反之未必. 下列推论说明，条件加强到 X,Y 都完备，则 $B(X,Y)$ 的两种完备性都具备.

推论3.3.2 设 X,Y 都是Banach空间，则 $B(X,Y)$ 在算子列强收敛意义下完备.

证明 设 $\{T_n\}\subset B(X,Y)$ 且 $\forall x\in X$，$\{T_nx\}$ 是 Y 中Cauchy列，则 $\{T_nx\}$ 是 Y 中的有界点列. 因为 X 是完备的，由一致有界原理可知，$\{\|T_n\|\}$ 有界. 根据定理3.3.17，$\exists T\in B(X,Y)$ 使 $T_n\xrightarrow{s}T$. 这表明 $B(X,Y)$ 按强收敛意义完备.

证毕.

从以上的讨论可以看出，弱收敛与依范数收敛是既有联系又有区别的两个概念，二者在理论与应用中有同等的重要性. 事实上，正是由于弱收敛概念的引入，Banach空间共轭性理论的趣味才更加浓厚，应用的途径才多起来.

考虑有界线性算子 $y=Tx$，T 把赋范线性空间 X 映入赋范空间 Y. 设 g 是定义在 X 上的线性泛函，即 $g\in X^*$，将 g 作用于 $y=Tx$. 显然，$g(Tx)$ 是定义在 X 上的有界线性泛函，记 $f=g(T)$，于是 $f=g(T)\in X^*$，则对于每一个泛函 $g\in Y^*$，都对应于一个泛函 $f\in X^*$，即得到从 Y^* 映入 X^* 的某算子. 称此算子为算子 T 的共轭算子，记为 T^*.

定义3.3.7 设 X,Y 为赋范线性空间，X^*,Y^* 分别是 X,Y 的共轭空间，任取 $T\in$

$B(X,Y)$，定义 $T^* \in B(Y^*, X^*)$ 如下

$$(T^* f)(x) = f(Tx),$$

其中 $x \in X, f \in Y^*$，称 T^* 为 T 的共轭算子.

关于共轭算子的例子，可以参见本书第 4 章 4.4.3 节例 4.4.7 和例 4.4.8.

由定义 3.3.7 可得出共轭算子的性质.

(1) 算子 T^* 是线性的.

(2) $(T_1 + T_2)^* = T_1^* + T_2^*$.

(3) 若 K 是复数，则 $(KT)^* = \overline{K} T^*$.

定理 3.3.18 若 X,Y 是 Banach 空间，$T \in B(X,Y)$，则 $\| T^* \| = \| T \|$.

证明 由算子范数的定义

$$|(T^* g)(x)| = |g(Tx)| \leqslant \| g \| \cdot \| T \| \cdot \| x \|.$$

其中 $x \in X, g \in Y^*$. 由此可得

$$\| T^* g \| \leqslant \| g \| \cdot \| T \|,$$

于是

$$\| T^* \| \leqslant \| T \|.$$

取 $x \in X$ 且 $Tx \neq 0$，记 $y_0 = \dfrac{Tx}{\| Tx \|} \in Y$. 显然 $\| y_0 \| = 1$. 由 Hahn-Banach 定理的推论 3.2.2 可得，存在泛函 $g_0 \in Y^*$，使 $\| g_0 \| = 1$ 且 $g_0(y_0) = \| y_0 \| = 1$，则

$$1 = g_0(y_0) = g_0\left(\frac{Tx}{\| Tx \|}\right),$$

即

$$g_0(Tx) = \| Tx \|.$$

根据共轭算子的定义，可得

$$\begin{aligned} \| Tx \| &= g_0(Tx) = (T^* g_0)(x) \leqslant \| T^* g_0 \| \cdot \| x \| \\ &\leqslant \| T^* \| \cdot \| g_0 \| \cdot \| x \| \leqslant \| T^* \| \cdot \| x \|. \end{aligned}$$

其中最后一个等号是由于 $\| g_0 \| = 1$，由此可得

$$\| T \| \leqslant \| T^* \|.$$

综上，可得

$$\| T \| = \| T^* \|.$$

证毕.

定义 3.3.8 若 X,Y 是 Banach 空间，$T: X \to Y$ 是有界线性算子，$x_n \xrightarrow{w} x$，有 $Tx_n \xrightarrow{s} Tx$ 在 Y 中强收敛，则称 T 为全连续线性算子.

定理 3.3.19 若 $T: X \to Y$ 是紧算子，则 T 是全连续的；反之，若 X 是自反 Banach 空间，且 $T: X \to Y$ 是全连续的，则 T 是紧算子.

证明　"⇒"由紧算子证明全连续算子. 设 $x_n \xrightarrow{w} x$ 在 X 中，下证：$Tx_n \xrightarrow{s} Tx=y$ 在 Y 中强收敛.

反证：假设在 Y 中若 Tx_n 不强收敛于 y，则 $\exists x_0>0$ 和子列 $\{x_{n_k}\}$ 使得

$$\| Tx_{n_k}-y \| \geqslant \varepsilon_0 > 0.$$

再由 $x_n \xrightarrow{w} x$ 的弱收敛点列必有界，可得 $\{x_n\}$ 有界. 由于 T 是紧算子，可从 $\{x_{n_k}\}$ 中再取子列 $\{x_{n_{k_i}}\}$，使得

$$Tx_{n_{k_i}} \xrightarrow{s} z.$$

则在 Y 中 $Tx_{n_{k_i}} \xrightarrow{w} z$. 但 $T:X\to Y$ 是有界线性算子，有 $Tx_n \xrightarrow{w} Tx=y$，取子列后也有 $Tx_{n_{k_i}} \xrightarrow{w} Tx=y$. 由弱极限的唯一性，可得 $z=y$. 矛盾.

"⇐"自反加全连续算子证明紧算子. 由 E-S 定理(定理 3.3.15)，若 $\{x_n\}$ 有界，则必有子列 $x_{n_k} \xrightarrow{w} x$. 由于 T 是全连续的，则在 Y 中 $Tx_{n_k}\to Tx$，故 T 是紧算子.

表 3.1 是一些常见空间的共轭空间和二次共轭空间.

表 3.1　常见空间的共轭空间和二次共轭空间

X	X^*	X^{**}
R^n	R^n	R^n
C^n	C^n	C^n
$l^p,1<p<\infty$	$l^q,\dfrac{1}{p}+\dfrac{1}{q}=1$	l^p
l^1	l^∞	
l^∞		
C	l^1	l^∞
C_0	l^1	l^∞
$L^p[a,b],1<p<\infty$	$L^q[a,b],\dfrac{1}{p}+\dfrac{1}{q}=1$	$L^p[a,b]$
$L^1[a,b]$	$L^\infty[a,b]$	$M[a,b]$
$L^\infty[a,b]$	$M[a,b]$	
$C[a,b]$	$BV_0[a,b]$	

其中，$M[a,b]$为 Radon 测度空间，则

$$C=\{x=\{x_n\}_{n=1}\mid \{x_n\}_{n=1}\text{收敛且}\ \|x\|_C=\sup_{n\geqslant 1}|x_n|\},$$

$$C_0=\{x=\{x_n\}_{n=1}\mid \lim_{n\to\infty}x_n=0\ \text{且}\ \|x\|_C=\sup_{n\geqslant 1}|x_n|\},$$

$$BV_0[a,b]=\{f\in BV[a,b]\mid f\ \text{在}(a,b)\text{中右连续且}\ f(a)=0\}.$$

§3.4 谱理论初步

谱理论起源于线性方程(包括代数方程、微分方程、积分方程等)的特征值问题，而有限维空间上的线性算子就是矩阵，矩阵特征值理论是线性代数的核心内容之一. 例如矩阵 $A=\begin{pmatrix}1 & 2\\ 4 & 3\end{pmatrix}$，列出矩阵的特征方程 $A\vec{\alpha}=\lambda\vec{\alpha}$，可得 A 的特征值 $\lambda_1=-1,\lambda_2=5$. 谱理论可以看成是矩阵特征值理论在无限维空间的扩展，所以从谱理论视角来说，线性算子理论在某种程度上就是无限维空间上的线性代数.

谱理论在现代科学技术中有着广泛的应用. 数学史上，正是由于 Neumann 幸运的发现，谱理论恰好是粒子物理与量子力学的数学基础，才使这一理论得到迅速发展. 量子力学的一个基本事实是：粒子的波函数 $\psi(x,y,x,t)$ 是 Schrödinger 方程

$$ih\frac{\partial\psi}{\partial t}=\hat{H}\psi$$

的解，其中 i 是单位虚数，$h=1.054\times10^{-34}\,\mathrm{J\cdot s}$ 是 Plank 常数，$\hat{H}=-\frac{h^2}{2\mu}\Delta+V(x,y,z)$ 是哈密顿算子，μ 是粒子质量，V 是与时间无关的势能. Schrödinger 方程是量子力学一条基本公理. 在具体应用中，对上式应用分离变量法. 将 $\psi=u(x,y,z)T(t)$ 代入，可得变量分离方程

$$\begin{cases} ih\dfrac{T'}{T}=E,\\ \dfrac{1}{u}\left[-\dfrac{h^2}{2\mu}\Delta u+V(x,y,z)u\right]=E,\end{cases}$$

其中 E 是分离常数. 由第一个变量分离方程可得

$$T(t)=Ae^{-\frac{iEt}{h}},$$

其中 A 是常数. 分离常数 E 具有能量的单位，其值可使第二个变量分离方程具有非平凡解，也是哈密顿算子 $\hat{H}$ 的特征值，即第二个变量分离方程等价于

$$\hat{H}u=-\frac{h^2}{2\mu}\Delta u+V(x,y,z)u=Eu,$$

将特征值 E 对应的解 u 代入 $\psi=u(x,y,z)T(t)$ 中，可得

$$\psi(x,y,z,t)=Ae^{-\frac{iEt}{h}}u(x,y,z),$$

这种解称为具有能级 E 的一个稳态.

谱理论在内容上非常丰富精深，本节只作初步介绍.

3.4.1 线性算子的谱

在本节中，类比矩阵特征值的有关理论方法，常会对问题的讨论带来有益的启示. 由于矩阵特征值一般是复数，所以算子谱理论一般总在复空间上进行讨论. 因为矩阵代数系统是一个具有线性运算与乘法运算的代数系统，所以，将首先引入线性算子乘法的概念.

设 X 是复赋范空间，记 $B(X)=B(X,X)$ 为 X 上全体有界线性算子构成的空间，对 A，$B\in B(X)$，规定

$$AB(x)=A(B(x)),\ \forall x\in X.$$

称 AB 为算子 A 与 B 的积. 算子乘法运算实际上就是算子的复合运算. 这种运算满足以下运算规则($A,B,D\in B(X)$，$\alpha\in C$)：

$$A(BD)=(AB)D;$$

$$(A+B)D=AD+BD;$$

$$D(A+B)=DA+DB;$$

$$\alpha(AB)=(\alpha A)B=A(\alpha B).$$

以 I 表示单位算子(恒等算子)，则 $AI=IA=A$. 对任意自然数 n，乘幂 T^n 有意义，且 $T^0=I$，若 $\|\cdot\|$ 是 $B(X)$ 上的范数，则对 $\forall x\in X$，由 $\|AB(x)\|\leqslant\|A\|\ \|B(x)\|\leqslant\|A\|\ \|B\|\ \|x\|$ 得

$$\|AB\|\leqslant\|A\|\ \|B\|,\quad \|A^n\|\leqslant\|A\|^n,\ \forall A,B\in B(X),\quad \forall n\geqslant 1.$$

由于 $B(X)$ 中能够引进乘法运算并且具有以上性质，称 $B(X)$ 是一个赋范代数，I 是其单位元. 若 X 完备，则称 $B(X)$ 为 Banach 代数.

如同矩阵乘法一样，算子乘法一般不满足交换律. 若 $A,B\in B(X)$，$AB=BA$，则称 A 与 B 可交换. 另外，$B(X)$ 中的算子乘法具有连续性：若在 $B(X)$ 中，$A_n\to A$，$B_n\to B$，则 $A_nB_n\to AB$. 这可由如下简单推理得出：

$$\begin{aligned}\|A_nB_n-AB\|&\leqslant\|A_nB_n-AB_n\|+\|AB_n-AB\|\\&\leqslant\|A_n-A\|\sup_{n\geqslant 1}\|B_n\|+\|A\|\ \|B_n-B\|\to 0.\end{aligned}$$

逆算子是本节频繁使用的概念. 通常，算子 $A:X\to X$ 可逆是指 A 是双射；A 可逆等价于存在算子 $B:X\to X$ 使 $AB=BA=I$，此时 $B=A^{-1}$. 设 A 可逆，则 $(A^n)^{-1}=(A^{-1})^n$，其中整数 $n\geqslant 1$；若约定 $A^{-n}=(A^{-1})^n$，则对任何整数 k，A^k 有意义.

前面已指出线性算子 A 的逆算子仍是线性算子，以下将从 $B(X)$ 中元素的角度进一步考察逆算子.

定义 3.4.1　设 $A\in B(X)$，若 A 是双射且 A^{-1} 是有界算子，则称 A 为正则算子.

正则算子是从 X 到 X 的线性同胚映射. 当 X 是 Banach 空间时，若 $A\in B(X)$ 是双射，则由逆算子定理得，A^{-1} 必是有界的. 因此当 X 是 Banach 空间时，$B(X)$ 中的可逆算子都是正则算子. 一般地，$B(X)$ 中的逆算子未必是正则算子，$B(X)$ 中可逆算子与正则算子只在 X 不完备的情况下才是有区别的. 下列定理的结论是显然的.

定理 3.4.1　设 $A,B\in B(X)$，则

(1) 若 A 是正则算子，则 A^{-1} 是正则算子且 $(A^{-1})^{-1}=A$，$\|A^{-1}\|\geqslant\dfrac{1}{\|A\|}$；

(2) 若 A,B 都是正则算子，则 AB 是正则算子且 $(AB)^{-1}=B^{-1}A^{-1}$.

设 X 是复 Banach 空间，$A\in B(X)$，则算子 A 的多项式

$$a_0I+a_1A+\cdots+a_nA^n=\sum_{i=0}^{n}a_iA^i$$

总是有意义的. 若当 $n\to\infty$ 时 $\left\{\sum_{i=0}^{n}a_iA^i\right\}$ 依算子范数收敛,则算子幂级数 $\left\{\sum_{i=0}^{\infty}a_iA^i\right\}$ 有意义. 一个简单而有效的判别方法是:若通常幂级数 $f(\lambda)=\sum_{i=0}^{\infty}a_n\lambda^n$ 有收敛半径 r,则当 $A\in B(X)$, $\|A\|<r$ 时,有 $f(A)\in B(X)$. 因为当 $A\in B(X)$, $\|A\|<r$ 时,有

$$\sum_{n=0}^{\infty}\|a_nA^n\|\leqslant\sum_{n=0}^{\infty}|a_n|\,\|A\|^n<+\infty.$$

又因 $\left\|\sum_{i=n+1}^{n+p}a_iA^i\right\|\leqslant\sum_{i=n+1}^{n+p}\|a_iA^i\|$,故从 $\left\{\sum_{i=0}^{n}a_iA^i\right\}$ 是 Cauchy 列及 $B(X)$ 是完备的,可得到 $\sum_{i=0}^{\infty}a_nA^n$ 依算子范数收敛于 $B(X)$ 中某元,即其和 $f(A)\in B(X)$.

例如,$\sum_{n=0}^{\infty}\frac{A^n}{n!}$ 在算子范数意义下总是收敛的,其和 $e^A\in B(X)$.

下列定理在本节中起着基本的作用.

定理 3.4.2 (Von Neumann 定理) 设 X 是 Banach 空间,$A\in B(X)$,$\lambda\in C$. 若 $\|A\|<|\lambda|$,则 $\lambda I-A$ 是正则算子,且

$$(\lambda I-A)^{-1}=\sum_{n=0}^{\infty}\frac{A^n}{\lambda^{n+1}},\ \|(\lambda I-A)^{-1}\|\leqslant\frac{1}{|\lambda|-\|A\|}. \tag{3.4.1}$$

证明 令 $B_n=\sum_{i=0}^{n}\frac{A^i}{\lambda^{i+1}}$,记 $\frac{\|A\|}{|\lambda|}=\alpha$,则 $0\leqslant\alpha<1$,且当 $m>n$ 时,有

$$\|B_m-B_n\|=\left\|\sum_{i=n+1}^{m}\frac{A^i}{\lambda^{i+1}}\right\|\leqslant\sum_{i=n+1}^{m}\frac{\alpha^i}{|\lambda|}=\frac{\alpha^{n+1}}{|\lambda|}\cdot\frac{1-\alpha^{m-n}}{1-\alpha}\leqslant\frac{\alpha^{n+1}}{|\lambda|(1-\alpha)}.$$

$\{B_n\}\subset B(X)$ 为 Cauchy 列. 由于 X 完备,故 $B(X)$ 完备,于是 $\{B_n\}$ 依范数收敛于 $B\in B(X)$,$B=\sum_{n=0}^{\infty}\frac{A^n}{\lambda^{n+1}}$.

利用算子积的运算规则及算子积的连续性得

$$(\lambda I-A)B=\sum_{n=0}^{\infty}(\lambda I-A)\frac{A^n}{\lambda^{n+1}}=\sum_{n=0}^{\infty}\left(\frac{A^n}{\lambda^n}-\frac{A^{n+1}}{\lambda^{n+1}}\right)=\sum_{n=0}^{\infty}\frac{A^n}{\lambda^n}-\sum_{n=1}^{\infty}\frac{A^n}{\lambda^n}=I,$$

同理 $B(\lambda I-A)=I$. 故 $(\lambda I-A)$ 可逆,且由逆算子定理得,$B=(\lambda I-A)^{-1}\in B(X)$,即 $\lambda I-A$ 正则,由此得到式(3.4.1)中的等式. 由

$$\|B_n\|\leqslant\sum_{i=0}^{n}\frac{\|A\|^i}{|\lambda|^{i+1}}=\frac{1}{|\lambda|}\sum_{i=0}^{n}\alpha^i=\frac{1-\alpha^{n+1}}{|\lambda|(1-\alpha)}\leqslant\frac{1}{|\lambda|-\|A\|},$$

令 $n\to\infty$ 得到式(3.4.1)中的不等式.

证毕.

Von Neumann 定理建立了 $\lambda I-A$ 的正则性与复平面上的点 λ 之间的联系,由此可将复平面上的点分类,从而引入如下的正则集与谱集等概念.

定义 3.4.2 设 X 是复赋范空间,$A:X\to X$ 是线性算子,$\lambda\in C$.

(1) 若 $\lambda I-A$ 是正则算子,则称 λ 是 A 的正则点(或正则值). A 的正则点的全体记为

$\rho(A)$，称 $\rho(A)$ 为 A 的正则集.

(2) 若 $\lambda I-A$ 不是正则算子，则称 λ 是 A 的谱点(或谱值). A 的谱点的全体记为 $\sigma(A)$，称 $\sigma(A)$ 为 A 的谱集.

(3) 若 $\lambda I-A$ 不是单射，则称 λ 为 A 的特征值或点谱(point spectrum). 特征值的全体记为 $\sigma_p(A)$.

(4) 若 $\lambda I-A$ 是单射但非满射，且 $\overline{(\lambda I-A)X}=X$，则称 λ 是 A 的连续谱，连续谱的全体记为 $\sigma_c(A)$.

(5) 若 $\lambda I-A$ 是单射且 $\overline{(\lambda I-A)X}\neq X$，则称 λ 为 A 的剩余谱，剩余谱的全体记为 $\sigma_r(A)$.

$\sigma_p(A)$，$\sigma_c(A)$，$\sigma_r(A)$ 分别称为 A 的点谱集、连续谱集、剩余谱集. 此外，当 $(\lambda I-A)^{-1}$ 存在时，也称 $(\lambda I-A)^{-1}$ 为 A 的预解式.

按定义 3.4.2，由于对于线性算子 T 而言，T 是单射等价于零空间 $N(T)=\{\theta\}$，因此，当 $\lambda\in\sigma_p(A)$，即 λ 是特征值时，存在 $x\neq\theta$ 使 $(\lambda I-A)x=\theta$. 此时称 x 是相应于 λ 的特征向量，并称 $N(\lambda I-A)$ 是 A 的相应于 λ 的特征向量空间.

由定义 3.4.2 还知道，复平面 $C=\rho(A)\cup\sigma(A)$，并且 $\rho(A)\cap\sigma(A)=\varnothing$. 另外 $\sigma_p(A)$，$\sigma_c(A)$，$\sigma_r(A)$ 互不相交，且

$$\sigma(A)=\sigma_p(A)\cup\sigma_c(A)\cup\sigma_r(A).$$

算子谱的概念和算子方程解的状态有直接联系，算子方程的适定性(解的存在性、唯一性、解对初始条件的连续依赖性、解的稳定性等)可以用谱来讨论.

定理 3.4.3 设 X 是 Banach 空间，$A\in B(X)$.

(1) $\lambda\in\rho(A)$ 的充要条件是非齐次方程 $(\lambda I-A)x=y$ 关于任何 $y\in X$ 存在唯一解，此时 $\exists M>0$ 使 $\|x\|\leqslant M\|y\|$，其中 x 是该方程相应于 y 的解.

(2) $\lambda\in\sigma_p(A)$ 的充要条件是齐次方程 $(\lambda I-A)x=\theta$ 有非零解.

(3) $\lambda\in\sigma_c(A)\cup\sigma_r(A)$ 的充要条件是齐次方程 $(\lambda I-A)x=\theta$ 有唯一零解，而相应的非齐次方程 $(\lambda I-A)x=y$ 不是对于每个 $y\in X$ 都有解.

证明 (1) 必要性. 若 $\lambda\in\rho(A)$，则 $(\lambda I-A)^{-1}\in B(X)$ 且 $(\lambda I-A)x=y$ 的解

$$x=(\lambda I-A)^{-1}(\lambda I-A)x=(\lambda I-A)^{-1}y.$$

由于 $y=\theta$ 蕴涵 $x=\theta$，故解是唯一的，记 $M=\|(\lambda I-A)^{-1}\|$，有

$$\|x\|=\|(\lambda I-A)^{-1}y\|\leqslant\|(\lambda I-A)^{-1}\|\,\|y\|=M\|y\|.$$

充分性. 设题设条件成立，取 $y=\theta$ 可知方程 $(\lambda I-A)x=\theta$ 有唯一零解，即 $N(\lambda I-A)=\{\theta\}$，$\lambda I-A$ 是单射. 又 $(\lambda I-A)x=y$ 对每个 y 都有解，这表明 $\lambda I-A$ 为满射，于是 $\lambda I-A$ 是双射. 因 X 完备，故 $(\lambda I-A)^{-1}\in B(X)$，即 $\lambda I-A$ 是正则的，$\lambda\in\rho(A)$.

(2) 必要性. 若 $\lambda\in\sigma_p(A)$，则 $\lambda I-A$ 不是单射，于是 $\exists x_1,x_2\in X$，$x_1\neq x_2$，有 $(\lambda I-A)x_1=(\lambda I-A)x_2$. 从而，$(\lambda I-A)(x_1-x_2)=\theta$，这表明 $(\lambda I-A)x=\theta$ 有非零解.

充分性. 若 $x\in X$，$x\neq\theta$，有 $(\lambda I-A)x=\theta$. 但因 $(\lambda I-A)\theta=\theta$，故 $\lambda I-A$ 不是单射，$\lambda\in\sigma_p(A)$.

(3) 由于齐次方程$(\lambda I-A)x=\theta$只有零解等价于$\lambda I-A$是单射，$(\lambda I-A)x=y$不是对于每个$y\in X$都有解等价于$\lambda I-A$不是满射，故(3)成立.

证毕.

例 3.4.1 设$A:C^n\to C^n$是线性算子，A对应于方阵$(a_{ij})_{n\times n}$，设$\lambda\in C$. 若行列式$\det(\lambda I-A)\neq 0$，则方程$(\lambda I-A)x=y$对任意$y\in C^n$都有唯一解，从而$\lambda\in\rho(A)$. 若行列式$\det(\lambda I-A)=0$，则方程$(\lambda I-A)x=\theta$有非零解，从而$\lambda\in\sigma_p(A)$. 这表明有限维空间上的线性算子A仅有点谱，即$\sigma(A)=\sigma_p(A)$.

当空间X是无限维时，有可能$\sigma(A)\neq\sigma_p(A)$，即谱点未必都是特征值，除了点谱外还有其他谱点.

例 3.4.2 设$X=l^2$，$\forall x=(a_1,a_2,\cdots,a_i,\cdots)$，定义$A:l^2\to l^2$，使

$$Ax=(0,a_1,a_2,\cdots,a_i,\cdots),$$

则A是线性的且$\|Ax\|=\|x\|$，$\|A\|=1$，即$A\in B(l^2)$. 取$\lambda=0$，若$Ax=\theta$只有零解，且对$y=(1,0\cdots,0,\cdots)\in l^2$，算子方程$Ax=y$无解，由定理 3.4.3(3)，$\lambda=0\in\sigma_c(A)\cup\sigma_r(A)$，$\lambda=0\notin\sigma_p(A)$.

无限维空间中谱点未必是特征值的事实提醒，不可不加检验地将矩阵特征值理论的任何结论都照搬到算子谱论中.

定理 3.4.3 揭示了谱概念与方程$\lambda x-Ax=y$的解的密切关系. 一个自然的疑问是：为什么形如$\lambda x-Ax=y$的方程值得研究？按常规，似乎研究$Ax=y$更有价值而且更简单. 合理的解释是：前者有物理背景，有线性代数中的特征值理论可利用，按 Von Neumann 定理(定理 3.4.2)还可以求幂级数解. 下面继续讨论谱集的一些基本性质.

3.4.2 谱集的基本性质

定理 3.4.4 设X是 Banach 空间，$A\in B(X)$，则

(1) $\rho(A)$是无界开集且$|\lambda|>\|A\|$时有$\lambda\in\rho(A)$.

(2) $\sigma(A)$是紧集(有界闭集)，且$\lambda\in\sigma(A)$时有$|\lambda|\leqslant\|A\|$.

证明 (1) 因为$|\lambda|>\|A\|$时，由 Von Neumann 定理(定理 3.4.2)，$\lambda I-A$是正则算子，即$\lambda\in\rho(A)$，故$\rho(A)$是无界集. 下证$\rho(A)$是开集.

设$\lambda_0\in\rho(A)$，则$(\lambda_0 I-A)^{-1}\in B(X)$. 任取$\lambda\in B(\lambda_0,r)$，其中$r=\|(\lambda_0 I-A)^{-1}\|^{-1}$，即$|\lambda-\lambda_0|<r$，有

$$\begin{aligned}\lambda I-A&=(\lambda-\lambda_0)I+(\lambda_0 I-A)\\&=(\lambda_0 I-A)[(\lambda-\lambda_0)(\lambda_0 I-A)^{-1}+I]=(\lambda_0 I-A)(I-B).\end{aligned}\qquad(3.4.2)$$

其中，记$B=-(\lambda-\lambda_0)(\lambda_0 I-A)^{-1}$. 因为

$$\|B\|=|\lambda-\lambda_0|\,\|(\lambda_0 I-A)^{-1}\|<r\cdot\frac{1}{r}=1,$$

由 Von Neumann 定理(定理 3.4.2)，$I-B$是正则算子，由定理 3.4.3(2)得，$(\lambda_0 I-A)(I-B)$是正则算子，故式(3.4.2)表明$\lambda I-A$是正则算子，$\lambda\in\rho(A)$. 证得$B(\lambda_0,r)\subset\rho(A)$，因此

$\rho(A)$是开集.

(2) 由 Von Neumann 定理（定理 3.4.2），当$|\lambda|>\|A\|$时有$\lambda\in\rho(A)$. 故$\sigma(A)\subset\{\lambda\,|\,|\lambda|\leqslant\|A\|\}$，即$\sigma(A)$是有界集；又$\sigma(A)$是开集$\rho(A)$在复平面$C$的余集，所以$\sigma(A)$是闭集，因此$\sigma(A)$是紧集.

证毕.

定理 3.4.4 对 Banach 空间上有界线性算子的正则集和谱集的分布给出了一个大致的描述. 在复平面上，谱点集包含于以原点为中心、$\|A\|$为半径的闭圆盘$B[\theta,\|A\|]$内，正则集包含$B[\theta,\|A\|]$的余集，即该闭圆盘的外部.

下列定理指出了谱点的存在性.

定理 3.4.5 (Gelfand-Mazur 定理)　设X是非零的 Banach 空间，$A\in B(X)$，则$\sigma(A)\neq\varnothing$.

证明　设$\lambda\in\rho(A)$，$f\in B(X)^*$，则$F(\lambda)=f((\lambda I-A)^{-1})$是复值函数. 设$\lambda_0\in\rho(A)$. 按定理 3.4.4 的证明及 Von Neumann 定理（定理 3.4.2），$|\lambda-\lambda_0|<r$时，由式(3.4.2)与式(3.4.1)可得到$(\lambda I-A)^{-1}$有算子级数展开式：

$$(\lambda I-A)^{-1}=(I-B)^{-1}(\lambda_0 I-A)^{-1}=\sum_{i=0}^{\infty}B^i(\lambda_0 I-A)^{-1}$$

$$=\sum_{i=0}^{\infty}(-1)^i(\lambda-\lambda_0)^i(\lambda_0 I-A)^{-(i+1)}.$$

由f的连续性得

$$F(\lambda)=f((\lambda I-A)^{-1})=\sum_{i=0}^{\infty}(-1)^i f((\lambda_0 I-A)^{-(i+1)})(\lambda-\lambda_0)^i.$$

上式表明$F(\lambda)$是$\rho(A)$中的解析函数.

反证法. 假设$\sigma(A)=\varnothing$，则$F(\lambda)$在整个复平面C上解析. 据 Von Neumann 定理（定理 3.4.2），当$|\lambda|>\|A\|$时，$\|(\lambda I-A)^{-1}\|\leqslant\dfrac{1}{|\lambda|-\|A\|}$.

$$|F(\lambda)|\leqslant|f((\lambda I-A)^{-1})|$$

$$\leqslant\|f\|\,\|(\lambda I-A)^{-1}\|\leqslant\frac{\|f\|}{|\lambda|-\|A\|}\to 0\ (|\lambda|\to\infty). \tag{3.4.3}$$

因此$F(\lambda)$在C上有界. 根据 Liouville 定理（整个复平面上解析的有界函数必是常数），$F(\lambda)$为常数. 式(3.4.3)表明必有$F(\lambda)\equiv 0$，特别地$F(0)=0$，这里$F(\lambda)=f((\lambda I-A)^{-1})$，其中$f\in B(X)^*$是任意的.

由于X不是零空间，$B(X)$是非零的 Banach 空间. 由于$\sigma(A)=\varnothing$，则$0\in\rho(A)$，从而$A^{-1}\in B(X)$. 由 Hahn-Banach 定理，$\exists f_0\in B(X)^*$，使$f_0(A^{-1})=\|A^{-1}\|\neq 0$. 由于$(-A)^{-1}=-A^{-1}$，故

$$F(0)=f_0((-A)^{-1})=-f_0(A^{-1})\neq 0,$$

这与已证$F(0)=0$相矛盾，因此$\sigma(A)\neq\varnothing$.

根据 Gelfand-Mazur 定理及定理 3.4.4，可引入下述定义.

定义 3.4.3　称$r(A)=\max\limits_{\lambda\in\sigma(A)}|\lambda|$为算子$A$的谱半径.

按定义 3.4.3,算子 A 的谱半径就是复平面中以原点为中心包含 $\sigma(A)$ 的最小圆盘的半径,由定理 3.4.4 可知 $r(A)\leqslant\|A\|$. 这个估计是粗略的. 另外,对 n 维空间上的线性算子 A,令 $\lambda_1,\lambda_2,\cdots,\lambda_n$ 是 A 的全体特征值,则 $r(A)=\max\limits_{1\leqslant i\leqslant n}|\lambda_i|$. 对 $r(A)$ 的精确估计有如下结论.

定理 3.4.6 (Gelfand 定理) 设 X 是 Banach 空间,$A\in B(X)$,则 $r(A)=\lim\limits_{n\to\infty}\sqrt[n]{\|A^n\|}$.

证明 $A=\theta$, $r(A)=0$,结论显然成立. 不妨设 $A\neq\theta$,记 $\alpha=\inf\limits_{n\geqslant 1}\sqrt[n]{\|A^n\|}$,分 3 步证明.

(1) 证明 $\lim\limits_{n\to\infty}\sqrt[n]{\|A^n\|}=\alpha$ 存在.

显然下极限 $\liminf\limits_{n\to\infty}\sqrt[n]{\|A^n\|}\geqslant\alpha$,且 $\forall\varepsilon>0$, $\exists m$ 使 $\sqrt[m]{\|A^m\|}<\alpha+\varepsilon$. 设 $n\geqslant m$, 记 $n=pm+q$,其中 $0\leqslant q<m$, 则

$$\|A^n\|=\|A^{pm+q}\|\leqslant\|A^m\|^p\ \|A\|^q,$$

$$\sqrt[n]{\|A^n\|}\leqslant\left(\sqrt[m]{\|A^m\|}\right)^{\frac{mp}{n}}\|A\|^{\frac{q}{n}}<(\alpha+\varepsilon)^{\frac{n-q}{n}}\|A\|^{\frac{q}{n}},$$

故上极限 $\limsup\limits_{n\to\infty}\sqrt[n]{\|A^n\|}\leqslant\alpha+\varepsilon$. ε 的任意性表明,$\limsup\limits_{n\to\infty}\sqrt[n]{\|A^n\|}\leqslant\alpha$,所以 $\lim\limits_{n\to\infty}\sqrt[n]{\|A^n\|}=\alpha$.

(2) 证明 $r(A)\leqslant\alpha$.

考虑幂级数

$$(\lambda I-A)^{-1}=\sum_{n=0}^{\infty}\frac{A^n}{\lambda^{n+1}}=\frac{1}{\lambda}\sum_{n=0}^{\infty}\frac{A^n}{\lambda^n}. \tag{3.4.5}$$

因为对数项幂级数 $\sum\limits_{n=0}^{\infty}\|A^n\|\mu^n$ 利用根式法与(1) 证结果可得其收敛半径为 $\frac{1}{\alpha}$(即 $|\mu|<\frac{1}{\alpha}$ 时绝对收敛),故令 $\mu=\frac{1}{\lambda}$,由 $B(X)$ 的完备性得,当 $|\lambda|>\alpha$ 时,式(3.4.5) 收敛. 证得 $|\lambda|>\alpha$ 时有 $\lambda\in\rho(A)$,可见 $\lambda\in\sigma(A)\Rightarrow|\lambda|\leqslant\alpha$,即 $r(A)\leqslant\alpha$.

(3) 证明 $r(A)\geqslant\alpha$.

当 $|\lambda|>\alpha$ 且 $f\in B(X)^*$ 时,由式(3.4.5)得,

$$f((\lambda I-A)^{-1})=\sum_{n=0}^{\infty}\frac{f(A^n)}{\lambda^{n+1}}. \tag{3.4.6}$$

于是 $f((\lambda I-A)^{-1})$ 在区域 $\{\lambda\,|\,|\lambda|>\alpha\}$ 中解析. 由(2)已证结果,

$$\{\lambda\,|\,|\lambda|>\alpha\}\subset\{\lambda\,|\,|\lambda|>r(A)\}\subset\rho(A).$$

根据 Laurent 展开式的唯一性,式(3.4.6) 也是 $f((\lambda I-A)^{-1})$ 在 $\{\lambda\,|\,|\lambda|>r(A)\}$ 上的 Laurent 展开式. 由 Laurent 级数性质,$\forall\varepsilon>0$,式(3.4.6)在 $\lambda=r(A)+\varepsilon$ 绝对收敛,即

$$\sum_{n=0}^{\infty}\frac{|f(A^n)|}{(r(A)+\varepsilon)^{n+1}}<+\infty. \tag{3.4.7}$$

记 $B_n=\frac{A^n}{(r(A)+\varepsilon)^n}$,则 $B_n\in B(X)$. 式(3.4.7)表明

$$|f(B_n)|=(r(A)+\varepsilon)\cdot\frac{|f(A^n)|}{(r(A)+\varepsilon)^{n+1}}\to 0,\quad n\to\infty.$$

从而，$\forall f\in B(X)^*$，$\{f(B_n)\}$有界，即$\{B_n\}$是弱有界的. 由定理 3.3.11，$\{\|B_n\|\}$有界，即$\exists M>0,\forall n\geqslant 1,\|B_n\|\leqslant M$. 于是$\|A^n\|\leqslant(r(A)+\varepsilon)^n M$，从而

$$\alpha=\lim_{n\to\infty}\sqrt[n]{\|A^n\|}\leqslant\lim_{n\to\infty}(r(A)+\varepsilon)\sqrt[n]{M}=r(A)+\varepsilon.$$

由 ε 的任意性得 $\alpha\leqslant r(A)$.

Gelfand 定理有广泛的应用，以下用来解决算子幂级数的收敛判别问题.

定理 3.4.7　设幂级数 $\sum\limits_{n=0}^{\infty}a_n z^n$ 的收敛半径为 r_0，X 是 Banach 空间，$A\in B(X)$.

(1) 若 $r(A)<r_0$，则 $\sum\limits_{n=0}^{\infty}a_n A^n$ 绝对收敛.

(2) 若 $r(A)>r_0$，则 $\sum\limits_{n=0}^{\infty}a_n A^n$ 发散.

证明　(1) 从微积分学可知，正项级数 $\sum\limits_{n=0}^{\infty}\|a_n A^n\|$ 当 $\limsup\limits_{n\to\infty}\sqrt[n]{\|a_n A^n\|}<1$ 时收敛，而上极限

$$\begin{aligned}\limsup_{n\to\infty}\sqrt[n]{\|a_n A^n\|}&=\limsup_{n\to\infty}\sqrt[n]{|a_n|}\sqrt[n]{\|A^n\|}\\&=\limsup_{n\to\infty}\sqrt[n]{|a_n|}\cdot\lim_{n\to\infty}\sqrt[n]{\|A^n\|}=\frac{1}{r_0}r(A).\end{aligned}\tag{3.4.8}$$

于是当 $r(A)<r_0$，$\sum\limits_{n=0}^{\infty}\|a_n A^n\|$ 收敛.

(2) 若 $\sum\limits_{n=0}^{\infty}a_n A^n$ 收敛，则 $\lim\limits_{n\to\infty}\|a_n A^n\|=0$. 于是 $\exists M>0,\forall n\geqslant 1,\|a_n A^n\|\leqslant M$. 由式(3.4.8)，$\dfrac{r(A)}{r_0}=\limsup\limits_{n\to\infty}\sqrt[n]{\|a_n A^n\|}\leqslant\lim\limits_{n\to\infty}M^{\frac{1}{n}}=1$，即 $r(A)\leqslant r_0$. 因此 $r(A)>r_0$ 时，$\sum\limits_{n=0}^{\infty}a_n A^n$ 不收敛.

证毕.

定理 3.4.7(1) 是说在 $r(A)<r_0$ 时，从解析函数 $f(z)=\sum\limits_{n=0}^{\infty}a_n z^n$ 得出算子函数 $f(A)=\sum\limits_{n=0}^{\infty}a_n A^n$. 定理 3.4.7 可以看作是 Von Neumann 定理(定理 3.4.2) 的推广. Von Neumann 定理的条件$\dfrac{\|A\|}{|\lambda|}<1$强于条件$\dfrac{r(A)}{\lambda}<1$，Von Neumann 定理的结论是由数值级数$\dfrac{1}{\lambda-z}=\sum\limits_{n=0}^{\infty}\dfrac{z^n}{\lambda^{n+1}}$得到算子级数$(\lambda I-A)^{-1}=\sum\limits_{n=0}^{\infty}\dfrac{A^n}{\lambda^{n+1}}$. 这表明 Von Neumann 定理就是定理 3.4.7(1) 的特例.

例 3.4.3　考虑算子 $A:l^2\to l^2$，$\forall x=(a_1,a_2,\cdots,a_i,\cdots)\in l^2$，$Ax=(a_2,a_3,\cdots)$. 显然是 A 线性的且 $\|Ax\|\leqslant\|x\|$，$\|A\|\leqslant 1$. 取 $e_2=(0,1,0,\cdots)\in l^2$，则 $\|e_2\|=1$ 且 $\|A\|\geqslant\|Ae_2\|=\|e_1\|=1$，其中 $e_1=(1,0,0,\cdots)$，由此得到 $\|A\|=1$，所以

$$\sigma(A)\subset\{z\in C\mid |z|\leqslant 1\}.$$

$\forall\lambda\in C,|\lambda|<1$,若令 $x_0=(1,\lambda,\lambda^2,\cdots)$,则 $Ax_0=(\lambda,\lambda^2,\cdots)$,从而有 $Ax_0=\lambda x_0$. 由于 $x_0\neq\theta$,故 $\lambda\in\sigma_p(T)$,于是

$$\{z\in C\mid |z|<1\}\subset\sigma_p(A)\subset\sigma(A)\subset\{z\in C\mid |z|\leqslant 1\}.$$

注意到 $\sigma(A)$ 是闭集,故 $\sigma(A)=\{z\in C\mid |z|\leqslant 1\}$.

设 $\lambda\in C,|\lambda|=1$,若当 $x=(a_1,a_2,\cdots)$ 时有

$$(\lambda I-A)x=(\lambda a_1-a_2,\lambda a_2-a_3,\cdots)=\theta,$$

则 $a_2=\lambda a_1,a_3=\lambda a_2=\lambda^2 a_1,\cdots,a_n=\lambda^{n-1}a_1,\cdots$ 当 $a_1\neq 0$ 时,$|a_n|=|a_1|>0$,明显有 $x\notin l^2$,故只能 $a_1=0$,从而 $x=\theta$. 这表明 $\lambda I-A$ 是单射,故 $\lambda\notin\sigma_p(A)$.

$\forall\varepsilon>0,\forall y=(b_1,b_2,\cdots,b_i,\cdots)\in l^2$,可取 $y_n=(b_1,b_2,\cdots,b_n,0,\cdots)\in l^2$,使 $\|y-y_n\|<\varepsilon$. 令

$$a_1=\lambda^{-n}b_n+\lambda^{-n+1}b_{n-1}+\cdots+\lambda^{-1}b_1,$$
$$a_2=\lambda^{-n+1}b_n+\lambda^{-n+2}b_{n-1}+\cdots+\lambda^{-1}b_2,$$
$$\cdots$$
$$a_{n-1}=\lambda^{-2}b_n+\lambda^{-1}b_{n-1},$$
$$a_n=\lambda^{-1}b_n.$$
$$x_n=(a_1,a_2,\cdots,a_n,0,\cdots).$$

则 $(\lambda I-A)x_n=y_n$,这表明 $\overline{(\lambda I-A)l^2}=l^2$,即值空间 $(\lambda I-A)l^2$ 在 l^2 中稠密,所以 $\lambda\in\sigma_c(A)$. 于是

$$\sigma(A)=\{z\mid |z|\leqslant 1\},\sigma_p(A)=\{z\mid |z|<1\},\ \sigma_c(A)=\{z\mid |z|=1\},\ \sigma_r(A)=\varnothing.$$

例 3.4.4 考虑复空间 $C[a,b]$,定义 $A:C[a,b]\to C[a,b]$ 使

$$(Ax)(t)=tx(t),\quad \forall x\in C[a,b].$$

由于 $t\in[a,b]$,易知 A 为有界线性算子. $\forall\lambda\in C$,有

$$(\lambda I-A)x(t)=(\lambda-t)x(t).$$

当 $(\lambda I-A)x=\theta$ 时必有 $x=\theta$,故 $(\lambda I-A)$ 是单射,于是 $\sigma_p(A)=\varnothing$.

若 $\lambda\notin[a,b]$,则 $\forall y\in C[a,b]$,取 $x(t)=\dfrac{y(t)}{\lambda-t}$,有 $x\in C[a,b]$,$\|x\|\leqslant\max\limits_{a\leqslant t\leqslant b}\left|\dfrac{1}{\lambda-t}\right|\|y\|$,且 $(\lambda I-A)x=y$. 这表明 $\lambda I-A$ 是满射,所以 $\lambda\in\rho(A)$.

若 $\lambda\in[a,b]$,记 $Y=(\lambda I-A)C[a,b]$,下证 $\overline{Y}\neq C[a,b]$. 事实上,由于 $(\lambda I-A)x(t)=(\lambda-t)x(t)$,故值空间 Y 中每个元素在 λ 点的值为 0. 若 $y_0\in C[a,b]$ 且 $|y_0(\lambda)|>\dfrac{1}{2}$,则 $\forall x\in Y$,有

$$\|x-y_0\|\geqslant|x(\lambda)-y_0(\lambda)|=|y_0(\lambda)|>\frac{1}{2},$$

$y_0\notin\overline{Y}$. 这表明值空间 Y 不在 $C[a,b]$ 中稠密,$\lambda\in\sigma_r(A)$. 于是 $\sigma(A)=\sigma_r(A)=[a,b]$.

§3.5　算子理论的若干应用实例

本节介绍综合应用算子理论来解决理论与实际问题的若干实例. 例3.5.1和例3.5.2主要涉及一致有界原理的应用,关于这方面的应用往往要计算算子的范数,其中例3.5.1介绍的是古典的结果. 例3.5.3涉及Hana-Banach定理与弱收敛性质的应用. 例3.5.4涉及闭图像定理与逆算子定理的应用. 例3.5.5至例3.5.7主要是逆算子定理与开映射定理的应用. 最后的例3.5.8主要是谱理论的应用.

例3.5.1　机械求积公式的收敛性问题.

在定积分的近似计算中,可以设计出各种公式来计算定积分的近似值,如所谓矩形公式、梯形公式等,这些公式都是函数在有限个分点处的值的加权和. 一般性的问题是,这些公式在什么条件下收敛? 明确地说,对于积分$\int_a^b x(t)\mathrm{d}t$,其中$x\in C[a,b]$,给定一列分点组

$$a=t_0^{(n)}<t_1^{(n)}<\cdots<t_{k_n}^{(n)}=b$$

和一列实数组$A_k^{(n)}$,$k=0,1,\cdots,k_n$,$n=1,2,\cdots$. 记

$$f_n(x)=\sum_{k=0}^{k_n}A_k^{(n)}x(t_k^{(n)}). \tag{3.5.1}$$

式(3.5.1)称为机械求积公式,将$f_n(x)$作为$\int_a^b x(t)\mathrm{d}t$的近似值,问在什么条件下式(3.5.1)收敛,即对任何$x\in C[a,b]$,有$\lim\limits_{n\to\infty}f_n(x)=\int_a^b x(t)\mathrm{d}t$?

Polya-Szegö定理　机械求和公式在$C[a,b]$上收敛的充分必要条件是

(1) $\sum\limits_{k=0}^{k_n}|A_k^{(n)}|\leqslant M\quad(n=1,2,\cdots)$;

(2) 对每个$x_j(t)=t^j\quad(j=0,1,2,\cdots)$有$\lim\limits_{n\to\infty}f_n(x_j)=\int_a^b x_j(t)\mathrm{d}t$.

证明　易知f_n是$C[a,b]$上的线性泛函,且

$$|f_n(x)|\leqslant\left(\sum_{k=0}^{k_n}|A_k^{(n)}|\right)\max_{a\leqslant t\leqslant b}|x(t)|=\left(\sum_{k=0}^{k_n}|A_k^{(n)}|\right)\|x\|.$$

故$\|f_n\|\leqslant\sum\limits_{k=0}^{k_n}|A_k^{(n)}|$,以下求出$\|f_n\|$.

在$C[a,b]$中取$x_0(t)$使$x_0(t_k^{(n)})=\operatorname{sgn}A_k^{(n)}$,$k=0,1,\cdots,k_n$(只要取$x_0(t)$是依次连接平面上点$(t_k^{(n)},\operatorname{sgn}A_k^{(n)})$的折线即可),则$\|x_0\|=1$,且$\|f_n\|\geqslant|f_n(x_0)|=\sum\limits_{k=0}^{k_n}|A_k^{(n)}|$.
因此

$$\|f_n\|=\sum_{k=0}^{k_n}|A_k^{(n)}|. \tag{3.5.2}$$

必要性. 设机械求积公式(3.5.1)收敛,则(2)是显然成立的. 由于$C[a,b]$完备,由

式(3.5.1)的收敛性及式(3.5.2)应用一致有界原理得(1)也成立.

充分性. 设条件(1)、(2)成立,由(2)可知机械求积公式(3.5.1)对每个多项式 $p(t)$ 是收敛的,即

$$\forall \varepsilon > 0, \exists N, \forall n > N, \left| \int_a^b p(t)\mathrm{d}t - f_n(p) \right| < \varepsilon.$$

由定理 2.3.2 得,对任意 $x \in C[a,b]$,存在多项式 $p(t)$ 使 $\| x - p \| < \varepsilon$. 于是由条件(1)得

$$\begin{aligned} \left| \int_a^b x(t)\mathrm{d}t - f_n(x) \right| &\leqslant \left| \int_a^b x(t)\mathrm{d}t - \int_a^b p(t)\mathrm{d}t \right| + \left| \int_a^b p(t)\mathrm{d}t - f_n(p) \right| + | f_n(p) - f_n(x) | \\ &\leqslant (b-a) \| x - p \| + \varepsilon + \| f_n \| \| p - x \| \\ &< (b-a)\varepsilon + \varepsilon + M\varepsilon = (b - a + 1 + M)\varepsilon. \end{aligned}$$

证得 $\lim\limits_{n\to\infty} f_n(x) = \int_a^b x(t)\mathrm{d}t$.

证毕.

例 3.5.2 设 $1 < p < +\infty, \frac{1}{p} + \frac{1}{q} = 1$,设 $g(t)$ 是区间 $[a,b]$ 上的 Lebesgue 可测函数. 若对任何 $x(t) \in L^p[a,b]$,有 $xg \in L^1[a,b]$,则必有 $g(t) \in L^q[a,b]$.

证明 对任一正整数 n,令

$$g_n(t) = \begin{cases} g(t), & |g(t)| \leqslant n, \\ 0, & |g(t)| > n, \end{cases}$$

则 $g_n(t)$ 是有界可测函数,作 $L^p[a,b]$ 上的线性泛函 F_n,使

$$F_n(x) = \int_a^b g_n(x) x(t)\mathrm{d}t, \quad x \in L^p[a,b].$$

应用 Hölder 不等式得

$$|F_n(x)| \leqslant \int_a^b |g_n(t)| |x(t)| \mathrm{d}t \leqslant \left(\int_a^b |g_n(t)|^q \mathrm{d}t \right)^{\frac{1}{q}} \| x \|_p,$$

即 $\| F_n \| \leqslant \left(\int_a^b |g_n(t)|^q \mathrm{d}t \right)^{\frac{1}{q}} < +\infty$,$F_n$ 是有界的,$F_n \in (L^p[a,b])^*$. 由题设条件知,$\forall x \in L^p[a,b]$,有 $xg \in L^1[a,b]$,于是

$$\sup_{n\geqslant 1} |F_n(x)| \leqslant \sup_{n\geqslant 1} \int_a^b |g_n(t)| |x(t)| \mathrm{d}t \leqslant \int_a^b |g(t)| |x(t)| \mathrm{d}t < +\infty.$$

根据一致有界原理,$\sup\limits_{n\geqslant 1} \| F_n \| < +\infty$. 现求 $\| F_n \|$,令

$$\beta_n(t) = \begin{cases} 1, & g_n(t) = 0, \\ |g_n(t)| / g_n(t), & g_n(t) \neq 0, \end{cases}$$

则 $|\beta_n(t)| = 1$ 且 $\beta_n(t)$ 是 Lebesgue 可测的. 令 $x_n(t) = \beta_n(t) | g_n(t) |^{q-1}$,则由 $\| x_n \|_p = \left(\int_a^b | g_n(t) |^q \mathrm{d}t \right)^{\frac{1}{p}} < +\infty$ 得 $x_n \in L^p[a,b]$,则

$$|F_n(x_n)| = \int_a^b g_n(t) x_n(t)\mathrm{d}t = \int_a^b |g_n(t)|^q \mathrm{d}t \leqslant \| F_n \| \| x_n \|_p,$$

$$\| F_n \| \geqslant \frac{\int_a^b |g_n(t)|^q \mathrm{d}t}{\| x_n \|_p} = \left(\int_a^b |g_n(t)|^q \mathrm{d}t\right)^{\frac{1}{q}},$$

所以 $\| F_n \| = \left(\int_a^b |g(t)|^q \mathrm{d}t\right)^{\frac{1}{q}}$. 于是

$$\left(\int_a^b |g_n(t)|^q \mathrm{d}t\right)^{\frac{1}{q}} = \sup_{n\geqslant 1}\left(\int_a^b |g_n(t)|^q \mathrm{d}t\right)^{\frac{1}{q}} = \sup_{n\geqslant 1} \| F_n \| < +\infty.$$

这表明 $g \in L^q[a,b]$.

例 3.5.3　设 X 是自反实 Banach 空间,$E\subset X$ 是闭凸集,则

(1) $\forall y\in E^c$,存在 y 关于 E 的最佳逼近元 x_0,即 $\exists x_0\in E$ 使

$$\| y-x_0 \| = \inf_{e\in E} \| y-e \| = \rho(y,E).$$

(2) 若 E 有界,$f:E\to R$ 是弱下半连续的,即满足下列条件:

$$\{x_n\}\subset E, x\in E, x_n \xrightarrow{w} x \Rightarrow f(x) \leqslant \liminf_{n\to\infty} f(x_n). \tag{3.5.3}$$

则 $f(x)$ 在 E 上取得最小值.

证明　(1) 由下确界定义,$\forall n$,$\exists x_n\in E$,使

$$\rho(y,E)\leqslant \| y-x_n \| < \rho(y,E)+\frac{1}{n}.$$

于是 $\{x_n\}$ 是 E 中有界点列,且 $\lim\limits_{n\to\infty} \| y-x_n \| = \rho(y,E)$ 存在. 由 E-S 定理(定理 3.3.15),$\{x_n\}$ 有弱收敛子列 $\{x_{n_k}\}$. 设 $x_{n_k} \xrightarrow{w} x_0$,则必有 $x_0\in E$.

否则,应用凸集隔离定理,$\exists g\in X^*$,$r\in R$ 使 $g(x_0)<r<g(E)$. 由于 $x_{n_k}\xrightarrow{w} x_0$,故 $g(x_{n_k})\to g(x_0)$. 对 $g(x_0)<r<g(x_{n_k})$,令 $k\to\infty$ 得 $g(x_0)<r\leqslant g(x_0)$,矛盾. 故 $x_0\in E$.

还可以用另一种证法来证明 $x_0\in E$. 由 $x_{n_k}\xrightarrow{w} x_0$,应用定理 3.3.10,存在 $\{x_{n_k}\}$ 的凸组合的序列 $\{y_k\}$ 使 $y_k\to x_0$. 注意 E 是凸集,故 $\{y_k\}\subset E$,又 E 是闭集,故 $x_0\in E$.

一方面 $\| y-x_0 \| \geqslant \rho(y,E)$,另一方面对 $\| y-x_0 \| \neq 0$ 应用 Hahn-Banach 定理得,$\exists f_0\in X^*$,使 $\| f_0 \| =1$,$f_0(y-x_0)= \| y-x_0 \|$. 于是

$$\begin{aligned} \| y-x_0 \| &= f_0(y-x_0)=\lim_{k\to\infty} f_0(y-x_{n_k}) \\ &\leqslant \lim_{k\to\infty} \| f_0 \| \, \| y-x_{n_k} \| = \rho(y,E). \end{aligned}$$

因此,$\| y-x_0 \| = \rho(y,E)$.

(2) 先证明 $f(E)$ 是有下界的,否则 $\forall n$,$\exists x_n\in E$,$f(x_n)<-n$. 由于 $\{x_n\}\subset E$,而 E 是有界集,根据定理 3.3.15(E-S 定理),$\{x_n\}$ 有弱收敛子列 $\{x_{n_k}\}$,$x_{n_k}\xrightarrow{w} x_0$,且与条件(1)同样地可证 $x_0\in E$. 由式(3.5.3)得

$$f(x_0)\leqslant \liminf_{k\to\infty} f(x_{n_k})\leqslant \lim_{k\to\infty}(-n_k) = -\infty,$$

矛盾,故 $f(E)$ 有下界.

设 $m=\inf f(E)$,由下确界定义,$\forall n$,$\exists y_n\in E$,使 $m\leqslant f(y_n)<m+\frac{1}{n}$. 由于 $\{y_n\}\subset E$,

而 E 是有界集，由 E-S 定理，$\{y_n\}$ 有弱收敛子列 $\{y_{n_k}\}$，$y_{n_k}\xrightarrow{w}y_0$，且与条件(1)同样地可证 $y_0\in E$. 由式(3.5.3)得，

$$f(y_0)\leqslant\liminf_{k\to\infty} f(y_{n_k})=m\leqslant f(y_0).$$

所以 $f(y_0)=m$ 是 f 在 E 上的最小值.

证毕.

例 3.5.4 是否存在由非零实数组成的数列 $\{a_i\}$ 满足下列条件，对任何实数列 $\{b_i\}$ 恒有

$$\sum_{i=1}^{\infty}|b_i|<+\infty \quad\Leftrightarrow\quad \sup_{i\geqslant 1}|a_ib_i|<+\infty? \tag{3.5.4}$$

解 不存在(反证法). 假设这样的 $\{a_i\}$ 存在，令 $T:l^{\infty}\to l^1$ 使对 $x=(e_1,e_2,\cdots,e_i,\cdots)\in l^{\infty}$ 有

$$Tx=\left(\frac{e_1}{a_1},\frac{e_2}{a_2},\cdots,\frac{e_i}{a_i},\cdots\right).$$

由于 $\{a_i\}$ 满足条件(3.5.4)，且 $\sup\limits_{i\geqslant 1}\left|a_i\cdot\dfrac{e_i}{a_i}\right|=\|x\|<+\infty$，故 $\sum\limits_{i=1}^{\infty}\left|\dfrac{e_i}{a_i}\right|<+\infty$，表明 $Tx\in l^1$，T 是映射，且易知 T 是线性的单射.

$\forall\, y=(c_1,c_2,\cdots,c_i,\cdots)\in l^1$，即 $\sum\limits_{i=1}^{\infty}|c_i|<+\infty$，由 $\{a_i\}$ 满足条件(3.5.4)得 $\sup\limits_{i\geqslant 1}|a_ic_i|<+\infty$. 令 $x=(a_1c_1,a_2c_2,\cdots,a_ic_i,\cdots)$，则 $x\in l^{\infty}$ 且 $Tx=y$. 故 T 是满射，从而 T 是双射.

下证 T 是闭算子. 设 $x_n=(e_1^{(n)},e_2^{(n)},\cdots,e_i^{(n)},\cdots)$，$x_0=(e_1^{(0)},e_2^{(0)},\cdots,e_i^{(0)},\cdots)\in l^{\infty}$，$y_0=(c_1^{(0)},c_2^{(0)},\cdots,c_i^{(0)},\cdots)\in l^1$，$x_n\to x_0$，$Tx_n\to y_0$，则

$$|e_i^{(n)}-e_i^{(0)}|\leqslant\|x_n-e_0\|_{\infty}\to 0,\ \left|\frac{e_i^{(n)}}{a_i}-c_i^{(0)}\right|\leqslant\|Tx_n-y_0\|\to 0,\ n\to\infty.$$

于是 $e_i^{(n)}\to e_i^{(0)}$ 且 $e_i^{(n)}\to a_ic_i^{(0)}(n\to\infty)$，由此得到 $e_i^{(0)}=a_ic_i^{(0)}(\forall\, i)$. 所以 $Tx_0=y_0$，T 是闭算子. 因为 l^{∞}，l^1 都是 Banach 空间，故由闭图像定理得 T 是有界的. 由逆算子定理得 T^{-1} 是有界的，故 T 是线性同胚映射. 由于 l^1 可分而 l^{∞} 不可分，这说明 l^1 与 l^{∞} 不可能线性同胚，矛盾.

例 3.5.5 考虑 Fredholm 积分方程

$$x(t)=\lambda\int_0^1 K(t,u)x(u)\mathrm{d}u+\varphi(t), \tag{3.5.5}$$

其中 λ 为非零常数，$K(t,u)$ 在矩形 $S=[0,1]\times[0,1]$ 上连续，$\max\limits_{(t,u)\in S}|K(t,u)|<\dfrac{1}{|\lambda|}$，$\varphi\in C[0,1]$. 讨论其连续解的存在性与解的连续依赖性.

解 令 $T_K,T:C[0,1]\to C[0,1]$ 使 $\forall\, x\in C[0,1]$，

$$T_Kx(t)=\int_0^1 K(t,u)x(u)\mathrm{d}u,\quad T=I-\lambda T_K.$$

则 T_K，T 都是线性的，且方程(3.5.5)即 $Tx=\varphi$. $\|T_Kx\|\leqslant\max\limits_{(t,u)\in S}|K(t,u)|\|x\|$，故 T_K 是有界的，$|\lambda|\|T_K\|<1$，从而 T 也是有界的. 令 $A:C[0,1]\to C[0,1]$ 使 $\forall x\in C[0,1]$，$Ax(t)=\lambda T_Kx(t)+\varphi(t)$，$A$ 未必是线性的. $\forall x_1,x_2\in C[a,b]$，有

$$\|Ax_1-Ax_2\|=|\lambda|\|T_Kx_1-T_Kx_2\|\leqslant|\lambda|\|T_K\|\|x_1-x_2\|. \qquad (3.5.6)$$

由式(3.5.6)可知，A 是压缩映射，而 $C[0,1]$ 完备，故由压缩映射原理得，A 在 $C[0,1]$ 有唯一不动点，该不动点是方程(3.5.6)的唯一解. 这表明对每个 $\varphi\in C[0,1]$，算子方程 $Tx=\varphi$ 存在唯一连续解，从而 T 是从 $C[0,1]$ 到 $C[0,1]$ 的双射. 而 $C[0,1]$ 是 Banach 空间，由逆算子定理可知 T^{-1} 是有界的. $\forall\varphi\in C[a,b]$，$x=T^{-1}\varphi$，$\|x\|\leqslant\|T^{-1}\|\|\varphi\|$，这表明 φ 在 $C[0,1]$ 的最大值范数意义下的微小变动所导致的解 x 的相应变动也是很小的，即解具有连续依赖性.

例 3.5.6　微分方程解的连续依赖性. 设 $p_1,p_2,\cdots,p_k\in C[a,b]$，考虑 k 阶线性微分方程的初值问题

$$\begin{cases}x^{(k)}+p_1x^{(k-1)}+\cdots+p_kx=y,\\ x(a)=x'(a)=\cdots=x^{(k-1)}(a)=0.\end{cases} \qquad (3.5.7)$$

根据常微分方程的 Picard 定理可知，$\forall y\in C[a,b]$，初值问题(3.5.7)有唯一的具有 k 阶连续导数的解 x，则解 x 连续地依赖于 y.

证明　用 $C^{(k)}[a,b]$ 记 $[a,b]$ 上具有 k 阶连续导数的函数的全体. 对 $x\in C^{(k)}[a,b]$，定义

$$\|x\|=\sum_{i=0}^{k}\max_{a\leqslant t\leqslant b}|x^{(i)}(t)|,$$

则易知 $C^{(k)}[a,b]$ 构成 Banach 空间. 考虑 $C^{(k)}[a,b]$ 的子集

$$C_0^{(k)}[a,b]=\{x\in C^{(k)}[a,b]\mid x(a)=x'(a)=\cdots=x^{(k-1)}(a)=0\}.$$

则易知 $C_0^{(k)}[a,b]$ 是 $C^{(k)}[a,b]$ 的闭线性子空间，从而也是 Banach 空间. 定义算子 T：$C_0^{(k)}[a,b]\to C[a,b]$ 如下：

$$\forall x\in C_0^{(k)}[a,b],Tx=x^{(k)}+p_1x^{(k-1)}+\cdots+p_kx.$$

则 T 是线性的，且

$$\begin{aligned}\|Tx\|_C&=\max_{a\leqslant t\leqslant b}|(Tx)(t)|\\&\leqslant\max_{a\leqslant t\leqslant b}|x^{(k)}(t)|+\max_{a\leqslant t\leqslant b}|p_1(t)|\max_{a\leqslant t\leqslant b}|x^{(k-1)}(t)|+\cdots+\max_{a\leqslant t\leqslant b}|p_k(t)|\max_{a\leqslant t\leqslant b}|x(t)|\\&\leqslant\Big(1+\sum_{i=1}^{k}\max_{a\leqslant t\leqslant b}|p_i(t)|\Big)\sum_{i=0}^{k}\max_{a\leqslant t\leqslant b}|x^{(i)}(t)|=\Big(1+\sum_{i=1}^{k}\|p_i\|_C\Big)\|x\|,\end{aligned}$$

其中 $\|\cdot\|_C$ 表示 $C[a,b]$ 中的最大值范数，这表明 T 是有界的. 由于初值问题(3.5.7)有唯一解，故 T 是双射. 由逆算子定理，T^{-1} 是连续的. $\forall y\in C[a,b]$，$x=T^{-1}y$，$\|x\|=\|T^{-1}y\|\leqslant\|T^{-1}\|\|y\|$. 这就是说，当 $y\in C[a,b]$ 作微小变化时，相应的初值问题的解 x 也作微小变化，即 x 连续地依赖于 y.

例 3.5.7 考虑下述积分方程

$$x(t)=\varphi(t)+\lambda\int_a^b K(t,u)x(u)\mathrm{d}u, \tag{3.5.8}$$

其中 $K(t,u)$ 是矩形 $S=[a,b]\times[a,b]$ 上的 Lebesgue 可测函数且是平方可积的. 若对任意 $\varphi\in L^2[a,b]$, 方程(3.5.8)在 $L^2[a,b]$ 上都有解, 讨论其解的连续依赖性.

解 令 $T:L^2[a,b]\to L^2[a,b]$ 使 $\forall x\in L^2[a,b]$,

$$(Tx)(t)=x(t)-\lambda\int_a^b K(t,u)x(u)\mathrm{d}u.$$

则 T 是线性的. 由 Hölder 不等式, 有

$$\begin{aligned}\|Tx\| &\leqslant \|x\|+|\lambda|\,\left\|\int_a^b K(t,u)x(u)\mathrm{d}u\right\| \\ &= \|x\|+|\lambda|\left(\int_a^b\left|\int_a^b K(t,u)x(u)\mathrm{d}u\right|^2\mathrm{d}t\right)^{\frac{1}{2}} \\ &\leqslant \|x\|+|\lambda|\left[\int_a^b\left(\int_a^b|K(t,u)|^2\mathrm{d}u\int_a^b|x(u)|^2\mathrm{d}u\right)\mathrm{d}t\right]^{\frac{1}{2}} \\ &= \left[1+|\lambda|\left(\int_a^b\int_a^b|K(t,u)|^2\mathrm{d}t\mathrm{d}u\right)^{\frac{1}{2}}\right]\|x\|.\end{aligned}$$

由 $K(t,u)$ 的可积性知 T 是有界的. 方程(3.5.8)即算子方程 $Tx=\varphi$, 由题设, 对任何 $\varphi\in L^2[a,b]$, 方程(3.5.8)都有解, 所以 T 是满射. 注意到 $L^2[a,b]$ 是 Banach 空间, 由开映射定理, T 是开映射. $\forall\varepsilon>0$, 因 $TB(x,\varepsilon)$ 是开集, $\exists\delta>0$, 使 $TB(x,\varepsilon)\supset B(\varphi,\delta)$, 以 $T^{-1}B(\varphi,\delta)$ 表示 $B(\varphi,\delta)$ 的原像, 则 $T^{-1}(B(\varphi,\delta))\subset B(x,\varepsilon)$. 这表明在 $L^2[a,b]$ 的范数意义下, 当 φ 作微小变化时, 方程 $Tx=\varphi$ 的解 x 的变化也是很小的, 即方程的解在 $L^2[a,b]$ 的范数意义下具有连续依赖性.

例 3.5.8 考虑下述 Volterra 积分方程解的存在唯一性问题:

$$\lambda x(t)-\int_a^t K(t,u)x(u)\mathrm{d}u=y(t),\quad t\in[a,b], \tag{3.5.9}$$

其中 $x,y\in C[a,b]$, λ 为复数, $K(t,u)$ 在矩形 $S=[a,b]\times[a,b]$ 上连续, $M=\max\limits_{(t,u)\in S}|K(t,u)|$.

解 记 $X=C[a,b]$, 定义 $T:X\to X$ 为

$$Tx(t)=\int_a^t K(t,u)x(u)\mathrm{d}u,\quad t\in[a,b].$$

则 T 是线性算子, 且 $\forall t\in[a,b]$, 有

$$|Tx(t)|=\left|\int_a^t K(t,u)x(u)\mathrm{d}u\right|\leqslant\int_a^t|K(t,u)|\,|x(u)|\mathrm{d}u\leqslant M\|x\|(t-a). \tag{3.5.10}$$

所以 $T\in B(X)$. 以下用数学归纳法证明

$$|T^n x(t)|\leqslant\frac{M^n\|x\|(t-a)^n}{n!}. \tag{3.5.11}$$

当 $n=1$ 时, 由式(3.5.10)知式(3.5.11)成立. 设 $n=k$ 时, 式(3.5.11)成立, 即 $|T^k x(t)|\leqslant\dfrac{M^k\|x\|(t-a)^k}{k!}$, 则当 $n=k+1$ 时, 有

$$
\begin{aligned}
|T^{k+1}x(t)| &\leqslant \int_a^t |K(t,u)|\,|T^k x(u)|\,\mathrm{d}u \\
&\leqslant M\int_a^t \frac{M^k \|x\|\,(u-a)^k}{k!}\mathrm{d}u = \frac{M^{k+1}\|x\|}{k!}\cdot\frac{(t-a)^{k+1}}{(k+1)} \\
&= \frac{M^{k+1}\|x\|\,(t-a)^{k+1}}{(k+1)!}.
\end{aligned}
$$

证得式(3.5.11)对一切 $n\geqslant 1$ 成立. 所以

$$
\|T^n x\| = \max_{a\leqslant t\leqslant b}|T^n x(t)| \leqslant \frac{M^n\,(b-a)^n}{n!}\|x\|,
$$

从而有 $\|T^n\| \leqslant \dfrac{M^n\,(b-a)^n}{n!}$. 据 Gelfand 定理(定理 3.4.6),谱半径

$$
r(T) = \lim_{n\to\infty}\sqrt[n]{\|T^n\|} \leqslant \lim_{n\to\infty}\frac{M(b-a)}{\sqrt[n]{n!}} = 0,
$$

即 $r(T)=0$. 故 $\lambda=0$ 是 T 的唯一谱点. 而 $\lambda\neq 0$ 都是 T 的正则点,Volterra 积分方程(3.5.9) 可写成 $(\lambda I-T)x=y$. 于是当 $\lambda\neq 0$ 时,$\lambda I-T$ 有有界逆算子. 按 Von Neumann 定理(定理 3.4.2),$(\lambda I-T)^{-1}=\sum\limits_{n=0}^{\infty}\dfrac{T^n}{\lambda^{n+1}}$. 此时方程(3.5.9) 有唯一解 $x=(\lambda I-T)^{-1}y=\sum\limits_{n=0}^{\infty}\dfrac{T^n y}{\lambda^{n+1}}$.

习　题　三

1. 设 $\sup\limits_{i\geqslant 1}|\beta_i|<+\infty$,定义线性算子 $T:l^1\to l^1$ 使得对 $x=(a_1,a_2,\cdots a_i,\cdots)\in l^1$,有 $Tx=y=(\beta_1 a_1,\beta_2 a_2,\cdots,\beta_i a_i,\cdots)\in l^1$. 证明:$T$ 是有界线性算子,且 $\|T\|=\sup\limits_{i\geqslant 1}|\beta_i|$.

2. 设 C_0 如第 2 章习题二第 2 题与第 9(2) 题所述,对 $x=(a_1,a_2,\cdots a_i,\cdots)\in C_0$,定义线性泛函 $f:C_0\to K$ 使得 $f(x)=\sum\limits_{i=1}^{\infty}\beta_i a_i$,其中$(\beta_1,\beta_2,\cdots\beta_i,\cdots)\in l^1$. 证明:$f\in C_0^*$,且 $\|f\|=\sum\limits_{i=1}^{\infty}|\beta_i|$.

3. 设 X,Y 都是 Banach 空间,$T\in B(X,Y)$是单射,且存在$\{x_n\}\subset X$ 使得 $\|Tx_n\|\leqslant \dfrac{1}{n}\|x_n\|$ $(\forall n)$. 证明:TX 不是 Y 的闭子空间.

4. 设 X,Y 都是赋范空间,$T:X\to Y$ 是闭线性算子. 证明:零空间 $N(T)$是 X 的闭线性子空间.

5. 设 X 是赋范空间,$\{x_n\}\subset X$,且 $\forall f\in X^*$,$\sum\limits_{n=1}^{\infty}|f(x_n)|<+\infty$. 证明:存在 $M>0$,使得 $\sum\limits_{n=1}^{\infty}|f(x_n)|\leqslant M\|f\|$.

6. 设 X 是赋范空间,$E\subset X$ 是线性子空间,则 $x_0\in\overline{E}$ 的充要条件是:$\forall f\in X^*$,$f(E)=$

$\{0\}$时有 $f(x_0)=0$.

7. C_0 如第 2 章习题二第 2、9(2) 题及本章习题三第 2 题所述. 证明：$C_0^*=l^1$.

8. 设 X,Y 都是赋范空间，$T\in B(X,Y)$. 证明：若 $x_n \xrightarrow{w} x$，则 $Tx_n \xrightarrow{w} Tx$.

9. 设 X 是 Banach 空间，$\{x_n\}\subset X$，$x_n\to x$；$\{f_n\}\subset X^*$，$f_n \xrightarrow{w^*} f$. 证明：$f_n(x_n)\to f(x)$.

10. 设 X 是复 Banach 空间，$T,S\in B(X)$. 证明：$r(TS)=r(ST)$.

11. 设 X 是复 Banach 空间，$T\in B(X)$. 证明：$\sigma(T)=\{0\}$的充要条件是 $\forall\lambda\in C$，有 $\lim\limits_{n\to\infty}\|\lambda^n T^n\|=0$.

12. 设 $X=C[0,2\pi]$为复空间，$T:X\to X$ 定义为$(Tx)(t)=e^{it}x(t)$，$\forall x(t)\in X$. 证明：$\sigma(T)=\{z\,\big|\,|z|=1\}$.

13. 设 $1<p<+\infty$，$\dfrac{1}{p}+\dfrac{1}{q}=1$，$\{b_n\}$是数列. 若对任意 $x=(a_1,a_2,\cdots a_n,\cdots)\in l^p$，级数$\sum\limits_{n=1}^{\infty}a_nb_n$ 都收敛，则必有$\sum\limits_{n=1}^{\infty}|b_n|^q<+\infty$.

第 4 章　Hilbert 空间

在前面两章中，主要讨论了度量空间与 Banach 空间的基本理论及应用. 然而，在非空集合上可以赋予不同的度量结构，除了距离、范数这两种经常用到的范数外，另一种经常用到的度量结构是内积，由此导致一类特殊的 Banach 空间——Hilbert 空间的研究，它具有类似于有限维 Euclid 空间中的几何性质. 本章主要研究 Hilbert 空间的几何结构和 Hilbert 空间上的有界线性算子.

§ 4.1　Hilbert 空间

4.1.1　内积空间

定义 4.1.1　设 X 是数域 K(K 为实数域或复数域)上的线性空间，若对所有 $x,y\in X$ 都有 K 中唯一确定的数与它们对应，记为 (x,y)，若映射 $(\cdot,\cdot):X\times X\to K$，满足：对任何 $x,y,z\in X,\alpha,\beta\in K$.

(1) $(x,x)\geqslant 0$，且 $(x,x)=0$ 当且仅当 $x=0$.

(2) $(\alpha x+\beta y,z)=\alpha(x,z)+\beta(y,z)$.

(3) $(y,x)=\overline{(x,y)}$.

则称 (x,y) 为 x 与 y 的内积，定义了内积的线性空间 X 称为内积空间. 显然下式成立

(4) $(x,\alpha y+\beta z)=\bar{\alpha}(x,y)+\bar{\beta}(x,z)$.

(5) $(x,0)=(0,x)=0$.

当 K 为实数域时，X 称为实内积空间，此时

(3′) $(y,x)=(x,y)$.

(4′) $(x,\alpha y+\beta z)=\alpha(x,y)+\beta(x,z)$.

当 K 为复数域时，X 称为复内积空间.

例 4.1.1　在 R^n 中，$\forall x=(x_1,x_2,\cdots,x_n),y=(y_1,y_2,\cdots,y_n)\in R^n$，定义

$$(x,y)=\sum_{i=1}^{n}x_iy_i,$$

则 R^n 为内积空间，称此内积空间为 n 维欧氏空间.

例 4.1.2 在 C^n 中，$\forall x=(x_1,x_2,\cdots,x_n),y=(y_1,y_2,\cdots,y_n)\in C^n$，定义

$$(x,y)=\sum_{i=1}^{n}x_i\overline{y_i},$$

则 C^n 为复内积空间.

引理 4.1.1 (Schwarz 不等式) 设 X 是 K 上内积空间，对任意的 $x,y\in X$，有

$$|(x,y)|\leqslant\sqrt{(x,x)(y,y)} \tag{4.1.1}$$

且等号成立当且仅当 x 与 y 线性相关.

证明 对任何数 λ 都有

$$0\leqslant(x+\lambda y,x+\lambda y)=(x,x)+2\mathrm{Re}\{\bar{\lambda}(x,y)\}+(y,y)|\lambda|^2 \tag{4.1.2}$$

当 $y=0$ 时，式(4.1.1)成立；设 $y\neq0$，那么 $(y,y)>0$，取 $\lambda=-\dfrac{(x,y)}{(y,y)}$，就得到

$$(x,x)-2\frac{|(x,y)|^2}{(y,y)}+\frac{|(x,y)|^2}{(y,y)^2}(y,y)\geqslant0$$

整理可知式(4.1.1)成立.

证毕.

定理 4.1.1 设 X 是 K 上内积空间，对任何 $x\in X$，定义

$$\|x\|=\sqrt{(x,x)},$$

则 $\|\cdot\|$ 是一个范数. 本书称范数 $\|x\|=\sqrt{(x,x)}$ 是由内积 (x,y) 导出的范数.

证明 由内积的性质可得

(1) 对任何 $x\in X$，$\|x\|\geqslant0$，$\|x\|=0\Leftrightarrow x=0$；

(2) 对任何 $\alpha\in K,x\in X$，$\|\alpha x\|=|\alpha|\,\|x\|$；

(3) 验证 $\|\cdot\|$ 满足三角不等式，即 $\|x+y\|\leqslant\|x\|+\|y\|$.

因为

$$\|x+y\|^2=(x+y,x+y)=(x,x)+2\mathrm{Re}(x,y)+(y,y),$$

由 Schwarz 不等式得

$$\mathrm{Re}(x,y)\leqslant|(x,y)|\leqslant\|x\|\cdot\|y\|,$$

所以

$$\|x+y\|^2\leqslant(x,x)+2|(x,y)|+(y,y)\leqslant(\|x\|+\|y\|)^2,$$

因此

$$\|x+y\|\leqslant\|x\|+\|y\|.$$

证毕.

4.1.2 Hilbert 空间

设 X 是内积空间，对任意的 $x,y\in X$，定义

$$\rho(x,y)=\|x-y\|=\sqrt{(x-y,x-y)},$$

则 $\rho(x,y)$ 满足：

(1) $\rho(x,y)\geqslant 0$，且 $\rho(x,y)=0$ 当且仅当 $x=y$；

(2) $\rho(x,y)=\rho(y,x)$；

(3) $\rho(x,y)\leqslant\rho(x,z)+\rho(z,y)$，$\forall\, x,y,z\in X$.

所以(X,ρ)是度量空间，称 ρ 是由内积(x,y)导出的度量.

定义 4.1.2　设 X 是内积空间，且 X 按内积导出的度量空间是完备的，则称 X 为 Hilbert空间.

显然 R^n，C^n 都是 Hilbert 空间.

例 4.1.3　$l^2=\{x\mid x=\{x_i\},\sum\limits_{i=1}^{\infty}|x_i|^2<\infty\}$. 对任意的 $x=\{x_i\}\in l^2$，$y=\{y_i\}\in l^2$，定义

$$(x,y)=\sum_{i=1}^{\infty}x_i\overline{y_i} \tag{4.1.3}$$

则 l^2 是 Hilbert 空间.

证明　(1) 对任意自然数 n，都有

$$\sum_{i=1}^{n}|x_i\overline{y_i}|\leqslant(\sum_{i=1}^{n}|x_i|^2)(\sum_{i=1}^{n}|y_i|^2)\leqslant(\sum_{i=1}^{\infty}|x_i|^2)(\sum_{i=1}^{\infty}|y_i|^2)<\infty,$$

令 $n\to\infty$ 得

$$\sum_{i=1}^{\infty}|x_i\overline{y_i}|<\infty,$$

所以级数 $\sum\limits_{i=1}^{\infty}x_i\overline{y_i}$ 是绝对收敛的，因而式(4.1.3) 定义合理. 易证$(\cdot,\cdot)$满足内积的定义，所以 l^2 是内积空间.

(2) l^2 是完备的(见第 2 章定理 2.3.1)，所以 l^2 是 Hilbert 空间.

证毕.

例 4.1.4　$L^2[a,b]=\{f\mid\int_a^b|f(x)|^2\mathrm{d}x<\infty\}$. 对任意的 $f\in L^2[a,b]$，$g\in L^2[a,b]$，定义

$$(f,g)=\int_a^b f(x)\overline{g(x)}\mathrm{d}x,$$

则 $L^2[a,b]$是 Hilbert 空间.

证明　(1) 由 Schwarz 不等式知

$$|(f,g)|=\left|\int_a^b f(x)\overline{g(x)}\mathrm{d}x\right|\leqslant(\int_a^b|f(x)|^2\mathrm{d}x)^{\frac{1}{2}}\cdot(\int_a^b|g(x)|^2\mathrm{d}x)^{\frac{1}{2}}<\infty,$$

所以内积定义合理，且满足内积的定义，所以 $L^2[a,b]$是内积空间.

(2) 由于 $L^2[a,b]$是完备的，所以 $L^2[a,b]$是 Hilbert 空间.

证毕.

注　(1) $-\infty\leqslant a<b\leqslant\infty$，即 a,b 可以取负无穷或正无穷.

(2) $L^2[a,b]$空间在数学物理方程、微分方程及数字通信等领域中具有重要作用.

定义 4.1.3 设 X 为内积空间，若 $\lim\limits_{n\to\infty}\rho(x_n,x)=\lim\limits_{n\to\infty}\|x_n-x\|=0$，则称 $\{x_n\}$ 收敛于 x，记为 $\lim\limits_{n\to\infty}x_n=x$ 或 $x_n\to x(n\to\infty)$.

性质 4.1.1 设 X 是内积空间，$x_n\to x_0$，$y_n\to y_0(n\to\infty)$，则

(1) $\|x_n\|\to\|x_0\|\ (n\to\infty)$；

(2) $\{x_n\}$ 是有界的；

(3) $(x_n,y_n)\to(x_0,y_0)\ (n\to\infty)$.

证明 (1) 由范数的性质知，

$$|\|x\|-\|x_0\||\leqslant\|x_n-x_0\|,$$

而当 $n\to\infty$ 时，$x_n\to x_0$，所以 $|\|x\|-\|x_0\||\to 0\quad(n\to\infty)$.

(2) 由(1)直接可以得到.

(3)
$$\begin{aligned}|(x_n,y_n)-(x_0,y_0)|&\leqslant|(x_n,y_n-y_0)|+|(x_n-x_0,y_0)|\\&\leqslant\|x_n\|\cdot\|y_n-y_0\|+\|x_n-x_0\|\cdot\|y_0\|,\end{aligned}$$

因为 $\|x_n\|$ 有界，所以 $(x_n,y_n)\to(x_0,y_0)\quad(n\to\infty)$.

证毕.

定理 4.1.2 (平行四边形公式) 设 X 是内积空间，则对任意的 $x,y\in X$，有

$$\|x+y\|^2+\|x-y\|^2=2(\|x\|^2+\|y\|^2)\tag{4.1.4}$$

证明
$$\begin{aligned}\|x+y\|^2+\|x-y\|^2&=(x+y,x+y)+(x-y,x-y)\\&=2(x,x)+2(y,y)\\&=2(\|x\|^2+\|y\|^2).\end{aligned}$$

证毕.

如果 X 是二维实空间 R^2，等式(4.1.4)的意思就是：平行四边形的对角线长度的平方和等于四边长度的平方和，所以对一般内积空间，等式(4.1.4)也就称为平行四边形公式.

例 4.1.5 赋范线性空间 $(C[0,1],\|\cdot\|)$ 中的范数

$$\|x\|=\max_{t\in[0,1]}|x(t)|.$$

取 $x_1(t)=t$，$x_2(t)=1$，则 $\|x_1\|=\|x_2\|=1$，$\|x_1+x_2\|=2$，$\|x_1-x_2\|=1$，所以范数 $\|\cdot\|$ 不满足平行四边形公式，因此它不能由内积空间导出.

由定理 4.1.2 可知，内积导出的范数确为范数，因而内积空间必为赋范线性空间，Hilbert空间必为 Banach 空间. 定理 4.1.1 说明，由内积决定的范数必须满足平行四边形公式，它是内积空间中的范数的特征性质，即满足平行四边形公式的范数才可以导出内积；但范数未必总可以定义内积，例 4.1.5 中的范数 $\|\cdot\|$ 不满足平行四边形公式. 因此，它就不是内积空间，所以赋范线性空间未必是内积空间.

直接从内积的定义可以得到如下定理.

定理 4.1.3 (极化恒等式) (1) 当 X 是实内积空间时，则

$$(x,y)=\frac{1}{4}(\|x+y\|^2-\|x-y\|^2);\tag{4.1.5}$$

(2) 当 X 是复内积空间时，则

$$
\begin{aligned}
(x,y) &= \frac{1}{4}\sum_{n=0}^{3} i^n (x+i^n y, x+i^n y) \\
&= \frac{1}{4}\{(\|x+y\|^2-\|x-y\|^2)+i(\|x+iy\|^2-\|x-iy\|^2)\}.
\end{aligned} \tag{4.1.6}
$$

因此,称等式(4.1.5)和等式(4.1.6)分别为实内积空间和复内积空间的极化恒等式.

定理 4.1.4　内积空间是一致凸空间.

证明　对 $\forall \varepsilon>0$,取 x 和 y 满足 $\|x\|=\|y\|=1$ 且 $\|x-y\|\geqslant\varepsilon$,则由内积的定义

$$
\|x-y\|^2=(x-y,x-y)=2-(y,x)-(x,y)\geqslant\varepsilon^2. \tag{4.1.7}
$$

整理式(4.1.7),可得

$$
(y,x)+(x,y)\leqslant 2-\varepsilon^2.
$$

于是

$$
\|x+y\|^2\leqslant 4-\varepsilon^2. \tag{4.1.8}
$$

取 $\delta\in(0,2)$满足 $\varepsilon^2=4\delta-\delta^2$,则代入式(4.1.8)可得

$$
\|x+y\|^2\leqslant 2-\delta.
$$

故内积空间是一致凸空间.

证毕.

注　由此定理可知内积空间必自反. 一致凸 Banach 空间是目前知道的具有最强凸性的 Banach 空间, 并且是目前知道的在几何性质方面弱于 Hilbert 空间的最强空间.

§4.2　投影定理

在内积空间中,因为向量之间定义了内积,所以仿照 Euclid 空间引入正交及投影的概念,并得到一些重要定理.

定义 4.2.1　(1) 设 X 是内积空间,如果$(x,y)=0$,则称 x 与 y 正交,记为 $x\perp y$;

(2) 设 $M\subset X$,如果对任意的 $y\in M$,都有$(x,y)=0$,则称 x 与 M 正交,记为 $x\perp M$;

(3) 设 $M\subset X$,$N\subset X$,如果对任意的 $x\in M$,$y\in N$,都有$(x,y)=0$,则称 M 与 N 正交,记为 $M\perp N$;

(4) 设 $M\subset X$,称集合$\{x\,|\,x\perp M\}$为 M 的正交补,记为 $M^{\perp}$.

引理 4.2.1　设 X 是内积空间,$M\subset X$,则 $M^{\perp}$ 是闭线性子空间.

证明　(1) 如果 $x_1,x_2\in M^{\perp}$,$\alpha_1,\alpha_2\in K$,则对任意的 $y\in M$,有

$$
(\alpha_1 x_1+\alpha_2 x_2,y)=\alpha_1(x_1,y)+\alpha_2(x_2,y)=0,
$$

所以 $\alpha_1 x_1+\alpha_2 x_2\in M^{\perp}$,因此 $M^{\perp}$ 是线性子空间.

(2) 设$\{x_n\}\subset M^{\perp}$,$\lim\limits_{n\to\infty}x_n=x$,则对任意的 $y\in M$,有

$$
(x,y)=(\lim_{n\to\infty}x_n,y)=\lim_{n\to\infty}(x_n,y)=0,
$$

所以 $x\in M^{\perp}$. 因此 $M^{\perp}$ 是闭集.

证毕.

设 $M\subset X$，$\mathrm{span}\,M$ 表示由 M 张成的 X 的线性子空间，即

$$\mathrm{span}\,M=\{y\mid y=\sum_{i=1}^{n}k_iy_i,k_i\in K,y_i\in M\}.$$

用 $h(M)$ 表示包含 M 的最小的闭线性子空间.

定理 4.2.1 设 X 是内积空间，那么

(1) 若 $x\perp y$，则

$$\|x+y\|^2=\|x\|^2+\|y\|^2,$$

这是勾股定理的推广形式；

(2) 若 M 是 X 的线性子空间，则 $M\cap M^{\perp}=\{0\}$；

(3) 若 $M\subset N\subset X$，则 $M^{\perp}\supset N^{\perp}$；

(4) 若 $M\subset X$，则 $(h(M))^{\perp}=M^{\perp}$.

证明 (1) 若 $x\perp y$，则 $(x,y)=0$，所以

$$(x+y,x+y)=(x,x)+(x,y)+(y,x)+(y,y)=(x,x)+(y,y),$$

即

$$\|x+y\|^2=\|x\|^2+\|y\|^2.$$

(2) 若 M 是 X 的线性子空间，则 $M^{\perp}$ 是 X 的闭线性子空间. 对任意的 $x\in M\cap M^{\perp}$，则 $x\in M$，$x\in M^{\perp}$，所以 $(x,x)=0$，故 $x=0$，因此 $M\cap M^{\perp}=\{0\}$.

(3) 若 $M\subset N\subset X$，对任意的 $x\in N^{\perp}$，对任意的 $y\in M$，则 $y\in N$，所以 $(x,y)=0$，因此 $x\in M^{\perp}$，即 $M^{\perp}\supset N^{\perp}$.

(4) (ⅰ) 因为 $M\subset h(M)$，所以 $M^{\perp}\supset(h(M))^{\perp}$；

(ⅱ) 对任意的 $x\in M^{\perp}$，所以 $\{x\}\subset M$，因此 $M^{\perp}\subset\{x\}^{\perp}$，由引理 4.2.1 知，$\{x\}^{\perp}$ 是 X 的闭线性子空间，所以 $h(M)\subset\{x\}^{\perp}$，因此 $x\in(h(M))^{\perp}$，所以 $M^{\perp}\subset(h(M))^{\perp}$，从而 $M^{\perp}=(h(M))^{\perp}$.

证毕.

定义 4.2.2 设 X 是内积空间，M_1，M_2 是 X 的线性子空间，如果 $M_1\perp M_2$，那么称 $M=\{x\mid x=x_1+x_2,x_1\in M_1,x_2\in M_2\}$ 为 M_1 与 M_2 的直交和，记为 $M=M_1\oplus M_2$.

可以证明 M 是 X 的线性子空间，类似地可以定义 $M=R^3$ 有限个线性子空间的直交和.

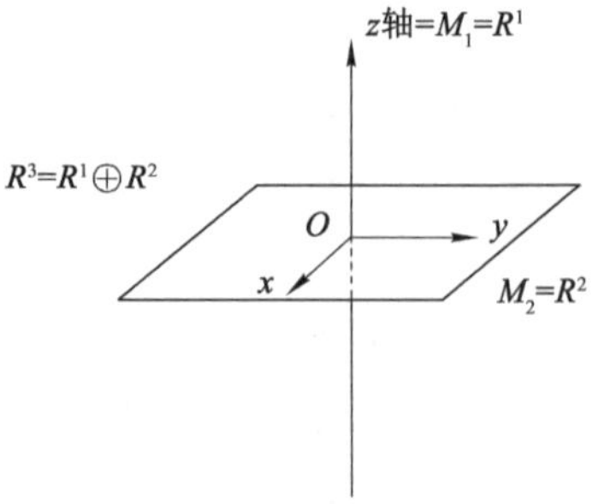

图 4.1

定义 4.2.2 的直观理解，来源于欧式空间中的直交和：取 $M=R^3$，M_1 为 z 轴和 M_2 为 xOy 平面(图 4.1). 于是显然有

$$M=R^1\oplus R^2=M_1\oplus M_2.$$

关于无穷维空间上直交和，本书给出如下例子.

例 4.2.1 记 $C[-1,1]$ 是定义在 $[-1,1]$ 上的实值连续函数空间，定义内积为

$$(f,g)=\int_{-1}^{1}f(x)g(x)\mathrm{d}x,\ f,g\in C[-1,1].$$

若记 M 为 $C[-1,1]$ 中奇函数全体组成子空间，N 为 $C[-1,1]$ 中偶函数全体组成的子空间. 证明：$C[-1,1]=M\oplus N$.

证明　任取 $f\in M,g\in N$，由积分变量替换，则

$$(f,g)=\int_{-1}^{1}f(x)g(x)\mathrm{d}x=-\int_{-1}^{1}f(-t)g(t)\mathrm{d}t$$
$$=-\int_{-1}^{1}f(t)g(t)\mathrm{d}t=-(f,g),$$

于是 $(f,g)=0$，即 $M\perp N$.

任取 $f\in C[-1,1]$，记

$$f_1(x)=\frac{1}{2}(f(x)+f(-x)),f_2(x)=\frac{1}{2}(f(x)-f(-x))$$

则有 $f_1\in N,f_2\in M$，且 $f=f_1+f_2$，则

$$C[-1,1]=M\oplus N.$$

证毕.

根据内积空间的正交性，类比欧氏空间的勾股定理，有如下不等式.

引理 4.2.2 (Levi 不等式)　设 M 是内积空间 X 的线性子空间，$x\in X$，令 $d=\inf\limits_{y\in M}\|x-y\|$，则对任意的 $y_1,y_2\in M$，都有

$$\|y_1-y_2\|\leqslant\sqrt{\|x-y_1\|^2-d^2}+\sqrt{\|x-y_2\|^2-d^2}.$$

引理 4.2.3　设 M 是 Hilbert 空间 H 的闭子空间，则存在唯一 $x_0\in M$，使得

$$\|x-x_0\|=\inf_{y\in M}\|x-y\|.$$

此时称 x_0 为 x 在 M 中的最佳逼近元.

证明　(1) 存在性

设 $d=\inf\limits_{y\in M}\|x-y\|$，则存在 $\{y_n\}\subset M$ 使得

$$d=\lim_{n\to\infty}\|x-y_n\|,$$

由 Levi 不等式

$$\|y_n-y_m\|\leqslant\sqrt{\|x-y_n\|^2-d^2}+\sqrt{\|x-y_m\|^2-d^2}\to 0(n,m\to\infty),$$

因而 $\{y_n\}$ 是基本列. 而空间 H 是完备的且 M 闭，因此存在 $x_0\in M$，使得 $\lim\limits_{n\to\infty}y_n=x_0$，由模的连续性得

$$\|x-x_0\|=d.$$

(2) 唯一性

设 $x_0,x_1\in M$，使得

$$\|x-x_0\|=\|x-x_1\|=d,$$

则

$$0\leqslant\|x_1-x_0\|\leqslant\sqrt{\|x-x_0\|-d^2}+\sqrt{\|x-x_1\|^2-d^2}=0,$$

所以 $x_1=x_0$.

证毕.

定理 4.2.2（投影定理） 设 M 是 Hilbert 空间 H 的闭线性子空间，则对任何 $x\in H$ 都可以唯一分解成 $x=x_1+x_2$，其中 $x_1\in M, x_2\in M^{\perp}$. x_1 称为 x 在 M 的投影，且 x_1 是由 x 唯一决定的.

证明 (1) 存在性

由引理 4.2.3 知，存在 $x_1\in M$ 使得 $\|x-x_1\|=d=\inf\limits_{y\in M}\|x-y\|$，则 $x-x_1\perp M$.

事实上，任取 $z\in M, z\neq 0$，则对任何 $\lambda\in K$，都有 $x_1+\lambda z\in M$，所以

$$d^2\leqslant\|x-(x_0+\lambda z)\|^2=\|x-x_1\|^2-2\mathrm{Re}(\bar{\lambda}(x-x_1),z)+|\lambda|^2\|z\|^2,$$

令 $\lambda=\dfrac{(x-x_1,z)}{\|z\|^2}$，代入上式得

$$\begin{aligned}d^2&\leqslant\|x-x_1\|^2-2\frac{|(x-x_1,z)|^2}{\|z\|^2}+\frac{|(x-x_1,z)|^2}{\|z\|^2}\\&=d^2-\frac{|(x-x_1,z)|^2}{\|z\|^2},\end{aligned}$$

所以 $\dfrac{|(x-x_1,z)|^2}{\|z\|^2}=0$，因此 $(x-x_1,z)=0$. 即 $x-x_1\perp M$.

令 $x_2=x-x_1$，所以 $x=x_1+x_2$，其中 $x_1\in M, x_2\in M^{\perp}$.

(2) 唯一性

假设 x 有两个分解使得

$$x=x_1+x_2=y_1+y_2,$$

其中，$x_1, y_1\in M, x_2, y_2\in M^{\perp}$，则 $x_1-y_1=y_2-x_2\in M\cap M^{\perp}=\{0\}$，因而

$$x_1-y_1=y_2-x_2=0,$$

所以 $x_1=y_1, y_2=x_2$.

证毕.

投影定理也可以写成：

定理 4.2.3（投影定理） 如果 M 是 Hilbert 空间 H 的闭子空间，则 $H=M\oplus M^{\perp}$.

推论 4.2.1 设 M 是 Hilbert 空间 H 的线性子空间，则 $\overline{M}=(M^{\perp})^{\perp}$. 特别当 $M^{\perp}=\{0\}$ 时，则 $\overline{M}=H$.

证明 (1) 因为 $M\perp M^{\perp}$，所以 $M\subset(M^{\perp})^{\perp}$，又 $(M^{\perp})^{\perp}$ 是闭的，所以 $\overline{M}\subset(M^{\perp})^{\perp}$.

(2) 若 $x\in(M^{\perp})^{\perp}$，则 $x\perp M^{\perp}$，因为 $M^{\perp}=(\overline{M})^{\perp}$，$H=\overline{M}\oplus(\overline{M})^{\perp}=\overline{M}\oplus M^{\perp}$，所以 $x=x_1+x_2$（其中 $x_1\in\overline{M}, x_2\in M^{\perp}$），$x_2=x-x_1\in\overline{M}\cap(\overline{M})^{\perp}=\{0\}$，所以 $x=x_1\in\overline{M}$. 即 $(M^{\perp})^{\perp}\subset\overline{M}$.

综合(1)、(2)得，$\overline{M}=(M^{\perp})^{\perp}$.

证毕.

例 4.2.2（最小二乘法）

(1) 实际观测问题.

许多实际观测数据的处理问题如下：已知量 y 与量 $x_1, x_2, \cdots, x_n$ 之间呈线性关系

$$y=\lambda_1x_1+\lambda_2x_2+\cdots+\lambda_nx_n.$$

但事先这些线性系数 $\lambda_1,\lambda_2,\cdots,\lambda_n$ 是不知道的. 为了确定它们观测数据 m 次，即测得 m 组数，即 $(y^{(j)},x_1^{(j)},x_2^{(j)},\cdots,x_n^{(j)})(j=1,2,\cdots,m)$，得到如下 $m\times(n+1)$ 矩阵

$$\begin{pmatrix} y^{(1)} & x_1^{(1)} & x_2^{(1)} & \cdots & x_n^{(1)} \\ y^{(2)} & x_1^{(2)} & x_2^{(2)} & \cdots & x_n^{(2)} \\ \vdots & \vdots & \vdots & & \vdots \\ y^{(m)} & x_1^{(m)} & x_2^{(m)} & \cdots & x_n^{(m)} \end{pmatrix}_{m\times(n+1)},$$

如果观测绝对精确的话，原则上只要测量 $m=n$ 次. 通过线性方程组就可以解出 $\lambda_1,\lambda_2,\cdots,\lambda_n$. 事实上，任何观测都不可避免带有误差. 这样便多观测些次数，即 $m>n$. 于是方程的个数大于未知数的个数. 因此，要求 $\alpha_1,\alpha_2,\cdots,\alpha_n$ 使得

$$y^{(j)}-\sum_{k=1}^{n}\alpha_k x_k^{(j)}\ (j=1,2,\cdots,m)$$

尽可能地小. 利用这些误差的平方和作为衡量误差的标准，那么问题归结为求 $\alpha_1,\alpha_2,\cdots,\alpha_n$，使得

$$\sum_{j=1}^{m}\left|y^{(j)}-\sum_{k=1}^{n}\alpha_k x_k^{(j)}\right|^2=\inf_{\lambda_1,\cdots,\lambda_n}\sum_{j=1}^{m}\left|y^{(j)}-\sum_{k=1}^{n}\lambda_k x_k^{(j)}\right|^2.$$

令

$$Y=\begin{pmatrix} y^{(1)} \\ y^{(2)} \\ \vdots \\ y^{(m)} \end{pmatrix},X_k=\begin{pmatrix} x_k^{(1)} \\ x_k^{(2)} \\ \vdots \\ x_k^{(m)} \end{pmatrix},k=1,2,\cdots,n$$

所以

$$\sum_{j=1}^{m}\left\|Y-\sum_{k=1}^{n}\alpha_k X_k\right\|^2=\inf_{\lambda_1,\cdots,\lambda_n}\sum_{j=1}^{m}\left\|Y-\sum_{k=1}^{n}\lambda_k X_k\right\|^2.$$

令

$$M=\mathrm{span}(X_1,X_2,\cdots,X_n),H=R^m,$$

上面问题可以看成是求 M 中的最佳逼近元 X_0，使得

$$\inf_{X\in M}\|Y-X\|=\|Y-X_0\|.$$

(2) 平方平均逼近.

在函数逼近论中，对于给定的一般函数 $f\in L^2[a,b]$，要求用给定的 n 个 $L^2[a,b]$ 函数，线性组合按平方平均意义求最佳逼近. 即求系数 $\alpha_1,\alpha_2,\cdots,\alpha_n$，使得

$$\inf_{\lambda_1,\lambda_2,\cdots,\lambda_n}\int_a^b\left|f(x)-\sum_{i=1}^{n}\lambda_i\varphi_i(x)\right|^2\mathrm{d}x=\int_a^b\left|f(x)-\sum_{i=1}^{n}\alpha_i\varphi_i(x)\right|^2\mathrm{d}x.$$

令

$$H=L^2[a,b],M=\mathrm{span}\{\varphi_1,\varphi_2,\cdots,\varphi_n\},\varphi=\sum_{k=1}^{n}\alpha_k\varphi_k,$$

上述问题等价于求 $\varphi\in M$，使得

$$\inf_{y\in M}\|f-y\|=\|f-\varphi\|.$$

(3) 最佳估计问题.

设(Ω,B,P)是一个概率空间,$P(\Omega)=1$. 所谓一个随机变量就是(Ω,B,P)上的一个可测函数. 在随机过程中,常对随机变量$X(\omega)$用另一组随机变量$X_1(\omega),X_2(\omega),\cdots,X_n(\omega)$的线性组合来估计. 设$X,X_1,X_2,\cdots,X_n\in L^2(\Omega,B,P)$,求系数$\alpha_1,\alpha_2,\cdots,\alpha_n$,使得

$$\inf_{(\lambda_1,\lambda_2,\cdots,\lambda_n)\in R^n}\int_\Omega \left|X(\omega)-\sum_{i=1}^n\lambda_iX_i\right|^2\mathrm{d}P(\omega)=\int_\Omega\left|X(\omega)-\sum_{i=1}^n\alpha_iX_i\right|^2\mathrm{d}P(\omega).$$

令

$$H=L^2[a,b],M=\operatorname{span}\{X_1,X_2,\cdots,X_n\},X_0=\sum_{k=1}^n\alpha_kX_k,$$

所以

$$\inf_{y\in M}\|X-y\|=\|X-X_0\|.$$

上面的三个问题都可以归结为求 Hilbert 空间 H 中的元素 x 在闭子空间 $M=\operatorname{span}\{x_1,x_2,\cdots,x_n\}$上的正交投影 x_0. 不妨设 $x_1,x_2,\cdots,x_n$ 是线性无关的,根据投影定理,有分解式

$$x=x_0+y,x_0\in M,y\in M^{\perp},$$

x_0 称为 x 的关于M 的最佳逼近元,满足

$$\|x-x_0\|=\inf_{y\in M}\|x-y\|.$$

设 x 的最佳逼近元为

$$x_0=\sum_{i=1}^n\alpha_ix_i,$$

则

$$x-x_0\perp y,y\in M,$$

所以

$$(x-\sum_{i=1}^n\alpha_ix_i,x_j)=0\ ,j=1,2,\cdots,n,$$

即

$$\sum_{i=1}^n\alpha_i(x_i,x_j)=(x,x_j),j=1,2,\cdots,n.\tag{4.2.1}$$

因为 $x_1,x_2,\cdots,x_n$ 是线性无关的,所以

$$D=\begin{vmatrix}(x_1,x_1) & \cdots & (x_i,x_1) & \cdots & (x_n,x_1)\\ (x_1,x_2) & \cdots & (x_i,x_2) & \cdots & (x_n,x_2)\\ \vdots & \vdots & \vdots & \vdots & \vdots\\ (x_1,x_n) & \cdots & (x_i,x_n) & \cdots & (x_n,x_n)\end{vmatrix}\neq0.$$

因此方程组(4.2.1)有唯一解,设

$$D_i=\begin{vmatrix}(x_1,x_1) & \cdots & (x,x_1) & \cdots & (x_n,x_1)\\(x_1,x_2) & \cdots & (x,x_2) & \cdots & (x_n,x_2)\\ \vdots & \vdots & \vdots & \vdots & \vdots\\(x_1,x_n) & \cdots & (x,x_n) & \cdots & (x_n,x_n)\end{vmatrix}\neq 0,$$

所以 $\alpha_i=\dfrac{D_i}{D}\ (i=1,2,\cdots,n)$，这样求出 x 的最佳逼近元 $x_0=\sum\limits_{i=1}^{n}\alpha_i x_i$.

§4.3　Hilbert 空间的正交系

类似于 Euclid 空间中的直交坐标系，在 Hilbert 空间中引入正交系的概念也是很重要的，它也是数学分析中直交函数系概念的拓广，本节主要讨论 Hilbert 空间的标准正交基的概念与性质.

4.3.1　正交集

定义 4.3.1　设 X 是内积空间，$M=\{x\mid x\neq 0,x\in H\}$，如果对任意的 $x,y\in M$，满足 $(x,y)=0$，则称 M 是 X 中的一个正交集；如果 M 还满足：对任意的 $x\in M$，$\|x\|=1$，则称 M 是 X 的标准正交集.

例 4.3.1　在 n 维 Euclid 空间 R^n 中，$e_1=(1,0,\cdots,0),e_2=(0,1,\cdots,0),\cdots,e_n=(0,0,\cdots,1)$ 是 R^n 中的一组标准正交集.

例 4.3.2　在 $L^2[0,2\pi]$ 中，规定内积为

$$(f,g)=\int_0^{2\pi}f(x)\overline{g(x)}\mathrm{d}x,$$

则三角函数系

$$\frac{1}{\sqrt{2\pi}},\frac{1}{\sqrt{\pi}}\cos x,\frac{1}{\sqrt{\pi}}\sin x,\frac{1}{\sqrt{\pi}}\cos 2x,\frac{1}{\sqrt{\pi}}\sin 2x,\cdots,\frac{1}{\sqrt{\pi}}\cos nx,\frac{1}{\sqrt{\pi}}\sin nx,\cdots$$

组成 $L^2[0,2\pi]$ 中的一组标准正交集. 而且

$$\left\{\frac{1}{\sqrt{2\pi}}e^{\mathrm{inx}}\mid n=0,\pm 1,\pm 2,\cdots\right\}$$

是另一组标准正交集.

在经典的 Fourier 分析中，函数 $f\in L^2[0,2\pi]$ 的三角级数展开中，有

$$a_0=\frac{1}{2\pi}\int_0^{2\pi}f(x)\mathrm{d}x=\frac{1}{\sqrt{2\pi}}\left(f,\frac{1}{\sqrt{2\pi}}\right);$$

$$a_n=\frac{1}{\pi}\int_0^{2\pi}f(x)\cos nx\,\mathrm{d}x=\frac{1}{\sqrt{\pi}}\left(f,\frac{1}{\sqrt{\pi}}\cos nx\right);$$

$$b_n=\frac{1}{\pi}\int_0^{2\pi}f(x)\sin nx\,\mathrm{d}x=\frac{1}{\sqrt{\pi}}\left(f,\frac{1}{\sqrt{\pi}}\sin nx\right)\ (n=1,2,\cdots).\tag{4.3.1}$$

称式(4.3.1)为函数 $f(x)$ 关于三角函数系的 Fourier 系数.

这个概念可以作如下的推广.

定义 4.3.2 设 M 是内积空间 X 的标准正交集，$e\in M$，$x\in X$，则称 (x,e) 为 x 关于 e 的 Fourier 系数.

例 4.3.3 在复 Hilbert 空间 $L^2[0,1]$ 中，$\{e^{i2n\pi t}\}(n=0,\pm1,\pm2,\cdots)$ 是 $L^2[0,1]$ 的一组标准正交集，对于 $f\in L^2[0,1]$，它的 Fourier 系数为

$$c_n=(f,e^{i2n\pi t})=\int_0^1 f(t)e^{-i2n\pi t}\mathrm{d}t(n=0,\pm1,\pm2,\cdots).$$

4.3.2 标准正交集的性质

引理 4.3.1 设 $\{e_1,e_2,\cdots,e_n\}$ 是内积空间 X 中的标准正交集，$M=\mathrm{span}\{e_1,e_2,\cdots,e_n\}$，则对任意的 $x\in X$，有

(1) x 在 M 上的投影为 $x_0=\sum\limits_{k=1}^{n}(x,e_k)e_k$；

(2) $\|x_0\|^2=\sum\limits_{k=1}^{n}|(x,e_k)|^2$；

(3) $\|x\|^2=\|x_0\|^2+\|x-x_0\|^2$，且 $\sum\limits_{k=1}^{n}|(x,e_k)|^2\leqslant\|x\|^2$.

证明 (1) 设 $x_0=\sum\limits_{k=1}^{n}(x,e_k)e_k\in M$，则

$$(x,e_j)=(x_0,e_j),\ j=1,2,\cdots,n,$$

即

$$(x-x_0,e_j)=(x,e_j)-(x_0,e_j)=0,\ j=1,2,\cdots,n,$$

所以 $x-x_0\perp M$，因此 $x=x_0+x-x_0$ 是在 M 中的正交分解，这样 $x_0=\sum\limits_{k=1}^{n}(x,e_k)e_k$ 为 x 在 M 上的投影.

(2)
$$\begin{aligned}\|x_0\|^2&=\left(\sum_{k=1}^{n}(x,e_k)e_k,\sum_{k=1}^{n}(x,e_k)e_k\right)\\&=\sum_{k=1}^{n}(x,e_k)\overline{(x,e_k)}=\sum_{k=1}^{n}|(x,e_k)|^2.\end{aligned}$$

(3) 由勾股定理得

$$\|x\|^2=\|x_0\|^2+\|x-x_0\|^2,$$

所以

$$\|x_0\|^2\leqslant\|x\|^2,$$

从而

$$\sum_{k=1}^{n}|(x,e_k)|^2\leqslant\|x\|^2.$$

证毕.

定理 4.3.1（Bessel 不等式） 设$\{e_1,e_2,\cdots,e_n,\cdots\}$是内积空间 X 中的一组标准正交集，则对任意 $x\in X$，有

$$\sum_{k=1}^{\infty}|(x,e_k)|^2\leqslant\|x\|^2. \tag{4.3.2}$$

证明 根据引理 4.3.1(3)，对任何 $n\in N$，有

$$\sum_{k=1}^{n}|(x,e_k)|^2\leqslant\|x\|^2<\infty, \tag{4.3.3}$$

在式(4.3.3)中，令 $n\to\infty$ 得

$$\sum_{k=1}^{\infty}|(x,e_k)|^2\leqslant\|x\|^2<\infty,$$

所以正项级数$\sum\limits_{k=1}^{\infty}|(x,e_k)|^2$收敛，且$\sum\limits_{k=1}^{\infty}|(x,e_k)|^2\leqslant\|x\|^2$.

证毕.

定义 4.3.3 设 M 是内积空间 X 的标准正交集，如果 $x\perp M$，就有 $x=0$，则称 M 为 X 的标准正交基.

在例 4.3.1 中的 n 维 Euclid 空间 R^n 中

$$e_1=(1,0,\cdots,0),\quad e_2=(0,1,,\cdots,0),\quad \cdots,\quad e_n=(0,0,\cdots,1)$$

是 R^n 中的一组标准正交基.

引理 4.3.2（Friedrichs 软化定理） $C_0^{\infty}(a,b)$在$L^2[a,b]$中稠密（证明详见§2.3.2 中 Lusin 逼近定理）.

在例 4.3.2 中，在 $L^2[0,2\pi]$中，规定内积为

$$(f,g)=\int_0^{2\pi}f(x)\,\overline{g(x)}\mathrm{d}x,$$

则

$$M=\{\frac{1}{\sqrt{2\pi}},\frac{1}{\sqrt{\pi}}\cos x,\frac{1}{\sqrt{\pi}}\sin x,\frac{1}{\sqrt{\pi}}\cos 2x,\frac{1}{\sqrt{\pi}}\sin 2x,\cdots,\frac{1}{\sqrt{\pi}}\cos nx,\frac{1}{\sqrt{\pi}}\sin nx,\cdots\}$$

是 $L^2[0,2\pi]$中的一组标准正交基.

证明 由数学分析可以知道，若 $g(x)\in C^1[0,2\pi]$，且 $g(0)=g(2\pi)$，则其 Fourier 级数一致收敛于 $g(x)$，即

$$S_n(x)=\frac{a_0}{2}+\sum_{k=1}^{n}(a_k\cos kx+b_k\sin kx),x\in[0,2\pi],$$

其中，$a_0,a_k,b_k(k=1,2,\cdots,n)$为 $g(x)$的 Fourier 系数，则 $S_n(x)$在$[0,2\pi]$上一致收敛于 $g(x)$，所以

$$\begin{aligned}\lim_{n\to\infty}\|S_n(x)-g(x)\|&=\lim_{n\to\infty}\int_0^{2\pi}|S_n(x)-g(x)|^2\mathrm{d}x\\&=\int_0^{2\pi}\lim_{n\to\infty}|S_n(x)-g(x)|^2\mathrm{d}x=0.\end{aligned} \tag{4.3.4}$$

由引理 4.3.2 可知，$D=\{g|g\in C^1[0,2\pi],g(0)=g(2\pi)\}$在 $L^2[0,2\pi]$中稠密. 于是，对

任意的 $f\in L^2[0,2\pi]$，对任意的 $\varepsilon>0$，存在 $g_\varepsilon\in D$，使得

$$\| f-g_\varepsilon \| <\frac{\varepsilon}{2},$$

对于 g_ε，由式(4.3.4)得，当 n 充分大时，有

$$\| g_\varepsilon-S_n \| <\frac{\varepsilon}{2},$$

从而

$$\| f-S_n \| <\varepsilon.$$

所以

$$f\in\overline{\mathrm{span}\, E},$$

因此

$$L^2[0,2\pi]=\overline{\mathrm{span}\, E},$$

而 $L^2[0,2\pi]=\overline{\mathrm{span}\, E}\oplus E^\perp$，所以 $E^\perp=\{0\}$，由定义 4.3.3 得，E 为 $L^2[0,2\pi]$中的一组标准正交基.

证毕.

定理 4.3.2 设 $E=\{e_n,n\in N\}$是 Hilbert 空间 H 中的标准正交集，则下面三个条件等价：

(1) E 是 H 的标准正交基；

(2) 对任意的 $x\in H, x=\sum_{n=1}^{\infty}(x,e_n)e_n$；

(3) 对任意的 $x\in H$，Parseval 等式

$$\| x \|^2=\sum_{n=1}^{\infty}|(x,e_n)|^2.$$

证明 (1)⇒(2) 对任意的 $x\in H$，由 Bessel 不等式得 $\sum_{n=1}^{\infty}|(x,e_n)|^2\leqslant\| x \|^2$. 因而，$\| \sum_{k=n+1}^{\infty}(x,e_k)e_k \|^2=\sum_{k=n+1}^{\infty}|(x,e_k)|^2\to 0(n\to\infty)$，从而 $\sum_{n=1}^{\infty}(x,e_n)e_n$ 按范数收敛，这样 $y=x-\sum_{n=1}^{\infty}(x,e_n)e_n$ 有意义，对任意的 $k\in N$，有

$$(y,e_k)=(x-\sum_{n=1}^{\infty}(x,e_n)e_n,e_n)=(x,e_k)-\sum_{n=1}^{\infty}(x,e_n)(e_n,e_k)=0,$$

所以 $y\perp E$，从而 $y=0$，即

$$x=\sum_{n=1}^{\infty}(x,e_n)e_n.$$

(2)⇒(3) 设 $x=\sum_{n=1}^{\infty}(x,e_n)e_n$，有

$$\| x \|^2=(x,x)=(\sum_{i=1}^{\infty}(x,e_i)e_i,\sum_{j=1}^{\infty}(x,e_j)e_j)=\sum_{i=1}^{\infty}\sum_{j=1}^{\infty}(x,e_i)\overline{(x,e_j)}(e_i,e_j)$$

$$= \sum_{n=1}^{\infty} |(x,e_n)|^2.$$

(3)⇒(1) 假设 E 不是 H 的标准正交基，则存在 $e_0 \in H, e_0 \perp E$ 且 $\|e_0\| = 1$，

$$1 = \|e_0\|^2 = \left\| \sum_{n=1}^{\infty} (e_0, e_n) e_n \right\|^2 = 0,$$

矛盾.

证毕.

定理 4.3.3 设 $\{e_n\}$ 是可分的 Hilbert 空间 H 的标准正交基，则 $\sum_{n=1}^{\infty} c_n e_n$ 收敛的充分必要条件是 $\{c_n\} \in l^2$.

证明 （充分性）$\sum_{n=1}^{\infty} c_n e_n$ 收敛，设 $x = \sum_{k=1}^{\infty} c_k e_k$，则 $c_k = (x, e_k)$，由 Parseval 等式得

$$\sum_{k=1}^{\infty} |c_k|^2 = \|x\|^2 < \infty,$$

因而 $\{c_n\} \in l^2$.

（必要性）取 $x_n = \sum_{k=1}^{n} c_k e_k$，由于 $\{c_n\} \in l^2$，所以 $\sum_{k=1}^{\infty} |c_k|^2 < \infty$，因此对任意 $\varepsilon > 0$，存在 N，当 $m > N, m + p > N$ 时，有

$$\sum_{k=m+1}^{m+p} |c_k|^2 < \varepsilon,$$

所以

$$\|x_{m+p} - x_m\|^2 = \left\| \sum_{k=m+1}^{m+p} c_k e_k \right\|^2 = \sum_{k=m+1}^{m+p} |c_k|^2 < \varepsilon,$$

因此，$\{x_n\}$ 是 H 中的 Cauchy 列，存在 $x \in H$，使得

$$x = \lim_{n\to\infty} x_n = \sum_{k=1}^{\infty} c_k e_k.$$

证毕.

注 定理 4.3.3 解决了函数的 Fourier 级数的收敛问题，它所说的收敛是指平均收敛，即

$$\lim_{n\to\infty} \frac{1}{\pi} \int_0^{2\pi} \left| f(x) - \left[\frac{a_0}{2} + \sum_{k=1}^{n} (a_k \cos kx + b_k \sin kx)\right] \right|^2 \mathrm{d}x = 0.$$

而经典意义下 Fourier 级数的收敛是指逐点收敛，即

$$\lim_{n\to\infty} \left[\frac{a_0}{2} + \sum_{k=1}^{n} (a_k \cos kx + b_k \sin kx)\right] = f(x), x \in [0, 2\pi],$$

二者的收敛意义是不同的.

4.3.3 Gram-Schmidt 正交化

下面将给出可分的 Hilbert 空间 H 的至多可数个线性无关元素的 Gram-Schmidt 正

交化.

定理 4.3.4 设 $M=\{x_1,x_2,\cdots,x_n,\cdots\}$ 是可分的 Hilbert 空间 H 的至多可数个线性无关元素的集合，且 $\overline{\text{span}\, M}=H$，则存在 H 的标准正交基 $E=\{y_1,y_2,\cdots,y_n,\cdots\}$，使得对任意的 $n\in N$，都有

$$\text{span}\{x_1,x_2,\cdots,x_n\}=\text{span}\{y_1,y_2,\cdots,y_n\}.$$

证明 用数学归纳法证明.

(1) 当 $n=1$ 时，$y_1=\dfrac{x_1}{\|x_1\|}$，命题成立.

(2) 当 $n=k,k\geqslant 1$ 时，命题成立. 即 $y_1,y_2,\cdots,y_k$ 是两两正交单位向量，且

$$\text{span}\{x_1,x_2,\cdots,x_k\}=\text{span}\{y_1,y_2,\cdots,y_k\}.$$

当 $n=k+1$ 时，因为 $x_1,x_2,\cdots,x_k,x_{k+1}$ 是线性无关，所以

$$x_{k+1}-\sum_{i=1}^{k}(x_{k+1},y_i)y_i\neq 0,$$

令

$$y_{k+1}=[x_{k+1}-\sum_{i=1}^{k}(x_{k+1},y_i)y_i]/\|x_{k+1}-\sum_{i=1}^{k}(x_{k+1},y_i)y_i\|,$$

于是，$\|y_{k+1}\|=1,(y_{k+1},y_i)=0\ (i=1,2,\cdots,k)$，且

$$\text{span}\{x_1,x_2,\cdots,x_k,x_{k+1}\}=\text{span}\{y_1,y_2,\cdots,y_k,y_{k+1}\}.$$

所以，当 $n=k+1$ 时，命题成立. 由数学归纳法得 $E=\{y_1,y_2,\cdots,y_n,\cdots\}$ 是标准正交集，且对任何 $n\in N$，有

$$\text{span}\{x_1,x_2,\cdots,x_n\}=\text{span}\{y_1,y_2,\cdots,y_n\},$$

因为，$\overline{\text{span}\, M}=H$，所以 $\overline{\text{span}\, E}=H$，这样 $E^{\perp}=\{0\}$，所以 $E=\{y_1,y_2,\cdots,y_n,\cdots\}$ 是 H 的标准正交基.

证毕.

推论 4.3.4 任何一个可分的 Hilbert 空间都与 l^2 同构.

证明 设 H 是可分的 Hilbert 空间，由定理 4.3.4 可得，存在标准正交基 $\{e_n\}_{n=1}^{\infty}$. 再由定理 4.3.2，对 $\forall x\in H$，有

$$x=\sum_{n=1}^{\infty}(x,e_n)e_n$$

且

$$\|x\|^2=\sum_{n=1}^{\infty}|(x,e_n)|.$$

记 $\{(x,e_n)\}=((x,e_1),(x,e_2),\cdots,(x,e_3),\cdots)$，则 $\{(x,e_n)\}\in l^2$. 定义映射 $T:H\to l_2$ 为

$$Tx=\{(x,e_n)\},\ \forall x\in H.$$

由内积的运算性质可知，T 是线性的. 设 $y\in H$，则 $y=\sum_{n=1}^{\infty}(y,e_n)e_n$，

$$(Tx,Ty)=(\{(x,e_n)\},\{(y,e_n)\})=\sum_{i=1}^{\infty}(x,e_i)\overline{(y,e_i)}$$

$$=\left(\sum_{i=1}^{\infty}(x,e_i)e_i,\sum_{i=1}^{\infty}(y,e_j)e_j\right)=(x,y).$$

这说明 T 是保内积，也是单射.

下证 T 是满射. 设 $\{\xi_n\}\in l^2$，记 $x_k=\sum_{i=1}^{k}\zeta_i e_i,i=1,2,\cdots$，当 $m>k$ 时，有

$$\|x_m-x_k\|^2=\left\|\sum_{i=k+1}^{m}\zeta_i e_i\right\|^2=\sum_{i=k+1}^{m}|\zeta_i|^2$$

由于 $\sum_{i=1}^{\infty}|\zeta_i|^2<\infty$，可知 $\{x_k\}$ 是 H 中的柯西列且 H 完备，故 $\lim_{k\to\infty}x_k=x$ 存在. 于是

$$x=\lim_{k\to\infty}\sum_{i=1}^{k}\zeta_i e_i=\sum_{i=1}^{\infty}\zeta_i e_i,$$

且 $(x,e_i)=\zeta_i,i=1,2,\cdots$. 则 $Tx=\{(x,e_n)\}=\{\zeta_n\}_{n=1}^{\infty}$. 即 T 是满射.

证毕.

例 4.3.4　设 $P_n(x)=\dfrac{1}{2^n n!}\dfrac{\mathrm{d}^n}{\mathrm{d}x^n}(x^2-1)^n,x\in[-1,1]$，且

$$L_n(x)=\sqrt{\frac{2n+1}{2}}P_n(x),\ n=0,1,2,\cdots,$$

则 $E=\{L_n(x)\mid n=0,1,2,\cdots\}$ 是 Hilbert 空间 $L^2[-1,1]$的标准正交基.

本书称 $P_n(x)=\dfrac{1}{2^n n!}\dfrac{\mathrm{d}^n}{\mathrm{d}x^n}(x^2-1)^n,x\in[-1,1]$ $(n=0,1,2,\cdots)$为 Legendre 多项式.

证明　设 $M=\{1,x,x^2,\cdots,x^n,\cdots\}$，则 M 是 $L^2[-1,1]$的线性无关可数集，span M 是 $[-1,1]$上的多项式函数全体，由 Stone-Weierstrass 定理(定理 2.3.2 和例 2.3.5)知，多项式函数全体在 $L^2[-1,1]$中稠密. 因此，用 Gram-Schmidt 方法可求出内积空间 $L^2[-1,1]$的标准正交基. 显然对任何 $n=0,1,2,\cdots$，都有

$$\mathrm{span}\{1,x,x^2,\cdots,x^n\}=\mathrm{span}\{L_0,L_1,L_2,\cdots,L_n\};$$

下面证明$\{L_n\mid n=0,1,2,\cdots\}$是 $L^2[-1,1]$中的标准正交集，即

$$(L_n,L_m)=\int_{-1}^{1}L_n(x)L_m(x)\mathrm{d}x=\delta_{mn},\quad m,n=0,1,2,\cdots.$$

设

$$W_n(x)=\frac{\mathrm{d}^n}{\mathrm{d}x^n}(x^2-1)^n,\quad n=0,1,2,\cdots.$$

且不妨设 $n>m\geqslant 0$，则当 $x=\pm 1$ 且 $r=0,1,2,\cdots,n-1$ 时，

$$\frac{\mathrm{d}^r}{\mathrm{d}x^r}(x^2-1)^n=0,$$

于是由分部积分法得出

$$\int_{-1}^{1}W_n(x)W_m(x)\mathrm{d}x=-\int_{-1}^{1}\frac{\mathrm{d}^{n-1}}{\mathrm{d}x^{n-1}}(x^2-1)^n\frac{\mathrm{d}^{m+1}}{\mathrm{d}x^{m+1}}(x^2-1)m\mathrm{d}x$$

$$=\cdots=(-1)^n\int_{-1}^{1}(x^2-1)^n\frac{\mathrm{d}^{m+n}}{\mathrm{d}x^{m+n}}(x^2-1)^m\mathrm{d}x.$$

由于 $m+n>2m$，所以 $\frac{d^{m+n}}{dx^{m+n}}(x^2-1)^m=0$，

于是

$$\int_{-1}^{1} W_n(x)W_m(x)dx = 0.$$

所以

$$(L_n,L_m)=0 \quad (m\neq n, m、n=0,1,2,\cdots),$$

类似可得

$$\begin{aligned}\int_{-1}^{1} W_n(x)W_n(x)dx &= (-1)^n\int_{-1}^{1}(x^2-1)^n\frac{d^{2n}}{dx^{2n}}(x^2-1)^{2n}dx \\ &= (2m)!\int_{-1}^{1}(1-x^2)^n dx = \frac{(n!)^2\cdot 2^{2n+1}}{2n+1},\end{aligned}$$

于是，$(L_n,L_n)=1\ (n=0,1,2,\cdots)$，因此 $\{L_n\}$ 是标准正交集. 这样 $\{L_n\}$ 是 $L^2[-1,1]$ 的标准正交基.

证毕.

4.3.4 内积空间的强收敛与弱收敛

定义 4.3.4 设 X 是内积空间，$\{x_n\}$ 是 X 中的点列，$x\in X$，若对任意 $z\in X$，则

$$\lim_{n\to\infty}(x_n,z)=(x,z),$$

则称 $\{x_n\}$ 弱收敛于 x，记为 $w-\lim\limits_{n\to\infty}x_n=x$.

若 $\lim\limits_{n\to\infty}\|x_n-x\|=0$，称 $\{x_n\}$ 强收敛于 x，记为 $s-\lim\limits_{n\to\infty}x_n=x$.

注 (1) 若 $\{x_n\}$ 强收敛于 x，则 $\{x_n\}$ 弱收敛于 x，反之不成立；

(2) 若 $\{x_n\}$ 弱收敛，则极限是唯一的.

例 4.3.5 设 H 是 Hilbert 空间，$\{e_n\}_1^\infty$ 是 H 的标准正交基，所以对任意 $m,n\in N$，有

$$\|e_m-e_n\|^2=\|e_m\|^2+\|e_n\|^2=2,$$

所以，$\{e_n\}$ 没有强收敛的子列，但 $w-\lim\limits_{n\to\infty}e_n=0$. 事实上，对任何 $x\in H$，由 Parseval 等式得

$$\sum_{n=1}^{\infty}|(e_n,x)|^2=\|x\|^2<+\infty,$$

所以，$\lim\limits_{n\to\infty}(e_n,x)=0$，即 $w-\lim\limits_{n\to\infty}e_n=0$.

注 在有限维空间中，有界点列必有收敛子列，这一结果可以导出很多有用的结论. 例 4.3.5 表明在无穷维空间中，有界点列未必有收敛子列，但在弱收敛意义下这一结论是成立的.

定理 4.3.5 设 H 是 Hilbert 空间，$\{x_n\}$ 是 H 中的有界点列，则存在 $\{x_{n_k}\}\subset\{x_n\}$，$x\in H$，使得

$$w-\lim_{n\to\infty}x_{n_k}=x.$$

证明 由于 Hilbert 空间是特殊的自反空间(定理 4.1.4)，则有界点列有弱收敛子列.

证毕.

§4.4　Hilbert 空间上的有界线性算子

第 3 章讨论了 Banach 空间上的有界线性算子和有界线性泛函概念和性质，本节主要讨论 Hilbert 空间上有界线性算子及性质.

4.4.1　Hilbert 空间上的有界线性算子与有界线性泛函

定义 4.4.1　设 X、Y 都是数域 K（K 为实数域或复数域）上的内积空间，$T:X\to Y$ 满足：

$$T(\alpha x+\beta y)=\alpha T(x)+\beta T(y),\ \forall\, \alpha,\beta\in K,\ \forall\, x,y\in X,$$

则称 T 是线性算子，若 T 在 X 上连续，则称 T 是 X 到 Y 上连续线性算子.

当 $Y=K$ 时，线性算子 $T:X\to K$ 称为 X 上线性泛函，若 T 连续，称 T 是 X 上连续线性泛函，因此连续线性泛函是连续线性算子的一种特殊情况.

定理 4.4.1　设 X、Y 是内积空间，T 是 X 到 Y 上线性算子，则下面三个条件等价.

(1) T 在 X 上连续；

(2) T 在 0 处连续；

(3) 存在常数 $c>0$，对任意的 $x\in X$，$\|Tx\|\leqslant c\|x\|$ 或 $\|T\|\leqslant c$，即 T 有界.

由定理 4.4.1 可知，有界线性算子或泛函等价于连续线性算子或泛函.

例 4.4.1　设 $A=(a_{ij})_{m\times n}$ 是 $m\times n$ 阶矩阵，$x=(x_1,x_2,\cdots,x_n)^{\mathrm T}$，$y=(y_1,y_2,\cdots,y_m)^{\mathrm T}$，定义 $T:C^n\to C^m$ 满足

$$y=Tx=Ax,\ \forall\, x\in C^n,$$

则 T 是 C^n 到 C^m 上的连续线性算子.

证明　T 是 C^n 到 C^m 上的线性算子，对任意的 $x\in X$，由 Hölder 不等式得

$$\begin{aligned}\|Tx\|=\|Ax\|&=\Big(\sum_{i=1}^{m}\Big|\sum_{j=1}^{n}a_{ij}x_j\Big|^2\Big)^{\frac12}\leqslant\Big(\sum_{i=1}^{m}\Big(\sum_{j=1}^{n}|a_{ij}|^2\Big)\|x\|^2\Big)^{\frac12}\\&\leqslant\Big(\sum_{i=1}^{m}\sum_{j=1}^{n}|a_{ij}|^2\Big)^{\frac12}\|x\|,\end{aligned}$$

所以

$$\|T\|\leqslant\Big(\sum_{i=1}^{m}\sum_{j=1}^{n}|a_{ij}|^2\Big)^{\frac12}.$$

证毕.

例 4.4.2　设 $K(t,s)$ 是 $[0,1]\times[0,1]$ 上的二元连续函数，积分算子 $T:L^2[0,1]\to L^2[0,1]$，

$$(Tx)(t)=\int_0^1 K(t,\tau)x(\tau)\mathrm{d}\tau,\ \forall\, x\in L^2[0,1],$$

则 T 是连续线性算子.

证明 显然 T 是线性算子,由 Schwarz 不等式得

$$\|Tx\| = \left(\int_0^1 \left|\int_0^1 K(t,\tau)x(\tau)\mathrm{d}\tau\right|^2 \mathrm{d}t\right)^{\frac{1}{2}} \leqslant \left(\int_0^1 \left(\int_0^1 |K(t,\tau)|^2 \mathrm{d}\tau\right)\|x\|^2 \mathrm{d}t\right)^{\frac{1}{2}}$$

$$\leqslant \left(\int_0^1\int_0^1 |K(t,\tau)|^2 \mathrm{d}t\mathrm{d}\tau\right)^{\frac{1}{2}}\|x\|,$$

所以

$$\|T\| \leqslant \left(\int_0^1\int_0^1 |K(t,\tau)|^2 \mathrm{d}t\mathrm{d}\tau\right)^{\frac{1}{2}}.$$

证毕.

例 4.4.3 设 $H=L^2[a,b]$,有

$$f(x) = \int_a^b x(t)\mathrm{d}t, \forall x \in L^2[a,b],$$

则 f 是 $H=L^2[a,b]$ 上的连续线性泛函.

证明 由 Schwarz 不等式得

$$|f(x)| = \left|\int_a^b x(t)\mathrm{d}t\right| \leqslant \sqrt{b-a}\,\|x\|.$$

证毕.

设 H_1,H_2 是 Hilbert 空间,$B(H_1,H_2)$表示从 H_1 到 H_2 上有界线性算子的全体;$B(H)$表示从 H 到 H 上有界线性算子的全体;H^* 表示 H 上有界线性泛函的全体,称 H^* 为 H 的共轭空间.

在 $B(H_1,H_2)$上定义加法、数乘运算:

(1) $(T_1+T_2)(x)=T_1x+T_2x, \forall T_1,T_2\in B(H_1,H_2), \forall x\in H_1$;

(2) $(\alpha T)(x)=\alpha Tx, \forall \alpha\in K, T\in B(H_1,H_2), \forall x\in H_1$.

定理 4.4.2 设 H_1,H_2 是 Hilbert 空间,则 $B(H_1,H_2)$是 Banach 空间.

4.4.2 Riesz 表示定理

定理 4.4.3 设 X 是内积空间,任意给定 $z\in X$,定义

$$f_z: X\to K, f_z(x)=(x,z), \forall x\in X,$$

则 f_z 是 X 上的有界线性泛函,且 $\|f_z\|=\|z\|$.

证明 (1) 当 $z=0$ 时,所以 $f_z=(x,0)=0$ 是有界的,且 $\|f_z\|=\|0\|=0$;

(2) 设 $z\neq 0$,由内积关于第一变元线性可知,f_z 是 X 上的线性泛函. 对任意的 $x\in X$,

$$|f_z(x)|=|(x,z)|\leqslant \|z\|\cdot\|x\|,$$

所以 f_z 是 X 上有界线性范函,且 $\|f_z\|\leqslant\|z\|$.

另一方面,

$$\|f_z\| = \sup_{\|x\|=1}|f_z(x)| = \sup_{\|x\|=1}(x,z) \geqslant \left|\left(\frac{z}{\|z\|},z\right)\right| = \|z\|,$$

所以 $\|f_z\|=\|z\|$.

证毕.

引理 4.4.1　设 H 是 Hilbert 空间，H^* 是 H 的共轭空间，若 $f\in H^*$，则 $\ker(f)=\{x\mid f(x)=0\}$ 是 H 的闭线性子空间.

证明　对任意的 $\alpha,\beta\in K$，$x,y\in\ker(f)$，有

$$f(\alpha x+\beta y)=\alpha f(x)+\beta f(y)=0,$$

所以 $\alpha x+\beta y\in\ker(f)$，因此 $\ker(f)$ 是 H 的线性子空间.

另一方面，设 $\{x_n\}$ 是 $\ker(f)$ 中的任意收敛列，且 $x_n\to x(n\to\infty)$，则

$$f(x_n)\to f(x)\ (n\to\infty),$$

而 $f(x_n)=0$，所以 $f(x)=0$，于是 $x\in\ker(f)$，所以 $\ker(f)$ 是闭的，这样 $\ker(f)$ 是 H 的闭线性子空间.

证毕.

定理 4.4.4（Riesz 表示定理）　设 H 是 Hilbert 空间，$f\in H^*$，则存在唯一 $z_f\in H$，使得

$$f(x)=(x,z_f),\ \forall x\in H \text{ 且 } \|f\|=\|z_f\|.$$

证明　(1) 存在性.

(ⅰ) 若 $f(x)\equiv 0$，取 $z_f=0$ 即可；

(ⅱ) 若 $f(x)\neq 0$，由引理 4.4.1 得，$\ker(f)\neq H$ 且是 H 的闭线性子空间. 由投影定理（定理 4.2.3）得，$\ker(f)^\perp\neq\{0\}$，取 $z_0\neq 0$，$z_0\in\ker(f)^\perp$，则对任意的 $x\in H$，有

$$f(f(z_0)x-f(x)z_0)=f(z_0)f(x)-f(x)f(z_0)=0,$$

所以 $f(z_0)x-f(x)z_0\in\ker(f)$，因此

$$(f(z_0)x-f(x)z_0,z_0)=0,\ \forall x\in H,$$

即

$$f(z_0)(x,z_0)-f(x)(z_0,z_0)=0.$$

$$f(x)=f(z_0)\frac{(x,z_0)}{\|z_0\|^2}=\left(x,\frac{\overline{f(z_0)}}{\|z_0\|^2}z_0\right),\ \forall x\in H.$$

令 $z_f=\dfrac{\overline{f(z_0)}}{\|z_0\|^2}z_0$，则

$$f(x)=(x,z_f),\ \forall x\in H,$$

由定理 4.4.3 知 $\|f\|=\|z_f\|$.

(2) 唯一性.

若还存在 $z\in H$，使得

$$f(x)=(x,z_f)=(x,z),\ \forall x\in H,$$

则

$$(x,z_f-z)=0,\ \forall x\in H,$$

取 $x=z_f-z$，得 $\|z_f-z\|^2=0$，所以 $z_f-z=0$，因此 $z_f=z$.

证毕.

根据定理 4.4.4，以下结论成立：

例 4.4.4 设 f 是 R^n 上有界线性泛函，存在 $(a_1,a_2,\cdots,a_n)\in R^n$，使得当任意 $(x_1,x_2,\cdots,x_n)\in R^n$ 时，有

$$f(x_1,x_2,\cdots,x_n)=a_1x_1+a_2x_2+\cdots+a_nx_n,$$

这时 $\|f\|=\sqrt{\sum_{i=1}^{n}|a_i|^2}$，也就是说有限维空间上线性泛函正是线性函数.

例 4.4.5 设 $H=L^2[0,2\pi]$，若 $A:H\to R$ 是有界线性泛函，则存在 $f\in L^2[0,2\pi]$，对任意 $g\in L^2[0,2\pi]$，有

$$Ag=\int_0^{2\pi}g\overline{f}\mathrm{d}x=\int_0^{2\pi}g(x)\overline{f(x)}\mathrm{d}x.$$

这时 $\|A\|=\left(\int_0^{2\pi}|f(x)|^2\mathrm{d}x\right)^{\frac{1}{2}}$.

例 4.4.6 若 f 是 l^2 上有界线性泛函，则存在 $a\in l^2$ 使得

$$f(x)=(x,a),\ \forall x\in l^2,$$

有 $a=(a_1,a_2,\cdots,a_n,\cdots)$，$x=(x_1,x_2,\cdots x_n,\cdots)$，这时

$$f(x)=\sum_{i=1}^{\infty}\overline{a_i}x_i,$$

且 $\|f\|=(\sum_{i=1}^{\infty}|a_i|^2)^{\frac{1}{2}}$.

4.4.3 共轭空间和共轭算子

定义 4.4.2 设 X、Y 是线性空间，若存在 X 到 Y 上的映射 T 既是单射又是满射，且满足：对任意 $\alpha,\beta\in K$，$y,z\in H$，都有

$$T(\alpha y+\beta z)=\overline{\alpha}Ty+\overline{\beta}Tz \text{ 且 } \|Tz\|=\|z\|,$$

则称 X 与 Y 是共轭线性同构.

定理 4.4.5 设 H^* 是 Hilbert 空间 H 的共轭空间，则 H^* 与 H 共轭线性同构.

证明 由定理 4.4.3 得，对任何 $z\in H$，定义映射 $T:z\to f_z$ 是 H 到 H^* 上的 1-1 对应，且 T 满足：对任意 $\alpha,\beta\in K$，$y,z\in H$，有

$$T(\alpha y+\beta z)=f_{\alpha y+\beta z}(x)=(x,\alpha y+\beta z)=\overline{\alpha}Ty+\overline{\beta}Tz,$$

即

$$T(\alpha y+\beta z)=\overline{\alpha}Ty+\overline{\beta}Tz,\ \|Tz\|=\|f_z\|=\|z\|.$$

所以 H^* 与 H 共轭线性同构.

证毕.

注 定理 4.4.5 说明 Hilbert 空间 H 和它的共轭空间 H^* 可以看作是一致的.

定理 4.4.6 设 G 是内积空间，H 是 Hilbert 空间，A 是 $H\to G$ 的有界线性算子，那么必存在唯一的 $G\to H$ 的有界线性算子 B，使得对任何 $x\in H$，$y\in G$，有

$$(Ax,y)_G=(x,By)_H. \tag{4.4.1}$$

证明　(1) 存在性.

对任何 $y\in G$,因为

$$|(Ax,y)|\leqslant\|Ax\|\cdot\|y\|\leqslant\|A\|\cdot\|x\|\cdot\|y\|,$$

所以

$$f_y(x)=(Ax,y)$$

是 H 上的有界线性泛函,由 Riesz 表示定理,有唯一的 $z\in H$,使得

$$(Ax,y)=(x,z),\ x\in H. \tag{4.4.2}$$

这样,定义 $B:G\to H$ 使得 $By=z$,且满足式(4.4.1).

(2) 证明 B 是 $G\to H$ 的有界线性算子.

对任意 $\alpha,\beta\in K,y_1,y_2\in G$,有

$$\begin{aligned}(Ax,\alpha y_1+\beta y_2)&=\bar{\alpha}(Ax,y_1)+\bar{\beta}(Ax,y_2)\\&=\bar{\alpha}(x,By_1)+\bar{\beta}(x,By_2)\\&=(x,B(\alpha y_1+\beta y_2)),\end{aligned}$$

所以 $B(\alpha y_1+\beta y_2)=\alpha By_1+\beta By_2$,即 B 是线性算子.

另外,由 B 的定义,可知对任何 $y\in G$,有

$$\|By\|=\|f_y\|\leqslant\|A\|\cdot\|y\|,$$

所以

$$\|B\|\leqslant\|A\|,$$

即 B 是有界的. 显然使得式(4.4.1)成立的有界线性算子 B 是由 A 唯一确定的.

证毕.

定义 4.4.3　设 H_1,H_2 是 Hilbert 空间,$T\in B(H_1,H_2)$,称满足

$$(Tx,y)_{H_2}=(x,T^*y)_{H_1},\ \forall x\in H_1,\forall y\in H_2 \tag{4.4.3}$$

的映射,$T^*:H_2\to H_1$ 为 T 的共轭算子或伴随算子.

注　(1) 定理 4.4.6 说明当 H_1,H_2 是 Hilbert 空间时,T 的共轭算子是唯一的;

(2) 为了方便以后 $(Tx,y)_{H_2}$ 简记为 (Tx,y).

性质 4.4.1　设 H_1,H_2 是 Hilbert 空间,则共轭算子具有下面性质.

(1) $(T^*)^*=T$;

(2) $\|T^*\|^2=\|T\|^2=\|T^*T\|$;

(3) $T,S\in B(H_1,H_2),\alpha,\beta\in K$,则 $(\alpha T+\beta S)^*=\bar{\alpha}T^*+\bar{\beta}S^*$;

(4) $T,S\in B(H_1,H_2)$,$(TS)^*=S^*T^*$;

(5) 若 $T\in B(H_1,H_2)$,且 $T^{-1}\in B(H_2,H_1)$,则 $(T^*)^{-1}=(T^{-1})^*\in B(H_1,H_2)$.

证明　(1) 对任何 $x\in H_1,y\in H_2$,因为 $(Tx,y)=(x,T^*y)$,所以

$$(T^*y,x)=(y,Tx),$$

从而得到 $(T^*)^*=T$.

(2) 定理 4.4.6 已证明 $\|T^*\|\leqslant\|T\|$,所以 $\|T\|=\|(T^*)^*\|\leqslant\|T^*\|$,这样 $\|T^*\|=\|T\|$. 又 $\|T^*T\|\leqslant\|T^*\|\cdot\|T\|$ 成立,下面证明 $\|T^*T\|\geqslant\|T^*\|\cdot\|T\|$

成立.

事实上，对任何 $x\in H_1$，$\|x\|=1$，由 Schwarz 不等式得

$$\|Tx\|^2=(Tx,Tx)=(T^*Tx,x)\leqslant\|T^*Tx\|\cdot\|x\|\leqslant\|T^*T\|,$$

所以 $\|T\|^2=\sup\limits_{\|x\|=1}\|Tx\|^2\leqslant\|T^*T\|$，因此 $\|T^*\|^2=\|T\|^2=\|T^*T\|$.

(3) 因为 $T,S\in B(H_1,H_2)$，$\alpha,\beta\in K$，所以对任何 $x\in H_1$，$y\in H_2$，有

$$\begin{aligned}((\alpha T+\beta S)x,y)&=\alpha(Tx,y)+\beta(Sx,y)\\&=\alpha(x,T^*y)+\beta(x,S^*y)\\&=(x,(\bar{\alpha}T^*+\bar{\beta}S^*)y),\end{aligned}$$

所以

$$(\alpha T+\beta S)^*=\bar{\alpha}T^*+\bar{\beta}S^*.$$

(4) 因为 $T,S\in B(H_1,H_2)$，所以对任何 $x\in H_1$，$y\in H_2$，有

$$(TSx,y)=(Sx,T^*y)=(x,S^*T^*y),$$

所以

$$(TS)^*=S^*T^*.$$

(5) 因为 $T\in B(H_1,H_2)$，且 $T^{-1}\in B(H_2,H_1)$，所以

$$(TT^{-1})^*=I_{H_1}^*=I_{H_2},$$
$$(T^{-1}T)^*=I_{H_2}^*=I_{H_1},$$

即

$$T^*(T^{-1})^*=I_{H_2},(T^{-1})^*T^*=I_{H_1},$$

所以 $(T^*)^{-1}$ 是 T^* 的逆算子，且 $(T^*)^{-1}=(T^{-1})^*\in B(H_1,H_2)$.

证毕.

例 4.4.7 设 $A:C^n\to C^n$ 线性算子，A 在某确定基下的矩阵为 $A=(a_{ij})_{n\times n}$，对任意 $x=(x_1,x_2,\cdots,x_n)^{\mathrm{T}}$，$y=(y_1,y_2,\cdots,y_n)^{\mathrm{T}}$，有

$$y=Ax\quad 或\quad \begin{bmatrix}y_1\\y_2\\\vdots\\y_n\end{bmatrix}=\begin{bmatrix}a_{11}&a_{12}&\cdots&a_{1n}\\a_{21}&a_{22}&\cdots&a_{2n}\\\vdots&\vdots&&\vdots\\a_{n1}&a_{n2}&\cdots&a_{nn}\end{bmatrix}\cdot\begin{bmatrix}x_1\\x_2\\\vdots\\x_n\end{bmatrix}.$$

设 A^* 是 A 的共轭算子，A^* 对应矩阵仍记为 A^*，由于

$$(Ax,y)=(Ax)^{\mathrm{T}}\,\bar{y}=x^{\mathrm{T}}A^{\mathrm{T}}\,\bar{y},$$
$$(x,A^*y)=x^{\mathrm{T}}\,\overline{A^*y},$$

所以 $\overline{A^*y}=A^{\mathrm{T}}y$，因此 $A^*y=\overline{A^{\mathrm{T}}}\,y$，所以 $A^*=\overline{A^{\mathrm{T}}}$，即共轭算子 A^* 的矩阵是算子 A 的共轭转置矩阵.

由例 4.4.7 可以看出，无穷维空间上的共轭算子是有限维共轭转置矩阵的推广.

例 4.4.8 设 $H=L^2[a,b]$，A 是 Fredholm 型积分算子

$$Ax(t)=\int_a^b K(t,s)x(s)\mathrm{d}s,\quad x(s)\in L^2[a,b] \tag{4.4.4}$$

其中，$K(t,s)$是矩形 $R:a\leqslant t\leqslant b,a\leqslant s\leqslant b$ 上可测函数，而且$|K(t,s)|^2$ 在 R 上可积. A 是 $L^2[a,b]$上的有界线性算子. A^* 是 A 的共轭算子，即

$$A^*x(t)=\int_a^b \overline{K(s,t)}x(s)\mathrm{d}s,\quad x(s)\in L^2[a,b]. \tag{4.4.5}$$

因为$\overline{K(s,t)}$在矩形 R 上可测而且绝对值平方可积，所以由式(4.4.5)定义的算子 A^* 是有界线性算子. 下面证明 A^* 是 A 的共轭算子，只要证明对任何 $x,y\in L^2[a,b]$，$(Ax,y)=(x,A^*y)$成立. 对于 $x,y\in L^2[a,b]$，$x=x(t)$，$y=y(s)$，那么函数 $x(t)y(s)$在矩形 R 上是绝对值平方可积的，由 Fubini 定理得

$$\begin{aligned}(Ax,y)&=\int_a^b\left(\int_a^b K(t,s)x(s)\mathrm{d}s\right)\cdot\overline{y(t)}\mathrm{d}t\\&=\int_a^b\int_a^b K(s,t)x(t)\,\overline{y(s)}\mathrm{d}s\mathrm{d}t\\&=\int_a^b x(t)\cdot\left(\int_a^b K(t,s)\,\overline{y(s)}\mathrm{d}s\right)\mathrm{d}t\\&=\int_a^b x(t)\cdot\overline{\int_a^b \overline{K(s,t)}y(s)\mathrm{d}s}\mathrm{d}t=(x,A^*y),\end{aligned}$$

所以由式(4.4.5)定义的算子 A^* 是 A 的共轭算子. 显然 A^* 也是 Fredholm 型积分算子.

4.4.4　有界线性算子的收敛性

定义 4.4.4　设$\{T_n\}$是 $B(H)$上的算子列，$T\in B(H)$，则

(1) 若$\lim\limits_{n\to\infty}\|T_n-T\|=0$，则称 T_n 按范数收敛于 T，记为$\lim\limits_{n\to\infty}T_n=T$ 或 $T_n\to T$；

(2) 若对任意 $x\in H$，$\lim\limits_{n\to\infty}\|T_nx-Tx\|=0$，则称 T_n 强收敛于 T，记为 $s-\lim\limits_{n\to\infty}T_n=T$ 或 $T_n\xrightarrow{s}T$；

(3) 若 $x\in H$，对任意 $z\in H$，$\lim\limits_{n\to\infty}(T_nx,z)=(Tx,z)$，则称 T_n 弱收敛于 T，记为 $w-\lim\limits_{n\to\infty}T_n=T$ 或 $T_n\xrightarrow{w}T$.

注　T_n 按范数收敛于 $T\Rightarrow T_n$，强收敛于 $T\Rightarrow T_n$，弱收敛于 T，但反过来不成立.

例 4.4.9 说明算子强收敛但不按范数收敛；例 4.4.10 说明算子弱收敛但不强收敛.

例 4.4.9　设 $H=l^2$，在空间 $H=l^2$ 上，定义左平移算子 $T:H\to H$，

$$T(x)=(x_2,x_3,\cdots,x_n,\cdots),\ \forall\, x=(x_1,x_2,\cdots,x_n,\cdots)\in l^2,$$

对任何自然数 n，令 $T_n=T^n$，有

$$T_n(x)=(x_{n+1},x_{n+2},\cdots),\ \forall\, x=(x_1,x_2,\cdots,x_n,\cdots)\in l^2,$$

则 $s-\lim\limits_{n\to\infty}T_n=0$，但$\lim\limits_{n\to\infty}T_n\neq 0$.

事实上，对任何 $x=(x_1,x_2,\cdots,x_n,\cdots)\in l^2$，因为

$$\|x\|^2=\sum_{k=1}^{\infty}|x_k|^2<+\infty,$$

所以

$$\| T_n x \| = (\sum_{k=n+1}^{\infty} | x_k |^2)^{\frac{1}{2}} \to 0, \quad n \to \infty,$$

所以 $s-\lim_{n\to\infty} T_n=0$;另外,取 $x=(\underbrace{0,0,\cdots,0}_{n个},1,0,\cdots)$,则 $\| x \| =1$,所以 $\| T_n \| \geqslant \| T_n x \| =1$,因此 $\lim_{n\to\infty} T_n \neq 0$.

例 4.4.10 设 $H=l^2$,在空间 $H=l^2$ 上,定义右平移算子 $T:H\to H$,

$$S(x)=(0,x_1,x_2,\cdots,x_n,\cdots), \forall x=(x_1,x_2,\cdots,x_n,\cdots)\in l^2,$$

对任何自然数 n,令 $S_n=S^n$,有

$$S_n(x)=(\underbrace{0,0,\cdots,0}_{n个},x_1,x_2,\cdots), \forall x=(x_1,x_2,\cdots,x_n,\cdots)\in l^2,$$

则 $w-\lim_{n\to\infty} S_n=0$,但 $s-\lim_{n\to\infty} S_n\neq 0$.

事实上,对任何 $y=(y_1,y_2,\cdots,y_n,\cdots)\in l^2$,$x=(x_1,x_2,\cdots,x_n,\cdots)\in l^2$,由 Schwarz 不等式得

$$|(S_n x,y)| = |\sum_{k=1}^{\infty} x_k \overline{y_{n+k}}| \leqslant (\sum_{k=1}^{\infty} | x_k |^2)^{\frac{1}{2}} (\sum_{k=1}^{\infty} | y_{n+k} |^2)^{\frac{1}{2}}$$

$$\leqslant \| x \| (\sum_{k=n+1}^{\infty} | y_k |^2)^{\frac{1}{2}} \to 0, n \to \infty,$$

所以 $w-\lim_{n\to\infty} S_n=0$;另外,对任何 $x=(x_1,x_2,\cdots,x_n,\cdots)\in l^2$,有

$$\| S_n x \| = \| x \|,$$

所以 $\| S_n \| =1$,因此 $s-\lim_{n\to\infty} S_n\neq 0$.

4.4.5 有界自伴算子及性质

定义 4.4.5 设 T 是 Hilbert 空间 $H\to H$ 的有界线性算子,即 $T\in B(H)$,如果 $T=T^*$,即对任何 $x,y\in H$,都有

$$(Tx,y)=(x,Ty),$$

则称 T 是 H 上的自伴算子(自共轭算子).

自伴算子是有限维空间的自共轭矩阵的推广.

定理 4.4.7 设 H 是复 Hilbert 空间,$T\in B(H)$,则 T 是自伴算子的充要条件是对任意的 $x\in H$,(Tx,x)为实数.

证明 (1) 必要性.

设 T 是自伴算子,则对任意的 $x\in H$,

$$(Tx,x)=(x,Tx)=\overline{(Tx,x)},$$

所以(Tx,x)为实数.

(2) 充分性.

由极化恒等式,对任意 $x,y\in H$,有

$$(Tx,y) = \frac{1}{4}\sum_{k=0}^{3} i^k (T(x+i^k y),x+i^k y),$$

$$(x,Ty)=\frac{1}{4}\sum_{k=0}^{3}i^k(x+i^ky,T(x+i^ky)),$$

因为对任意的 $x\in H$，(Tx,x) 为实数，所以 $(Tx,x)=(x,Tx)$，因此对任意 $x,y\in H$，有

$$(T(x+i^ky),x+i^ky)=(x+i^ky,T(x+i^ky)),$$

所以 $(Tx,y)=(x,Ty)$，这样 T 是自伴算子.

证毕.

4.4.6　投影算子及其性质

本章节证明了定理 4.2.2(投影定理)，设 M 是 Hilbert 空间 H 的闭子空间，则对任何 $x\in H$ 都可以唯一分解成 $x=x_1+x_2$，其中 $x_1\in M$，$x_2\in M^{\perp}$. x_1 称为 x 在 M 的投影，且是由 x 唯一决定的. 根据投影定理，本书给出投影算子的概念.

定义 4.4.6　设 L 是 Hilbert 空间 H 的闭子空间，则 $H=L\oplus L^{\perp}$，即对任意 $x\in H$ 都可以唯一分解成 $x=x_1+x_2$，其中 $x_1\in L$，$x_2\in L^{\perp}$. 定义 $P_L:H\to L$ 如下：

$$P_Lx=x_1,\ \forall\, x\in H,$$

则称算子 P_L 为 H 到 L 的投影算子.

投影算子有下面的性质.

性质 4.4.2　投影算子 $P_L:H\to L$ 是有界线性算子，且当 $L\neq\{0\}$ 时，$\|P_L\|=1$.

证明　对任何 $x,y\in H$，$\alpha,\beta\in K$，则

$$x=P_Lx+z_1,\quad y=P_Ly+z_2,\quad z_1,z_2\in L^{\perp},$$

于是有

$$\alpha x+\beta y=(\alpha Px+\beta Py)+\alpha z_1+\beta z_2,$$

而且

$$\alpha P_Lx+\beta P_Ly\in L,\quad \alpha z_1+\beta z_2\in L,$$

所以

$$P_L(\alpha x+\beta y)=(\alpha P_Lx+\beta P_Ly),$$

因此 P_L 是线性算子. 对任何 $x\in H$，$x=P_Lx+z_1$，$z_1\in L^{\perp}$，所以

$$\|P_Lx\|^2\leqslant\|P_Lx\|^2+\|z_1\|^2=\|x\|^2,$$

所以 $\|P_L\|\leqslant 1$；另一方面，当 $L\neq\{0\}$ 时，取 $x_0\in L$，$\|x_0\|=1$，则

$$\|P_Lx_0\|=\|x_0\|=1,$$

所以 $\|P_L\|\geqslant 1$，从而 $\|P_L\|=1$.

证毕.

定理 4.4.8　设 P 是 Hilbert 空间 H 中的有界线性算子，那么 P 是投影算子的充要条件是 P 为自伴算子且幂等的算子，即 $P^2=P$.

证明　(1) 必要性.

设 P 是 L 上的投影算子，对任何 $x,y\in H$，则

$$x = Px + z_1, y = Py + z_2, z_1, z_2 \in L^{\perp},$$

因为$(Px, z_2) = 0, (z_1, Py) = 0$,所以

$$(Px, y) = (Px, Py + z_2) = (Px, Py) = (Px + z_1, Py) = (x, Py),$$

因此 P 为自伴算子. 另外,对任意 $x \in H, Px \in L$ 且

$$P^2 x = P(Px) = Px,$$

所以 $P^2 = P$,即 P 是幂等算子.

(2) 充分性.

设 $L = \mathrm{Ran}(P)$,先证 L 是闭子空间,对任意 $y \in \mathrm{Ran}(P)$,存在 $x \in H$,使得 $y = Px$,于是 $(I-P)y = (I-P)Px = Px - P^2x = 0$,所以 $y \in \mathrm{Ker}(I-P)$,故 $\mathrm{Ran}(P) \subset \mathrm{Ker}(I-P)$. 对任意 $y \in \mathrm{Ker}(I-P)$,有$(I-P)y = 0$,所以 $y = Py \in \mathrm{Ran}P$,于是 $\mathrm{Ker}(I-P) \subset \mathrm{Ran}(P)$,所以 $\mathrm{Ran}(P) = \mathrm{Ker}(I-P)$. 因为$(I-P)$是有界线性算子,所以 $\mathrm{Ker}(I-P)$是闭的,从而 $L = \mathrm{Ran}(P)$是 H 的闭子空间.

其次,对任意 $x \in H, x = Px + (I-P)x$,因为 P 为自伴算子且幂等的算子,所以,对任意 $z = Py \in \mathrm{Ran}P$,有

$$((I-P)x, z) = ((I-P)x, Py) = (P(I-P)x, y) = (0, y) = 0,$$

所以$(I-P)x \in \mathrm{Ran}P^{\perp}$,而 $Px \in \mathrm{Ran}P = L$,故 $P_L x = Px$,所以 $P_L = P$,即 P 是 L 上的投影算子.

证毕.

定理 4.4.9 设 P 是复 Hilbert 空间 H 中的有界线性算子,那么 P 为投影算子的充要条件是对任何 $x \in H$,有

$$\| Px \|^2 = (Px, x).$$

证明 只要证明条件的充分性.

设对任何 $x \in H$,有

$$\| Px \|^2 = (Px, x).$$

根据定理 4.4.7 得 P 是自伴算子. 因为

$$(Px, x) = \| Px \|^2 = (Px, Px) = (P^2x, x),$$

所以$((P-P^2)x, x) = 0$,令 $A = P - P^2$,则对任何 $x \in H$,有 $(Ax, x) = 0$. 根据极化恒等式,对任何 $x, y \in H$,有

$$(Ax, y) = 0.$$

取 $y = Ax$,得 $A = 0$,因此 $P = P^2$. 根据定理 4.4.8,P 为投影算子.

证毕.

定理 4.4.10 设 P_L, P_M 是 Hilbert 空间的两个投影算子,那么 $L \perp M$ 的充要条件是 $P_L P_M = 0$.

证明 (1) 必要性.

如果 $L \perp M$,则对任何 $x \in H, P_M x \in M$,因此 $P_M x \perp L$,从而 $P_L P_M x = 0$,所以 $P_L P_M = 0$.

(2) 充分性.

如果 $P_LP_M=0$，则对任何 $x\in M$，$P_Mx=x$，所以

$$P_Lx=P_L(P_Mx)=0,$$

因此 $x\perp L$，所以 $L\perp M$.

证毕.

定理 4.4.11　设 P_L,P_M 是 Hilbert 空间的两个投影算子，则 P_L+P_M 是投影算子的充要条件是 $P_LP_M=0$，且当 P_L+P_M 是投影算子时，$P_L+P_M=P_{L\oplus M}$.

证明　(1) 必要性.

如果 P_L+P_M 是投影算子，那么它是幂等的，即

$$\begin{aligned}P_L+P_M=(P_L+P_M)^2&=P_L^2+P_LP_M+P_MP_L+P_M^2\\&=P_L+P_LP_M+P_MP_L+P_M,\end{aligned}$$

因此

$$P_LP_M+P_MP_L=0, \tag{4.4.6}$$

式(4.4.6)左、右分别乘上 P_L 得

$$P_LP_M+P_LP_MP_L=0,\quad P_LP_MP_L+P_MP_L=0,$$

可见 $P_LP_M=P_MP_L$，再由式(4.4.6)就得到 $P_LP_M=0$.

(2) 充分性.

如果 $P_LP_M=0$，这时 $P_MP_L=(P_LP_M)^*=0$. 因此

$$(P_L+P_M)^2=P_L^2+P_M^2=P_L+P_M.$$

显然 P_L+P_M 是有界自伴算子. 由定理 4.4.6 知它是投影算子.

下面证明当 P_L+P_M 是投影算子时，$P_L+P_M=P_{L\oplus M}$.

由定理 4.4.10 知，$L\perp M$，故 $L\oplus M$ 是合理的. 对任意 $x\in L$，则 $x\perp M$，故

$$(P_L+P_M)x=P_Lx+P_Mx=x.$$

同样，对任意 $y\in M$，$(P_L+P_M)y=y$. 由此可见，对任意

$$x_1+x_2\in L\oplus M,x_1\in L,x_2\in M,\ (P_L+P_M)(x_1+x_2)=x_1+x_2.$$

而对任意 $z\perp L\oplus M$，因为 $z\perp L$，$z\perp M$，故

$$(P_L+P_M)z=P_Lz+P_Mz=0,$$

所以对任意 $x\in H$，$x=P_{L\oplus M}x+z=P_Lx+P_Mx+z$，所以 $(P_L+P_M)x=P_{L\oplus M}x$，即

$$P_L+P_M=P_{L\oplus M}.$$

证毕.

§4.5　Hilbert 空间上的紧算子

4.5.1　线性算子的谱与预解集

定义 4.5.1　设 H 是 Hilbert 空间，$D\subset H$ 是 H 的线性子空间，$T:D\to H$ 是线性算子，称 $\mathrm{Ran}(T)=\{y\mid y=Tx,x\in D\}$ 为 T 的值域. 若存在线性算子 $S:H\to D$，使得 $ST=I_D$，

$TS=I_{\mathrm{Ran}(T)}$，则称 S 是 T 的逆算子，记为 $S=T^{-1}$.

注 (1) 线性算子的定义域非常重要，定义域不同的算子，即使作用形式一样，谱可能完全不一样.

(2) 设 $T_1:D_1\to H$，$T_2:D_2\to H$，则 $T_1=T_2\Leftrightarrow D_1=D_2=D$，且 $\forall x\in D$，$T_1x=T_2x$，即两个算子的定义域相同，作用的形式一样.

(3) Hilbert 空间 H 上的线性算子 T 的逆算子 T^{-1} 存在的充要条件是 T 是单射.

定义 4.5.2 设 H 是 Hilbert 空间，$T:D\to H$ 是线性算子，若存在 $\lambda\in C$，$x\in H$，$x\neq 0$，使得 $Tx=\lambda x$，则称 λ 为 T 的特征值，x 是对应于 λ 的特征向量.

定义 4.5.3 设 H 是 Hilbert 空间，$T:H\to H$ 是有界线性算子，集合

$$\rho(T)=\{\lambda\,|\,\lambda\in C,(\lambda I-T)^{-1}\in B(H)\}$$

称为 T 的预解集，元素 $\lambda\in\rho(T)$ 称为 T 的正则值. 集合

$$\sigma(T)=C\backslash\rho(T)$$

称为 T 的谱集，元素 $\lambda\in\sigma(T)$ 称为 T 的谱点.

关于 $\lambda I-T$ 有以下几种情况：

(1) $(\lambda I-T)^{-1}$ 存在，$(\lambda I-T)^{-1}\in B(H)$ 且 $\mathrm{Ran}(\lambda I-T)=H$，即元素 $\lambda\in\rho(T)$ 称为 T 的正则值，此时称 $R(\lambda,T)=(\lambda I-T)^{-1}$ 为 T 的预解算子；

(2) 若 $(\lambda I-T)^{-1}$ 存在但无界，且 $\mathrm{Ran}(\lambda I-T)\neq H$，$\overline{\mathrm{Ran}(\lambda I-T)}=H$，则称 λ 为 T 的连续谱，T 的连续谱的全体记为 $\sigma_c(T)$；

(3) 若 $(\lambda I-T)^{-1}$ 存在，且 $\overline{\mathrm{Ran}(\lambda I-T)}\neq H$，则称 λ 为 T 的剩余谱，T 的剩余谱的全体记为 $\sigma_r(T)$；

(4) $(\lambda I-T)^{-1}$ 不存在，即 λ 为 T 的特征值，T 的特征值的全体记为 $\sigma_p(T)$.

显然 T 的谱集 $\sigma(T)=\sigma_p(T)\cup\sigma_r(T)\cup\sigma_c(T)$.

注 有限维空间中一切线性算子 T 总是有界的，所以对任何 $\lambda\in C$，λ 要么是 T 的特征值，要么是 T 的正则值，也就是说线性算子 T 只有点谱. 对于无穷维空间来说，三种形式的谱都可能出现，例 4.5.1、例 4.5.2、例 4.5.3 说明在穷维空间中算子可能出现点谱、连续谱和剩余谱.

例 4.5.1 设 $T:l^2\to l^2$，对任意 $x=(\xi_1,\xi_2,\cdots,\xi_n,\cdots)$，

$$T(\xi_1,\xi_2,\cdots,\xi_n,\cdots)=(0,\xi_2,\cdots,\xi_n,\cdots),$$

则 $T:l^2\to l^2$ 是有界线性算子，且 $\sigma_p(T)=\{1\}\subset\sigma(T)$.

例 4.5.2 设 $H=L^2[0,1]$，定义

$$Tu(t)=tu(t),\ \forall u(t)\in H,\ \forall t\in[0,1],$$

则 $T:H\to H$ 是有界线性算子，且 $\sigma(T)=\sigma_c(T)=[0,1]$.

例 4.5.3 设 $H=l^2$，定义

$$Sx=(0,\xi_1,\xi_2,\cdots,\xi_n,\cdots),\ \forall x=(\xi_1,\xi_2,\cdots,\xi_n,\cdots)\in H,$$

则 $0\in\sigma_r(T)\subset\sigma(T)$.

事实上，$\|Sx\|=\|x\|$，$\forall x\in H$，所以 $\|S\|=1$，即 S 是有界线性算子，且为单射，而

$\overline{\mathrm{Ran}S}\neq H$,所以 $0\in\sigma_r(T)\subset\sigma(T)$.

引理 4.5.1　设 H 是 Hilbert 空间,$T\in B(T)$,$\lambda\in C$,若$\overline{\mathrm{Ran}(\lambda I-T)}=H$,$(\lambda I-T)^{-1}$存在,且在其定义域 $\mathrm{Ran}(\lambda I-T)$上有界,则 $\mathrm{Ran}(\lambda I-T)=H$,$\lambda\in\rho(T)$.

注　引理 4.5.1 表明,若 $\lambda\in\sigma_c(T)$,则$(\lambda I-T)^{-1}$在其定义域 $\mathrm{Ran}(\lambda I-T)$上不可能为有界线性算子.

4.5.2　有界自伴算子的谱

引理 4.5.2　设 H 是 Hilbert 空间,对任何 $\lambda=\alpha+i\beta\in C$,则

$$\|(\lambda I-T)x\|\geqslant|\beta|\cdot\|x\|,\forall x\in H.$$

定理 4.5.1　设 T 是有界自伴算子,$\lambda\in\rho(T)$的充要条件是存在常数 $c>0$,使得

$$\|(\lambda I-T)x\|\geqslant c\|x\|,\forall x\in H.$$

证明　(1) 充分性.

对任何 $x\in H$,$\|(\lambda I-T)x\|\geqslant c\|x\|(c>0)$,则 $\ker(\lambda I-T)=\{0\}$,所以$(\lambda I-T)^{-1}$存在,且对任何 $y\in D((\lambda I-T)^{-1})=\mathrm{Ran}(\lambda I-T)$,有

$$\|(\lambda I-T)^{-1}y\|\leqslant\frac{1}{c}\|y\|,$$

因此 $S=(\lambda I-T)^{-1}$在其定义域 $\mathrm{Ran}(\lambda I-T)$上有界. 根据投影定理(4.2.2),自伴算子核空间和值域的关系,有分解 $H=\overline{\mathrm{Ran}S}\oplus\ker S^*$,所以

$$H=\overline{\mathrm{Ran}(\lambda I-T)}\oplus\ker(\lambda I-T)^*=\overline{\mathrm{Ran}(\lambda I-T)},$$

而 $\mathrm{Ran}(\lambda I-T)$是闭的,所以 $H=\mathrm{Ran}(\lambda I-T)$,因此$(\lambda I-T)^{-1}$是 H 上的有界算子,即 $\lambda\in\rho(T)$.

(2) 必要性.

设 $\lambda\in\rho(T)$,取 $c=\dfrac{1}{\|(\lambda I-T)^{-1}\|}$,对任意 $x\in H$

$$\|x\|=\|(\lambda I-T)^{-1}(\lambda I-T)x\|\leqslant\|(\lambda I-T)^{-1}\|\cdot\|(\lambda I-T)x\|=\frac{1}{c}\|(\lambda I-T)\|,$$

即 $\|(\lambda I-T)x\|\geqslant c\|x\|,\forall x\in H$.

证毕.

定理 4.5.2　设 T 是有界自伴算子,则 $\sigma(T)\subset R$,即有界自伴算子的谱都是实的.

证明　设 $\lambda=\alpha+i\beta\in C\backslash R$,根据引理 4.5.2 和定理 4.5.1 得,$\lambda\in\rho(T)$,所以 $\sigma(T)\subset R$.

证毕.

定理 4.5.3　设 T 是有界自伴算子,则 T 的不同特征值的特征向量正交.

证明　设 $\lambda_1\neq\lambda_2\in\sigma(T)\subset R$,$Tx_1=\lambda_1x_1$,$Tx_2=\lambda_2x_2$,所以

$$\lambda_1(x_1,x_2)=(Tx_1,x_2)=(x_1,Tx_2)=\lambda_2(x_1,x_2),$$

即

$$(\lambda_1-\lambda_2)(x_1,x_2)=0,$$

因此$(x_1,x_2)=0$.

证毕.

4.5.3 紧算子的概念与性质

定义 4.5.4 设 H 是 Hilbert 空间,$T\in B(H)$,若对任意$\{x_n\}\subset H$ 为 H 中的有界序列,$\{Tx_n\}$有收敛子列,则称 T 为 H 上的紧算子. H 上的紧算子的全体记为 $B_0(H)$;若 $\mathrm{Ran}(T)$是 H 的有限维子空间,则称 T 是有限秩算子.

注 (1) 有限秩的有界线性算子是紧算子;

(2) 若 $T\in B_0(H)$,$S\in B(H)$,则 $TS\in B_0(H)$,$ST\in B_0(H)$.

性质 4.5.1 设 H 为无穷维空间,$T\in B_0(H)$,则 $0\in\sigma(T)$.

证明 若 $0\in\rho(T)$,则 $T^{-1}\in B(H)$,所以 $I=TT^{-1}$为紧算子. 因为 H 是无穷维空间,设$\{e_n\}$为 H 的标准正交基,取 $x_n=e_n$,而$\{e_n\}$的任何子列都不收敛,所以 I 不可能为紧算子,所以 $0\in\sigma(T)$.

证毕.

性质 4.5.2 $B_0(H)$是 $B(H)$的闭子空间.

证明 (1) $B_0(H)$是 $B(H)$的子空间.

对任意 $T_1,T_2\in B_0(H)$,$a_1,a_2\in C$,任取$\{x_n\}\subset H$ 为 H 中有界序列,因为 $T_1\in B_0(H)$,所以存在$\{x_n\}$子列,不妨取子列为$\{x_n\}$使得$\{T_1x_n\}$收敛. 又因为 $T_2\in B_0(H)$,$\{x_n\}$有界,所以存在$\{x_{n_k}\}\subset\{x_n\}$,使得$\{T_2x_{n_k}\}$收敛,从而$\{(a_1T_1+a_2T_2)(x_{n_k})\}$收敛,故 $a_1T_1+a_2T_2\in B_0(H)$.

(2) $B_0(H)$是 $B(H)$的闭子空间.

设 $T\in\overline{B_0(H)}$,则存在$\{T_n\}\subseteq B_0(H)$,使得$\lim\limits_{n\to\infty}T_n=T$. 任取$\{x_n\}\subseteq H$ 为 H 中有界点列,即

$$\|x_n\|\leqslant M,\ \forall_n\in N.$$

下面用对角线法则证明$\{Tx_n\}$有收敛子列.

因为 $T_1\in B_0(H)$,所以存在$\{x_{n,k}^{(1)}\}\subset\{x_n\}$,使得$\{T_1x_{n,k}^{(1)}\}$关于 k 收敛;又 $T_2\in B_0(H)$,所以存在$\{x_{n,k}^{(2)}\}\subset\{x_{n,k}^{(1)}\}$,使得$\{T_2x_{n,k}^{(2)}\}$收敛;对任意 $i\in N$,$i\geqslant 2$,$T_i\in B_0(H)$,存在$\{x_{n,k}^{(i)}\}\subseteq\{x_{n,k}^{(i-1)}\}$,使得$\{T_ix_{n,k}^{(i)}\}$收敛. 取对角线$\{x_{n,k}^{(k)}\}\subset\{x_n\}$,且对任意固定的 m,$\{T_mx_{n,k}^{(k)}\}$关于 k 收敛,因为 $\lim\limits_{m\to\infty}T_m=T$,所以对任意的 $\varepsilon>0$,存在 N_1,当 $m>N_1$ 时,有

$$\|T_m-T\|<\frac{\varepsilon}{3M}. \tag{4.5.1}$$

又$\{T_{N_1+1}x_{n,k}^{(k)}\}$关于 k 收敛,所以对上述 $\varepsilon>0$,存在 N_2,当 $j,k>N_2$ 时,有

$$\|T_{N_1+1}x_{n,j}^{(j)}-T_{N_1+1}x_{n,k}^{(k)}\|<\frac{\varepsilon}{3M}, \tag{4.5.2}$$

对任意的 $\varepsilon>0$,取 $N=\max\{N_1,N_2\}$,当 $j,k>N$ 时,有

$$\|Tx_{n,j}^{(j)}-Tx_{n,k}^{(k)}\|\leqslant\|Tx_{n,j}^{(j)}-T_{N_1+1}x_{n,j}^{(j)}\|+\|T_{N_1+1}x_{n,j}^{(j)}-T_{N_1+1}x_{n,k}^{(k)}\|+\|T_{N_1+1}x_{n,k}^{(k)}-Tx_{n,k}^{(k)}\|$$

所以

$$\| Tx_{n,j}^{(j)} - Tx_{n,k}^{(k)} \| < \varepsilon,$$

即$\{Tx_{n,k}^{(k)}\}$为 H 中的 Cauchy 列，所以它收敛，因此 $T \in B_0(H)$.

证毕.

引理 4.5.3　设 $B(0,1)=\{x \mid x\in H, \| x \| \leqslant 1\}$，$T$ 为紧算子，则对任意 $\varepsilon>0$，存在 $y_1, y_2, \cdots, y_{n_0} \in B(0,1)$，使得

$$TB(0,1) \subset \bigcup_{k=1}^{n_0} B(Ty_k, \varepsilon).$$

证明　反证法. 若不然，存在 $\varepsilon_0>0$，对任意的 $n\in N$ 及 $y_1, y_2, \cdots, y_n \in B(0,1)$，使得 $TB(0,1) \not\subset \bigcup_{k=1}^{n} B(Ty_k, \varepsilon)$成立. 任取 $x_1 \in B(0,1)$，则存在 $x_2 \in B(0,1)$，使得

$$\| Tx_2 - Tx_1 \| \geqslant \varepsilon_0,$$

对于$\{x_1, x_2\}$，存在 $x_3 \in B(0,1)$，使得

$$\| Tx_3 - Tx_1 \| \geqslant \varepsilon_0, \| Tx_3 - Tx_2 \| \geqslant \varepsilon_0,$$

如此下去，对任意的 $n\in N$，$\{x_1, x_2, \cdots, x_n\}$，存在 $x_{n+1} \in B(0,1)$，使得

$$\| Tx_{n+1} - Tx_k \| \geqslant \varepsilon_0, \quad k=1,2,\cdots,n.$$

这样，可以得到点列$\{x_n\} \subset B(0,1)$，使得

$$\| Tx_i - Tx_j \| \geqslant \varepsilon_0, i \neq j,$$

所以$\{Tx_n\}$没有收敛子列，这与 T 是紧算子矛盾.

证毕.

根据引理 4.5.3 可以证明

推论 4.5.1　设 T 为 H 上紧算子，则$\overline{\mathrm{Ran}\ T}$可分.

以上关于 Hilbert 空间上的紧算子，也可以将其推广到 Banach 空间上. 紧算子有以下两个等价定义.

定义 4.5.5　设 X, Y 是 Banach 空间，$T: X \to Y$ 是有界线性算子，即 $T\in B(X,Y)$. 若对任意有界序列$\{x_n\} \subset X$，$\{Tx_n\} \subset Y$ 有收敛子列，则称 T 为紧算子.

定义 4.5.5′　设 X, Y 是 Banach 空间，$T\in B(X,Y)$，若对 X 中的任意有界集 A，$\overline{T(A)}$ 在 Y 中紧，则称 T 为紧算子.

定理 4.5.4　设 X, Y 是 Banach 空间，$T: X \to Y$ 是紧算子，则 T 将 X 中任意弱收敛点列映射成 Y 中的强收敛点列.

证明　设$\{x_n\}$在 X 中弱收敛于 $x_0 \in X$，则显然 TX_n 在 Y 中也弱收敛于 $Tx_0 \in Y$. 原因如下：对 $\forall f \in Y^*$，由

$$f(Tx_n) = (T^* f)(x_0) = f(Tx_0)$$

和 Tx_n 的弱收敛定义得出结论.

下面证明 Tx_n 在 Y 中强收敛（依范数收敛）于 Tx_0.

反证. 若$\{Tx_n\}$在 Y 中不强收敛于 Tx_0，则 $\exists \varepsilon_0>0$ 和子列$\{x_{n_k}\}$，使得

$$\| Tx_{n_k} - Tx_0 \| \geqslant \varepsilon_0 > 0.$$

当 $k\to\infty$ 时，又因为 $\{x_n\}$ 在 X 中弱收敛，则 $\{x_n\}$ 在 X 中有界．于是，其子列 $\{x_{n_k}\}$ 也有界．因为 T 是紧算子，故从 $\{Tx_{n_k}\}$ 中可取出一个子列 $\{Tx_{n_{k_j}}\}$ 在 Y 中强收敛，记其极限为 y_0．在 $\|Tx_{n_k}-Tx_0\|\geqslant\varepsilon_0>0$ 中令 $j\to\infty$，可得

$$\|y_0-Tx_0\|\geqslant\varepsilon_0>0.$$

另一方面，由于 $\{Tx_{n_{k_j}}\}$ 在 Y 中强收敛于 y_0，必弱收敛于 y_0．由弱收敛极限的唯一性，可得 $Tx_0=y_0$，但这与上式 $\|y_0-Tx_0\|\geqslant\varepsilon_0>0$ 矛盾，则 Tx_n 在 Y 中强收敛于 Tx_0．

证毕．

注 反之，若 X 是自反 Banach 空间，有界线性算子 T 将 X 中的任意弱收敛点列映射成 Y 中的强收敛点列，则 T 是紧算子．但若将 X 中的自反性去掉，则此结论不成立．例如，Banach 空间 l^1 中的点列的强收敛与弱收敛是等价的（第 3 章例 3.3.7），从而恒等算子 I 将 l^1 中的弱收敛点列映射成 l^1 中的强收敛点列，但恒等算子不是紧算子．

引理 4.5.4 设 T 是有限秩算子，则 T^* 也是有限秩算子．

证明 设 T 是有限秩算子，则存在 $\{e_1,e_2,\cdots,e_n\}\subset H$，$(e_i,e_j)=0\ (i\neq j)$，

$\|e_i\|=1(i=1,2,\cdots,n)$，使得 $Tx=\sum\limits_{i=1}^{n}k_ie_i$，这样

$$k_i=(Tx,e_i)=(x,T^*e_i)=(x,u_i),$$

其中 $u_i=T^*e_i$，所以

$$Tx=\sum_{i=1}^{n}k_ie_i=\sum_{i=1}^{n}(x,u_i)e_i,$$

对任意 $x,y\in H$，

$$\begin{aligned}(Tx,y)&=\left(\sum_{i=1}^{n}(x,u_i)e_i,y\right)=\sum_{i=1}^{n}(x,u_i)(e_i,y)\\&=\sum_{i=1}^{n}(x,(y,e_i)u_i)=\left(x,\sum_{i=1}^{n}(y,e_i)u_i\right),\end{aligned}$$

所以

$$T^*y=\sum_{i=1}^{n}(y,e_i)u_i,$$

即 T^* 为有限秩算子．

证毕．

定理 4.5.5 设 H 是 Hilbert 空间，$T\in B(H)$，则下列等价：

(1) $T\in B_0(H)$；

(2) 存在有限秩算子 $\{T_n\}$，使得 $\lim\limits_{n\to\infty}T_n=T$；

(3) $T^*\in B_0(H)$．

证明 (1)⇒(2) 因为 $\overline{\mathrm{Ran}(T)}$ 可分，设 $\{e_n\}$ 为 $\overline{\mathrm{Ran}(T)}$ 的标准正交基，

$$P_n:\overline{\mathrm{Ran}(T)}\to\mathrm{span}\{e_1,e_2,\cdots,e_n\}$$

为正交投影，则 $P_n\to I(n\to\infty)$．令 $T_n=P_nT$，则 T_n 为有限秩算子；下证 $\lim\limits_{n\to\infty}T_n=T$．

（ⅰ）对任意的 $x\in H$，$\| T_nx-Tx \|\to 0(n\to\infty)$，即 T_n 强收敛于 T.

事实上，令 $y=Tx\in \mathrm{Ran}(T)$，则

$$\| P_ny-y \|\to 0,n\to\infty,$$

所以

$$\| P_nTx-Tx \|\to 0,n\to\infty,$$

即

$$\| T_nx-Tx \|\to 0,n\to\infty.$$

（ⅱ）$\lim\limits_{n\to\infty}T_n=T$（按算子范数），即 $\lim\limits_{n\to\infty}\| T_n-T \|=0$.

由（ⅰ）得，对任意 $\varepsilon>0$，存在 $N(\varepsilon)>0$，当 $n>N(\varepsilon)$ 时，有

$$\| T_ny_k-Ty_k \|<\frac{\varepsilon}{3},k=1,2,\cdots,n_0,$$

于是，根据引理 4.5.3，对任意的 $x\in B(0,1)$，存在 $y_k(1\leqslant k\leqslant n_0)$，使得

$$\| Tx-Ty_k \|<\frac{\varepsilon}{3},$$

所以

$$\| T_nx-Tx \|\leqslant\| T_nx-T_ny_k \|+\| T_ny_k-Ty_k \|+\| Ty_k-Tx \|<\varepsilon,$$

因此，对任意 $\varepsilon>0$，存在 $N(\varepsilon)>0$，当 $n>N(\varepsilon)$ 时，有

$$\| T_n-T \|=\sup_{\| x \|\leqslant 1}\| T_nx-Tx \|<\varepsilon,$$

所以 $\lim\limits_{n\to\infty}T_n=T$.

(2)⇒(1).

因为 $T\in B(H)$，$\lim\limits_{n\to\infty}T_n=T$，所以 $T_n\in B(H)$，而 T_n 是有限秩算子，所以 T_n 是紧算子，根据性质 4.5.2，T 是紧算子.

(2)⇒(3).

因为 $\{T_n\}$ 是有限秩算子，由引理 4.5.4 可知，$\{T_n^*\}$ 是有限秩算子，则

$$\| T_n^*-T^* \|=\| (T_n-T)^* \|=\| T_n-T \|\to 0,n\to\infty,$$

所以 T^* 是紧算子.

(3)⇒(1).

T^* 是紧算子，又因为 $T=(T^*)^*$，所以 T 是紧算子.

证毕.

例 4.5.4　设 $H=l^2$，$x=\{\xi_n\}\in H$，定义

$$T_n(\{\xi_n\})=\{\xi_1,\xi_2,\cdots,\zeta_n,0,\cdots\},$$

则 $s-\lim\limits_{n\to\infty}T_n=I$，但不是紧算子.

注　例 4.5.4 说明紧算子的强极限不一定是紧算子.

例 4.5.5　由 l^2 空间到 l^1 空间上的所有有界线性算子都是紧算子.

证明　任取有界线性算子 $T:l^2\to l^1$，即 $T\in B(l^2,l^1)$. 在 l^2 空间中，任取 $x_n\xrightarrow{w}x(n\to$

∞). 由定理 3.3.13 可知,在 l^1 空间中有

$$Tx_n \xrightarrow{w} Tx \ (n\to\infty).$$

又由于 l^1 中弱收敛等价于强收敛,所以 $Tx_n \xrightarrow{s} Tx$. 于是有界线性算子 $T:l^2\to l^1$ 是全连续算子. 再由 l^2 空间是自反的 Hilbert 空间和定理 3.3.19 可得,则 T 是紧算子.

例 4.5.6 设 $H=l^2$,$x=\{\xi_n\}\in H$,定义 $T(\{\xi_n\})=\{\frac{\xi_n}{n}\}$,则 $T\in B_0(H)$.

证明 由 Schwarz 不等式知,$T\in B(H)$. 对任意 $n\in N$,设

$$P_n:l^2\to \mathrm{span}\{e_1,e_2,\cdots,e_n\}.$$

其中 $e_k=\{0,\cdots,0,1,0,\cdots\}$,$(k=1,2,\cdots,n)$,即第 e_k 个元素为 1,其余的皆为 0,则 P_nT 为有限秩算子,且对任何 $x=\{\xi_n\}\in H$,有

$$\| P_nTx-Tx \| \leqslant \left(\sum_{k=n+1}^{\infty} \left| \frac{\xi_k}{n+1} \right|^2\right)^{\frac{1}{2}} \leqslant \frac{\| x \|}{n+1},$$

所以

$$\| P_nT-T \| \leqslant \frac{1}{n+1},$$

故

$$\lim_{n\to\infty} \| P_nT-T \| =0,$$

因此 $T\in B_0(H)$.

证毕.

例 4.5.7 设 $H=L^2[a,b]$,$k(x,y)\in L^2([a,b]\times[a,b])$,对任意的 $f\in L^2[a,b]$,定义

$$(Kf)(x) = \int_a^b k(x,y)f(y)\mathrm{d}y,$$

则 $\| K \| \leqslant \| k \|_2$,且 $K\in B_0(L^2[a,b])$.

证明 因为 $|(Kf)(x)| \leqslant \int_a^b |k(x,y)|\cdot|f(y)|\mathrm{d}y$

$$\leqslant \left(\int_a^b |(Kf)(x)|^2\mathrm{d}y\right)^{\frac{1}{2}} \| f \|_2,$$

所以,$(Kf)(x)$几乎处处有限,而且

$$\begin{aligned}\| Kf \|_2^2 &= \int_a^b |(Kf)(x)|^2\mathrm{d}x \leqslant \| f \|_2^2 \cdot \iint\limits_{[a,b]\times[a,b]} |k(x,y)|^2\mathrm{d}x\mathrm{d}y \\ &= \| f \|_2^2 \cdot \| k \|_2^2,\end{aligned}$$

所以

$$\| K \| \leqslant \| k \|_2.$$

设 $\{e_i\}_{i=1}^{\infty}$ 是 $L^2[a,b]$的一组标准正交基,令

$$\Phi_{ij}(x,y)=e_i(x)e_j(y),$$

则 $\{\Phi_{ij}\}_{i,j=1}^{\infty}$ 是 $L^2([a,b]\times[a,b])$中的标准正交集,且对任意的 $g\in L^2([a,b]\times[a,b])$,

$$\| g \|_2^2 = \iint_{[a,b]\times[a,b]} | g(x,y) |^2 \mathrm{d}x\mathrm{d}y = \int_a^b \mathrm{d}y \int_a^b | g(x,y) |^2 \mathrm{d}x$$

$$= \int_a^b \sum_{i=1}^{\infty} | (g(x,y), e_i(x)) |^2 \mathrm{d}y = \sum_{i,j=1}^{\infty} | (g, \Phi_{ij}) |^2,$$

所以 $\{\Phi_{ij}\}$ 是 $L^2([a,b]\times[a,b])$ 中的标准正交基. 设

$$k(x,y) = \sum_{i,j=1}^{\infty} a_{ij}\Phi_{ij} = \sum_{i,j=1}^{\infty} a_{ij} e_i(x) e_j(y),$$

则

$$(Kf)(x) = \sum_{i,j=1}^{\infty} a_{ij}(f, e_j) e_i(x).$$

令

$$k_N(x,y) = \sum_{i+j\leqslant N} a_{ij}\Phi_{ij(x,y)}, \quad (K_N f)(x) = \int_a^b k_N(x,y) f(y)\mathrm{d}y,$$

则

$$(K_N f)(x) = \sum_{i+j\leqslant N} a_{ij}(f, e_j) e_i(x),$$

因此 K_N 是有限秩算子，且

$$\| K - K_N \|^2 = \sum_{i+j>N} |a_{ij}|^2 \to 0, \ N \to \infty,$$

从而 K 是紧算子.

证毕.

4.5.4 Fredholm 两择一定理

引理 4.5.5 设 H 是 Hilbert 空间，$T\in B_0(H)$. 对任意 $\lambda\in C$，令

$$\ker(\lambda I - T) = \{x\in H \mid Tx = \lambda x\}, \ker(\bar{\lambda} I - T^*) = \{x \in H \mid T^* x = \lambda x\},$$

则有：

(1) $\sigma_p(T) = \{\lambda \mid \ker(\lambda I - T) \neq \{0\}\}$ 至多可数，只有零可能为它的聚点，且对任意的 $\lambda\neq 0$，$\dim(\ker(\lambda I - T)) < \infty$，即非零特征值的特征子空间是有限维的；

(2) 设 $\lambda\neq 0$，则 $\dim(\ker(\lambda I - T)) = \dim(\ker(\bar{\lambda} I - T^*))$；

(3) 设 $\lambda\neq 0$，则 $\mathrm{Ran}(\lambda I - T)$ 是闭的.

证明 (1)(i) 对任意的 $\lambda\neq 0$，$\dim(\ker(\lambda I - T)) < \infty$.

假设 $\dim(\ker(\lambda I - T)) = \infty$，因为 $T\in B_0(H)$，所以 $\ker(\lambda I - T)$ 是 H 的闭子空间. 从 $\ker(\lambda I - T)$ 中选取一列标准正交集 $\{e_n\}$，则对任意的 $m\neq n$，有

$$\| Te_m - Te_n \| = \| \lambda e_m - \lambda e_n \| = |\lambda| \cdot \| e_m - e_n \| = \sqrt{2}|\lambda|,$$

所以 $\{Te_n\}$ 没有收敛子列，与 $T\in B_0(H)$ 矛盾.

(ii) 对任意的 $\varepsilon>0$，$\dim(\mathrm{span} \bigcup_{|\lambda|\geqslant\varepsilon} \ker(\lambda I - T)) < \infty$. 否则存在 $\varepsilon_0 > 0$，使得 $\dim(\mathrm{span} \bigcup_{|\lambda|\geqslant\varepsilon_0} \ker(\lambda I - T)) = \infty$.

由(i)知,存在$\{\lambda_n\}$,其中$\lambda_i\neq\lambda_j, i\neq j, |\lambda_n|\geqslant\varepsilon_0, \{x_n\}\subseteq\text{span}\bigcup\limits_{|\lambda|\geqslant\varepsilon_0}\ker(\lambda I-T))$,使得

$$Tx_n=\lambda_n x_n, |x_n|=1,$$

根据定理4.5.3得$\{x_n\}$是一组标准正交集,所以对任何$m\neq n, m,n\in N$,都有

$$\| Tx_m-Tx_n \| = \| \lambda_m x_m-\lambda_n x_n \| = |\lambda_m|+|\lambda_n|\geqslant 2\varepsilon_0,$$

于是$\{Tx_n\}$没有收敛子列,与$T\in B_0(H)$矛盾. 从而$\sigma_p(T)\backslash\{0\}=\bigcup\limits_{m=1}^{\infty}\{\lambda|\lambda\in\sigma_p(T), |\lambda|\geqslant\frac{1}{m}\}$至多可数,且只可能以0为聚点,又一个特征值只对应一个特征值,所以(1)成立.

(2) 对给定$\lambda\neq 0$,根据定理4.5.5(2)得,存在有限秩算子T_0和有界算子$T_1=T-T_0$,使得$T=T_0+T_1$,且$\| T_1 \|<|\lambda|$,于是$\lambda I-T_1=\lambda(I-\frac{T}{\lambda})$是可逆的且其逆算子有界,所以

$$\begin{aligned}(\lambda I-T_1)^{-1}(\lambda I-T)&=(\lambda I-T_1)^{-1}(\lambda I-T_1-T_0)\\&=I-(I-\lambda T_1)^{-1}T_0.\end{aligned}\tag{4.5.3}$$

令

$$T_2=(\lambda I-T_1)^{-1}T_0,$$

所以T_2是有限秩算子,由T_2的表达式计算得

$$x\in\ker(\lambda I-T)\Leftrightarrow x-T_2x=0,$$

在式(4.5.3)两端取共轭,则有

$$(\bar{\lambda}I-T^*)(\bar{\lambda}I-T_1^*)^{-1}=I-T_2^*,$$

所以

$$y-T_2^*y=0\Leftrightarrow(\bar{\lambda}I-T_1^*)^{-1}y\in\ker(\bar{\lambda}I-T^*).$$

这样证明$\dim(\ker(\lambda I-T))=\dim(\ker(\bar{\lambda}I-T^*))$,等价证明$x-T_2x=0$与$y-T_2^*y=0$有线性无关解的个数相同.

设$e_1, e_2, \cdots, e_n$是$\text{Ran}(T_2)$的一组标准正交基,则

$$T_2x=\sum_{i=1}^{n}(T_2x, e_i)e_i=\sum_{i=1}^{n}(x, T_2^*e_i)e_i, \forall x\in H,$$

则由定理4.4.6可得

$$T_2^*x=\sum_{i=1}^{n}(x, e_i)T_2^*e_i.$$

令$\beta_{ij}=(e_i, T_2^*e_j)$,给定$x\in H$,令$\alpha_i=(x, e_i)T_2^*e_i$,若$x$满足$x-T_2x=0$,则$x$必是$e_1, e_2, \cdots, e_n$的线性组合.由$x-T_2x=0$与$T_2^*e_j$作内积得

$$\alpha_j-\sum_{i=1}^{n}\beta_{ij}\alpha_i=0, j=1,2,\cdots,n,\tag{4.5.4}$$

反之,若$\alpha_1, \alpha_2, \cdots, \alpha_n$满足式(4.5.4),则$x=\sum\limits_{i=1}^{n}\alpha_i e_i$满足$x-T_2x=0$. 因此$x-T_2x=0$的线性无关解的个数与方程组(4.5.4)的线性无关解的个数相同.

同理,$y-T_2^*y=0$充要条件是$\beta_j-\sum\limits_{i=1}^{n}\overline{\beta_{ji}}\beta_i=0, j=1,2,\cdots,n$,其中$y=\sum\limits_{i=1}^{n}\beta_i T^*e_i$,

但矩阵$(\delta_{ij}-\beta_{ij})$与$(\delta_{ij}-\overline{\beta_{ji}})$是互为共轭转置的，具有相同的秩. 所以

$$\dim(\ker(\lambda I-T))=\dim(\ker(\bar{\lambda}I-T^*)).$$

(3) 下证对任意 $\lambda\neq 0$，$\text{Ran}(\lambda I-T)$是闭的.

对任意 $y\in\overline{\text{Ran}(\lambda I-T)}$，存在$\{y_n\}\in\text{Ran}(\lambda I-T)$，$\lim\limits_{n\to\infty}y_n=y$，相应地存在 $x_n\in H$，使得

$$y_n=(\lambda I-T)x_n,\ \forall\, n\in N,$$

设 $x_n=u_n+v_n$，其中 $u_n\in\ker(\lambda I-T)$，$v_n\in\ker(\lambda I-T)^{\perp}$，则

$$y_n=(\lambda I-T)v_n, \tag{4.5.5}$$

且$\{v_n\}$为有界点列，否则必存在$\{v_n\}$的子列$\{v_{n_k}\}$使得$\|v_{n_k}\|\to\infty$ $(k\to\infty)$. 令 $\omega_k=\dfrac{v_k}{\|v_k\|}$，$\|\omega_k\|=1$，$T$ 是紧算子，所以$\{T\omega_k\}$有收敛子列，仍设为$\{T\omega_k\}$. 设 $T\omega_k\to x(k\to\infty)$，因为$\{y_n\}$有界，$\|v_{n_k}\|\to\infty(k\to\infty)$，则由式(4.5.5)得

$$\lambda\omega_k=T\omega_k+\frac{v_{n_k}}{\|v_{n_k}\|}\to x\ (k\to\infty),$$

而$\|\omega_k\|=1$ 且 $\omega_k\perp\ker(\lambda I-T)$，所以 $x\perp\ker(\lambda I-T)$且$\|x\|=|\lambda|>0$，但另一方面，

$$(\lambda I-T)x=\lim_{k\to\infty}(\lambda I-T)\lambda\omega_k=\lim_{k\to\infty}\frac{\lambda y_{n_k}}{\|v_{n_k}\|}=0,$$

所以 $x\in\ker(\lambda I-T)$，因此 $x=0$. 这与$\|x\|=|\lambda|>0$ 矛盾，所以$\{v_n\}$有界. 因此$\{Tv_n\}$有收敛子列，设它的收敛子列为$\{Tv_{n_k}\}$，且 $Tv_{n_k}\to z(k\to\infty)$，这样就有

$$Tv_{n_k}=\lambda^{-1}(y_{n_k}+Tv_{n_k})\to\lambda^{-1}(y+z),$$

所以

$$y=\lim_{k\to\infty}(\lambda I-T)v_{n_k}=(\lambda I-T)\lambda^{-1}(y+z),$$

所以

$$y\in\text{Ran}(\lambda I-T).$$

证毕.

推论 4.5.2 设 $\lambda\neq 0$，$T\in B_0(H)$，则

(1) 方程$(\lambda I-T)x=y$ 有解的充要条件是 $y\perp\ker(\bar{\lambda}I-T^*)$；

(2) $(\lambda I-T)$为满射的充要条件为它是单射.

证明 (1) 设 $u\in\ker(\bar{\lambda}I-T^*)$，若$(\lambda I-T)x=y$ 有解，则$(y,u)=((\lambda I-T)x,u)=(x,(\bar{\lambda}I-T^*)u)=0$；反之，设 $y\perp\ker(\bar{\lambda}I-T^*)$，由于

$$H=\overline{\text{Ran}(\lambda I-T)}\oplus\ker(\bar{\lambda}I-T^*)=\text{Ran}(\lambda I-T)\oplus\ker(\bar{\lambda}I-T^*),$$

所以 $y\in\text{Ran}(\lambda I-T)$，即$(\lambda I-T)x=y$ 有解.

(2) 由(1)得，$\text{Ran}(\lambda I-T)=H$ 的充要条件是 $\ker(\bar{\lambda}I-T^*)=\{0\}$，由引理 4.5.5，这与 $\ker(\lambda I-T)=\{0\}$等价，即$(\lambda I-T)$为单射.

证毕.

引理 4.5.6 设 H 是 Hilbert 空间，$T\in B_0(H)$，$\lambda\in\rho(T)$，$\lambda\neq 0$，则

$$(\lambda I-T)^{-1}\in B(H).$$

证明 只要证明对任意的 $y_n\in H, y_n\to 0$，则 $x_n=(\lambda I-T)^{-1}y_n\to 0\ (n\to\infty)$. 否则，存在 $\varepsilon_0>0$，及 $\{x_n\}$ 的子列 $\{x_{n_k}\}$ 使得 $\|x_{n_k}\|\geqslant\varepsilon_0$，不妨设 $\{x_{n_k}\}$ 就是 $\{x_n\}$，因为 $\ker(\lambda I-T)=\{0\}$，且

$$y_n=(\lambda I-T)x_n. \tag{4.5.6}$$

由引理 4.5.5 的证明可知 $\{x_n\}$ 有界，又 $T\in B_0(H)$，所以 $\{x_n\}$ 有子列 $\{x_{n_k}\}$ 使得 $\{Tx_{n_k}\}$ 收敛，但由式(4.5.6)可得 $\{x_{n_k}\}$ 也是收敛的，设 $x_{n_k}\to x_0\ (k\to\infty)$，式(4.5.6)两边取极限得，$(\lambda I-T)x_0=0$，即 $x_0\in\ker(\lambda I-T)=\{0\}$，所以 $x_0=0$，这与 $\|x_{n_k}\|\geqslant\varepsilon_0$ 矛盾，所以 $x_n\to 0$ $(n\to\infty)$，即 $(\lambda I-T)^{-1}\in B(H)\lambda\in\rho(T), \lambda\neq 0$.

证毕.

由引理 4.5.5 可知，对任意的 $\lambda\neq 0$，只有两种可能 $\lambda\in\rho(T)$ 或 $\lambda\in\sigma_p(T)$，由此得出以下的 Fredholm 二择一定理.

定理 4.5.6 (Fredholm 二择一定理) 设 H 是 Hilbert 空间，$T\in B_0(H)$，$\lambda\neq 0$，则只有以下两种可能：

(1) 存在 $x\in H, x\neq 0$，使得 $\lambda x-Tx=0$；

(2) 对任意的 $y\in H$，存在唯一 $x\in H$，使得 $\lambda x-Tx=y(\lambda\in\rho(T))$.

证明 (ⅰ) 若(1)不成立，即 $\ker(\lambda I-T)=\{0\}$，所以 $\ker(\bar{\lambda}I-T^*)=\{0\}$，这样，由推论 4.5.2 得(2)成立.

(ⅱ) 若(2)不成立，即存在 y 使得 $\lambda x-Tx=y$ 无解或解不唯一，由引理 4.5.6 得 $\ker(\lambda I-T)\neq\{0\}$，即(1)不成立；若 $\lambda x-Tx=y$ 解不唯一，则 $\mathrm{Ran}(\lambda I-T)\neq H$，由推论 4.5.2得(1)成立.

证毕.

二择一定理的特点是唯一性可以决定存在性.

由性质 4.5.1、引理 4.5.6 和定理 4.5.6 得到如下刻画紧算子谱特征的定理.

定理 4.5.7 设 T 是 Hilbert 空间 H 上的紧算子，则

(1) $\sigma(T)\subset\{0\}\cup\sigma_p(T)$，当 $\dim H=\infty$ 时，必有 $0\in\sigma(T)$；

(2) $\sigma_p(T)$ 至多可数，0 为其唯一可能的聚点；

(3) 对任意的 $\lambda\in\sigma(T)$，若 $\lambda\neq 0$，则 $\lambda\in\sigma_p(T)$，且相应的特征子空间是有限维的.

从定理 4.5.5 和定理 4.5.7 可以看到，无穷维空间上的紧算子具有有限维空间算子的特征.

4.5.5 紧自伴算子的谱分解

设 T 是 Hilbert 空间 H 上的紧自伴算子，根据定理 4.5.3，则 T 的不同的非零特征值可以排成 $\lambda_1,\lambda_2,\cdots,\lambda_k,\cdots$(其中 $|\lambda_1|>|\lambda_2|>\cdots>|\lambda_k|\cdots$)，设 $M_k=\ker(\lambda_k I-T)$ 为 T 的相应于 λ_k 的特征子空间，则 $M_k=\ker(\lambda_k I-T)$ 为有限维，P_k 为 M_k 上的投影算子，则 $P_kP_l=0$，$\lambda_k\neq\lambda_l$，所以得出如下结论.

定理 4.5.8 设 T 是 Hilbert 空间 H 上的紧自伴算子，则 T 可分解为：

$$T = \sum_k \lambda_k P_k.$$

证明 令 $M_k = \ker(\lambda_k I - T)$，$M = \sum_k \oplus M_k$，则 Hilbert 空间 H 可分为

$$H = M^{\perp} \oplus \sum_k \oplus M_k.$$

设 P 为 $M^{\perp}$ 上的投影算子，不妨设 T 的不同的非零特征值为无穷多个.

(1) 下证对任意 $x \in H$，$Tx = \sum_{k=1}^{\infty} \lambda_k P_k x$.

① 当 $M^{\perp} = \{0\}$ 时，则 $H = \sum_{k=1}^{\infty} \oplus M_k$，所以对任意 $x \in H$，$x = \sum_{k=1}^{\infty} P_k x$，

$$Tx = T(\lim_{n\to\infty} \sum_{k=1}^{n} P_k x) = \lim_{n\to\infty}(\sum_{k=1}^{n} T(P_k x)) = \sum_{k=1}^{\infty} \lambda_k P_k x.$$

② 当 $M^{\perp} \neq \{0\}$ 时，

(ⅰ) $M^{\perp}$ 为 T 的不变子空间，即 $TM^{\perp} \subset M^{\perp}$，对任意 $x \in M^{\perp}$，$y \in M$，$k \in N$，有

$$(Tx, P_k y) = (x, TP_k y) = (x, \lambda_k P_k y) = \lambda_k (x, P_k y) = 0,$$

所以 $(Tx, y) = (x, \sum_{k=1}^{\infty} P_k y) = \sum_{k=1}^{\infty} \lambda_k (x, P_k y) = 0$，$\forall\, y \in M$，即 $TM^{\perp} \subset M^{\perp}$.

(ⅱ) $TM^{\perp} = 0$. 令 $T_0 = TM^{\perp}$，则 T_0 为 Hilbert 空间 $M^{\perp}$ 上的紧算子，因为 $TM^{\perp} \subset M^{\perp}$，所以 T_0 的特征值都是 T 的特征值，从而 T_0 特征值只能是 0，根据谱半径公式 $\| T_0 \| = r_{\sigma}(T_0) = 0$，因此 $T_0 = 0$. 由(ⅰ)、(ⅱ)得，对任意 $x \in H$，有

$$Tx = T(Px + \sum_{k=1}^{\infty} \lambda_k P_k x) = T_0 Px + \sum_{k=1}^{\infty} \lambda_k TP_k x = \sum_{k=1}^{\infty} \lambda_k P_k x.$$

(2) 下证 $T = \sum_{k=1}^{\infty} \lambda_k P_k$(按算子范数收敛).

因为 $\{\lambda_k\}$ 为无穷集，所以 $\lambda_k \to 0\ (k \to \infty)$，且对任意 $x \in H$，有

$$\|(T - \sum_{k=1}^{n} \lambda_k P_k)x\|^2 = \|\sum_{k=n+1}^{\infty} \lambda_k P_k x\|^2 \leqslant |\lambda_{n+1}|^2 \sum_{k=n+1}^{\infty} \|P_k x\|^2 \leqslant |\lambda_{n+1}|^2 \|x\|^2,$$

所以 $\|T - \sum_{k=1}^{n} \lambda_k P_k\| \leqslant |\lambda_{n+1}| \to 0\ (n \to \infty)$.

证毕.

推论 4.5.3 (Hilbert-Schmidt 定理) 设 T 是 Hilbert 空间 H 上的紧自伴算子，则 H 中存在以 T 的特征向量构成的标准正交基.

§ 4.6 酉算子与 Fourier 变换

Fourier 变换理论不仅在数学的许多分支中，而且在其他自然科学和工程技术领域中也有着非常广泛的应用. 本节主要介绍酉算子及性质，$L(R)$、$L^2(R)$、$L(R^n)$ 和 $L^2(R^n)$ 中的 Fourier 变换的基本理论.

4.6.1 酉算子

定义 4.6.1 设$U\in B(H)$，满足

(1) U 是等距的，即对 $x\in U$ 任意，都有 $\| Ux \| = \| x \|$；

(2) U 是满射.

则称 U 为酉算子.

定理 4.6.1 设$U\in B(H)$，则 U 为酉算子等价于

(1) U 是满射且对任意 $x, y\in H$，$(Ux, Uy)=(x, y)$；

(2) $U^* U=UU^* =I$，即 $U^* =U^{-1}$.

证明 (1) 充分性很显然，下证必要性.

设U 为酉算子，即 U 是满射且等距的，对任意 $x\in H$，$\| Ux \|^2 = \| x \|^2$，由极化恒等式，当 H 是实空间时，有

$$
\begin{aligned}
(Ux, Uy) &= \frac{1}{4}(\| U(x+y) \|^2 - \| U(x-y) \|^2) \\
&= \frac{1}{4}(\| x+y \|^2 - \| x-y \|^2) = (x, y), \forall x, y\in H;
\end{aligned}
$$

当 H 是复空间时，有

$$
\begin{aligned}
(Ux, Uy) &= \frac{1}{4}\sum_{k=0}^{3} i^k \| U(x + i^k y) \|^2 \\
&= \frac{1}{4}\sum_{k=0}^{3} i^k \| (x + i^k y) \|^2 = (x, y),
\end{aligned}
$$

所以$(Ux, Uy)=(x, y)$.

(2) 下证必要性.

设U 为酉算子，由(1)得，对任意 $x, y\in H$，有

$$(x, U^* Uy)=(Ux, Uy)=(x, y),$$

所以 $U^* Uy=y(\forall y\in H)$，于是 $U^* U=I$，因此 U 是单射，因而 $U^{-1}: H\to H$ 存在，且 $U^* = U^* UU^{-1}=IU^{-1}=U^{-1}$.

(ii) 充分性

由等式 $U^* U=I$，U 为满射，且对 $x\in H$，有

$$\| Ux \|^2=(Ux, Ux)=(x, U^* Ux)=(x, x)= \| x \|^2,$$

所以 U 为酉算子

证毕.

定理 4.6.2 设 $U: H\to H$ 为酉算子，则

$$\sigma(U)\subset\{\lambda \mid \lambda\in C, |\lambda| =1\}.$$

即酉算子的谱都在单位圆周上(证明详见文献[8,39]).

例 4.6.1 设 $A=(a_{ij})_{n\times n}(a_{ij} \in C)$，由 n 阶矩阵 A 在 C^n 上定义的算子 U，满足

$$Ux=Ax,\ x=(x_1, x_2, \cdots, x_n)^{\mathrm{T}} \in C^n,$$

则 U 为酉算子的充要条件是 A 为酉矩阵，即 $\overline{A}A=E$(E 为 n 阶单位矩阵).

证明 根据定理 4.6.1，对任意 $x,y\in H$，$(Ux,Uy)=(Ax,Ay)=\overline{A}A(x,y)$，所以 $(Ux,Uy)=(x,y)\Leftrightarrow\overline{A}A=E$，$U$ 是满射.

证毕.

例 4.6.2 泡利矩阵是一组三个 2×2 的酉矩阵，分别记为 $\sigma_x,\sigma_y,\sigma_z$. 在量子力学中，它们是泡利方程中描述磁场和自旋之间的相互作用的一项. 三个泡利矩阵和单位矩阵如下所示：

$$\sigma_0=I=\begin{pmatrix}1&0\\0&1\end{pmatrix},\sigma_1=\sigma_x=\begin{pmatrix}0&1\\1&0\end{pmatrix},$$

$$\sigma_2=\sigma_y=\begin{pmatrix}0&-i\\i&0\end{pmatrix},\sigma_3=\sigma_z=\begin{pmatrix}1&0\\0&-1\end{pmatrix}.$$

例 4.6.3 设 $\varphi(t)$ 是 $[a,b]$ 上的有界可测函数，在 $L^2[a,b]$ 上定义算子

$$(Ux)(t)=\varphi(t)x(t)\quad(x\in L^2[a,b]),$$

则 U 为酉算子的充要条件是 $|\varphi(t)|=1$ a. e..

证明 根据定理 4.6.1，U 是满射且对任意 $x,y\in H$，有

$$(Ux,Uy)=(\varphi(t)x,\varphi(t)y)=\varphi(t)\overline{\varphi}(t)(x,y),$$

所以

$$(Ux,Uy)=(x,y)\Leftrightarrow\varphi(t)\overline{\varphi}(t)=1\Leftrightarrow|\varphi|=1.$$

证毕.

4.6.2 *L*(*R*)中的 Fourier 变换

定义 4.6.2 设 $f\in L(R)$，称

$$\hat{f}(\omega)=F\{f\}=\int_R e^{-i\omega t}f(t)\mathrm{d}t,\omega\in R \tag{4.6.1}$$

为 f 的 Fourier 变换，记为 $\hat{f}(\omega)$ 或 $F\{f\}$.

定理 4.6.3 设 $f\in L(R)$，则 f 的 Fourier 变换一定存在，且 $|\hat{f}(\omega)|\leqslant\|f\|_1$.

证明 因为 $f\in L(R)$ 且 $|e^{-i\omega t}|\leqslant1$，所以

$$|\hat{f}(\omega)|\leqslant\left|\int_R e^{-i\omega t}f(t)\mathrm{d}t\right|\leqslant\int_R|f(t)|\mathrm{d}t=\|f\|_1.$$

证毕.

例 4.6.4 求矩形脉冲函数 $f(t)=\begin{cases}1, & |t|\leqslant\alpha,\\0, & |t|>\alpha\end{cases}(\alpha>0)$ 的 f 的 Fourier 变换.

解 根据式(4.6.1)有

$$\hat{f}(\omega)=F(f)=\int_R e^{-i\omega t}f(t)\mathrm{d}t=\int_{-\alpha}^{\alpha}e^{-i\omega t}\mathrm{d}t$$

$$=-\frac{1}{i\omega}e^{-i\omega t}\Big|_{-\alpha}^{\alpha}=-\frac{1}{i\omega}(e^{-i\omega\alpha}-e^{i\omega\alpha})$$

$$= 2\frac{\sin \alpha\omega}{\omega} = 2\alpha\frac{\sin \alpha\omega}{\alpha\omega}.$$

定理 4.6.4（线性性质） 设 $f,g\in L(R)$，$\alpha,\beta\in C$，则

$$F\{\alpha f+\beta g\}=\alpha F\{f\}+\beta F\{g\}.$$

定理 4.6.5（像函数的连续性质） 设 $f\in L(R)$，则 $\hat{f}(\omega)$ 在 R 上（一致）连续（证明详见文献[33,38]）.

注 定理 4.6.3、定理 4.6.4 和定理 4.6.5 表明 Fourier 变换 F 是 $L(R)$ 到 C 上的有界线性泛函. 例 4.6.4 说明尽管 $\hat{f}(\omega)$ 在 R 上一致连续，但 $\hat{f}(\omega)$ 不一定 Lebesgue 可积.

定理 4.6.6（像函数的微分性质） 设 $f(t)$，$tf(t)\in L(R)$，则

$$\frac{\mathrm{d}(\hat{f}(\omega))}{\mathrm{d}\omega}=(-i)F\{tf(t)\}.$$

证明 对任意 $\omega\in R$，充分小的 $h\in R$，有

$$\left|\frac{1}{h}(e^{-iht}-1)f(t)\right|=\left|\frac{1}{h}\right|\cdot\left|2\sin\frac{1}{2}ht\right|\cdot|f(t)|\leqslant|tf(t)|,$$

因为 $tf(t)\in L(R)$，所以根据控制收敛定理得

$$\begin{aligned}\frac{\mathrm{d}}{\mathrm{d}\omega}(\hat{f}(\omega)) &= \lim_{h\to 0}\frac{1}{h}[\hat{f}(\omega+h)-\hat{f}(\omega)]\\ &= \lim_{h\to 0}\int_{-\infty}^{+\infty}e^{-i\omega t}\frac{1}{h}(e^{-iht}-1)f(t)\mathrm{d}t\\ &= \int_{-\infty}^{+\infty}e^{-i\omega t}\lim_{h\to 0}\frac{1}{h}(e^{-iht}-1)f(t)\mathrm{d}t\\ &= (-i)\int_{-\infty}^{+\infty}e^{-i\omega t}tf(t)\mathrm{d}t\\ &= (-i)F\{tf(t)\}.\end{aligned}$$

证毕.

由数学归纳法得推论 4.6.1.

推论 4.6.1 设 $f(t)$，$t^nf(t)\in L(R)$，则 $\dfrac{\mathrm{d}^n(\hat{f}(\omega))}{\mathrm{d}\omega^n}=(-i)^nF\{t^nf(t)\}$.

定理 4.6.7（原函数的微分性质） 设 $f,f'\in L(R)$，则 $F\{f'\}=i\omega F\{f\}=i\omega\hat{f}(\omega)$.

证明 因为 $f,f'\in L(R)$，$F\{f'\}$ 存在，由分部积分公式得

$$\begin{aligned}F\{f'\} &= \int_{-\infty}^{+\infty}e^{-i\omega t}f'(t)\mathrm{d}t\\ &= [e^{-i\omega t}f(t)]_{-\infty}^{+\infty}+i\omega\int_{-\infty}^{+\infty}e^{-i\omega t}f(t)\mathrm{d}t\\ &= i\omega\hat{f}(\omega).\end{aligned}$$

证毕.

注 定理证明过程中用到定理 4.6.5，即若 $f\in L(R)$，则 $\lim\limits_{t\to\infty}f(t)=0$. 由数学归纳法得

推论 4.6.2.

推论 4.6.2　设 $f, f', \cdots, f^{(n)} \in L(R)$，则 $F\{f^{(n)}\} = (i\omega)^n F\{f\} = (i\omega)^n \hat{f}(\omega)$.

定义 4.6.3　设 $f, g \in L(R)$，称

$$(f * g)(t) = \int_R f(t-x) g(x) \mathrm{d}x, \forall t \in R$$

为 $f(t)$ 与 $g(t)$ 的卷积.

定理 4.6.8 (卷积定理)　设 $f, g \in L(R)$，则

$$F\{f * g\} = F\{f\} F\{g\}.$$

证明　因为 $f, g \in L(R)$，所以 $f * g \in L(R)$ 且 $F\{f * g\}$ 存在，

$$\begin{aligned} F\{f * g\} &= \int_{-\infty}^{+\infty} e^{-i\omega t} (f * g)(t) \mathrm{d}t \\ &= \int_{-\infty}^{+\infty} e^{-i\omega t} \left(\int_{-\infty}^{+\infty} f(t-x) g(x) \mathrm{d}x\right) \mathrm{d}t \\ &= \int_{-\infty}^{+\infty} g(x) \left(\int_{-\infty}^{+\infty} e^{-i\omega t} f(t-x) \mathrm{d}t\right) \mathrm{d}x \quad \text{（根据 Fubini 定理）} \\ &= \int_{-\infty}^{+\infty} e^{-i\omega x} g(x) \left(\int_{-\infty}^{+\infty} e^{-i\omega u} f(u) \mathrm{d}u\right) \mathrm{d}x \\ &= F\{f\} \int_{-\infty}^{+\infty} e^{-i\omega x} g(x) \mathrm{d}x = F\{f\} F\{g\}. \end{aligned}$$

证毕.

定义 4.6.4　设 $f \in L(R)$，且 $\hat{f} \in L(R)$，称

$$F^{-1}\{\hat{f}\}(x) = \frac{1}{2\pi} \int_{-\infty}^{+\infty} e^{i\omega x} \hat{f}(\omega) \mathrm{d}\omega$$

为 $\hat{f}$ 的 Fourier 反演公式.

定理 4.6.9 (Fourier 反演公式)　设 $f \in L(R)$，且 $\hat{f} \in L(R)$. 若 f 在 x 点连续，则

$$f(x) = F^{-1}\{\hat{f}\}(x) = \frac{1}{2\pi} \int_{-\infty}^{+\infty} e^{i\omega x} \hat{f}(\omega) \mathrm{d}\omega.$$

证明详见参考文献[33,38,41].

定理 4.6.10　设 $f \in L(R)$，且 $\hat{f} \in L(R)$. 若 f, g 均在 x 点处连续，则

$$F\{fg\} = \frac{1}{2\pi} \hat{f} * \hat{g}.$$

证明　根据 Fourier 反演公式和 Fubini 定理得

$$\begin{aligned} \int_{-\infty}^{+\infty} e^{-i\omega t} f(t) g(t) \mathrm{d}t &= \frac{1}{2\pi} \int_{-\infty}^{+\infty} e^{-i\omega t} g(t) \mathrm{d}t \int_{-\infty}^{+\infty} e^{ixt} \hat{f}(x) \mathrm{d}x \\ &= \frac{1}{2\pi} \int_{-\infty}^{+\infty} \hat{f}(x) \left(\int_{-\infty}^{+\infty} e^{-it(\omega - t)} g(t) \mathrm{d}t\right) \mathrm{d}x \\ &= \frac{1}{2\pi} \int_{-\infty}^{+\infty} \hat{f}(x) \hat{g}(\omega - x) \mathrm{d}x. \end{aligned}$$

所以

$$F\{fg\} = \frac{1}{2\pi}\hat{f} * \hat{g}.$$

证毕.

例 4.6.5 求下列函数的 Fourier 变换

(1) $f(t)=\begin{cases} e^{-\beta t}, & t\geqslant 0, \\ 0, & t<0. \end{cases}$ $(\beta>0)$；(2) $f(t)=\cos \omega_0 t$；(3) $f(t)=e^{-\beta t}u(t)\cos \omega_0 t$.

解 (1) $F(\omega) = F[f(t)] = \int_{-\infty}^{+\infty} f(t)e^{-i\omega t}\mathrm{d}t = \int_{0}^{+\infty} e^{-(\beta+i\omega)t}\mathrm{d}t = \dfrac{\beta - i\omega}{\beta + \omega^2}$.

(2) $$F(\omega) = F[f(t)] = \int_{-\infty}^{+\infty} e^{-i\omega t}\cos \omega_0 t\ \mathrm{d}t = \int_{-\infty}^{+\infty} \frac{1}{2}(e^{i\omega_0 t} + e^{-i\omega_0 t})e^{-i\omega t}\mathrm{d}t$$

$$= \frac{1}{2}\int_{-\infty}^{+\infty} (e^{-i(\omega-\omega_0)t} + e^{-i(\omega+\omega_0)t})\mathrm{d}t = \pi(\delta(\omega - \omega_0) + \delta(\omega + \omega_0)).$$

(3) 因为 $F[e^{-\beta t}u(t)]=\dfrac{1}{\beta+i\omega}$，$F[\cos \omega_0 t]=\pi(\delta(\omega-\omega_0)+\delta(\omega+\omega_0))$，所以

$$F[e^{-\beta t}u(t) \cdot \cos \omega_0 t] = \frac{1}{2\pi}F[e^{-\beta t}u(t)] * F[\cos \omega_0 t]$$

$$= \frac{1}{2\pi}\int_{-\infty}^{+\infty} \frac{\pi}{\beta+i\tau} \cdot [\delta(\omega + \omega_0 - \tau) + \delta(\omega - \omega_0 - \tau)\mathrm{d}\tau]$$

$$= \frac{1}{2}[\frac{1}{\beta+i(\omega+\omega_0)} + \frac{1}{\beta+i(\omega-\omega_0)}] = \frac{\beta+i\omega}{(\beta+i\omega)^2 + \omega_0^2}.$$

例 4.6.6 用 Fourier 变换研究一维无限杆上的热传导问题：

$$\begin{cases} \dfrac{\partial u}{\partial t} - \dfrac{\partial^2 u}{\partial x^2} = 0, \\ u(x,0)=\varphi(x). \end{cases}$$

其中 $u=u(x,t)$，空间变量 x 和时间变量 t 无关，$\varphi(x)$ 为已知函数.

解 对上式关于 x 作 Fourier 变换可得：

$$\begin{cases} \dfrac{\mathrm{d}\hat{u}}{\mathrm{d}t} - (iw)^2\hat{u} = 0, \\ \hat{u}(w,0) = \hat{\varphi}(w), \end{cases}$$

利用常微分方程的常数变易法，上式的解为

$$\hat{u}(w,t) = \hat{\varphi}(w) \cdot e^{-w^2 t}.$$

若某个函数 g 满足 $\hat{g}=e^{-w^2 t}$，则由卷积定理 4.6.8，可得

$$u(x,t) = \varphi * g(t).$$

于是下面只需求 g，对 $e^{-w^2 t}$ 作 Fourier 逆变换，则

$$g = F^{-1}(e^{-w^2 t}) = \frac{1}{2\pi}\int_{-\infty}^{+\infty} e^{-w^2 t} \cdot e^{iw\xi}\mathrm{d}w$$

$$= \frac{1}{2\pi}\int_{-\infty}^{+\infty} e^{-t(w-\frac{i\xi}{2t})^2-\frac{\xi^2}{4t}}\mathrm{d}w$$

$$= \frac{1}{2\pi}e^{-\frac{\xi^2}{4t}}\int_{-\infty}^{+\infty} e^{-ts^2}\mathrm{d}s$$

$$= \frac{1}{2\sqrt{\pi t}}e^{-\frac{\xi^2}{4t}}.$$

于是代入 $u(x,t)=\varphi * g(t)$ 可得

$$u(x,t) = (\varphi * g(t))(x) = \int_{-\infty}^{+\infty}\frac{1}{2\sqrt{\pi t}}\varphi(x-\xi)e^{-\frac{\xi^2}{4t}}\mathrm{d}\xi.$$

这是原方程的解.

4.6.3 $L^2(R)$ 中的 Fourier 变换

下面讨论 $L^2(R)$ 上的 Fourier 变换，对于 $f\in L^2(R)$ 且 $f\notin L(R)$，函数 $e^{-i\omega t}f(t)$ 不一定是可积的(如 $f(t)=\frac{\sin t}{t}$). 因此，不能像 $L(R)$ 中的函数那样定义它的 Fourier 变换，所以从另一个角度来定义 $L^2(R)$ 中函数的 Fourier 变换.

定理 4.6.11　设 $f,g\in L(R)\cap L^2(R)$，则

$$(\hat{f},\hat{g})=2\pi(f,g).$$

证明　对任意 $t\in R$，令 $h(t)=f(t)*\overline{g(-t)}=\int_{-\infty}^{+\infty}f(t+x)\,\overline{g(x)}\mathrm{d}x.$

取 $t=0$ 得到

$$h(0)=\int_{-\infty}^{\infty}f(x)\,\overline{g(x)}\mathrm{d}x=(f,g).$$

此外，根据卷积定理及 Fourier 变换的共轭性质

$$F\{h(t)\}=F\{f(t)*\overline{g(-t)}\}$$

$$=F\{f(t)\}F\{\overline{g(-t)}\}$$

$$=\hat{f}(\omega)\overline{\hat{g}(\omega)}.$$

于是得到

$$(f,g)=h(0)=\frac{1}{2\pi}\int_{-\infty}^{+\infty}\hat{h}(\omega)\mathrm{d}\omega$$

$$=\frac{1}{2\pi}\int_{-\infty}^{+\infty}\hat{f}(\omega)\,\overline{\hat{g}(\omega)}\mathrm{d}\omega$$

$$=\frac{1}{2\pi}(\hat{f},\hat{g}).$$

证毕.

特别地，在定理 4.6.11 中取 $f=g$ 可以得到推论 4.6.3.

推论 4.6.3 若 $f\in L(R)\cap L^2(R)$，则 $\hat{f}\in L^2(R)$，且 $\|\hat{f}\|^2=2\pi\|f\|^2$.

引理 4.6.1 设 $f\in L^2(R)$，对于 $n\in N$，令 $f_n(x)=\begin{cases}f(x), & |x|\leqslant n,\\ 0, & |x|>n,\end{cases}$ 则

(1) $\forall n\in N, f_n\in L(R)\cap L^2(R)$；

(2) $\{\hat{f}_n\}$在 $L^2(R)$中收敛，且$\lim\limits_{n\to\infty}\hat{f}_n\in L^2(R)$.

证明 (1) 由于 $f\in L^2(R)$，所以对$\forall n\in N, f_n\in L^2(R)$. 此外，根据 Hölder 不等式得

$$\begin{aligned}\int_{-\infty}^{\infty}|f_n(x)|\,\mathrm{d}x&=\int_{-n}^{n}|f_n(x)|\,\mathrm{d}x\\&\leqslant\left(\int_{-n}^{n}|f_n(x)|^2\mathrm{d}x\right)^{\frac{1}{2}}\left(\int_{-n}^{n}1^2\mathrm{d}x\right)^{\frac{1}{2}}\\&=\sqrt{2n}\,\|f_n\|<+\infty,\end{aligned}$$

所以 $f_n\in L(R)\cap L^2(R)$.

(2) 对任意 $n\in N$，由于 $f_n\in L^1(R)\cap L^2(R)$，故$\hat{f}_n\in L^2(R)$. 另外，由 f_n 的定义得

$$\lim_{n\to\infty}f_n=f.$$

这表明$\{f_n\}$是 $L^2(R)$中的 Cauchy 序列. 根据推论 4.6.3 得

$$\|\hat{f}_n-\hat{f}_m\|^2=2\pi\|f_n-f_m\|^2,$$

所以$\{\hat{f}_n\}$也是 $L^2(R)$中的 Cauchy 序列，因为 $L^2(R)$是 Hilbert 空间，所以$\lim\limits_{n\to\infty}\hat{f}_n$存在，且$\lim\limits_{n\to\infty}\hat{f}_n\in L^2(R)$.

证毕.

不难证明$\lim\limits_{n\to\infty}\hat{f}_n$仅与 f 有关，所以下面定义是合理的.

定义 4.6.5 设 $f\in L^2(R)$，称

$$\hat{f}=F\{f\}=\lim_{n\to\infty}\hat{f}_n$$

为 f 的 Fourier 变换.

注 $L(R)$中函数 $f(t)$的 Fourier 变换$\hat{f}(\omega)$在 R 上处处有定义，且由 $f(t)$唯一确定；$L^2(R)$中函数 $f(t)$的 Fourier 变换$\hat{f}(\omega)$在几乎处处相等意义下是由 $f(t)$唯一确定的.

从 $L^2(R)$中函数 $f(t)$的 Fourier 变换定义可以看出，$L^2(R)$上的 Fourier 变换与 $L(R)$上的 Fourier 变换有类似的性质，这里不再赘述了.

定理 4.6.12 算子 $F:L^2(R)\to L^2(R)$是有界线性变换.

定理 4.6.13 设 $f,g\in L^2(R)$，则

(1) Parseval 恒等式 $\|\hat{f}\|^2=2\pi\|f\|^2$；

(2) Plancherel 恒等式 $<\hat{f},\hat{g}>=2\pi<f,g>$；

(3) Fourier 反演公式 $f(x) = F^{-1}\{\hat{f}\} = \lim\limits_{n\to\infty} \dfrac{1}{2\pi}\displaystyle\int_{-n}^{n} e^{i\omega x}\hat{f}_n(\omega)\mathrm{d}\omega$.

注 若在定义 Fourier 变换时加入一个常数因子$\dfrac{1}{\sqrt{2\pi}}$,即 $L(R)$中的函数 $f(t)$的 Fourier 变换为$\hat{f}(\omega) = F\{f\} = \dfrac{1}{\sqrt{2\pi}}\displaystyle\int_{-\infty}^{+\infty} e^{-i\omega t} f(t)\mathrm{d}t$,那么定理 4.6.12 和定理 4.6.13 可改叙为如下形式。

定理 4.6.14 算子 $F:L^2(R)\to L^2(R)$是酉算子.

定理 4.6.15 设 $f,g\in L^2(R)$,则

(1) Parseval 恒等式 $\|\hat{f}\|^2 = \|f\|^2$;

(2) Plancherel 恒等式 $<\hat{f},\hat{g}> = <f,g>$;

(3) Fourier 反演公式 $f(x) = F^{-1}\{\hat{f}\} = \lim\limits_{n\to\infty} \dfrac{1}{\sqrt{2\pi}}\displaystyle\int_{-n}^{n} e^{i\omega x}\hat{f}_n(\omega)\mathrm{d}\omega$.

4.6.4 $L(R^n)$和 $L^2(R^n)$中的 Fourier 变换

定义 4.6.6 设 $f\in L(R^n)$,则称

$$\hat{f}(\xi) = \int_{R^n} f(\xi)e^{-i(\xi\cdot t)}\mathrm{d}t$$

为 $f(t)$的 Fourier 变换,其中 $t = (t_1,t_2,\cdots,t_n)$,$\xi = (\xi_1,\xi_2,\cdots,\xi_n)$,$\xi\cdot t = \sum\limits_{k=1}^{n}\xi_k t_k$,$\mathrm{d}t = \mathrm{d}t_1\mathrm{d}t_2\cdots\mathrm{d}t_n$.

类似 $L(R)$中的一维 Fourier 变换,将得到 $L(R^n)$中的 n 维 Fourier 变换的性质,这里不再赘述.下面给出 $L^2(R^n)$中的 Fourier 变换的定义.

定义 4.6.7 设 $f\in L(R^n)\cap L^2(R^n)$,则称

$$\hat{f}(\xi) = \int_{R^n} f(\xi)e^{-i(\xi\cdot t)}\mathrm{d}t$$

为 $f(t)$ 的 Fourier 变换,其中 $t = (t_1,t_2,\cdots,t_n)$,$\xi = (\xi_1,\xi_2,\cdots,\xi_n)$,$\xi\cdot t = \sum\limits_{k=1}^{n}\xi_k t_k$,$\mathrm{d}t = \mathrm{d}t_1\mathrm{d}t_2\cdots\mathrm{d}t_n$. 类似 $L^2(R)$ 中的一维 Fourier 变换,将得到 $L^2(R^n)$ 中的 n 维 Fourier 变换的定义和性质.

习 题 四

1. 设 X 是数域 K 上的 n 维线性空间,$\{e_1,e_2,\cdots,e_n\}$ 是 X 的一组基,$(a_{ij})_{n\times n}$ 是正定矩阵,对 $x = \sum\limits_{i=1}^{n} x_i e_i \in X$,$y = \sum\limits_{i=1}^{n} y_i e_i \in X$,定义

$$(x,y) = \sum_{i,j=1}^{n} a_{ij} x_i \overline{y_j},$$

则$(\cdot,\cdot)$是 X 上的内积.

2. 设 $X_1,X_2,\cdots,X_n,\cdots$ 是 K 上的一列内积空间. 令 $X=\{\{x_n\}\mid x_n\in E_n,\sum\limits_{n=1}^{\infty}\|x_n\|^2<\infty\}$,当$\{x_n\},\{y_n\}\in X$ 时,规定 $\alpha\{x_n\}+\beta\{y_n\}=\{\alpha x_n+\beta y_n\}$ $(\alpha,\beta\in K)$

$$(\{x_n\},\{y_n\})=\sum_{n=1}^{\infty}(x_n,y_n),$$

证明 X 是内积空间,又设 X_n 都是 Hilbert 空间,证明 X 是 Hilbert 空间.

3. 设 X 是实内积空间,证明

$$x\perp y\Leftrightarrow\|x+y\|^2=\|x\|^2+\|y\|^2.$$

又若 X 是复内积空间,上面的结论是否成立?

4. 设 X 是内积空间,$\{x_n\}\subset X,x\in X$ 且 $\|x_n\|\to\|x\|$ 以及$(x_n,x)\to(x,x)$,证明 $x_n\to x(n\to\infty)$.

5. 设 M 是 Hilbert 空间 H 的闭子空间,$P:H\to M$ 为投影算子,证明

(1) $Px=x\Leftrightarrow x\in M$;

(2) $Px=0\Leftrightarrow x\in M^{\perp}$.

6. 设 L,M 是内积空间 X 上的闭线性子空间,证明

(1) $L\perp M\Leftrightarrow P_LP_M=0$;

(2) $L=M^{\perp}\Leftrightarrow P_L+P_M=I$;

(3) $P_LP_M=P_{L\cap M}\Leftrightarrow P_LP_M=P_MP_L$.

7. 设 H 是内积空间,对任意 $x_0\in H,r>0$,令

$$B(x_0,r)=\{x\mid x\in H,\|x-x_0\|\leqslant r\}.$$

证明 (1) $B(x_0,r)$是 H 中的闭凸集;(2) 对任意 $x\in H$,令

$$y=\begin{cases}x_0+r\dfrac{x-x_0}{\|x-x_0\|}, & x\notin B(x_0,r),\\ x, & x\in B(x,r).\end{cases}$$

则 y 是 x 在 $B(x_0,r)$中的最佳逼近元.

8. 求$(a_0,a_1,a_2)\in R^3$,使得$\int_0^1|e^t-(a_0+a_1t+a_2t^2)|^2\mathrm{d}t$ 取最小值.

9. 设$\{e_n\}$是 Hilbert 空间 H 的一组标准正交基,证明

$$\sum_{n=1}^{\infty}|(x,e_n)(y,e_n)|\leqslant\|x\|\cdot\|y\|(\forall x,y\in H).$$

10. 设 $F=\{\frac{1}{\sqrt{2\pi}}e^{int}\mid n=0,\pm1,\pm2,\cdots\}$,证明 F 是 $L^2[-\pi,\pi]$中的标准正交基.

11. 设 $H=l^2$,对任意 $x=\{\xi_n\}\in l^2,Tx=\{0,\xi_1,\xi_2,\cdots,\xi_n,\cdots\}$,试求 $\|T\|$ 和 T^*.

12. 设 $H=L^2(R)$,对任意 $x\in H,(Tx)(t)=x(t+a)$(a 为实常数),试求 $\|T\|$ 和 T^*.

13. 对任意 $x\in C[0,1]$,定义

$$f(x)=\int_0^1x(t)\mathrm{d}t,$$

则 f 是 $C[0,1]$上的有界线性泛函,并求 $\|f\|$.

14. 对任意 $x\in C^1[a,b]$,定义

$$f(x)=x'(t_0),t_0\in[a,b],$$

则 f 在 $C^1[0,1]$是连续的.

15. 设 f_1,f_2 是 Hilbert 空间 H 上的有界线性泛函,令 $M=\ker f_1\cap\ker f_2$,对任意 $x_0\in H$,y_0 为 x_0 在上的正交投影,求证存在 $y_1,y_2\in H$ 及 $a_1,a_2\in K$,使得

$$y_0=x_0-(a_1y_1+a_2y_2).$$

16. 设 H 是 Hilbert 空间,证明在 H 中 $x_n\to x$ 的充要条件是

(1) $\|x_n\|\to\|x\|$;(2) $x_n\xrightarrow{w}x$.

17. 设 A 是 Hilbert 空间 H 上的有界线性算子,证明 $A=-A^*\Leftrightarrow \mathrm{Re}(Ax,x)=0,\forall x\in H$.

18. 设 H 是 Hilbert 空间,$T\in B(H)$,$W\in B(H)$且 T 是自伴算子,则 $S=W^*TW$ 是自伴算子.

19. 设 H 是 Hilbert 空间,$T\in B(H)$,$\{e_n\}$是 H 中的标准正交基,若对任意 $m,n\in N$,都有$(Te_n,e_m)=\overline{(Te_n,e_m)}$成立,则 T 是自伴的.

20. 设 T 是自伴算子且有有界逆算子,则 T^{-1}也是自伴算子.

21. 设 H 是 Hilbert 空间,$T\in B(H)$,则 T 是紧算子的充要条件是 T^*T 是紧算子.

22. 设 $T\in B(l^2)$,对任意 $x=\{\xi_n\}\in l^2$,$Tx=\{0,\xi_1,\frac{\xi_2}{2},\cdots,\frac{\xi_n}{n},\cdots\}$,则

(1) T 是紧算子;

(2) $\sigma_p(T)=\phi$;

(3) $\sigma(T)=\sigma_r(T)=\{0\}$.

23. 设$\{e_n\}$是 Hilbert 空间 H 中的标准正交基,$\lambda_n\in R$ 且 $\lambda_n\to0(n\to\infty)$,令

$$Tx=\sum_{n=1}^{\infty}\lambda_n(x,e_n)e_n,$$

则 T 是紧自伴算子.

24. 设 $H=L^2[0,2\pi]$,定义

$$(Uf)(t)=e^{it}f(t),\forall f\in L^2[0,2\pi],$$

则 U 是酉算子.

25. 设 $\varphi(t)$是有界可测函数且$|\varphi(t)|=1$,在复 $L^2[a,b]$定义算子

$$(Ux)(t)=\varphi(t)x(t),x\in L^2[a,b],$$

则 U 为酉算子.

26. 求下列函数的 Fourier 变换.

(1) $f_1(t)=\sin\omega_0t$ (ω_0 为常数);

(2) $f_2(t)=e^{-\beta t}u(t)\sin\omega_0t$ (其中 $u(t)=\begin{cases}1, & t\geqslant0,\\0, & t<0.\end{cases}$).

第 5 章　广义函数与 Sobolev 空间

广义函数是泛函分析中一个重要分支. 历史上第一个广义函数是由物理学家 Dirac 引进的，在表达量子力学中某些量的关系时，Dirac 引入了“函数”$\delta(x)$：当 $x\neq 0$ 时，$\delta=0$；当 $x=0$时，$\delta=\infty$. 但按 20 世纪前所形成的数学概念是无法理解这样奇怪的函数. 然而物理学上一些集中分布的“点”量，如点质量、点电荷、偶极子、瞬时打击力、瞬时源等物理量，用它来描述不仅方便、物理含义清楚，而且当它被当作普通函数参加运算，如对它进行微分和 Fourier 变换，将它参与微分方程求解等所得到的数学结论和物理结论是吻合的. 这就迫使人们要为这类奇怪函数确立严格的数学基础. 最初理解这种奇怪函数的方式之一是把它设想成直线上某种分布所对应的“密度”函数. 所以广义函数又称为分布(distribution)，广义函数论又称分布理论. 用分布的观念为这些奇怪函数建立基础虽然很直观，但对于复杂情况就又显得繁琐而不很明确. 后来随着泛函分析的发展，Schwartz 用泛函分析观点为广义函数建立了一整套严格的理论，接着 Gelfand 对广义函数论又作了重要发展. 从此，广义函数被广泛地应用于数学、物理、力学以及工程技术领域之中，特别是对近几十年来偏微分方程的发展更是起到了有力的促进作用.

Sobolev 空间已经成为现代分析数学理论和应用的重要工具，特别是在现代偏微分方程理论、数值分析、抽象空间的微分方程等方面应用十分广泛. 从历史上说，Sobolev 空间的引入与有关理论的建立要比 Schwartz 广义函数理论早一些，但是广义函数理论的建立使人们可以用更简洁的方式叙述 Sobolev 空间的理论，并扩大了其应用范围. 近年来，Sobolev 空间的理论及其应用均已发展得相当成熟与深入. 本章将对广义函数和 Sobolev 空间的理论，择其主要的思想与内容作一个基本的介绍.

§5.1　广义函数的基本概念、基本空间

5.1.1　引例

为了对广义函数进行直观描述，先看以下几个例子.

引例 1　直线上集中质量问题.

在连续的质量分布情形下，非均匀、非“集中”介质的质量分布是和密度分布相对应的，

并且利用经典的微积分方法可以简单地进行分析与描述. 但对于"集中质量"分布情形，就没有那么简单了，需要扩充对函数概念的理解，这也是广义函数的一个重要来源和背景. 现在以直线上集中质量为例来对广义函数进行直观描述. 考虑一非均匀、非"集中质量" 的直线棒，其密度分布为 $\rho=\rho(x)$，则$\int_{x_1}^{x_2}\rho(x)\mathrm{d}x$ 就表示在$[x_1,x_2]$一段中直线棒的质量；反之，若已知每一直线段$[x_1,x_2]$的质量，则对一个固定的点 $x\in[x_1,x_2]$ 来说，取一个包含 x 点的区间 Δl，并记这一段区间的质量为 ΔM，则 $\rho(x)=\lim\limits_{\Delta l\to 0}\dfrac{\Delta M}{\Delta l}$.

对于"集中质量"分布情形，质量分布的密度分布是什么呢？设在直线上有一单位质量"集中"在原点附近：其集中程度很高，即其集中分布的范围很小，以至于同该问题中所遇到的其他长度来比较，小到可以忽略(此时就说质量集中在原点). 此时，当 $x\neq 0$ 时，$\rho(x)=0$；而当 $x=0$ 时，$\dfrac{\Delta M}{\Delta l}$趋于无限大(相当于引言中的 δ：当 $x=0$ 时，$\delta(x)=\infty$；当 $x\neq 0$ 时，$\delta(x)=0$).

这样，如果用古典"每点对应一个函数值"的函数概念就无法表达与集中质量相对应的密度分布. 而由于实际上这种集中分布的量常常遇到，所以很需要发展相应的数学工具来描述它. 此外，Schwartz 用泛函分析观点为广义函数建立严格的理论时，是把一般的广义函数作为某个空间上的泛函引入的. 为说明这一点，先考察$[a,b]$的平方可积函数.

引例 2 $L^2[a,b]$上的线性连续泛函.

如果 $f(x)\in L^2[a,b]$，则它以下列方式定义了 $L^2[a,b]$上的一个线性连续泛函数

$$F(\varphi)=\langle f,\varphi\rangle=\int_a^b f(x)\varphi(x)\mathrm{d}x,\quad \forall\,\varphi(x)\in L^2[a,b];\tag{5.1.1}$$

反之，由 $L^2[a,b]$泛函的表示形式知道，对于 $L^2[a,b]$中的一个线性连续泛函 $F(\varphi)$，就有唯一的函数 $f(x)\in L^2[a,b]$与之对应，并将此泛函表现为(5.1.1)的形式. 因此，在(5.1.1)的泛函表现形式下，L^2 中的函数与 $L^2[a,b]$空间上的泛函就可以看成是一样的.

但如果考察 $L^p[a,b]$($p>2$)，情况就不同了. 此时，根据 $L^p[a,b]$($p>2$)上泛函的表现形式知道，当 q 满足$\dfrac{1}{p}+\dfrac{1}{q}=1$ 时，$L^q[a,b]$中的函数均可按(5.1.1)形式定义一个 $L^p[a,b]$上的泛函，而 $L^p[a,b]$上的泛函也必定可表示为 $L^q[a,b]$中的函数. 若 $p>2$，则必有 $q<2<p$，于是 $L^p[a,b]$上的泛函要比原空间的函数类更广. 如果只将 $L^p[a,b]$的元素称为"函数"，那么用构造泛函的方法就得到了一些"广义的函数".

引例 3 连续函数空间 $C[a,b]$与 δ 函数.

现在考察比引例 2 性质更好的函数空间，即$[a,b]$上的连续函数全体 $C[a,b]$，这时 $L^1[a,b]$中的任一函数，仍可按(5.1.1)定义一个线性连续泛函；但反过来，$C[a,b]$上的线性连续泛函却不一定可以用某个常义函数 $f\in L^1[a,b]$表示为(5.1.1)的形式. 例如，若 $0\in[a,b]$，则对 $\varphi(x)\in C[a,b]$，可定义一个线性泛函为

$$F(\varphi)=\varphi(0)\tag{5.1.2}$$

来讨论它的连续性. 若 $\varphi_k(x)\in C[a,b]$,满足

$$\|\varphi_k(x)\|_{C[a,b]}=\max_{x\in[a,b]}|\varphi_k(x)|\to 0,$$

则 $F(\varphi_k)=\varphi_k(0)\to 0$,所以 $F(\varphi)$是连续的.

下面证明,找不到一个通常的 Lebesgue 可积函数 $f(x)$,使

$$\int_a^b f(x)\varphi(x)\mathrm{d}x=\varphi(0),\ \forall\varphi\in C[a,b]. \tag{5.1.3}$$

事实上,假若有这样的函数 $f(x)$存在,则对于不含原点的区间$[c,d]\subset(a,b)$(不妨设$0<c<d$)及对于$[c,d]$中任一连续函数 $g(x)$,在 ε 充分小时($\varepsilon<\min(c,b-d)$),有

$$g_\varepsilon(x)=\begin{cases}g(x), & x\in[c,d],\\ \dfrac{x-c+\varepsilon}{\varepsilon}g(c), & x\in[c-\varepsilon,c),\\ \dfrac{\varepsilon-x+d}{\varepsilon}g(d), & x\in(d,d+\varepsilon],\\ 0, & \text{其他},\end{cases}$$

则有 $g_\varepsilon(0)=0$,且

$$\left|\int_a^b f(x)g_\varepsilon(x)\mathrm{d}x-\int_c^d f(x)g(x)\mathrm{d}x\right|\leqslant$$

$$\int_{c-\varepsilon}^{c}|f(x)g_\varepsilon(x)|\mathrm{d}x+\int_d^{d+\varepsilon}|f(x)g_\varepsilon(x)|\mathrm{d}x\leqslant$$

$$\max\{|g(c)|,|g(d)|\}\cdot\left(\int_{c-\varepsilon}^{c}|f(x)|\mathrm{d}x+\int_d^{d+\varepsilon}|f(x)|\mathrm{d}x\right),$$

由于$\int_a^b f(x)g_\varepsilon(x)\mathrm{d}x=g_\varepsilon(0)=0$,所以

$$\int_c^d f(x)g(x)\mathrm{d}x\leqslant\max\{|g(c)|,|g(d)|\}\left(\int_{c-\varepsilon}^{c}|f(x)|\mathrm{d}x+\int_d^{d+\varepsilon}|f(x)|\mathrm{d}x\right),$$

由积分的绝对连续性知,上式右端在 $\varepsilon\to 0$ 时为零,而左端与 ε 无关,故

$$\int_c^d f(x)g(x)\mathrm{d}x=0.$$

从而,$f(x)$在$[c,d]$中为零. 由于$[c,d]$是任意一个不含原点的区间,所以 $f(x)$在原点外均为零,即 $f(x)$几乎处处为零,这样又将导致$\int_a^b f(x)\varphi(x)\mathrm{d}x\equiv 0$的结论,从而式(5.1.3)不能保持. 这说明,式(5.1.2)所表示的泛函无法用常义的函数来表示. 我们称由式(5.1.2)表达的泛函为δ函数,以后也形式地记为$\langle\delta,\varphi\rangle$,甚至$\int\delta(x)\varphi(x)\mathrm{d}x$等. Schwartz 正是通过这种方法定义了广义函数,为δ函数在数学上建立了严格的基础,回避了δ函数的本质性定义困难. 在物理学家看来,δ函数当然是个客观存在的实体,而在数学家看来,它只是通过分布间接定义的概念.

通常遇到的可积函数都可以视为由式(5.1.1)决定的一个线性连续泛函,从而可以将普通函数看成线性连续泛函的特例,而线性连续泛函全体一般会包含更多的元素. 在泛函分析分析中,两个函数如果与某个空间中所有函数的作用(内积)的结果都相等,则这两个

函数在此空间中就是等价的. 今后把定义在一些特定函数空间上的线性连续泛函称为广义函数. 显然,广义函数的性质与它所作用的函数空间密切相关. 将广义函数所作用的函数空间称为基本函数空间(或基本空间),下面先介绍几个常用的基本函数空间及其性质.

5.1.2　基本空间 $C^\infty(R^n)$, $C_0^\infty(R^n)$

以下讨论自变量在 R^n 中变化的函数空间,且一般均考虑复值函数. 为了书写方便和表达简洁,引进一些简化记号. 设 $x=(x_1,x_2,\cdots,x_n)$ 为 n 维 Euclid 空间 R^n 的点,记 $\|x\|=\sqrt{x_1^2+x_2^2+\cdots+x_n^2}$. 对于 n 个非负整数 $p_1,p_2,\cdots,p_n$,多重指标是指如下的有序的 n-数组 $p=(p_1,p_2,\cdots,p_n)$,记 $|p|=p_1+p_2+\cdots+p_n$. 对每个多重指标 p,引进微分算子:

$$D^p=\frac{\partial^{|p|}}{\partial x_1^{p_1}\partial x_2^{p_2}\cdots\partial x_n^{p_n}}=\frac{\partial^{p_1+p_2+\cdots+p_n}}{\partial x_1^{p_1}\partial x_2^{p_2}\cdots\partial x_n^{p_n}}.$$

对于一个连续函数 $\varphi(x)$,将 $\varphi(x)\neq 0$ 的点 x 全体的闭包称为 $\varphi(x)$ 的支集,记作 $\operatorname{supp}\varphi(x)$,即

$$\operatorname{supp}\varphi(x)=\overline{\{x\mid\varphi(x)\neq 0\}}.\tag{5.1.4}$$

如果 $\varphi(x)$ 的支集是 R^n 的紧集(有界闭集),则称函数 $\varphi(x)$ 具有紧支集. 如果函数 $u(x)$ 定义于区域 Ω 中,在任一紧集 $K\subset\Omega$ 中均为 Lebesgue 可积的,则称 $u(x)$ 为局部可积.

空间 $C^\infty(R^n)$. 定义 $C^\infty(R^n)$ 中的元素是在 R^n 中具有任意次连续可微函数,其中的拓扑(极限概念)规定:若有 $C^\infty(R^n)$ 中的序列 $\{\varphi_m\}$,且对任一紧集 K 与任一重指标 α 有

$$\sup_{x\in K}|\partial^\alpha\varphi_m|\to 0,$$

就称 $\varphi_m\to 0\ (C^\infty(R^n))$.

空间 $C_0^\infty(R^n)$. 定义 $C_0^\infty(R^n)$ 中的元素是在 R^n 中具有紧支集的任意次连续可微函数. 在 $C_0^\infty(R^n)$ 中的拓扑(极限概念)规定:若有 $C_0^\infty(R^n)$ 中的函数序列 $\{\varphi_m\}$,满足条件:

(1) 所有 φ_m 的支集在一个共同的紧集 K 内;

(2) 对任何重指标 α,在上述紧集 K 内

$$\sup_{x\in K}|\partial^\alpha\varphi_m|\to 0,$$

则称 $\varphi_m\to 0(C_0^\infty(R^n))$,空间 $C_0^\infty(R^n)$ 又记为 $D(R^n)$.

类似地,对于 R^n 中的开集 Ω,可以定义 $C^\infty(\Omega)$, $C_0^\infty(\Omega)$ 等,这只要把上述定义中 R^n 的紧集 K 改为 Ω 中的紧集即可. 下面例子说明 $C_0^\infty(R^n)$ 是非空的,以及 $C_0^\infty(R^n)$ 中的函数是足够多的,它构成 $C^\infty(R^n)$ 的稠密集.

例 5.1.1　设 $x=(x_1,x_2,\cdots x_n)$ 为 n 维 Euclid 空间 R^n 的点,令

$$\varphi(x)=\begin{cases}\exp\left(\dfrac{1}{|x|^2-1}\right), & |x|<1,\\ 0, & |x|\geqslant 1.\end{cases}\tag{5.1.5}$$

用数学分析的方法可以验证: $\varphi(x)$ 是一个无限次的连续可微函数,且其支集 $\{x:|x|\leqslant 1\}$ 是紧的. 因此 $\varphi(x)\in C_0^\infty(R^n)$.

下面的讨论将要用到由 $\varphi(x)$ 产生的两个函数 $\alpha(x)$ 和 $\alpha_\varepsilon(x)$,分别如下:

(1) $\alpha(x)=\dfrac{1}{C}\varphi(x)$，其中选取常数 $C=\int_{R^n}\varphi(x)\mathrm{d}x$，使得$\int_{R^n}\alpha(x)\mathrm{d}x=1$；

(2) $\alpha_\varepsilon(x)=\dfrac{1}{\varepsilon^n}\alpha\left(\dfrac{x}{\varepsilon}\right)$，且满足 $\operatorname{supp}\alpha_\varepsilon(x)=\{x:|x|\leqslant\varepsilon\}$，$\int_{R^n}\alpha_\varepsilon(x)\mathrm{d}x=1$.

易见，$\alpha(x)$，$\alpha_\varepsilon(x)$都是 $C_0^\infty(R^n)$的元素.

例 5.1.2 设 $r>1$，$g_r(x)$为球 $B_r=\{x:|x|\leqslant r\}$的特征函数，即

$$g_r(x)=\begin{cases}1, & |x|\leqslant r,\\ 0, & |x|>r.\end{cases}\tag{5.1.6}$$

令

$$\beta_r(x)=\int g_r(x-t)\alpha(t)\mathrm{d}t=\int g_r(t)\alpha(x-t)\mathrm{d}t,$$

其中，$\alpha(x)$为例 5.1.1 中所定义的函数. 易见 $\beta_r(x)$为 C^∞ 函数，它的支集在$|x|\leqslant r+1$ 中，且当$|x|\leqslant r-1$ 时，$\beta_r(x)\equiv1$.

下面证明 $C_0^\infty(R^n)$中的函数是足够多的，它构成 $C^\infty(R^n)$的稠密集. 事实上，对任一函数 $\varphi\in C^\infty(R^n)$，取 $\varphi_k(x)=\beta_k(x)\varphi(x)$，则 $\varphi_k\in C_0^\infty(R^n)$，它在$|x|\leqslant k-1$ 时等于 $\varphi(x)$，在$|x|>k+1$时等于零，而且当 $k\to\infty$时，在任何固定的紧集上，最终必有 $\varphi_k(x)\equiv\varphi(x)$，所以 $\varphi_k(x)\to\varphi(x)(C^\infty(R^n))$. 由此可见，$C_0^\infty(R^n)$中的函数是足够多的，它构成 $C^\infty(R^n)$的稠密集.

5.1.3 函数的正则化、磨光算子

给定 R^n 中局部可积函数 $u(x)$，来构造一个性质很好的空间 $C^\infty(R^n)$上的函数 $u_\varepsilon(x)$，使得 $u_\varepsilon(x)$与 $u(x)$相差很小. 设 $\alpha(x)$，$\alpha_\varepsilon(x)$如上段所定义，于是

$$u_\varepsilon(x)=\int_{R^n}u(x-y)\alpha_\varepsilon(y)\mathrm{d}y=\int_{R^n}u(y)\alpha_\varepsilon(x-y)\mathrm{d}y\tag{5.1.7}$$

有定义，且下面的结论成立.

定理 5.1.1 设 $u(x)$在 R^n 中局部可积，那么

(1) 按式(5.1.7)定义的 $u_\varepsilon(x)$是一个 C^∞ 函数；

(2) 若 $u(x)\in C_0(R^n)$，则当 $\varepsilon\to0$ 时，$u_\varepsilon\to u(C_0(R^n))$；

(3) 若 $u(x)\in L^p(R^n)$，则当 $\varepsilon\to0$ 时，$u_\varepsilon\to u(L^p(R^n))$.

证明 (1) 由于 $u_\varepsilon(x)=\int_{R^n}u(y)\alpha_\varepsilon(x-y)\mathrm{d}y$，$\alpha_\varepsilon$ 是一个无限次连续可微函数，利用导数与积分号的可交换性，把 $u_\varepsilon(x)$ 求导问题转化为对 α_ε 的求导问题，从而可知 $u_\varepsilon(x)$ 可以无限次求导数.

(2) 由于 $u(x)\in C_0(R^n)$，$\int_{R^n}\alpha_\varepsilon(y)\mathrm{d}y=1$，可得

$$u_\varepsilon(x)-u(x)=\int_{R^n}(u(x-y)-u(x))\alpha_\varepsilon(y)\mathrm{d}y.$$

若 x 属于某紧集 K 时，由于 $\alpha_\varepsilon(x)$的支集在球$|x|\leqslant\varepsilon$ 中，故上式积分号下作为函数 u

的变元的 x 与 $x-y$ 落在紧集 K_1 中，这里 K_1 是把以 K 中任意点为心，半径为 1 的球都包含在里面的紧集．由于 $u(x)$ 在紧集 K_1 上一致连续性，从而对任意 $\delta>0$，当 ε 充分小时有

$$\max_{x\in K}|u_\varepsilon(x)-u(x)|\leqslant \max_{x\in K}\int_{|y|\leqslant\varepsilon}|u(x-y)-u(x)|\alpha_\varepsilon(y)\mathrm{d}y$$

$$\leqslant\int_{|y|\leqslant\varepsilon}\alpha_\varepsilon(y)\mathrm{d}y=\delta.$$

所以当 $\varepsilon\to 0$ 时，$u_\varepsilon\to u(C_0(R^n))$．

（3）若 $u\in L^p(R^n)$，取一个具有紧支集的连续函数 v，使它满足 $\|u-v\|\leqslant\frac{\delta}{3}$，利用 L^p 空间的三角不等式，有

$$\|u_\varepsilon-u\|_{L^p}\leqslant\|u_\varepsilon-v_\varepsilon\|_{L^p}+\|v_\varepsilon-v\|_{L^p}+\|u-v\|_{L^p}. \tag{5.1.8}$$

由于对任意 L^p 函数 $f(x)$，有

$$\|f_\varepsilon\|_{L^p}=\left(\int_{R_x^n}|f_\varepsilon|^p\mathrm{d}x\right)^{\frac{1}{p}}$$

$$=\left\{\int_{R_x^n}\int_{R_y^n}|f(x-y)\alpha_\varepsilon(y)\mathrm{d}y|^p\mathrm{d}x\right\}^{\frac{1}{p}}$$

$$\leqslant\left\{\int_{R_x^n}\left(\int_{R_y^n}|f(x-y)|\alpha_\varepsilon(y)\mathrm{d}y\right)^p\mathrm{d}x\right\}^{\frac{1}{p}}$$

$$\leqslant\left\{\int_{R_x^n}\left(\int_{R_y^n}|f(x-y)|^p\alpha_\varepsilon(y)\mathrm{d}y\right)^{\frac{p}{p}}\cdot\left(\int_{R_y^n}\alpha_\varepsilon(y)\mathrm{d}y\right)^{\frac{p}{q}}\mathrm{d}x\right\}^{\frac{1}{p}}$$

$$\leqslant\left\{\int_{R_x^n}\int_{R_y^n}|f(x-y)|^p\alpha_\varepsilon(y)\mathrm{d}y\mathrm{d}x\right\}^{\frac{1}{p}}$$

$$\leqslant\left\{\int_{R_y^n}\alpha_\varepsilon(y)\int_{R_x^n}|f(x-y)|^p\mathrm{d}x\mathrm{d}y\right\}^{\frac{1}{p}}=\|f\|_{L^p},$$

其中，$\frac{1}{p}+\frac{1}{q}=1$，因此有

$$\|u_\varepsilon-v_\varepsilon\|_{L^p}\leqslant\|u-v\|_{L^p}.$$

注意到 v 是具有紧支集的连续函数，所以 $v_\varepsilon\to v(C_0(R^n))$．因此，当 ε 充分小时，也有 $\|v_\varepsilon-v\|_{L^p}<\frac{\delta}{3}$，所以从式(5.1.8)可得 $\|u_\varepsilon-u\|_{L^p}<\delta$，这说明 $u_\varepsilon\to u(L^p(R^n))$．

证毕．

在定理 5.1.1 中，记 $u_\varepsilon=J_\varepsilon u$，则 J_ε 可以看成是从函数 $u(x)$ 得到的一个 C^∞ 函数 $J_\varepsilon u$ 的算子，称算子 J_ε 为磨光算子或平均算子．从定理 5.1.1 可知，J_ε 可看成 $C_0(R^n)\to C^\infty(R^n)$ 的一个映射，也可看成是 $L^p(R^n)\to C^\infty(R^n)$ 的一个映射．当 ε 很小时，$u_\varepsilon=J_\varepsilon u$ 与 u 是很接近的，这种由函数 $u(x)$ 得到 $u_\varepsilon(x)$ 的方法称为函数的正则化．把 J_ε 看成 $L^p(R^n)$ 到 $L^p(R^n)$ 的映射或看成是对函数 $u(x)$ 加强光滑性，用类似于定理 5.1.1 的证明手法，可以得到下面的推论．

推论 5.1.1　（1）J_ε 是 $L^p(R^n)$ 到 $L^p(R^n)$ 的有界线性算子；

（2）若 $u\in C^\infty(R^n)$，则 $u_\varepsilon\to u(C^\infty(R^n))$；

(3) 若 $u\in C_0^\infty(R^n)$，则 $u_\varepsilon\to u(C_0^\infty(R^n))$.

例 5.1.3 设 Ω 为开集，$K\subset\Omega$ 为任一紧集，则必可找到一个 $C_0^\infty(R^n)$ 中的函数 $\varphi(x)$，使 $\mathrm{supp}\,\varphi(x)\subset\Omega$，$0\leqslant\varphi(x)\leqslant 1$，且在 K 上 $\varphi(x)\equiv 1$.

证明 记 $d=\inf\limits_{\substack{x\in K\\ y\in\partial\Omega}}\rho(x,y)$，则 $d>0$. 以 Ω_h 表示点集 $\{x\mid x\in\Omega,\rho(x,\partial\Omega)\geqslant h\}$，则 $K\subset\Omega_d$. 作函数

$$g(x)=\begin{cases}1, & x\in\Omega_{\frac{d}{2}},\\ 0, & x\notin\Omega_{\frac{d}{2}},\end{cases}$$

和

$$\varphi(x)=\int_{R^n}g(x-y)\alpha_{\frac{d}{4}}(y)\mathrm{d}y,$$

那么在 $x\in K$ 时，$\varphi(x)\equiv 1$，而 $x\notin\Omega_{\frac{d}{4}}$ 时，$\varphi(x)\equiv 0$；由前面的讨论知 $\varphi(x)\in C_0^\infty(R^n)$. 因此 $\varphi(x)$ 就是所求之函数，而且 $\varphi(x)$ 满足 $0\leqslant\varphi(x)\leqslant 1$.

证毕.

5.1.4 基本空间 $S(R^n)$

空间 $S(R^n)$. 如果 R^n 上的函数 $\varphi(x)$ 满足如下性质：

(1) $\varphi(x)$ 为 R^n 中的 C^∞ 函数；

(2) 对于任意非负整数的重指标 α 及 p，有

$$\lim_{|x|\to\infty}x^\alpha\partial^p\varphi(x)=0. \tag{5.1.9}$$

其中，$x^\alpha\partial^p\varphi(x)=x_1^{\alpha_1}\cdots x_n^{\alpha_n}\partial_{x_1}^{p_1}\cdots\partial_{x_n}^{p_n}\varphi(x)$，则称 $\varphi(x)$ 为速降函数，记速降函数空间为 $S(R^n)$.

易见任何具有紧支集的无限次可微函数是速降函数，即 $C_0^\infty(R^n)\subset S(R^n)$. 由于任意两个速降函数的线性组合仍为速降函数，$S(R^n)$ 是一个线性空间. 在 $S(R^n)$ 中的拓扑规定为，对任意的重指标 α 及 p，有

$$\sup_{x\in R^n}|x^\alpha\partial^p\varphi_v(x)|\to 0,\ v\to\infty, \tag{5.1.10}$$

则称 $\varphi_v(x)\to 0(S(R^n))$.

定理 5.1.2 速降函数的条件(2)与下列两条件之一等价：

(1) 对任意重指标 α,p，函数 $x^\alpha\partial^p\varphi(x)$ 在 R^n 上有界；

(2) 对任意正整数 k 与重指标 p，函数 $(1+|x|^2)^k\partial^p\varphi(x)$ 在 R^n 上有界.

证明 (1) 由 $\lim\limits_{|x|\to\infty}x^\alpha\partial^p\varphi(x)\to 0$，即知 $x^\alpha\partial^p\varphi(x)$ 在 R^n 上有界. 若对任意的 α,p，函数 $x^\alpha\partial^p\varphi(x)$ 有界，则在 $|x|\neq 0$ 处可将 $x^\alpha\partial^p\varphi(x)$ 写成

$$\frac{1}{|x|^2}\sum_{i=1}^n x_i^2x^\alpha\partial^p\varphi(x),$$

再从 $x_i^2x^\alpha\partial^p\varphi(x)$ 的有界性可得 $|x|\to\infty$ 时 $x^\alpha\partial^p\varphi(x)\to 0$ 的结论.

(2) 当 $|x|>1$ 时，

$$|x|^{2k}<(1+|x|^2)^k<2^k\,|x|^{2k},$$

所以$(1+|x|^2)^k\partial^p\varphi(x)$在 R^n 上有界，与 $x^\alpha\partial^p\varphi(x)$在 R^n 上有界是等价的.

证毕.

例 5.1.4　求证：(1) $e^{-|x|^2}\in S(R^n)$；(2) 若 $f(x)\in S(R^n)$，$g(x)\in S(R^n)$，则$\int_{R^n}f(x-y)g(y)\mathrm{d}y$ 也是 R^n 中的速降函数.

证明　(1) 对任意的 α,p，函数 $x^\alpha\partial^p e^{-|x|^2}$ 都是形如 $c_\beta x^\beta e^{-|x|^2}$ 项的和. 当$|x|\to\infty$时，$e^{-|x|^2}$ 比 x 的任意次幂都更快地趋于零，所以 $e^{-|x|^2}$ 无穷远处是降速的.

(2) 由于$\int_{R^n}f(x-y)g(y)\mathrm{d}y$ 中，$f(x-y)$ 关于 x 是一个无限次连续可微函数，利用导数与积分号的可交换性，把 $u_\varepsilon(x)$ 求导问题转化为对 α_ε 的求导问题，可知且满足式(5.1.9)，从而知结论成立.

证毕.

例 5.1.5　记 $\beta_v(x)$为例 5.1.2 中给出的函数，$\varphi(x)\in S(R^n)$，令 $\varphi_v(x)=\beta_v(x)\cdot\varphi(x)$，那么在 $S(R^n)$中，$\varphi_v(x)\to\varphi(x)$.

证明　对任意的 α,p 有

$$\begin{aligned}x^\alpha\partial^p(\varphi_v-\varphi)&=x^\alpha\partial^p(\beta_v\varphi-\varphi)\\&=x^\alpha(\beta_v-1)\partial^p\varphi+\sum_{\substack{|s|+|r|=|p|,\\|s|\geqslant 1}}\frac{p!}{s!r!}x^\alpha\partial^s\beta_v\cdot\partial^r\varphi.\end{aligned}$$

由于 β_v 以及它的各阶导数有界，且 β_v-1 与 $\partial^s\beta_v$ 在$|x|<v-1$ 时都等于零，于是可得

$$|\,x^\alpha\partial^p(\varphi_v-\varphi)\,|\leqslant C\cdot\sup_{|x|>v-1}\sum_{|r|\leqslant p}|\,x^\alpha\partial^r\varphi\,|.$$

由于 $\varphi(x)\in S(R^n)$，故 $v\to\infty$时，有

$$\sup_{|x|>v-1}|x^\alpha\partial^r\varphi|\to 0.$$

于是$\sup_{x\in R^n}|x^\alpha\partial^p(\varphi_v-\varphi)|\to 0$，从而在 $S(R^n)$中，$\varphi_v(x)\to\varphi(x)$.

证毕.

由此可见，空间 $C_0^\infty(R^n)$，$S(R^n)$和 $C^\infty(R^n)$ 之间的关系为

$$C_0^\infty(R^n)\subset S(R^n)\subset C^\infty(R^n).$$

因为 $C_0^\infty(R^n)$在 $C^\infty(R^n)$中稠密，而 $S(R^n)$的元素比 $C_0^\infty(R^n)$更多，自然也在 $C^\infty(R^n)$中稠密，从而三个空间 $C_0^\infty(R^n)$，$S(R^n)$和 $C^\infty(R^n)$中前一个在其后面一个中稠密.

需要指出的是，这三个空间的拓扑前一个比后一个强. 事实上，若有 $\varphi_v\in C_0^\infty(R^n)$，$\varphi_v\to 0(C_0^\infty(R^n))$，则所有 φ_v 的支集含于一个紧集K 中，且对任意的 p，有 $\sup\limits_{x\in K}|\partial^p\varphi_v|\to 0$. 由于 K 的有界性知$\sup_{x\in K}|x^\alpha\partial^p\varphi_v|\to 0$ 对一切 α,p 成立，但因为 φ_v 在 K 外均为 0，故此式可改为 $\sup\limits_{x\in R^n}|x^\alpha\partial^p\varphi_v|\to 0$. 这就是 $\varphi_v\to 0(S(R^n))$. 容易得到 $S(R^n)$中的序列 φ_v 在 $S(R^n)$中趋于零，可以推知 φ_v 在 $C^\infty(R^n)$中趋于零.

§5.2 广义函数及其运算

5.2.1 $D'(R^n)$,$S'(R^n)$和$\varepsilon'(R^n)$广义函数

定义 5.2.1 称基本函数空间上的线性连续泛函为广义函数. 具体地,分别称 $C_0^\infty(R^n)$ 上的线性连续泛函为 $D'(R^n)$广义函数;称 $S(R^n)$上的线性连续泛函为 $S'(R^n)$广义函数;称 $C^\infty(R^n)$上的线性连续泛函为 $\varepsilon'(R^n)$广义函数.

有时也分别将 $D'(R^n)$,$S'(R^n)$和 $\varepsilon'(R^n)$简记为 D',S'和 ε'广义函数. 这三类广义函数全体分别组成相应的广义函数空间,仍记为 $D'(R^n)$,$S'(R^n)$和 $\varepsilon'(R^n)$. 它们都是线性空间. 其关系为

$$D'(R^n) \supset S'(R^n) \supset \varepsilon'(R^n) \tag{5.2.1}$$

现以 $D'(R^n)\supset S'(R^n)$为例并证明. 事实上,如果 $T\in S'(R^n)$,那么,T 是定义于 $S(R^n)$上的线性连续泛函. 由于 $C_0^\infty(R^n)\subset S(R^n)$,且 $C_0^\infty(R^n)$的拓扑比 $S(R^n)$的拓扑强,所以 T 也是 $C_0^\infty(R^n)$上的线性连续泛函,即 $T\in D'(R^n)$. 如果 $S'(R^n)$中某个元素 T 在 $D'(R^n)$中对应于零元素的话,那么对任意 $\varphi\in C_0^\infty(R^n)$,均有$\langle T,\varphi\rangle=0$. 但是 $C_0^\infty(R^n)$在 $S(R^n)$中稠密,所以对任意 $\varphi\in S(R^n)$,也有$\langle T,\varphi\rangle=0$. 这说明 T 也是 $S'(R^n)$中的零元素,故有 $D'(R^n)\supset S'(R^n)$.

对速降函数空间 S 来说,其上函数是要求在充分大的球外面充分小(快速下降),故对速降函数空间 S 及其上的广义函数空间 S'来说,必须在 R^n 上作考察. 但对另外两类基本空间,可以在有限范围里考虑,比如对于给定的有界开集 $\Omega\subset R^n$,类似地可以定义 $C_0^\infty(\Omega)$上的广义函数空间 $D'(\Omega)$,$C^\infty(\Omega)$上的广义函数 $\varepsilon'(\Omega)$. 这样在讨论 D'和 ε'广义函数时,一般就不特别注明是在 R^n 上还是在有界区域 Ω 上考察的了.

例 5.2.1 每个局部可积函数都是 D'广义函数.

证明 设 $f(x)$ 为局部可积函数,若 $\varphi\in C_0^\infty$,则 φ 在某个紧集 K(即有界闭集)外为 0. 于是积分式$\int f(x)\varphi(x)\mathrm{d}x$ 有意义. 此积分式定义了一个 C_0^∞ 上的线性泛函$\langle f,\varphi\rangle$,即

$$\langle f,\varphi\rangle=\int f(x)\varphi(x)\mathrm{d}x.$$

又当 $\varphi_k(x)\to 0(C_0^\infty)$时,由于 $\varphi_k(x)$的支集都含于某紧集 K 中,所以

$$|\langle f,\varphi_k\rangle|\leqslant \max|\varphi_k(x)|\int_K|f(x)|\mathrm{d}x\to 0,$$

故$\langle f,\varphi\rangle$为连续的. 于是 f 就定义了 C_0^∞ 上的线性连续泛函,即 D'广义函数.

证毕.

由局部可积函数 f 按照$\langle f,\varphi\rangle=\int f(x)\varphi(x)\mathrm{d}x$ 定义的广义函数也称为函数型广义函数或正则广义函数,非正则广义函数称为奇异型广义函数. 如果将几乎处处相等的函数看作

同一个函数,那么局部可积函数与按照$\langle f,\varphi\rangle=\int f(x)\varphi(x)\mathrm{d}x$定义的广义函数也是一一对应. 因此,在不会混淆的情况下,有时也将局部可积函数直接称为广义函数.

例 5.2.2 δ 函数为 D',S' 和 ε' 广义函数,并且是奇异型广义函数.

证明 注意到 δ 函数作用于基本空间的函数 $\varphi(x)$,得到的值为

$$\langle\delta,\varphi\rangle=\varphi(0).$$

这是一个线性泛函,而且无论按 C_0^∞,$S(R^n)$ 还是按 C^∞ 的拓扑来说,当 $\varphi_k(x)\to 0$ 时,均有 $\varphi_k(x)\to 0$. 所以 δ 函数是 C_0^∞,$S(R^n)$ 或 $C^\infty(R^n)$ 上的线性连续泛函,即 D',S' 和 ε' 广义函数. 在工程技术上,δ 函数常称为脉冲符号或脉冲函数.

δ 函数是奇异型广义函数,可以采用反证法证明. 假如不存在奇异型广义函数,则有局部可积函数 $f(x)$,使得对任意的 $\varphi(x)\in D$,δ 函数满足

$$\langle\delta,\varphi\rangle=\int f(x)\varphi(x)\mathrm{d}x=\varphi(0).$$

特别地,选取

$$\varphi(x)=\begin{cases}\exp\left(\dfrac{1}{|x|^2-1}\right), & |x|\leqslant 1,\\ 0, & |x|>1.\end{cases}$$

代入上式,则有

$$\int f(x)\varphi_\varepsilon(x)\mathrm{d}x=\varphi(0)=\frac{1}{e}.$$

右边为与 ε 无关的常数,而左边当 $\varepsilon\to 0$ 时趋于 0,这就产生了矛盾,从而 δ 函数是奇异型广义函数.

证毕.

通常所遇到的常义函数是局部可积的,例 5.2.1 表明,通常所遇到的常义函数都可对应于一个特定的 D' 广义函数,一般就将这个常义函数与它在 D' 中对应的广义函数不加区别而视为同一. 例 5.2.2 中定义的广义函数 δ 却不能表示为常义函数. 这样 D' 广义函数确实比常义函数要"广". 至于其他广义函数类也是某些特定的常义函数类的"推广".

下面给出两个关于 D' 和 ε' 广义函数的重要定理.

定理 5.2.1 若 $T\in D'(\Omega)$,则对任一紧集 $K\subset\Omega$,存在常数 $C>0$ 与正整数 $m\geqslant 0$,使

$$|\langle T,\varphi\rangle|\leqslant C\sup_{\substack{x\in\Omega\\|\alpha|\leqslant m}}|\partial^\alpha\varphi(x)|,\tag{5.2.2}$$

对任一满足条件 $\mathrm{supp}\,\varphi\subset K$ 的 $C_0^\infty(\Omega)$ 函数 φ 成立. 反之,若 T 为 $C_0^\infty(\Omega)$ 上的线性泛函,且满足式(5.2.2),则 $T\in D'(R^n)$.

证明 先用反证法证明定理的前一半,若 $T\in D'(R^n)$,式(5.2.2)不成立,那么就可以找到 $\varphi_k\in C_0^\infty(\Omega)$,$\mathrm{supp}\,\varphi_k\subset K$,而

$$|\langle T,\varphi_k\rangle|>k\sup_{\substack{x\in\Omega\\|\alpha|\leqslant k}}|\partial^\alpha\varphi_k(x)|.\tag{5.2.3}$$

记 $\psi_k(x)=\dfrac{\varphi_k(x)}{k\sup\limits_{\substack{x\in\Omega\\|\alpha|\leqslant k}}|\partial^\alpha\varphi_k(x)|}$，则有 supp $\psi_k(x)\in K$，又对任意 m，当 $k\geqslant m$ 时，有

$$\sup_{\substack{x\in\Omega\\|\alpha|\leqslant m}}|\partial^\alpha\psi_k(x)|=\frac{\sup\limits_{\substack{x\in\Omega\\|\alpha|\leqslant m}}|\partial^\alpha\varphi_k(x)|}{k\sup\limits_{\substack{x\in\Omega\\|\alpha|\leqslant k}}|\partial^\alpha\varphi_k(x)|}\leqslant\frac{1}{k}\to 0.$$

因此，$\psi_k(x)\to 0(C_0^\infty(\Omega))$，但 $|\langle T,\psi_k\rangle|>1$，这与 $T\in D'(\Omega)$ 矛盾，从而说明式(5.2.2)必须成立.

再证明定理的后半部分. 若 T 为 $C_0^\infty(\Omega)$ 的线性泛函，且满足式(5.2.2). 如果 $\varphi_k(x)\to 0(C_0^\infty(\Omega))$，那么紧集 K 使 supp $\varphi_k\subset K$ 对一切 K 成立. 对于这个 K，可以找到 C,m 使式(5.2.2)成立，但是由于 φ_k 是 $C_0^\infty(\Omega)$ 中收敛于零的序列，从而必有

$$\sup_{\substack{x\in\Omega\\|\alpha|\leqslant m}}|\partial^\alpha\varphi_k(x)|\to 0,$$

于是有 $\langle T,\varphi_k\rangle\to 0$，说明 T 是连续的，故 $T\in D'(\Omega)$.

证毕.

规定 $A\subset\subset B$ 的含义如下：若 $A\subset B$，且 A 的闭包含于 B 的内点中，则记为 $A\subset\subset B$.

定理 5.2.2 若 $T\in\varepsilon'(\Omega)$，则存在紧集 K 与常数 $C>0,m\geqslant 0$，使对任一函数 $\varphi\in C^\infty(\Omega)$，成立

$$|\langle T,\varphi\rangle|\leqslant C\sup_{\substack{x\in K\\|\alpha|\leqslant m}}|\partial^\alpha\varphi(x)|. \tag{5.2.4}$$

反之，若 T 为 $C^\infty(\Omega)$ 上的线性泛函，且满足式(5.2.4)，那么就有 $T\in\varepsilon'(\Omega)$.

证明 首先，在 Ω 内寻找一个紧集序列 $\{K_k\}$，使每个 K_k 含于 K_{k+1} 的内点所成的开集中，而且对于任一紧集 $K\subset\Omega$，必有正整数 N 存在，使 $k>N$ 时 $K\subset K_k$. 把这样的紧集序列，简记为

$$K_1\subset\subset K_2\subset\subset\cdots\subset\subset K_v\subset\subset\cdots\to\Omega. \tag{5.2.5}$$

采用反证法来证明定理的前半部分. 如果 $T\in\varepsilon'(\Omega)$，但式(5.2.4)不成立，那么对任意 k，必可找到 φ_k，使 $\varphi_k\in C^\infty(\Omega)$，且

$$\langle T,\varphi_k\rangle>k\cdot\sup_{\substack{x\in K_k\\|\alpha|\leqslant k}}|\partial^\alpha\varphi_k(x)|.$$

假设上式右边不等于零，记 $\psi_k(x)=\dfrac{\varphi_k(x)}{k\sup\limits_{\substack{x\in K_k\\|\alpha|\leqslant k}}|\partial^\alpha\varphi_k(x)|}$，则 $\psi_k\in C^\infty(\Omega)$. 由于对任一紧集 $K\subset\Omega$ 在 k 充分大时必有 $K\subset K_k$，所以对任意 m，当 $k\geqslant m$ 时必有

$$\sup_{\substack{x\in K\\|\alpha|\leqslant m}}|\partial^\alpha\psi_k(x)|\leqslant\frac{\sup\limits_{\substack{x\in K\\|\alpha|\leqslant m}}|\partial^\alpha\varphi_k(x)|}{k\cdot\sup\limits_{\substack{x\in K\\|\alpha|\leqslant k}}|\partial^\alpha\varphi_k(x)|}\leqslant\frac{1}{k}\to 0,$$

从而 $\psi_k(x)\to 0(C^\infty(\Omega))$，但 $|\langle T,\psi_k\rangle|>1$，这与 $T\in\varepsilon'(\Omega)$ 矛盾. 假设 $\sup\limits_{\substack{x\in K_k,\\|\alpha|\leqslant k}}|\partial^\alpha\varphi_k(x)|=0$，则仍可取 $\psi_k=\lambda\varphi_k$ 使 $|\langle T,\psi_k\rangle|>1$，故上述论断仍成立.

再来证明定理的后半部分. 若 T 为 $C_0^\infty(\Omega)$ 上的线性泛函,且满足式(5.2.4),即存在一紧集 K 与正整数 m 使

$$|\langle T,\varphi_k\rangle| \leqslant C \sup_{\substack{x\in K,\\ |\alpha|\geqslant m}} |\partial^\alpha \varphi_k|.$$

若 $\varphi_k \to 0(C^\infty(\Omega))$,则不等式右端趋于零,所以 $|\langle T,\varphi_k\rangle| \to 0$. 这就得到了 T 的连续性,故 $T\in\varepsilon'(\Omega)$.

证毕.

5.2.2　广义函数的支集与极限

对于一个连续函数 $f(x)$ 来说,它在特定点 x_0 的取值是有确切意义的. 但对于一个 Lebesgue 可积函数 $f(x)$ 来说,一般允许它在一零测度集上任意改变其值. 因此,$f(x)$ 在特定点 x_0 的取值,其意义就不明确了. 对于广义函数来说,更是如此,一般不能说广义函数在一特定点的取值,但是它在任意开集中的值却是有确切意义的.

定义 5.2.2　若广义函数 $T\in D'(\Omega)$,对于任一函数 $\varphi\in C_0^\infty(\Omega')$,$\Omega'\subset\Omega$,有

$$\langle T,\varphi\rangle = 0, \tag{5.2.6}$$

则称 T 在 Ω' 内为 0,或者说 T 在 Ω' 内取零值. 若广义函数 T_1,T_2 在 Ω' 内使 T_1-T_2 取零值,则称 T_1,T_2 在 Ω' 内相等.

这样,一个广义函数可以在 R^n 的某个开子集上等于一个常义函数,甚至是 C^∞ 函数. 例如,δ 函数仅在含原点的开集内是"广义"的,而在不含原点的任一开集上取值为零.

下面先叙述一个单位分解定理(详细证明见参考文献[18,42]),它在今后当对问题作局部化处理时常看到.

定理 5.2.3 (单位分解定理)　对若在 R^n 中有开集族 $\{O_i\}\{i=1,\cdots,k\}$ 覆盖紧集 K,则可以找到如下的函数组 $\{\varphi_i\}$,其中 $\varphi_i\geqslant 0$,$\varphi_i\in C_0^\infty(O_i)$,且在 K 上 $\sum_{i=1}^k \varphi_i \equiv 1$.

定理 5.2.4　若广义函数 $T\in D'(\Omega)$,对于任一点 $x_0\in\Omega$,均有 x_0 的邻域 O_{x_0},使 T 在其中为 0. 那么,在整个 Ω 内 $T\equiv 0$.

证明　对于任何 $\varphi\in C_0^\infty(\Omega)$,$\operatorname{supp}\varphi = K$ 为紧集,过 Ω 中每一点 x_0 可作 O_{x_0},使在其中 $T=0$,这种 O_{x_0} 全体构成对于紧集 K 的一个开覆盖,因此必有有限开覆盖 $O_1,\cdots,O_k$. 由定理 5.2.3 可以作单位分解 $\sum_{i=1}^k \varphi_i \equiv 1$,$\varphi_i\geqslant 0$,且 $\operatorname{supp}\varphi_i\subset O_i$,于是 $\varphi_i\varphi\in C_0^\infty(O_i)$. 故

$$\langle T,\varphi\rangle = \sum_{i=1}^k \langle T,\varphi_i\varphi\rangle = 0,$$

这就说明 T 在 Ω 内恒等于零.

证毕.

利用广义函数在开子集中取值的概念,可以定义广义函数的支集如下.

定义 5.2.3 (广义函数的支集)　使广义函数 T 取零值的最大开集的余集,称为广义函数 T 的支集,记为 $\operatorname{supp} T$.

由定义可知,对广义函数 T 与基本函数 φ,当 supp T 与 supp φ 不相交时,必有 $\langle T,\varphi\rangle=0$. 如果 $f(x)$为连续函数,则按第 5.1.2 节中函数的支集的定义,$f(x)$的支集与它作为广义函数时的支集显然是相同的,易见 δ 函数的支集为原点 0.

下面在广义函数空间中引入拓扑结构,即极限关系. 为避免引入很多其他概念,这里介绍一种常用的弱极限概念,以后简称之为极限,它是赋范线性空间上有界线性泛函弱收敛概念的一种自然推广.

定义 5.2.4 (弱极限) 若有属于某一基本函数空间的广义函数列$\{T_k\}$,对于其基本函数空间上任一元 φ,有

$$\langle T_k,\varphi\rangle \to 0, \tag{5.2.7}$$

则称 T_k 弱收敛于 0,或简称 T_k 收敛于 0. 若 T_k-T 收敛于 0,则称 T_k 的极限是 T,记为 $T_k \to T$.

例 5.2.3 证明 δ 函数是按下式定义的函数列$\{\delta_h(x)\}$

$$\delta_h(x)=\begin{cases}\dfrac{1}{h}, & -\dfrac{h}{2}\leqslant x\leqslant \dfrac{h}{2},\\[2mm] 0, & -\infty<x<-\dfrac{h}{2},\quad \dfrac{h}{2}<x<\infty,\end{cases} \tag{5.2.8}$$

的极限.

证明 由积分中值定理可知

$$\int_{-\infty}^{\infty}\delta_h(x)\varphi(x)\mathrm{d}x=\frac{1}{h}\int_{-\frac{h}{2}}^{\frac{h}{2}}\varphi(x)\mathrm{d}x=\varphi(\xi),$$

其中,$\xi\in\left(-\dfrac{h}{2},\dfrac{h}{2}\right)$. 当 $h\to 0$ 时,$\varphi(\xi)\to\varphi(0)$,故有

$$\lim_{h\to 0}\langle\delta_h,\varphi\rangle=\varphi(0)=\langle\delta,\varphi\rangle,$$

即 $\delta_h\to\delta$,所以 δ 函数可以视为式(5.2.8)所给出的函数族的极限.

证毕.

5.2.3 广义函数的导数

现在以 D'广义函数为例,讨论广义函数的导数,但如果不加特别说明,只要作适当的变化,这种讨论对于其他广义函数也是适合的. 广义函数求导数的想法来源于经典的分部积分法. 假设 f,φ 都是定义在 R^1 上的连续可微函数,φ 具有紧支集,由分部积分公式并注意到积出的项为零,则有

$$\int_{-\infty}^{+\infty}f'(x)\varphi(x)\mathrm{d}x=-\int_{-\infty}^{+\infty}f(x)\varphi'(x)\mathrm{d}x.$$

这个等式表明:利用分部积分可以将对一个函数的求导运算转化为对另一个函数的求导运算,这种简单而又重要的事实启发了我们可以用类似的方法定义广义函数的导数.

定义 5.2.5 设 T 为 $D'(R^n)$广义函数,定义 T 关于 x_k 的偏导数为广义函数$\dfrac{\partial T}{\partial x_k}$,满足

$$\left\langle \frac{\partial T}{\partial x_k}, \varphi \right\rangle = -\left\langle T, \frac{\partial \varphi}{\partial x_k} \right\rangle, \quad \forall \varphi \in C_0^\infty(R^n). \tag{5.2.9}$$

先来说明$\dfrac{\partial T}{\partial x_k}$也是$D'(R^n)$广义函数. 由$C_0^\infty(R^n)$的拓扑可知,从$\varphi_\nu \to 0(C_0^\infty(R^n))$可以推出$\dfrac{\partial \varphi_\nu}{\partial x_k} \to 0(C_0^\infty(R^n))$,所以式(5.2.9)左端确实定义了一个$C_0^\infty(R^n)$上的线性连续泛函,即$\dfrac{\partial T}{\partial x_k}$也是$D'(R^n)$广义函数,它称为$T$关于$x_k$的广义导数或导数.

再来说明广义导数的定义是常义函数导数概念的推广. 当T为常义的连续可微函数时,根据φ在一个紧集外为零的特性可知,若将式(5.2.9)左端$\dfrac{\partial T}{\partial x_k}$理解为常义的导数,该式就相当于一个分部积分公式,自然是成立的,这就表明对常义的连续可微函数来说,其常义导数与广义导数是一致的,故上述广义导数的定义确实是常义函数导数概念的推广.

广义函数求导数的运算是广义函数空间$D'(R^n)$到它自身的一个线性连续映射,由上面讨论可知,能够规定这种运算的基础是:在基本空间$C_0^\infty(R^n)$中,相应的求导运算为$C_0^\infty(R^n) \to C_0^\infty(R^n)$的线性连续映射. 由于对基本空间$S(R^n)$,$C^\infty(R^n)$来说,求导运算都是到自身的线性连续映射. 所以对$S'(R^n)$,$\varepsilon'(R^n)$广义函数来说,也可以定义求导的运算.

类似地也可以定义高阶导数,对于重指标α有

$$\langle \partial^\alpha T, \varphi \rangle = (-1)^{|\alpha|} \langle T, \partial^\alpha \varphi \rangle, \quad \forall \varphi \in C_0^\infty(R^n), \tag{5.2.10}$$

注意到$\dfrac{\partial T}{\partial x_k}$也是$D'(R^n)$广义函数,从而可以对它继续求导数,无限制进行下去,得到广义函数的两个性质:

定理 5.2.5　(1) 广义函数的任意阶导数存在且还是广义函数.

(2) 广义函数的导数与它求导的次序无关. 例如,就二阶导数而言,有

$$\frac{\partial^2 T}{\partial x_j \partial x_k} = \frac{\partial^2 T}{\partial x_k \partial x_j}. \tag{5.2.11}$$

证明　只证明第二个结论. 因为对任一$\varphi \in C_0^\infty(R^n)$,

$$\left\langle \frac{\partial^2 T}{\partial x_j \partial x_k}, \varphi \right\rangle = \left\langle T, \frac{\partial^2 \varphi}{\partial x_k \partial x_j} \right\rangle = \left\langle T, \frac{\partial^2 \varphi}{\partial x_j \partial x_k} \right\rangle = \left\langle \frac{\partial^2 T}{\partial x_k \partial x_j}, \varphi \right\rangle.$$

证毕.

例 5.2.4　证明 Heaviside 函数

$$H(x) = \begin{cases} 1, & x > 0, \\ 0, & x \leqslant 0, \end{cases}$$

导数$\dfrac{\mathrm{d}}{\mathrm{d}x} H(x) = \delta(x)$.

证明　对于任何$\varphi \in C_0^\infty$有

$$\left\langle \frac{\mathrm{d}H}{\mathrm{d}x}, \varphi \right\rangle = -\left\langle H, \frac{\mathrm{d}\varphi}{\mathrm{d}x} \right\rangle = -\int_0^\infty \frac{\mathrm{d}\varphi}{\mathrm{d}x} \mathrm{d}x = \varphi(0) = \langle \delta, \varphi \rangle,$$

所以，$\frac{\mathrm{d}}{\mathrm{d}x}H(x)=\delta(x)$.

证毕.

分段函数 $H(x)$作为一个常义函数来说，在 $x\neq0$ 时导数为 0，在 $x=0$ 处导数不存在，但作为广义函数，它在 R^1 上处处可导，并且$\frac{\mathrm{d}}{\mathrm{d}x}H(x)=\delta(x)$.

5.2.4 广义函数的卷积

讨论两个广义函数的乘积是困难的，但却可以比较容易地讨论两个广义函数的卷积. 对于 $C^{\infty}(R^n)$函数 $f(x)$，$g(x)$可以定义其卷积为

$$f*g(x)=\int_{R^n}f(x-y)g(y)\mathrm{d}y=\int_{R^n}f(y)g(x-y)\mathrm{d}y.$$

把卷积的概念推广到广义函数，它将是广义函数空间中一个重要的运算. 将上式中的 f，g 视为 $D'(R^n)$广义函数，并作用于 $C_0^{\infty}(R^n)$函数 $\varphi(x)$上，则

$$\begin{aligned}\langle f*g(x),\varphi(x)\rangle&=\int_{R^n}\varphi(x)\cdot\int_{R^n}f(x-y)g(y)\mathrm{d}y\mathrm{d}x\\&=\int_{R^n}\left(\int_{R^n}\varphi(x+y)f(x)\cdot g(y)\mathrm{d}y\right)\mathrm{d}x\\&=\langle f(x),\langle g(y),\varphi(x+y)\rangle\rangle\\&=\langle g(y),\langle f(x),\varphi(x+y)\rangle\rangle.\end{aligned}\tag{5.2.12}$$

据此可定义两个广义函数的卷积.

定义 5.2.6 设 S，T 为两个广义函数，则 S，T 的卷积定义为

$$\langle S*T,\varphi\rangle=\langle S_x,\langle T_y,\varphi(x+y)\rangle\rangle,\tag{5.2.13}$$

其中 φ 为任意的C_0^{∞} 函数，S_x，T_y 的下标分别表示它们是作用于空间 $C_0^{\infty}(R_x^n)$与 $C_0^{\infty}(R_y^n)$的广义函数.

显然，用式(5.2.13)定义的广义函数卷积是常义函数卷积概念的推广，但并不是任何两个广义函数都可以求卷积的. $\varepsilon'(R^n)$和 $D'(R^n)$的广义函数是可以求卷积的，而且下面定理成立.

定理 5.2.6 若 T 为$\varepsilon'(R^n)$广义函数，S 为 $D'(R^n)$广义函数，则由式(5.2.13)定义的卷积 $S*T$ 为 $D'(R^n)$广义函数；若 S 为$\varepsilon'(R^n)$广义函数，T 为 $D'(R^n)$广义函数，则 $S*T$ 有意义，且 $S*T\in D'(R^n)$.

证明 先证若 $T\in\varepsilon'(R^n)$，$\varphi\in C_0^{\infty}(R^n)$，则

$$\psi(x)=\langle T_y,\varphi(x+y)\rangle\in C_0^{\infty}(R_x^n).$$

事实上，T_y 的支集为紧集 K，由此可以找到一个 $C_0^{\infty}(R^n)$函数 $\zeta(y)$，使 $\zeta(y)$在 K 上恒等于 1，这时必有 $\zeta(y)T_y=T_y$，所以

$$\psi(x)=\langle\zeta(y)T_y,\varphi(x+y)\rangle=\langle T_y,\zeta(y)\varphi(x+y)\rangle.$$

当 x 充分大时，$\varphi(x+y)$作为 y 的函数，其支集与 $\zeta(y)$的支集不相交，故 $\zeta(y)\varphi(x+y)=0$，从而当 x 充分大时 $\psi(x)=0$，故 $\psi(x)$支集有界.

容易证明，$\psi(x)\in C^\infty(R_x^n)$，故 $\psi(x)\in C_0^\infty(R^n)$. 因此 $\langle S_x,\psi(x)\rangle$ 有意义，而且，若 $\{\varphi_k(x)\}$ 为 $C_0^\infty(R^n)$ 中的序列，$\varphi_k(x)\to 0(C_0^\infty(R^n))$，则 $\psi_k(x)=\langle T_y,\varphi_k(x+y)\rangle$ 有一致有界的支集，于是存在常数 C 和 m，使

$$|\psi_k(x)|=|\langle T_y,\varphi_k(x+y)\rangle|\leqslant C\sup_{\substack{|p|\leqslant m,\\ y\in R^n}}|D_y^p\varphi_k(x+y)|.$$

故由 $\varphi_k(x)\to 0(C_0^\infty(R^n))$，可知 $\psi_k(x)$ 一致收敛于零. 同理可知 $\psi_k(x)$ 的各阶导数都一致收敛于零，于是 $\psi_k(x)\to 0(C_0^\infty(R^n))$，从而有 $\langle S_x,\psi(x)\rangle\to 0$. 这就说明了 $S*T$ 确为 $C_0^\infty(R^n)$ 上的一个线性连续泛函，故有 $S*T\in D'(R^n)$.

类似可证，若 $T\in D'(R^n)$，则

$$\psi(x)=\langle T_y,\varphi(x+y)\rangle\in C^\infty(R_x^n).$$

故只要 $S\in\varepsilon'(R^n)$，$\langle S*T,\varphi\rangle=\langle S_x,\psi(x)\rangle$ 也是有意义的，而且从 $\varphi_k\to 0(C_0^\infty(R^n))$ 可以推知 $\psi_k\to 0(C^\infty(R^n))$，$\langle S_x,\psi_k\rangle\to 0$. 故 $S*T$ 有意义，它是 $D'(R^n)$ 中的元素.

同样可以证明本定理后一部分.

证毕.

定理 5.2.7　设 $R,S,T\in D'(R^n)$，且其中至少有两个具紧支集，则

(1) $(R*S)*T=R*(S*T)$.

(2) $S*T=T*S$.

(3) $\mathrm{supp}\,(S*T)\subset\mathrm{supp}\,S+\mathrm{supp}\,T$，其中

$$\mathrm{supp}\,S+\mathrm{supp}\,T=\{w=x+y\in R^n\}\,|\,x\in\mathrm{supp}\,S,y\in\mathrm{supp}\,T).$$

(4) $\delta*T=T*\delta=T$.

(5) 对于任意重指标 α，若 $\alpha_1+\alpha_2=\alpha$，广义函数 S,T 中至少有一个具有紧支集，则

$$\partial^\alpha(S*T)=(\partial^{\alpha_1}S)*(\partial^{\alpha_2}T).$$

(6) 若 $T\in D(R^n)$，$\varphi\in C_0^\infty(R^n)$，那么将 φ 视为广义函数（如 $\varepsilon'(R^n)$ 广义函数），则 $T*\varphi$ 有意义，此时

$$T*\varphi=\langle T_y,\varphi(x-y)\rangle. \tag{5.2.14}$$

证明　(1) 对于任一 $C_0^\infty(R^n)$ 函数 φ，两边作用于 φ，都可表示为

$$\langle R_x,\langle S_y,\langle T_z,\varphi(x+y+y)\rangle\rangle\rangle.$$

(2) 可利用连续函数卷积的可交换性与(1)来证明广义函数卷积的可交换性. 事实上，对于任意的 $\varphi,\psi\in C_0^\infty(R^n)$，有

$$\begin{aligned}((S*T)*\varphi)*\psi&=(S*T)*(\varphi*\psi)=(S*T)*(\psi*\varphi)\\&=((S*T)*\psi)*\varphi=(S*(T*\psi))*\varphi\\&=S*((T*\psi)*\varphi)=S*(\varphi*(T*\psi))\\&=(S*\varphi)*(T*\psi)=(T*\psi)*(S*\varphi)\\&=T*(\psi*(S*\varphi))=T*((S*\varphi)*\psi)\\&=(T*(S*\varphi))*\psi=((T*S)*\varphi)*\psi,\end{aligned}$$

于是有

$$(S*T)*\varphi=(T*S)*\varphi,$$

所以 $S*T=T*S$.

(3) 利用卷积的定义可知，对任意 $\varphi\in C_0^\infty(R^n)$，有

$$\langle S*T,\varphi\rangle=\langle S_x,\langle T_y,\varphi(x+y)\rangle\rangle.$$

若 $\text{supp}\ \varphi\cap(\text{supp}\ S+\text{supp}\ T)$为空集，则可以找到开集 $\Omega_S\supset\text{supp}\ S$ 与 $\Omega_T\supset\text{supp}\ T$，使 $\text{supp}\ \varphi\cap(\Omega_S+\Omega_T)$仍为空集. 于是，当 $x\in\Omega_S,y\in\Omega_T$ 时，$\varphi(x+y)$恒为零. 这说明，当 $x\in\Omega_S$ 时，$\langle T_y,\varphi(x+y)\rangle$恒为零. 由于 S 的支集含在 Ω_S 中，故$\langle S_x,\langle T_y,\varphi(x+y)\rangle\rangle=0$，从而有$\langle S*T,\varphi\rangle=0$，故得 $\text{supp}\ (S*T)\subset\text{supp}\ S+\text{supp}\ T$.

(4) 对任一 $\varphi\in C_0^\infty(R^n)$，有

$$\langle\delta*T,\varphi\rangle=\langle T_x,\langle\delta_y,\varphi(x+y)\rangle\rangle=\langle T_x,\varphi(x)\rangle=\langle T,\varphi\rangle.$$

(5) 对于任意 $\varphi\in C_0^\infty(R^n)$，有

$$\begin{aligned}\langle\partial^\alpha(S*T),\varphi\rangle&=(-1)^{|\alpha|}\langle S*T,\partial^\alpha\varphi\rangle\\&=(-1)^{|\alpha|}\langle S_x,\langle T_y,\partial^\alpha\varphi(x+y)\rangle\rangle\\&=(-1)^{|\alpha_1|}\langle S_x,(-1)^{|\alpha_2|}\langle T_y,\partial_x^{\alpha_1}\partial_y^{\alpha_2}\varphi(x+y)\rangle\rangle\\&=(-1)^{|\alpha_1|}\langle S_x,\partial_x^{\alpha_1}\langle\partial_y^{\alpha_2}T_y,\varphi(x+y)\rangle\rangle\\&=\langle\partial_x^{\alpha_1}S_x,\langle\partial_y^{\alpha_2}T_y,\varphi(x+y)\rangle\rangle\\&=\langle\partial^{\alpha_1}S*\partial^{\alpha_2}T,\varphi\rangle.\end{aligned}$$

根据这一性质，若有一个常系数的偏微分算子 $P(D)=\sum\limits_{|\alpha|\leqslant p}\alpha_\alpha D^\alpha$ 作用于两个广义函数的卷积上，则有

$$P(D)(E*T)=(P(D)E)*T.$$

(6) 注意到$\langle T_y,\varphi(x-y)\rangle$为 C^∞ 函数，且其作用于任一 $\psi(x)\in C_0^\infty(R^n)$上，有

$$\begin{aligned}\langle\langle T_y,\varphi(x-y)\rangle,\psi(x)\rangle&=\langle T_y,\varphi(x-y),\psi(x)\rangle\\&=\langle T_y,\langle\varphi(x),\psi(x+y)\rangle\rangle=\langle T*\varphi,\ \psi\rangle.\end{aligned}$$

即知结论式成立.

证毕.

式(5.2.14)可看成常义函数卷积公式的推广. 由定理 5.2.7 可知，$\varepsilon'(R^n)$广义函数全体关于通常的线性运算以及卷积运算构成一个可交换的有单位元的代数，广义函数 δ 就是它的单位元. 这个代数也称为卷积代数.

§5.3 广义函数的 Fourier 变换

经典的 Fourier 分析(包括 Fourier 变换)是分析数学和其他数学分支中一个不可替代的有力工具，具有重要的理论意义和广泛的应用，自诞生至今近 200 年，已经在理论与应用两个方面取得不可磨灭的贡献，也是分析数学中许多重要概念的来源. 例如，广义函数的概念，Riemann 积分与 Lebesgue 积分的严格定义等都是伴随着对 Fourier 分析的研究而出现

的；在微分方程求解与数值分析等数学分支中，Fourier 分析曾经并将继续扮演着重要角色，特别在诸如信号分析这样的工程技术中一直占据着统治地位，该领域的工程技术人员几乎无人不知快速 Fourier 变换. 这是因为 Fourier 分析首先倡导了一种思想，它把复杂的函数（工程技术中的信号）分解为简单函数的线性组合（即将信号表示为具有简单振动频率信号的叠加），这种思想具有很大的优越性，深受理论界与应用界人士的欢迎.

虽然 Fourier 分析具有如此优点，但也有严重缺点，由于在作 Fourier 变换时，经常要对所讨论的函数加上一些限制条件，使得很多常见函数，如常数函数、多项式函数、正弦和余弦函数都不能进行 Fourier 变换，从而使它的应用范围受到一定的局限. 在广义函数框架中，Fourier 变换与广义函数求导数运算相仿，几乎不受什么限制，从而使 Fourier 变换成为更灵活、更有力的工具，在近代偏微分方程理论、信号分析和处理中被广泛地使用.

本节介绍速降函数空间 $S(R^n)$ 和广义函数空间 $S'(R^n)$ 上的 Fourier 变换.

5.3.1　$S(R^n)$ 空间上的 Fourier 变换

定义 5.3.1（基本空间 $S(R^n)$ 上的 Fourier 变换）　对于任一函数 $f(x)\in S(R_x^n)$，定义其 Fourier 变换为

$$F[f]=\int_{R_x^n} f(x)e^{-ix\cdot\xi}\mathrm{d}x, \tag{5.3.1}$$

又若函数 $g(\xi)\in S(R_\xi^n)$，定义其 Fourier 逆变换为

$$F^{-1}g=\int_{R_\xi^n} g(\xi)e^{ix\cdot\xi}\mathrm{d}\xi=\frac{1}{(2\pi)^n}\int_{R_\xi^n} g(\xi)e^{ix\cdot\xi}\mathrm{d}\xi, \tag{5.3.2}$$

这里

$$x\cdot\xi=x_1\xi_1+x_2\xi_2+\cdots+x_n\xi_n.$$

有时也将 Fourier 变换的记号 $F[f]$ 写成 $\hat{f}(\xi)$ 或 $\tilde{f}(\xi)$，以便表明变换后的函数所依赖的自变量. 由数学分析知：当 $f(x)\in L^1(R^n)$，且 $f(x)$ 为连续可导时，$F^{-1}[F[f]]=f$，此时 Fourier 逆变换确实是 Fourier 变换之“逆”. 另外，有时为了使正变换与逆变换形式相仿，也有的教材将常数 $\frac{1}{(2\pi)^n}$ 开方后分别放在正变换与逆变换上，在查阅函数的 Fourier 变换时，要特别注意.

先给出一些简化记号. 除了使用定义 5.3.1 所述的简略记号外，还常使用如下记号：

$$\langle x,\xi\rangle=x\cdot\xi=x_1\xi_1+x_2\xi_2+\cdots+x_n\xi_n,$$

$$D_x=\frac{1}{i}\partial_x,\quad D_\xi=\frac{1}{i}\partial_\xi,$$

$$D_x^\alpha=i^{-|\alpha|}\partial_x^\alpha,\quad D_\xi^\alpha=i^{-|\alpha|}\partial_\xi^\alpha.$$

下面先来考察 Fourier 变换的基本性质，假设定理中涉及的 Fourier 变换和相应的运算都存在.

定理 5.3.1　关于 Fourier 变换有以下的性质成立.

(1) Fourier 变换是线性变换，即对于任意复数 α_1,α_2 与 $S(R^n)$ 函数 f_1,f_2 有

$$F[\alpha_1 f_1 + \alpha_2 f_2] = \alpha_1 F[f_1] + \alpha_2 F[f_2]. \tag{5.3.3}$$

(2) Fourier 变换将微分运算变为乘以幂函数的运算，即

$$F[D_j f] = \xi_j F[f]. \tag{5.3.4}$$

$$F[D^\alpha f] = \xi^\alpha F[f]. \tag{5.3.5}$$

(3) Fourier 变换将乘以幂函数的运算变为微分运算，即

$$F[x_j f] = -D_j F[f]. \tag{5.3.6}$$

$$F[x^\alpha f] = (-1)^{|\alpha|} D^\alpha F[f]. \tag{5.3.7}$$

(4) Fourier 变换将卷积运算变成乘法运算；反之，将乘法运算变成卷积运算，即

$$F[f * g] = F[f] \cdot F[g], \tag{5.3.8}$$

$$F[f \cdot g] = (2\pi)^{-n} F[f] * F[g]. \tag{5.3.9}$$

证明 (1) Fourier 变换是线性变换，由定义和积分的线性性质立即得到.

(2) 对任何 $S(R^n)$ 函数 f，利用它在无穷远处趋于零的性质有

$$F[D_j f] = \int_{R^n} \frac{1}{i} \partial_j f e^{-ix\cdot\xi} \mathrm{d}x = -\int_{R^n} \frac{1}{i}(-i\xi_j) f e^{-ix\cdot\xi} \mathrm{d}x = \xi_j F[f].$$

(3) 直接计算有

$$\begin{aligned} F[x_j f] &= \int_{R^n} x_j f e^{-ix\cdot\xi} \mathrm{d}x \\ &= \int_{R^n} f(-D_{\xi_j} e^{-ix\cdot\xi}) \mathrm{d}x = -D_j F[f]. \end{aligned}$$

多次使用上面的关系式即可以证明式(5.3.7).

(4) 由于 f,g 为 $S(R^n)$ 中的元素，下面的积分均绝对一致收敛：

$$\begin{aligned} F[f * g] &= \int_{R^n} \left(\int_{R^n} f(x-t) g(t) \mathrm{d}t \right) e^{-ix\cdot\xi} \mathrm{d}x \\ &= \int_{R^n} g(t) \int_{R^n} f(x-t) e^{-ix\cdot\xi} \mathrm{d}x \mathrm{d}t \\ &= \int_{R^n} g(t) \int_{R^n} f(x) e^{-i(x+t)\cdot\xi} \mathrm{d}x \mathrm{d}t \\ &= \int_{R^n} g(t) e^{-it\cdot\xi} \mathrm{d}t \int_{R^n} f(x) e^{-ix\cdot\xi} \mathrm{d}x \\ &= F[f] \cdot F[g]. \end{aligned}$$

类似地可以证明式(5.3.9).

证毕.

定理 5.3.2 (1) Fourier 变换是 $S(R^n)$ 到 $S(R^n)$ 的一个线性连续映射；Fourier 逆变换也是 $S(R^n)$ 到 $S(R^n)$ 的线性连续映射.

(2) Fourier 变换建立了 $S(R^n)$ 到 $S(R^n)$ 的一个同构对应关系（即一对一，并保持线性结构与拓扑结构不变）.

证明 (1) 对于任一 $f \in S(R^n)$，任意的重指标 α, p，作积分式

$$\int_{R^n} D^\alpha (x^p f) e^{-ix\cdot\xi} \mathrm{d}x,$$

因为 $f\in S(R^n)$，积分绝对一致收敛，而且对任意正整数 k，有 $(1+|x|^2)^k|D^\alpha(x^p f)|$ 在 R^n 中一致有界，故若选取 k 使

$$\int_{R^n}\frac{1}{(1+|x|^2)^k}\mathrm{d}x=C<\infty,$$

则有

$$\begin{aligned}|\xi^\alpha D^p F[f]|&\leqslant\int_{R^n}|D^\alpha(x^p f)|\mathrm{d}x\\&=\int_{R^n}\frac{1}{(1+|x|^2)^k}(1+|x|^2)^k|D^\alpha(x^p f)|\mathrm{d}x\\&\leqslant C\cdot\sup_{x\in R^n}(1+|x|^2)^k|D^\alpha(x^p f)|.\end{aligned}\tag{5.3.10}$$

由于 $f\in S(R^n)$，故对任意的 α,p，式(5.3.10)有界，应用定理 5.3.1 中性质(2)与(3)可知

$$\int_{R^n}D^\alpha(x^p f)e^{-ix\cdot\xi}\mathrm{d}x=(-1)^{|p|}\xi^\alpha D^p F[f].$$

故 $F[f]\in C^\infty$，且 $\xi^\alpha D^p F[f]$ 对任意 α,p 有界，于是有 $F[f]\in S(R^n)$. 由同一等式可知，当 $f_v\to 0(S(R^n))$ 时，也有 $F[f_v]\to 0(S(R^n))$，所以 Fourier 变换是 $S(R^n)$ 到 $S(R^n)$ 的一个线性连续映射.

注意到 Fourier 逆变换的形式与 Fourier 变换形式相似，同样可证，Fourier 逆变换也是 $S(R^n)$ 到 $S(R^n)$ 的线性连续映射.

(2) 根据(1)，Fourier 变换建立了 $S(R^n)$ 到 $S(R^n)$ 的一个同构对应(即一对一，并保持线性结构与拓扑结构不变).

证毕.

Fourier 变换建立起 $S(R^n)$ 到 $S(R^n)$ 间的同构对应这一事实，使得 $S(R^n)$ 及相应的广义函数空间 $S'(R^n)$ 在研究 Fourier 变换中起着重要的作用，这也是引进速降函数空间的目的. 但对于 $C^\infty(R^n)$ 中任一函数 f，Fourier 积分式(5.3.1)不一定存在，而 $C_0^\infty(R^n)$ 中的函数 f 经过 Fourier 变换后一般不再在 $C_0^\infty(R^n)$ 中，所以 Fourier 变换在这两个基本空间以及相应的广义函数空间中应用时不很方便.

定理 5.3.3　(1) 对任意 $f,g\in S(R^n)$，Fourier 变换成立

$$\int_{R^n}F[f]\cdot g\mathrm{d}x=\int_{R^n}f\cdot F[g]\mathrm{d}x.$$

(2) 对于 Fourier 变换成立 Parseval 等式，有：

$$\int_{R^n}f\cdot\overline{g}\mathrm{d}x=(2\pi)^{-n}\int_{R^n}F[f]\,\overline{F[g]}\mathrm{d}x.\tag{5.3.11}$$

证明　(1) 直接计算有

$$\begin{aligned}\int_{R^n}F[f]g\mathrm{d}x&=\int_{R_x^n}\left(\int_{R_y^n}f(y)e^{-ix\cdot y}\mathrm{d}y\right)g(x)\mathrm{d}x\\&=\int_{R_y^n}\left(\int_{R_x^n}g(x)e^{-ix\cdot y}\mathrm{d}x\right)f(y)\mathrm{d}y\\&=\int_{R_y^n}f\cdot F[g]\mathrm{d}y=\int_{R_x^n}f\cdot F[g]\mathrm{d}x.\end{aligned}\tag{5.3.12}$$

(2) 对任一 $h(x)\in S(R^n)$有

$$\begin{aligned}F[h] &= \int_{R^n} h(x)e^{-ix\cdot\xi}\mathrm{d}x \\ &= \overline{\int_{R^n} \overline{h(x)}e^{ix\cdot\xi}\mathrm{d}x} \\ &= (2\pi)^n\overline{\int_{R^n} \overline{h(x)}e^{ix\cdot\xi}\mathrm{d}x} \\ &= (2\pi)^n\overline{F^{-1}(\overline{h})}.\end{aligned} \tag{5.3.13}$$

因此,若将$\overline{F[g]}$视为式(5.3.12)中的 g 与式(5.3.13)中的 h,可以得到

$$\begin{aligned}\int_{R^n} F[f]\cdot\overline{F[g]}\mathrm{d}x &= \int_{R^n} f\cdot F[\overline{F[g]}]\mathrm{d}x \\ &= (2\pi)^n\int_{R^n} f\cdot\overline{F^{-1}[F[g]]}\mathrm{d}x \\ &= (2\pi)^n\int_{R^n} f\cdot\overline{g}\mathrm{d}x.\end{aligned}$$

证毕.

例 5.3.1 函数 $e^{-\frac{|x|^2}{2}}$ 的 Fourier 变换为$(2\pi)^{\frac{\pi}{2}}e^{-\frac{|\xi|^2}{2}}$.

解 直接计算有

$$\begin{aligned}\int_{R^n} e^{-\frac{|x|^2}{2}}e^{-ix\cdot\xi}\mathrm{d}x &= \int_{R^n} e^{-\frac{1}{2}|x+i\xi|^2-\frac{1}{2}|\xi|^2}\mathrm{d}x \\ &= e^{-\frac{1}{2}|\xi|^2}\int_{R^n} e^{-\frac{1}{2}|x|^2}\mathrm{d}x = (2\pi)^{\frac{n}{2}}e^{-\frac{1}{2}|\xi|^2}.\end{aligned}$$

5.3.2 $S'(R^n)$空间上的 Fourier 变换

定义 5.3.2 对于任何 S'广义函数 T,定义它的 Fourier 变换 $F[T]$为

$$\langle F[T],\varphi\rangle = \langle T, F[\varphi]\rangle, \quad \forall\varphi\in S(R^n). \tag{5.3.14}$$

定义 $S'(R^n)$广义函数的 Fourier 逆变换为

$$\langle F^{-1}[T],\varphi\rangle = \langle T, F^{-1}[\varphi]\rangle, \tag{5.3.15}$$

由定理 5.3.2 可知,若 $\varphi\in S(R^n)$,则 $F[\varphi]\in S(R^n)$. 此外,如果函数列 $\varphi_v\in S(R^n)$,在 $v\to\infty$ 时,$\varphi_v\to 0(S(R^n))$,那么 $F[\varphi_v]\to 0(S(R^n))$. 这就表明:$F[T]$确实是一个 S'广义函数.

为说明这个定义的合理性,还得指出这个定义确是常义函数 Fourier 变换的推广,也就是要证明:若 $T\in S(R^n)$,则式(5.3.1)的定义与式(5.3.14)的定义一致. 事实上,有

$$\begin{aligned}\langle F[T],\varphi\rangle &= \langle T, F[\varphi]\rangle \\ &= \int_{R_x^n}\left(\int_{R_\xi^n}\varphi(\xi)e^{-ix\cdot\xi}\mathrm{d}\xi\right)T(x)\mathrm{d}x \\ &= \int_{R_\xi^n}\left(\int_{R_x^n}T(x)e^{-ix\cdot\xi}\mathrm{d}\xi\right)\varphi(\xi)\mathrm{d}\xi,\end{aligned}$$

所以,$F[T]=\int_{R_\xi^n}T(x)e^{-ix\cdot\xi}\mathrm{d}x$,与式(5.3.1) 的定义一致.

类似于定理 5.3.1,$S'(R^n)$广义函数的 Fourier 变换也有相似的基本性质.

定理 5.3.4　关于 $S'(R^n)$广义函数的 Fourier 变换有如下性质:

(1) Fourier 变换是线性变换.

(2) 若 $T\in S'(R^n)$,则 $F^{-1}[F[T]]=T$.

(3) $F[D_jT]=\xi_jF[T]$,$F[D^\alpha T]=\xi^\alpha F[T]$.

(4) $F[x_jT]=-D_jF[T]$,$F[x^\alpha T]=(-1)^{|\alpha|}D^\alpha F[T]$.

证明　(1) $S'(R^n)$广义函数的 Fourier 变换是线性变换由定义立即得到.

(2) 对任意的 $\varphi\in S(R^n)$,有

$$\langle F^{-1}[F[T]],\varphi\rangle=\langle F[T],F^{-1}[\varphi]\rangle=\langle T,F[F^{-1}[\varphi]]\rangle=\langle T,\varphi\rangle.$$

(3) 对任一 $\varphi\in S(R_\xi^n)$,有

$$\begin{aligned}\langle F[D_jT],\varphi\rangle&=\langle D_jT,F[\varphi]\rangle=-\langle T,D_jF[\varphi]\rangle\\&=-\langle T,-F[\xi_j\varphi]\rangle=\langle F[T],\xi_j\varphi\rangle\\&=\langle\xi_jF[T],\varphi\rangle.\end{aligned}$$

类似可证第二式.

(4) 证明过程与性质(3)的证明相似.

证毕.

定理 5.3.5　Fourier 变换建立了 $S'(R^n)$到 $S'(R^n)$的一个同构映射.

证明　线性同构是明显的. 为说明拓扑同构,即 Fourier 变换保持极限关系,可以考察在 $S'(R^n)$中收敛于零的序列 T_v. 由于

$$\langle F[T_v],\varphi\rangle=\langle T_v,F[\varphi]\rangle,\quad\forall\varphi\in S(R^n),$$

对于任意的 $\varphi\in S(R^n)$,有 $F[\varphi]\in S(R^n)$. 所以由 $T_v\to0$ 可知

$$\langle T_v,F[\varphi]\rangle\to0,$$

这就是

$$\langle F[T_v],\varphi\rangle\to0,$$

所以 $F[T_v]$也收敛于零. 于是,Fourier 变换是 $S'(R^n)\to S'(R^n)$的线性连续映射. 同理,Fourier 逆变换也是 $S'(R^n)$的线性连续映照,这就证明了定理.

证毕.

广义函数的 Fourier 变换也将卷积运算转换成乘积运算,将乘积运算转换成卷积运算. 但是由于任意两个 $S'(R^n)$广义函数的卷积或乘积不一定存在,所以广义函数范围中类似于式(5.3.8)、式(5.3.9)的等式成立是有条件的. 例如:

若 $\varphi\in S(R^n)$,$T\in S'(R^n)$,则 $\varphi*T\in S'(R^n)$且

$$F[\varphi*T]=F[\varphi]F[T].\tag{5.3.16}$$

事实上,由于任一 $\varphi\in S(R^n)$,则有

$$\begin{aligned}\langle F[\varphi*T],\psi\rangle&=\langle\varphi*T,F[\psi]\rangle\\&=\langle\langle T_\eta,\varphi(\xi-\eta)\rangle,\hat{\psi}(\xi)\rangle\end{aligned}$$

$$=\langle T_\eta,\langle\varphi(\xi-\eta),\hat{\psi}(\xi)\rangle\rangle.$$

若记 $\varphi_1(\xi)=\varphi(-\xi)$，则 $\varphi_1=F[F^{-1}[\varphi_1]]=(2\pi)^{-n}F[F[\varphi]]$，故利用前面的等式可知

$$\begin{aligned}\langle F[\varphi*T],\psi\rangle&=\langle T,\varphi_1*F[\psi]\rangle\\&=(2\pi)^{-n}\langle T,F[F[\varphi]]*F[\psi]\rangle\\&=\langle T,F[F[\varphi]\psi]\rangle\\&=\langle F[T],F[\varphi]\psi\rangle\\&=\langle F[\varphi]F[T],\psi\rangle,\end{aligned}$$

这就得到了式(5.3.16)．如果 $R\in\varepsilon'(R^n)$，$T\in S'(R^n)$，也可得式(5.3.16)．请读者自行证明．

例 5.3.2 求 δ 函数的 Fourier 变换．

解 对任意的 $\varphi\in S(R^n)$，有

$$\begin{aligned}\langle F[\delta(x-a)],\varphi\rangle&=\langle\delta(x-a),F[\varphi]\rangle\\&=\langle\delta(x-a),\int\varphi(\xi)e^{-ix\cdot\xi}\mathrm{d}\xi\rangle\\&=\int\varphi(\xi)e^{-ia\cdot\xi}\mathrm{d}\xi\\&=\langle e^{-ia\cdot\xi},\varphi\rangle.\end{aligned}$$

所以

$$F[\delta(x-a)]=e^{-ia\cdot\xi}.\tag{5.3.17}$$

特别，当 a 取 0 值时，有

$$F[\delta(x)]=1.\tag{5.3.18}$$

例 5.3.3 求函数 1 的 Fourier 变换．

解 对于任一 $\varphi\in S(R^n)$，记 $F[\varphi]=\psi$，则 $F^{-1}[\psi]=\varphi$，且有

$$\begin{aligned}\langle F[1],\varphi\rangle&=\langle 1,F[\varphi]\rangle=\int_{-\infty}^{+\infty}\psi(x)\mathrm{d}x\\&=\int_{-\infty}^{+\infty}\psi(x)e^{-i0\cdot x}\mathrm{d}x=(2\pi)^n\varphi(0)\\&=\langle(2\pi)^n\delta,\varphi\rangle,\end{aligned}$$

因此有

$$F[1]=(2\pi)^n\delta.\tag{5.3.19}$$

这说明 1 的 Fourier 变换是 δ 函数乘以常数因子 $(2\pi)^n$，δ 函数的 Fourier 变换是函数 1．

例 5.3.4 求 $\sin ax$ 的 Fourier 变换．

解 将 $\sin ax$ 写成 $\frac{1}{2i}(e^{iax}-e^{-iax})$，对任一 $\varphi\in S(R^1)$，仍记 $F[\varphi]=\psi$，则有

$$\begin{aligned}\langle F[e^{iax}],\varphi\rangle&=\langle e^{iax},F[\varphi]\rangle=\int e^{iax}\psi(x)\mathrm{d}x\\&=2\pi\int\psi(x)e^{iax}\mathrm{d}x=2\pi\varphi(a)\\&=\langle 2\pi\delta(\xi-a),\varphi\rangle.\end{aligned}$$

所以

$$F[e^{aix}]=2\pi\delta(\xi-a),$$

$$F[\sin ax]=\frac{1}{2i}(F[e^{aix}]-F[e^{-aix}])$$
$$=i\pi(\delta(\xi-a)-\delta(\xi+a)). \quad (5.3.20)$$

类似地,可以计算任何多项式的 Fourier 变换,这也从一个侧面反映了广义函数理论的重要,因为在经典分析中,多项式的 Fourier 变换是不存在的. 在广义函数意义下,常数函数、多项式函数、正弦和余弦函数都可以进行 Fourier 变换.

在上面讨论一般的广义函数 Fourier 变换的基础上,还可以进一步讨论具有紧支集广义函数的 Fourier 变换,读者可以参考相关的文献,如参考文献[1]. 下面举例说明广义函数和 Fourier 变换在求偏微分方程基本解中的应用.

以 u 为未知函数、x 为自变量的常系数线性偏微分方程一般可表示为:

$$P(x,D)u=\sum_{|\alpha|\leqslant k}a_\alpha\partial^\alpha u=f(x), \quad (5.3.21)$$

其中,a_α 是与 α 有关的常量. 若存在函数 $u\in C^{|\alpha|}(\Omega)$ 使得式(5.3.21)在 Ω 上恒成立,那么就称 u 是式(5.3.21)在 Ω 上的一个经典解;若存在广义函数 u 使得

$$\sum_{|\alpha|\leqslant k}(-1)^\alpha\langle u,\partial^\alpha(a_\alpha\varphi)\rangle=\langle f,\varphi\rangle,$$

那么就称 u 是方程(5.3.21)在 Ω 上的一个广义解(或分布解,或弱解). 关于广义函数解的研究,可以利用基本解的方法,为此先给出基本解的概念.

若存在广义函数 $E\in D'(\Omega)$,使得

$$P(x,D)E=\delta(x),$$

则称 $E\in D'(\Omega)$是微分算子 $P(x,D)$的基本解,其中 $\delta(x)$为脉冲函数,即 δ 函数. 利用基本解可以求出式(5.3.21)的广义解. 事实上,若 $E\in D'(\Omega)$是微分算子 $P(x,D)$的基本解,那么

$$P(x,D)(E*f)=(P(x,D)E)*f=\delta*f=f,$$

于是,$u=E*\delta$ 就是式(5.3.21)的广义解.

对于一般的偏微分方程,很难求出其基本解,但对于常系数偏微分算子 $P(D)$来说,其基本解一定存在. 下面例子给出了常见的几个方程的基本解.

例 5.3.5　(1) 热传导算子$\frac{\partial}{\partial t}-a^2\Delta_x$ 的基本解为

$$E_1(x,t)=(4a^2\pi t)^{\frac{-n}{2}}\exp\left(-\frac{|x|^2}{4a^2t}\right)H(t)$$

其中,$a>0$ 为常数,Δ_x 为关于 x 的 Laplace 算子,$x\in R^n$,$H(t)$为 Heaviside 函数.

(2) 初值问题

$$\begin{cases}\frac{\partial E_2}{\partial t}-a^2\Delta_x E_2=0,\\ E_2|_{T=0}=\delta(x)\end{cases}$$

的基本解为

$$E_2(x,t)=(4a^2\pi t)^{\frac{-n}{2}}\exp\left(-\frac{|x|^2}{4a^2t}\right).$$

其中,$a>0$ 为常数,Δ_x 为关于 x 的 Laplace 算子,$x\in R^n$.

(3) Laplace 算子 $\Delta=\frac{\partial^2}{\partial x_1^2}+\frac{\partial^2}{\partial x_2^2}+\cdots+\frac{\partial^2}{\partial x_n^2}$ 的基本解为

$$\Gamma(r)=\begin{cases}[(2-n)\omega_n]^{-1}r^{2-n}, & n>2,\\ (2\pi)^{-1}\ln\frac{1}{r}, & n=2.\end{cases}$$

其中,$\omega_n=\frac{2\pi^{\frac{n}{2}}}{\Gamma(\frac{n}{2})}$ 是 n 维单位球面的面积,$\Gamma(\cdot)$ 为 Γ 函数,$r=|x|=\sqrt{x_1^2+x_2^2+\cdots+x_n^2}$.

解 以(3)为例求基本解.按照基本解的定义,Laplace 算子的基本解 $\Gamma(x)$ 应满足

$$\Delta\,\Gamma(x)=\delta(x). \tag{5.3.22}$$

由于 Laplace 算子和 $\delta(x)$ 关于各自的自变量都是对称的,所以,基本解 $\Gamma(x)$ 只与 $r=|x|=\sqrt{x_1^2+x_2^2+\cdots+x_n^2}$ 有关,从而可以假设 $\Gamma(x)=\Gamma(r)$. 对式(5.3.22)的左端进行球坐标变换,则式(5.3.22)变成

$$\Delta\Gamma=\frac{\mathrm{d}^2\Gamma}{\mathrm{d}r^2}+\frac{n-1}{r}\cdot\frac{\mathrm{d}\Gamma}{\mathrm{d}r}=\delta(r),$$

方程两边同时乘以 r^{n-1},则

$$\frac{\mathrm{d}}{\mathrm{d}r}\left(r^{n-1}\frac{\mathrm{d}\Gamma}{\mathrm{d}r}\right)=r^{n-1}\delta(r)=0.$$

求解这个常微分方程就可以得到基本解

$$\Gamma(r)=\begin{cases}C_1r^{2-n}+C_2, & n>2,\\ C'_1\ln\frac{1}{r}+C'_2, & n=2,\end{cases}$$

其中,C_1、C_2、C'_1、C'_2 为积分常数. 通常 Laplace 算子 $\Delta=\frac{\partial^2}{\partial x_1^2}+\frac{\partial^2}{\partial x_2^2}+\cdots+\frac{\partial^2}{\partial x_n^2}$ 的基本解是上式中积分常数分别取成题中的形式.

§5.4 Sobolev 空间简介

Sobolev 空间是现代分析理论,特别是刻画偏微分方程解的正则性和存在性的重要基础工具,有着十分广泛的应用. 近年来,Sobolev 空间理论及其应用已发展得相当成熟和深入.本书仅介绍 Sobolev 空间的定义、Sobolev 不等式和嵌入定理等三个基本内容.

5.4.1 引例

记 $M=\{u\mid u\in C[0,1]$,且 $u'(x)=\frac{\mathrm{d}u}{\mathrm{d}x}$ 除有限个第一类间断点外,其余之处都连续,

满足 $u(0)=1, u(1)=0\}$，则泛函 $J(u)=\int_0^1\left(1+\left(\frac{\mathrm{d}u}{\mathrm{d}x}\right)^2\right)^{\frac{1}{4}}\mathrm{d}x$ 在集合 M 上是否有极小点？

注　(1) 这个例子是 Weierstrass 给出的，说明连续函数空间在泛函的求极值问题上是不够的，需要将连续函数类扩大到更广泛的空间上，使泛函可以找到极值.

(2) 若 $u_0\in M$ 且 $J(u_0)=\min\limits_{u\in M}J(u)$，则称 u_0 为泛函 J 在 M 上的极小点.

证明　由集合 M 的定义，显然 $M\subset C[0,1]$，$\forall u\in M$，有

$$J(u)=\int_0^1\left(1+\left(\frac{\mathrm{d}u}{\mathrm{d}x}\right)^2\right)^{\frac{1}{4}}\mathrm{d}x\geqslant 1. \tag{5.4.1}$$

先证：$\min\limits_{u\in M}J(u)=1$. 对 $\forall\delta\in(0,1]$，定义如下函数

$$u_\delta(x)=\begin{cases}\dfrac{1}{\delta^2}(\delta^2-x), & x\in[0,\delta^2],\\ 0, & x\in(\delta^2,1],\end{cases}$$

如图 5.1 所示.

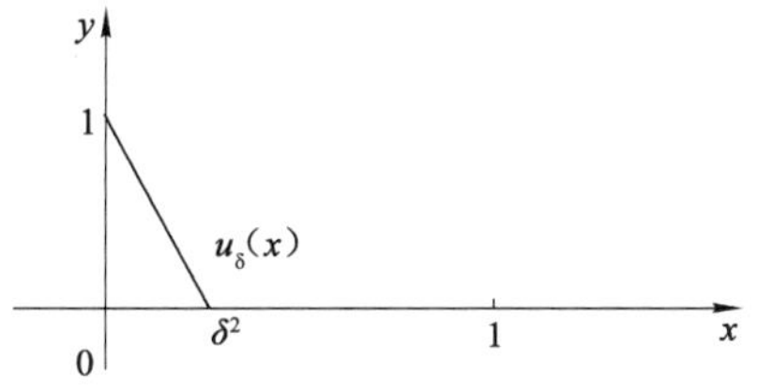

图 5.1

则有 $u_\delta\in M$，且

$$\frac{\mathrm{d}u_\delta}{\mathrm{d}x}=u_\delta{}'(x)=\begin{cases}-\dfrac{1}{\delta^2}, & x\in[0,\delta^2],\\ 0, & x\in(\delta^2,1].\end{cases}$$

则有 $u_\delta{}'(x)$ 除点 0、δ^2 和 1 外都连续，且

$$u_\delta{}'(0+0)=-\frac{1}{\delta},\ u_\delta{}'(1-0)=0,$$

$$u_\delta{}'(\delta^2+0)=0,\ u_\delta{}'(\delta^2-0)=-\frac{1}{\delta}.$$

经计算

$$\begin{aligned}J(u_\delta)&=\int_0^1(1+(u_\delta{}'(x))^2)^{\frac{1}{4}}\mathrm{d}x=\int_0^{\delta^2}\left(1+\frac{1}{\delta^4}\right)^{\frac{1}{4}}\mathrm{d}x+\int_{\delta^2}^1(1+0)^2\mathrm{d}x\\&=\delta(1+\delta^4)^{\frac{1}{4}}+(1-\delta^2)\leqslant 1+\delta.\end{aligned} \tag{5.4.2}$$

由式(5.4.1)和式(5.4.2)，有

$$1\leqslant\min_{u\in M}J(u)\leqslant J(u_\delta)\leqslant 1+\delta.$$

由 δ 的任意性，可得

$$\min_{u\in M} J(u)=1.$$

下面再证：不存在 $u_0\in M$，使得 $J(u_0)=\min\limits_{u\in M} J(u)=1$. 反证：若存在 $u_0\in M$，使得 $J(u_0)=\min\limits_{u\in M} J(u)=1$成立，则

$$\int_0^1 (1+(u_0')^2)^{\frac{1}{4}}\,\mathrm{d}x=1.$$

于是 $u'_0(x)=0$, a. e. $x\in[0,1]$，取 $x_0\in[0,1]\setminus\{$零测集 $\cup\{0,\delta^2,1\}\}$. 因为若 $u_0'(x)$ 在 x_0 处不为0，即 $u_0'(x_0)\neq 0$，由 u_0' 的连续性，$\exists\,\eta>0$，当 $x\in(x_0-\eta,x_0+\eta)$ 时，有 $u_0'(x)\neq 0$，这与$\int_0^1 (1+(u_0')^2)^{\frac{1}{4}}\,\mathrm{d}x=1$ 矛盾，则 $u_0'(x)=0$，其中 $x\in(x_0-\eta,x_0+\eta)$. 再由 $[0,1]$ 是紧集且具有有限开覆盖，则当 $x\in[0,1]$ 时，$u_0'(x)\equiv 0$. 于是在$[0,1]$上，$u_0(x)\equiv$ 常数. 但 $u(0)=1$，$u(1)=0$ 与 M 的取法矛盾，所以不存在 $u_0\in M$，使 $J(u_0)=\min\limits_{u\in M} J(u)$.

证毕.

上述例子中，极小点 u_0 不存在是由于连续函数类太小造成泛函 J 无极小点. 因此，将连续函数类扩大，由此引出 Sobolev 空间.

5.4.2 弱导数

与本章前半部分，广义函数求导类似，也可以由分部积分公式

$$\int_\Omega u(D^\alpha\varphi)\,\mathrm{d}x=(-1)^{|\alpha|}\int_\Omega (D^\alpha u)\varphi\,\mathrm{d}x,$$

引出弱导数的定义，式中 $u\in C^1(\Omega)$，$\varphi\in C_0^\infty(\Omega)$，$\alpha=(\alpha_1,\alpha_2,\cdots,\alpha_n)$为 n 重指标，且$|\alpha|=\alpha+\alpha_2+\cdots+\alpha_n$，$D^\alpha=D_1^{\alpha_1}D_2^{\alpha_2}\cdots D_n^{\alpha_n}$，$D_i^j=\dfrac{\partial^j}{\partial x_i^j}$.

定义 5.4.1 设 $u,v\in L^1_{loc}(\Omega)$，$\varphi\in C_0^\infty(\Omega)$和 $\alpha=(\alpha_1,\alpha_2,\cdots,\alpha_n)$为 n 重指标. 若对 $\forall\,\varphi\in C_0^\infty(\Omega)$，有下式成立

$$\int_\Omega uD^\alpha\varphi\,\mathrm{d}x=(-1)^{|\alpha|}\int_\Omega v\varphi\,\mathrm{d}x,$$

则称 v 是函数 u 的第 α 阶弱导数，记为 $D^\alpha u=v$.

定理 5.4.1 若函数 u 的弱导数存在，则在几乎处处意义下是唯一的.

证明 若 $v_1,v_2\in L^1_{\mathrm{loc}}(\Omega)$，都是函数 u 的弱导数，即

$$\int_\Omega uD^\alpha\varphi\,\mathrm{d}x=(-1)^\alpha\int_\Omega v_1\varphi\,\mathrm{d}x=(-1)^\alpha\int_\Omega v_2\varphi\,\mathrm{d}x,$$

其中，$\varphi\in C_0^\infty(\Omega)$. 移项有

$$\int_\Omega (v_1-v_2)\varphi\,\mathrm{d}x=0.$$

由 $\varphi\in C_0^\infty(\Omega)$的任意性，可得$(v_1-v_2)=0$, a. e. Ω.

证毕.

推论 5.4.1　设 Ω 是有界连通且具有光滑边界的区域，若 u 在 Ω 上有弱导数且弱导数 $Du=0$，a. e. Ω，则 u 几乎处处恒为常数，即 $u\equiv$ 常数，a. e. Ω.

下面这个例子说明 u 在 Ω 上有弱导数是必要的，否则 u 不一定几乎处处为常数.

例 5.4.1　在区间 $[0,1]$ 中，存在某个连续函数 $f(x)$，其导数 $f'(x)=0$，a. e. $x\in[0,1]$，但 $f(x)$ 在 $[0,1]$ 中不是常值函数.

下面构造函数 $f(x)$.

第一步：将闭区间 $\Omega=[0,1]$ 三等分，记 Ω 中间的开区间为 $G_1=\left(\frac{1}{3},\frac{2}{3}\right)$，$G_1$ 的测度 $|G_1|=\frac{1}{3}$，剩余两侧的闭区间记为 $F_{11}=\left[0,\frac{1}{3}\right]$ 和 $F_{12}=\left[\frac{2}{3},1\right]$，记 $F=F_{11}\cup F_{12}$. 令

$$f_1(x)=\begin{cases}0, & x=0,\\ 1, & x=1,\\ \dfrac{1}{2}, & x\in G,\\ \text{linear}, & x\in F_1.\end{cases}$$

其中，$f_1(x)$ 在 F_1 上"linear"线性是为了保证 $f_1(x)$ 在 $[0,1]$ 上连续递增. 显然当 $x\in G_1$ 时，$f_1(x)$ 在区间 G_1 上为常数且 $f'(x)=0$，如图 5.2 所示.

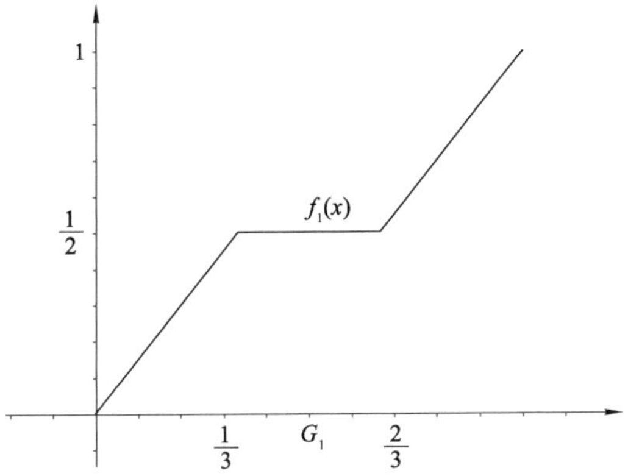

图 5.2

第二步：将 F_1 中的两个闭区间 F_{11} 和 F_{12} 分为三等分. 记 F_{11} 中的开区间为 $G_{21}=\left(\frac{1}{3^2},\frac{2}{3^2}\right)$，$F_{11}$ 中剩余两侧闭区间记为 $F_{21}=\left[0,\frac{1}{3^2}\right]$ 和 $F_{22}=\left[\frac{2}{3^2},\frac{3}{3^2}\right]$；记 F_{12} 中的中间开区间为 $G_{22}=\left[\frac{7}{3^2},\frac{8}{3^2}\right]$，$F_{12}$ 中剩余两侧的闭区间记为 $F_{23}=\left[\frac{6}{3^2},\frac{7}{3^2}\right]$ 和 $F_{24}=\left[\frac{8}{3^2},1\right]$. 记 $F_2=F_{21}\cup F_{22}\cup F_{23}\cup F_{24}$ 和 $G_2=G_{21}\cup G_{22}$，且 G_2 的测度 $|G_2|=|G_{21}|\cup|G_{22}|=\frac{2}{3^2}$. 将 G_1，G_{21} 和 G_{22} 从左到右排序，记为

$$D_{21}=G_{21},\quad D_{22}=G_1,\quad D_{23}=G_{22}.$$

令

$$f_2(x)=\begin{cases}0, & x=0,\\ 1, & x=1,\\ \dfrac{k}{2^2}, & x\in D_{2k},\\ \text{linear}, & x\in F_2,\end{cases}$$

其中，$k=1$、2、3. 显然，当 $x\in G_1\cup G_{21}\cup G_{22}=\bigcup\limits_{k=1}^{3}D_{2k}$ 时，$f_2(x)$ 在每个区间 D_{2k} 上为常数且 $f_2{}'(x)=0$. 而 $f_2(x)$ 在 $[0,1]$ 上连续递增，且 $|f_2(x)-f_1(x)|<\dfrac{1}{2}$，$x\in[0,1]$. 如此继续下去，在第 n 步三等分时，中间三分之一的开区间之并记为 $G_n=\bigcup\limits_{k=1}^{2^{n-1}}G_{nk}$，且 G_n 的测度 $|G_n|=|G_{n_1}|+|G_{n_2}|+\cdots+|G_{n_{2^{n-1}}}|=\sum\limits_{k=1}^{2^{n-1}}\dfrac{1}{3^n}=\dfrac{1}{2}\left(\dfrac{2}{3}\right)^n$，其中，$G_{n_1}=\left(\dfrac{1}{3^n},\dfrac{2}{3^n}\right)$，$G_{n_2}=\left(\dfrac{7}{3^n},\dfrac{8}{3^n}\right)$，$\cdots$，$G_{n_{2^{n-1}}}=\left(\dfrac{3^n-2}{3^n},\dfrac{3^n-1}{3^n}\right)$；剩余两侧闭区间有 2^n 个，记为 $F_{n_1}=\left[0,\dfrac{1}{3^n}\right]$，$F_{n_2}=\left[\dfrac{2}{3^n},\dfrac{3}{3^n}\right]$，$\cdots$，$F_{n_{2^n}}=\left[\dfrac{3^n-1}{3^n},1\right]$，并记为 $F_n=\bigcup\limits_{k=1}^{2^n}F_{nk}$. 将 G_1 至 G_n 中的所有开区间从左往右排序记为 $D_{n,k}$，$k=1,2,\cdots,2^n-1$. 令

$$f_n(x)=\begin{cases}0, & x=0,\\ 1, & x=1,\\ \dfrac{k}{2^n}, & x\in D_{nk},\\ \text{linear}, & x\in F_n,\end{cases}$$

其中，$k=1,2,\cdots,2^n-1$. 显然，当 $x\in\bigcup\limits_{k=1}^{2^n-1}D_{n,k}$ 时，$f_n(x)$ 在每个区间 $D_{n,k}$ 上为常数，且 $f_n{}'(x)=0$. 每个 $f_n(x)$ 在 $[0,1]$ 上连续递增，且

$$|f_{n+1}(x)-f_n(x)|<\frac{1}{2^n},x\in[0,1].$$

则 $\sum\limits_{n=1}^{\infty}(f_{n+1}(x)-f_n(x))$ 在 $[0,1]$ 上一致收敛且绝对收敛. 于是 $f_n(x)=\sum\limits_{k=1}^{n-1}(f_{k+1}(x)-f_k(x))$ 在 $[0,1]$ 上一致收敛，记 $f_n(x)\rightrightarrows f(x)$，则 $f(x)$ 在 $[0,1]$ 上连续递增. 因为，$f(x)$ 在每个中间区间 $G_{n,k}$ 上为常数 $(k=1,2,\cdots,2^{n-1})$，且当 $n\to\infty$，由 $|G_n|=\dfrac{1}{2}\left(\dfrac{2}{3}\right)^n$，则所有三分法中间区间测度之和

$$\sum_{n=1}^{\infty}|G_n|=\frac{1}{2}\sum_{n=1}^{\infty}\left(\frac{2}{3}\right)^n=1.$$

于是 $f(x)$ 在 $[0,1]$ 不为常数的集合是 $P=[0,1]\setminus\bigcup\limits_{n=1}^{\infty}G_n$. 由上式可知

$$|P|=|[0,1]|-\sum_{n=1}^{\infty}|G_n|=0,$$

则当 $x\in\bigcup_{n=1}^{\infty}G_n=\bigcup_{n=1}^{\infty}\bigcup_{k=1}^{2^{n-1}}G_{nk}$ 时，$f'(x)=0$，而 $P=[0,1]\setminus\bigcup_{n=1}^{\infty}G_n$ 是零测度集. 于是

$$f'(x)=0,\ \text{a. e. } x\in[0,1].$$

而 $f(x)$ 在 $[0,1]$ 上是连续递增函数，且 $f(0)=0$，$f(1)=1$，于是，$f(x)$ 在 $[0,1]$ 上有 $f'(x)=0$, a. e. $x\in[0,1]$，但 $f(x)$ 在 $[0,1]$ 上不是常值函数.

注　这个例子也说明文献[31]的第五章 5.10 Problems 的第 11 题中，条件 $u\in W^{1,p}$ 是必要的.

例 5.4.2　取区间 $(0,2)\subset R^1$，定义一元函数

$$u(x)=\begin{cases}x, & x\in(0,1],\\ 1, & x\in(1,2),\end{cases}$$

和

$$v(x)=\begin{cases}1, & x\in(0,1],\\ 0, & x\in(1,2).\end{cases}$$

证明 $u(x)$ 的弱导数 $D'u=v$.

证明　任取 $\varphi\in C_0^\infty(0,2)$，有

$$\begin{aligned}\int_0^2 u\varphi'\mathrm{d}x &= \int_0^1 u\varphi'\mathrm{d}x+\int_1^2 u\varphi'\mathrm{d}x=\int_0^1 x\varphi'\mathrm{d}x+\int_1^2 1\varphi'\mathrm{d}x\\ &=-\int_0^1\varphi\mathrm{d}x+\varphi(1)-\varphi(1)=-\int_0^1 1\times\varphi\mathrm{d}x+\left(-\int_1^2 0\times\varphi\mathrm{d}x\right)=-\int_0^2 v\varphi\mathrm{d}x.\end{aligned}$$

由弱导数的定义和定理 5.4.1，可得 $D'u=v$.

证毕.

5.4.3　Sobolev 空间的定义

定义 5.4.2　设 $\Omega\subset R^n$ 是 R^n 中的某区域，$1\leqslant p\leqslant\infty$，$k$ 是非负整数，以及 $\alpha=(\alpha_1,\alpha_2,\cdots,\alpha_n)$ 为 n 重指标. 记

$$W^{k,p}(\Omega)=\{u\in L^p(\Omega)\,|\,\text{弱导数 } D^\alpha u\in L^p(\Omega)\text{，且 }|\alpha|=\alpha_1+\alpha_2+\cdots+\alpha_n\leqslant k\},$$

则 $W^{k,p}(\Omega)$ 称为 Sobolev 空间. 任取 $u\in W^{k,p}(\Omega)$，可定义 Sobolev 空间中的范数为

$$\|u\|_{W^{k,p}(\Omega)}=\begin{cases}\left(\sum_{|\alpha|\leqslant k}\int_\Omega|D^\alpha u|^p\mathrm{d}x\right)^{\frac{1}{p}}, & 1\leqslant p<\infty,\\ \sum_{|\alpha|\leqslant k}ess\ \sup|D^\alpha u|, & p=\infty.\end{cases}$$

定理 5.4.2（弱导数的性质）　设 $u,v\in W^{k,p}(\Omega)$，$|\alpha|=\alpha_1+\alpha_2+\cdots+\alpha_n\leqslant k$.

(1) $D^\alpha u\in W^{k-|\alpha|,p}(\Omega)$ 且 $D^\beta(D^\alpha u)=D^\alpha(D^\beta u)=D^{\alpha+\beta}u$，其中 n 重指标 α、β 满足 $|\alpha+\beta|\leqslant k$，且 $\alpha+\beta=(\alpha_1+\beta_1,\alpha_2+\beta_2,\cdots,\alpha_n+\beta_n)$.

(2)（线性性质）对 $\forall\lambda,\mu\in R^1$，则 $\lambda u+\mu v\in W^{k,p}(\Omega)$ 且 $|\alpha|\leqslant k$，有

$$D^\alpha(\lambda u+\mu v)=\lambda D^\alpha u+\mu D^\alpha v.$$

(3) 若 Ω' 是 Ω 的开子集，则 $u\in W^{k,p}(\Omega')$.

(4) (Leibniz 公式) 若 $\xi\in C_0^\infty(\Omega)$，则 $\xi u\in W^{k,p}(\Omega)$ 且

$$D^\alpha(\xi u) = \sum_{\beta\leqslant\alpha} C_\alpha^\beta D^\beta \xi D^{\alpha-\beta} u.$$

其中，$C_\alpha^\beta=\dfrac{\alpha!}{\beta!\ (\alpha-\beta)!}=C_{\alpha_1}^{\beta_1}\cdot C_{\alpha_2}^{\beta_2}\cdot\cdots\cdot C_{\alpha_n}^{\beta_n}$，$\alpha-\beta=(\alpha_1-\beta_1,\alpha_2-\beta_2,\cdots,\alpha_n-\beta_n)$ 且 $\alpha!\ =\alpha_1!\ \cdot\alpha_2!\ \cdot\cdots\cdot\alpha_n!$.

上述关于弱导数的性质与常见的导数性质类似，具体证明这里不详细列出了，读者可参考文献[27,28,31,32,42]. 不仅弱导数有良好的性质，Sobolev 空间本身也有很好的数学结构.

定理 5.4.3 记 k 为非负整数，则

(1) 当 $1\leqslant p\leqslant+\infty$ 时，则 $W^{k,p}(\Omega)$ 是 Banach 空间.

(2) 当 $1<p<+\infty$ 时，则 $W^{k,p}(\Omega)$ 是自反的 Banach 空间.

(3) 当 $1\leqslant p<+\infty$ 时，则 $W^{k,p}(\Omega)$ 中的光滑函数 $W^{k,p}(\Omega)\cap C^\infty(\Omega)$ 在 $W^{k,p}(\Omega)$ 中稠密，即 $W^{k,p}(\Omega)$ 是可分空间.

(4) 当 $p=2$ 时，则 $W^{k,2}(\Omega)$ 是 Hilbert 空间，其内积定义为

$$(u,v)_{W^{k,2}(\Omega)} = \sum_{|\alpha|\leqslant k}\int_\Omega D^\alpha u D^\alpha v \mathrm{d}x.$$

其中，$u,v\in W^{k,2}(\Omega)$.

注 (1) 按照范数的三条性质，可由 L^p 三角不等式经简单计算，$\|u\|_{W^{k,p}(\Omega)}$ 是满足范数的三条性质，而 $W^{k,p}(\Omega)$ 的完备性可由 $D^\alpha u\in L^p$ 的完备性给出.

(2) 当 $1<p<\infty$ 时，$W^{k,p}(\Omega)$ 的自反性本质上类似于 $L^p(\Omega)$，且 $W^{k,p}(\Omega)$ 的共轭空间 $(W^{k,p}(\Omega))^*=W^{-k,q}(\Omega)$，其中 $\dfrac{1}{p}+\dfrac{1}{q}=1$，记 $\langle,\rangle_{(W^{-k,q},W^{k,p})}$ 为 $W^{-k,q}(\Omega)$ 与 $W^{k,p}(\Omega)$ 的作用，即当 f 是 $W^{k,p}(\Omega)$ 上的有界线性泛函，则 $f\in W^{-k,q}(\Omega)$，且 f 的范数为

$$\|f\|_{W^{-k,q}(\Omega)}=\sup\{<f,u>|u\in W^{k,p(\Omega)}\text{ 且 }\|u\|_{W^{k,p}}\leqslant 1\}.$$

(3) 历史上，最开始提出弱导数和 Sobolev 空间的概念时，人们并不清楚弱可导函数是否可以被光滑函数来逼近，直到 1964 年 Meyers 和 Serrin 发表文献[27]，这才澄清了以往的错误和混乱.

(4) 当 $p=2$ 时，记 $W^{k,2}=H^k$. 最常用的是 $k=1$ 时，$H^1(\Omega)$ 空间.

(5) 记 $W^{k,p}(\Omega)$ 是 $C_0^\infty(\Omega)$ 在 $W^{1,p}(\Omega)$ 范数下的闭包，即 $W_0^{k,p}(\Omega)=\overline{C_0^\infty(\Omega)}$.

5.4.4 差分和弱导数

将 Sobolev 空间应用到偏微分方程中，就会遇到"弱解"是否光滑这种正则化问题，差分方法是研究偏微分方程弱解正则性的一种基本方法，它的本质就是通过估计差分来得到弱解的正则性. 下面是差分算子的定义.

定义 5.4.3 设 $u:R^n\to R^1$ 上的函数，记

$$\Delta_h^i u(x)=\frac{u(x+he_i)-u(x)}{h},$$

其中，$i=1,2,\cdots,n$，$x=(x_1,x_2,\cdots,x_n)$，e_i 为 x_i 方向的单位方向. 称 Δ_h^i 为沿 x_i 方向的差分算子，有些著作中也将差分算子 Δ_h^i 记为 D_h^i，即 $\Delta_h^i=D_h^i$.

差分和弱导数有如下一个非常有用的定理，其经常用来研究偏微分方程弱解的正则性.

定理 5.4.4　设 $\Omega\subset R^n$ 是一个区域，$i=1,2,\cdots,n$，则

(1) 若 $1\leqslant p<\infty$ 且 $u\in W^{1,p}(\Omega)$，$\Omega'\subset\subset\Omega$，则当 $|h|>0$ 充分小时，有

$$\Delta_h^i u\in L^p(\Omega')$$

且

$$\|\Delta_h^i u\|_{L^p(\Omega')}\leqslant\|D_i u\|_{L^p(\Omega)},$$

其中 $D_i u$ 为沿 x_i 方向的弱导数.

(2) 若 $1<p<\infty$，$u\in L^p(\Omega)$ 且存在常数 $C>0$ 使得对 $\Omega'\subset\subset\Omega$，当 $|h|>0$ 充分小时，有

$$\|\Delta_h^i u\|_{L^p(\Omega')}\leqslant C.$$

其中，C 与 h 无关，则 $D_i u\in L^p(\Omega')$ 且

$$\|D_i u\|_{L^p(\Omega')}\leqslant C.$$

证明　(1) 先取 $u\in C^1(\Omega)\cap W^{1,p}(\Omega)$，则

$$\Delta_h^i u(x)=\frac{u(x+he_i)-u(x)}{h}=\frac{1}{h}\int_0^h D_i u(x_1,\cdots,x_i+\theta,x_{i+1},\cdots,x_n)\mathrm{d}\theta.$$

由 Hölder 不等式，得

$$|\Delta_h^i u(x)|^p\leqslant\frac{1}{|h|}\left|\int_0^h |D_i u(x_1,\cdots,x_i+\theta,x_{i+1},\cdots,x_n)|^p\mathrm{d}\theta\right|,$$

在 Ω' 上积分得

$$\begin{aligned}\int_{\Omega'}|\Delta_h^i u(x)|^p\mathrm{d}x&\leqslant\frac{1}{|h|}\int_{\Omega'}\int_0^h |D_i u(x_1,\cdots,x_i+\theta,x_{i+1},\cdots,x_n)|^p\mathrm{d}\theta\mathrm{d}x\\&\leqslant\frac{1}{|h|}\int_0^h\int_{\Omega'}|D_i u(x_1,\cdots,x_{i-1},x_i+\theta,x_{i+1},\cdots,x_n)|^p\mathrm{d}\theta\mathrm{d}x\\&\leqslant\frac{1}{|h|}\int_0^h\int_{\Omega''}|D_i u(x_1,\cdots,x_{i-1},z,x_{i+1},\cdots,x_n)|^p\mathrm{d}x_1\cdots\mathrm{d}x_{i-1}\mathrm{d}z\mathrm{d}x_{i+1}\cdots\mathrm{d}x_n\\&\leqslant\int_\Omega|D_i u(x)|^p\mathrm{d}x,\end{aligned}$$

其中，$\Omega''=\{x\in\Omega\,|\,\mathrm{dist}(x,\Omega')\leqslant|h|\}$，$|h|$ 充分小. 当 $u\in C^1(\Omega)\cap W^{1,p}(\Omega)$ 时，则证明了

$$\|\Delta_h^i u\|_{L^p(\Omega')}\leqslant\|D_i u\|_{L^p(\Omega)}.\tag{5.4.3}$$

再由定理 5.4.3，$u\in C^\infty(\Omega)\cap W^{1,p}(\Omega)$ 在 $W^{1,p}(\Omega)$ 中的稠密性，可得对任意的 $u\in W^{1,p}(\Omega)$，都有式(5.4.3).

(2) 由定理 3.3.15 可知 L^p 中有界集的弱紧性，即存在一列 $\{h_k\}_{k=1}^\infty$ 和 $\|v\|_i L^p(\Omega')\leqslant C$，使得对 $\forall\varphi\in C_0^\infty(\Omega')$，有

$$\int_{\Omega'}\varphi\Delta_{h_k}^i u\,\mathrm{d}x\to\int_{\Omega'}\varphi v_i\,\mathrm{d}x.$$

再由

$$\int_{\Omega'}\varphi\Delta_{h_k}^{i}u\,\mathrm{d}x=-\int_{\Omega'}u\Delta_{-h_k}^{i}\varphi\,\mathrm{d}x\rightarrow-\int_{\Omega'}uD_i\varphi\,\mathrm{d}x,$$

则

$$\int_{\Omega'}\varphi v_i\,\mathrm{d}x=-\int_{\Omega'}uD_i\varphi\,\mathrm{d}x.$$

即 $v_i=D_iu$. 再结合 $\|v_i\|_{L^p(\Omega')}\leqslant C$，可得结论.

证毕.

5.4.5 Sobolev 空间中的几个常见不等式

定理 5.4.5 (Sobolev-Nirenberg-Gagliardo 不等式) 记 $1\leqslant p<n, p^*=\dfrac{Np}{N-p}$,对任意 $u\in C_0^1(R^N)$存在仅依赖于 p 和 N 的常数 $C>0$，使得下式成立

$$\|u\|_{L^{p^*}(R^N)}\leqslant C\|Du\|_{L^p(R^N)}.$$

证明 首先说明 $p=1$ 的情况. 由于 $u\in C_0^1(R^N)$,u 在 R^N 上具有紧支集,于是对 $\forall x=(x_1,x_2,\cdots,x_N)\in R^N$ 有

$$u(x)=\int_{-\infty}^{x_i}u_{x_i}(x_1,\cdots,x_{i-1},y_i,x_{i+1},\cdots,x_N)\mathrm{d}y_i,$$

其中,$i=1,2,\cdots,N$. 对上式取绝对值,有

$$\begin{aligned}|u(x)|&=\int_{-\infty}^{+\infty}|D_iu(x_1,\cdots,x_{i-1},y_i,x_{i+1},\cdots,x_N)|\mathrm{d}y_i\\&\leqslant\int_{-\infty}^{+\infty}|Du(x_1,\cdots,x_{i-1},y_i,x_{i+1},\cdots,x_N)|\mathrm{d}y_i,\end{aligned}$$

其中,$Du=(D_1u,D_2u,\cdots,D_Nu)$ 且 $|Du|=\sqrt{\sum\limits_{i=1}^{N}|D_iu|^2}$,由上式可得

$$|u(x)|^{\frac{N}{N-1}}\leqslant\prod_{i=1}^{N}\left(\int_{-\infty}^{+\infty}|Du(x_1,\cdots,y_i,\cdots,x_N)|\mathrm{d}y_i\right)^{\frac{1}{N-1}},$$

对两端关于 $x_1,x_2,\cdots,x_N$ 分别依次积分. 首先,关于 x_1 积分,有

$$\begin{aligned}&\int_{-\infty}^{+\infty}|u(x)|^{\frac{N}{N-1}}\mathrm{d}x_1\leqslant\int_{-\infty}^{+\infty}\prod_{i=1}^{N}\left(\int_{-\infty}^{+\infty}|Du(x_1,\cdots,y_i,\cdots,x_N)|\mathrm{d}y_i\right)^{\frac{1}{N-1}}\mathrm{d}x_1\\&\leqslant\left(\int_{-\infty}^{+\infty}|Du(y_1,x_2,\cdots,x_N)|\mathrm{d}y_1\right)^{\frac{1}{N-1}}\cdot\int_{-\infty}^{+\infty}\prod_{i=2}^{N}\left(\int_{-\infty}^{+\infty}|Du(x_1,\cdots,y_i,\cdots,x_N)|\mathrm{d}y_i\right)^{\frac{1}{N-1}}\mathrm{d}x_1\\&\leqslant\left(\int_{-\infty}^{+\infty}|Du|\mathrm{d}y_1\right)^{\frac{1}{N-1}}\left(\prod_{i=2}^{N}\int_{-\infty}^{+\infty}\int_{-\infty}^{+\infty}|Du|\mathrm{d}x_1\mathrm{d}y_i\right)^{\frac{1}{N-1}},\end{aligned}$$

其中,最后一个不等式由 Hölder 不等式给出. 再对上式关于 x_2 积分,有

$$\int_{-\infty}^{+\infty}\int_{-\infty}^{+\infty}|u(x)|^{\frac{N}{N-1}}\mathrm{d}x_1\mathrm{d}x_2\leqslant\left(\int_{-\infty}^{+\infty}\int_{-\infty}^{+\infty}|Du|\mathrm{d}x_1\mathrm{d}y_2\right)^{\frac{1}{N-1}}\int_{-\infty}^{+\infty}\prod_{i=1,i\neq2}^{N}I_i^{\frac{1}{N-1}}\mathrm{d}x_2,$$

其中,$I_1=\int_{-\infty}^{+\infty}|Du|\mathrm{d}y_1, I_i=\int_{-\infty}^{+\infty}\int_{-\infty}^{+\infty}|Du|\mathrm{d}x_1\mathrm{d}y_i, i=3,4,\cdots,N$. 再对上式由 Hölder 不等式可得

$$\int_{-\infty}^{+\infty}\int_{-\infty}^{+\infty}|u|^{\frac{N}{N-1}}\mathrm{d}x_1\mathrm{d}y_2\leqslant\left(\int_{-\infty}^{+\infty}\int_{-\infty}^{+\infty}|Du|\mathrm{d}x_1\mathrm{d}y_2\right)^{\frac{1}{N-1}}\left(\int_{-\infty}^{+\infty}\int_{-\infty}^{+\infty}|Du|\mathrm{d}y_1\mathrm{d}x_2\right)^{\frac{1}{N-1}}\cdot$$

$$\prod_{i=3}^{N}\left(\int_{-\infty}^{+\infty}\int_{-\infty}^{+\infty}\int_{-\infty}^{+\infty}|Du|\mathrm{d}x_1\mathrm{d}x_2\mathrm{d}y_i\right)^{\frac{1}{N-1}}.$$

再对上式依次关于 $x_3, x_4, \cdots, x_N$ 积分，可得

$$\int_{R^N}|u(x)|^{\frac{N}{N-1}}\mathrm{d}x\leqslant\prod_{i=1}^{N}\left(\int_{-\infty}^{+\infty}\cdots\int_{-\infty}^{+\infty}|Du|\mathrm{d}x_1\mathrm{d}x_2\cdots\mathrm{d}x_N\right)^{\frac{1}{N-1}}=\left(\int_{R^N}|Du|\mathrm{d}x\right)^{\frac{N}{N-1}}. \tag{5.4.4}$$

下面处理 $1<p<N$ 的情况，用变换 $v=|u|^\gamma$ 代入式(5.4.4)中，参数 $\gamma>1$ 待定，

$$\left(\int_{R^N}|u(x)|^{\frac{\gamma N}{N-1}}\mathrm{d}x\right)^{\frac{N-1}{N}}\leqslant\left(\int_{R^N}|D(|u|^\gamma)|\mathrm{d}x\right)^{\frac{N-1}{N}}=\gamma\int_{R^N}|u|^{\gamma-1}|Du|\mathrm{d}x$$

$$\leqslant\gamma\left(\int_{R^N}|u|^{\frac{(\gamma-1)p}{p-1}}\mathrm{d}x\right)^{\frac{p-1}{p}}\left(\int_{R^N}|Du|^p\mathrm{d}x\right)^{\frac{1}{p}} \tag{5.4.5}$$

在式(5.4.5)中取 $\gamma=\dfrac{p(N-1)}{n-p}>1$，则

$$\frac{\gamma N}{N-1}=\frac{(\gamma-1)p}{p-1}.$$

于是，$\dfrac{\gamma N}{N-1}=\dfrac{(\gamma-1)p}{p-1}=\dfrac{Np}{N-p}=p^*$，对式(5.4.5)整理后得到结论.

证毕.

注　指数 $p^*=\dfrac{Np}{N-p}$ 称为临界 Sobolev 指数.

定理 5.4.6 (Morrey 不等式)　设 $N<p\leqslant\infty$，记 $\gamma=1-\dfrac{N}{p}$，对 $\forall u\in C^1(R^N)$，则存在仅依赖于 N 和 p 得常数 $C>0$，使得下式成立：

$$\|u\|_{C^{0,\gamma}(R^N)}\leqslant C\|u\|_{W^{1,p}(R^N)}.$$

证明　第一步. 在 R^N 中任取一个球 $B(x,r)$. 下证：存在常数 $C>0$(仅依赖于 N)，使得

$$\frac{1}{|B(x,r)|}\int_{B(x,r)}|u(x)-u(y)|\mathrm{d}y\leqslant C\int_{B(x,r)}\frac{|Du(y)|}{|y-x|^{N-1}}\mathrm{d}y. \tag{5.4.6}$$

任取 $\omega\in\partial B(0,1)$，当 $0<s<r$ 时，有

$$|u(x+s\omega)-u(x)|=\left|\int_0^s\frac{\mathrm{d}}{\mathrm{d}t}u(x+t\omega)\mathrm{d}t\right|$$

$$=\left|\int_0^s Du(x+t\omega)\omega\mathrm{d}t\right|\leqslant\int_0^s|Du(x+t\omega)|\mathrm{d}t.$$

对上式关于 ω 在球面 $\partial B(0,1)$ 积分得

$$\int_{\partial B(0,1)}|u(x+s\omega)-u(x)|\mathrm{d}\sigma\leqslant\int_0^s\int_{\partial B(0,1)}|Du(x+t\omega)|\mathrm{d}\sigma\mathrm{d}t$$

$$=\int_0^s\int_{\partial B(0,1)}|Du(x+t\omega)|\frac{t^{N-1}}{t^{N-1}}\mathrm{d}\sigma\mathrm{d}t.$$

记 $y=x+t\omega, t=|x-y|$，由极坐标公式，上式可变形为

$$\int_{\partial B(0,1)}|u(x+s\omega)-u(x)|\mathrm{d}\sigma\leqslant\int_{B(x,s)}\frac{|Du(y)|}{|x-y|^{N-1}}\mathrm{d}y=\int_{B(x,r)}\frac{|Du(y)|}{|x-y|^{N-1}}\mathrm{d}y.$$

对上式两端乘 s^{N-1}，再对 s 从 0 到 r 上积分，可得

$$\int_{B(x,r)}|u(x)-u(y)|\mathrm{d}y\leqslant\frac{r^N}{N}\int_{B(x,r)}\frac{|Du(y)|}{|y-x|^{N-1}}\mathrm{d}y.$$

第二步：证明：$\sup\limits_{x\in R^N}|u|\leqslant C\|u\|_{W^{1,p}(R^N)}$.

先固定 $x\in R^N$. 由式(5.4.6)，可得

$$\begin{aligned}|u(x)|&\leqslant\int_{B(x,1)}|u(x)-u(y)|\mathrm{d}y+\int_{B(x,1)}|u(y)|\mathrm{d}y\\&\leqslant C\int_{B(x,1)}\frac{|Du(y)|}{|y-x|^{N-1}}\mathrm{d}y+C\|u\|_{L^p(B(x,1))}\\&\leqslant C\|Du\|_{L^p(R^N)}\left(\int_{B(x,1)}\frac{\mathrm{d}y}{|x-y|^{\frac{(N-1)p}{p-1}}}\right)^{\frac{p-1}{p}}+C\|u\|_{L^p(R^N)}\\&\leqslant C\|u\|_{W^{1,p}(R^N)},\end{aligned}$$

其中，最后一个不等式由 $p>N$ 和 $\dfrac{(N-1)p}{p-1}<N$ 给出，且

$$\int_{B(x,1)}\frac{\mathrm{d}y}{|x-y|^{\frac{(N-1)p}{p-1}}}<\infty.$$

再由 $x\in R^N$ 的任意性，有

$$\sup_{x\in R^N}|u|\leqslant C\|u\|_{W^{1,p}(R^N)}\tag{5.4.7}$$

第三步：证明 $[u]_{C^{0,1-\frac{N}{p}}(R^N)}\leqslant C\|Du\|_{L^p(R^N)}$.

在 R^N 中任取 x 和 y，记 $r=|x-y|$ 和 $W=B(x,r)\cap B(y,r)$，则

$$|u(x)-u(y)|\leqslant\frac{1}{|W|}\int_W|u(x)-u(z)|\mathrm{d}z+\int_W|u(y)-u(z)|\mathrm{d}z.\tag{5.4.8}$$

由式(5.4.6)可得

$$\begin{aligned}\int_W|u(x)-u(z)|\mathrm{d}z&\leqslant C\int_{B(x,r)}|u(x)-u(z)|\mathrm{d}z\\&\leqslant C\|Du\|_{L^p(R^N)}\left(\int_{B(x,1)}\frac{\mathrm{d}z}{|x-z|^{\frac{(N-1)p}{p-1}}}\right)^{\frac{p-1}{p}}\\&\leqslant C\left(r^{N-\frac{(N-1)p}{p-1}}\right)^{\frac{p-1}{p}}\|Du\|_{L^p(R^N)}\\&=Cr^{1-\frac{N}{p}}\|Du\|_{L^p(R^N)}.\end{aligned}\tag{5.4.9}$$

同理

$$\frac{1}{|W|}\int_W|u(y)-u(z)|\mathrm{d}z\leqslant Cr^{1-\frac{N}{p}}\|Du\|_{L^p(R^N)}.\tag{5.4.10}$$

由式(5.4.8)至式(5.4.10)可得

$$|u(x)-u(y)|\leqslant Cr^{1-\frac{N}{p}}\|Du\|_{L^p(R^N)}=C|x-y|^{1-\frac{N}{p}}\|Du\|_{L^p(R^N)}.$$

则 $[u]_{C^{0,1-\frac{N}{p}}(R^N)}\leqslant C\|Du\|_{L^p(R^N)}$.

证毕.

定理 5.4.7 ($W_0^{k,p}(\Omega)$中的 Poincare 不等式)　设 $\Omega\subset R^N$ 是有界可测集，$1\leqslant p<N$，对任取 $u\in W_0^{1,p}(\Omega)$，则存在常数 $C>0$（仅依赖于 p,N 和 Ω），使得

$$\| u \|_{L^q(\Omega)}\leqslant C \| Du \|_{L^p(\Omega)}$$

成立，其中 $q\in[1,p^*]$和 $p^*=\dfrac{Np}{N-p}$.

证明　对任取 $u\in W_0^{1,p}(\Omega)$，由 $W_0^{1,p}(\Omega)$的定义，则存在一列 $\{u_m\}_{m=1}^{\infty}\subset C_0^{\infty}(\Omega)$使得在 $W^{1,p}(\Omega)$中，$u_m\xrightarrow{s}u$. 将每个 $u_m(x)$在 $R^N\backslash\Omega$ 中作零延拓，由定理(5.4.5)可得

$$\| u \|_{L^{p^*}(\Omega)}\leqslant C \| Du \|_{L^p(\Omega)}.$$

又由于 Ω 是有界集和 Hölder 不等式可得，当 $1\leqslant q\leqslant p^*$ 时，有

$$\| u \|_{L^q(\Omega)}\leqslant C \| u \|_{L^{p^*}(\Omega)}.$$

综合以上不等式，可得结论.

证毕.

定理 5.4.8 ($W^{1,p}(\Omega)$中的 Poincare 不等式)　设 $\Omega\subset R^N$ 是有界连通光滑区域，$1\leqslant p\leqslant +\infty$，则存在常数 $C>0$（仅依赖于 p,N 和 Ω），使得对 $\forall\, u\in W^{1,p}(R^N)$有

$$\| u-u_\Omega \|_{L^p(\Omega)}\leqslant C \| Du \|_{L^p(\Omega)}$$

成立，其中 $u_\Omega=\dfrac{1}{|\Omega|}\displaystyle\int_\Omega u(x)\mathrm{d}x$.

证明　反证. 假设上述不等式不成立，则存在一列 $u_k\in W^{1,p}(\Omega)$，使得

$$\| u_k-(u_k)_\Omega \| > k \| Du_k \|_{L^p(\Omega)}. \tag{5.4.11}$$

取

$$v_k=\frac{u_k-(u_k)_\Omega}{\| u_k-(u_k)_\Omega \|_{L^p(\Omega)}},\quad k=1,2,\cdots$$

则显然有

$$(v_k)_\Omega=0 \text{ 且 } \| v_k \|_{L^p}=1. \tag{5.4.12}$$

结合式(5.4.11)，有

$$\| Dv_k \|_{L^p(\Omega)}<\frac{1}{k},k=1,2,\cdots$$

于是序列$\{v_k\}_{k=1}^{\infty}$在 $W^{1,p}(\Omega)$中有界. 由紧嵌入（定理 5.4.9）可得，存在子列$\{v_{k_j}\}_{j=1}^{\infty}$和 $v\in L^p(\Omega)$，使得在 $L^p(\Omega)$中，

$$v_{k_j}\xrightarrow{s}v.$$

由式(5.4.12)可知，

$$(v)_\Omega=0 \text{ 且 } \| v \|_{L^p(\Omega)}=1.$$

另一方面，由 $\| Dv_k \|_{L^p(\Omega)}<\dfrac{1}{k}$可知，对 $\forall\,\varphi\in C_0^{\infty}(\Omega)$，有

$$\int_\Omega v\varphi_{x_i}\mathrm{d}x=\lim_{j\to\infty}\int_\Omega v_{k_j}\varphi_{x_i}\mathrm{d}x=-\lim_{j\to\infty}\int_\Omega \varphi D_i v_{k_j}\mathrm{d}x=0.$$

由 φ 的任意性，可得 $v\in W^{1,p}(\Omega)$ 且 $Dv=0$ a. e. $x\in\Omega$. 由推论 5.4.1，$v\equiv$常数 a. e. $x\in\Omega$. 所以

$$v_\Omega=0 \text{ 且 } v\equiv c=0.$$

这与 $\|v\|_{L^p(\Omega)}=1$ 矛盾.

证毕.

推论 5.4.2 (球上的 Poincare 不等式) 设 $1\leqslant p<N$，则存在常数 $C>0$(仅依赖于 p 和 N)，使得对任意球 $B(x,r)\subset R^N$ 和 $\forall u\in W^{1,p}(B(x,r))$，有

$$\|u-u_{B(x,r)}\|_{L^p(B(x,r))}\leqslant Cr\|Du\|_{L^p(B(x,r))},$$

其中 $u_{B(x,r)}=\dfrac{1}{|B(x,r)|}\displaystyle\int_{B(x,r)}u(y)\mathrm{d}y$.

注 推论 5.4.2 的证明，只要在定理 5.4.8 中令 $\Omega=B(x,r)$ 以及极坐标变换可得.

5.4.6 嵌入定理

定义 5.4.4 设$(X,\|\cdot\|_X)$和$(Y,\|\cdot\|_Y)$是赋范线性空间，若满足

(1) X 是 Y 的子空间；

(2) 对 $\forall x\in X$，恒等算子 $I:X\to Y$ 是连续的.

则称赋范线性空间 X 嵌入到空间 Y 中，记为 $X\subset Y$ 或 $X\to Y$，称恒等算子 I 为嵌入算子. 进一步，若嵌入算子 I 是紧算子(即 I 将空间 X 中的有界集映射为 Y 中的准紧集)，则称空间 X 紧嵌入 Y 中，记为 $X\xrightarrow{c}Y$. 此时，嵌入算子 I 称为紧嵌入算子.

注 由于嵌入算子 I 是线性的，于是上述定义中(2)等价于 $\exists$ 常数 $M>0$，使得对 $\forall x\in X$，有 $\|I(x)\|_Y\leqslant M\|x\|_X$.

例 5.4.3 设 Ω 是 R^N 中的有界可测集，即 $\Omega\subset R^N$ 且 $|\Omega|<\infty$. 当 $1\leqslant p<q\leqslant\infty$ 时，有嵌入

$$L^q(\Omega)\subset L^p(\Omega) \text{ 或 } L^q(\Omega)\to L^p(\Omega).$$

这可由 Hölder 不等式 $\displaystyle\int_\Omega|f(x)|^p\mathrm{d}x\leqslant|\Omega|^{1-\frac{p}{q}}\left(\int_\Omega|f(x)|^q\right)^{\frac{p}{q}}$ 直接得到. 但当 Ω 无界($|\Omega|=\infty$)时，上述嵌入不成立，见第 2 章例 2.1.12 的注(3).

例 5.4.4 记 Ω 是 R^N 中的区域，m 为非负整数，实数 v 和 λ 满足 $0<v<\lambda\leqslant 1$.

(1) 有如下三个嵌入：

(ⅰ) $C^{m+1}(\overline{\Omega})\subset C^m(\overline{\Omega})$；

(ⅱ) $C^{m,\nu}(\overline{\Omega})\subset C^m(\overline{\Omega})$；

(ⅲ) $C^{m,\lambda}(\overline{\Omega})\subset C^{m,\nu}(\overline{\Omega})$.

(2) 当 Ω 是有界区域(即 $|\Omega|<\infty$)，则

(ⅳ) $C^{m,\nu}(\overline{\Omega})\subset C^m(\overline{\Omega})$ 是紧嵌入，即 $C^{m,\nu}(\overline{\Omega})\xrightarrow{c}C^m(\overline{\Omega})$.

(ⅴ) $C^{m,\lambda}(\overline{\Omega})\subset C^{m,\nu}(\overline{\Omega})$ 是紧嵌入，即 $C^{m,\lambda}(\overline{\Omega})\xrightarrow{c}C^{m,\nu}(\overline{\Omega})$.

(3) 当 Ω 有界且为凸区域，则

(ⅵ) $C^{m+1}(\overline{\Omega})\subset C^{m}(\overline{\Omega})$是紧嵌入,即 $C^{m+1}(\overline{\Omega})\xrightarrow{c}C^{m}(\overline{\Omega})$.

(ⅶ) 当 $\lambda<1$ 时,$C^{m+1}(\overline{\Omega})\subset C^{m,\lambda}(\overline{\Omega})$是紧嵌入,即 $C^{m+1}(\overline{\Omega})\xrightarrow{c}C^{m,\lambda}(\overline{\Omega})$.

证明　(ⅰ) 任取 $u\in C^{m+1}(\overline{\Omega})$,都有下式成立:

$$\|u\|_{C^{m}(\overline{\Omega})}\leqslant\|u\|_{C^{m+1}(\overline{\Omega})}.$$

于是可得结论(ⅱ). 同理(ⅲ),有类似不等式

$$\|u\|_{C^{m}(\overline{\Omega})}\leqslant\|u\|_{C^{m,\lambda}(\overline{\Omega})}.$$

(ⅲ) 任取 $u\in C^{m,\lambda}(\overline{\Omega})$,取多重指标 $|\alpha|\leqslant m$,对

$$\sup_{\substack{x\neq y\\ x,y\in\Omega}}\frac{|D^{\alpha}u(x)-D^{\alpha}u(y)|}{|x-y|^{v}}$$

分成两种情况讨论:

(A) 当 $0<|x-y|<1$ 时,有

$$\sup_{\substack{0<|x-y|<1\\ x,y\in\Omega}}\frac{|D^{\alpha}u(x)-D^{\alpha}u(y)|}{|x-y|^{v}}\leqslant\sup_{\substack{0<|x-y|<1\\ x,y\in\Omega}}\frac{|D^{\alpha}u(x)-D^{\alpha}u(y)|}{|x-y|^{\lambda}}$$
$$\leqslant\sup_{x,y\in\Omega}\frac{|D^{\alpha}u(x)-D^{\alpha}u(y)|}{|x-y|^{\lambda}}$$

(B) 当 $|x-y|\geqslant1$ 时,有

$$\sup_{\substack{|x-y|\geqslant1\\ x,y\in\Omega}}\frac{|D^{\alpha}u(x)-D^{\alpha}u(y)|}{|x-y|^{v}}\leqslant\sup_{\substack{|x-y|\geqslant1\\ x,y\in\Omega}}|D^{\alpha}u(x)-D^{\alpha}u(y)|$$
$$\leqslant2\sup_{x,y\in\Omega}|D^{\alpha}u(x)|.$$

由上述(A)和(B)可得

$$\|u\|_{C^{m,v}(\overline{\Omega})}\leqslant2\|u\|_{C^{m,\lambda}(\overline{\Omega})}.$$

即(ⅲ)证完.

(ⅳ) 先说明 $m=0$ 的情况. 设 Ω 是有界的,即 $|\Omega|<\infty$. 下证:$C^{0,v}(\overline{\Omega})\to C^{0}(\overline{\Omega})$是紧嵌入. 取 $C^{0,v}(\overline{\Omega})$中的有界集 K,则对 $\forall u\in K$,都有

$$\|u\|_{C^{0,v}(\overline{\Omega})}\leqslant M,$$

其中 $M>0$ 是常数. 此式展开可得:

$$|u(x)-u(y)|\leqslant M(x-y)^{\lambda},\ \forall x,y\in\Omega.$$

于是 K 满足有界且等度连续. 由 Ascoli-Arzela 定理(定理 2.4.5),可得集合 K 在 $C^{0,v}(\overline{\Omega})$中列紧. 对于 $m\geqslant1$ 的情况,只需对 $D^{\alpha}u$,$|\alpha|\leqslant m$ 进行上述类似过程即可.

(ⅴ) 在 $C^{m,\lambda}(\overline{\Omega})$中取有界集 K,对 $\forall u\in K$,则有 $\|u\|_{C^{m,\lambda}(\overline{\Omega})}\leqslant M$,其中 $m>0$ 是常数. 经计算

$$\frac{|D^{\alpha}u(x)-D^{\alpha}u(y)|}{|x-y|^{\nu}}\leqslant\left(\frac{|D^{\alpha}u(x)-D^{\alpha}u(y)|}{|x-y|^{\lambda}}\right)^{\frac{\nu}{\lambda}}|D^{\alpha}u(x)-D^{\alpha}u(y)|^{1-\frac{\nu}{\lambda}}$$
$$\leqslant M|D^{\alpha}u(x)-D^{\alpha}u(y)|^{1-\frac{\nu}{\lambda}}.$$

其中 $0<\nu<\lambda\leqslant1$,$|\alpha|\leqslant m$,再由结论(ⅱ)和上式可得有界集 K 满足有界和等度连续,则由 Ascoli-Arzela 定理可得 K 在 $C^{m,\lambda}(\overline{\Omega})$中列紧.

(ⅳ)和(ⅶ)当 Ω 是凸区域,取 $x,y\in\Omega$,由高维微分中值定理,可得在 x 到 y 的线段中,存在一个点 z,使得

$$D^\alpha u(x)-D^\alpha u(y)=(x-y)\cdot\nabla D^\alpha u(z),$$

其中$\nabla=\left(\frac{\partial}{\partial x_1},\frac{\partial}{\partial x_2},\cdots,\frac{\partial}{\partial x_N}\right)$. 于是

$$|D^\alpha u(x)-D^\alpha u(y)|=N|x-y|\ \|u\|_{C^{m+1}(\overline{\Omega})}.$$

则 $\|u\|_{C^{m,1}(\overline{\Omega})}\leqslant N\|u\|_{C^{m+1}(\overline{\Omega})}$,即

$$C^{m+1}(\overline{\Omega})\xrightarrow{c}C^m(\overline{\Omega}).$$

将此式再结合(ⅳ)和 Ω 是有界凸区域,可得

$$C^{m+1}(\overline{\Omega})\xrightarrow{c}C^m(\overline{\Omega}).$$

类似地,当 Ω 是有界凸区域,则

$$C^{m+1}(\overline{\Omega})\subset C^{m,1}(\overline{\Omega})\xrightarrow{c}C^{m,\lambda}(\overline{\Omega}).$$

定理 5.4.9 (嵌入和紧嵌入定理) 设 $\Omega\subset R^N$ 是有界集且边界$\partial\Omega$ 是 Lipschitz 边界,有如下嵌入关系:

(ⅰ) 当 $p<N$,且 $1\leqslant q\leqslant p^*=\frac{Np}{N-p}$时,则 $W^{1,p}(\Omega)\subset L^q(\Omega)$;进一步,当 $q<p^*=\frac{Np}{N-p}$ 时,则 $W^{1,p}(\Omega)\subset L^q(\Omega)$是紧嵌入,即 $W^{1,p}(\Omega)\xrightarrow{c}L^q(\Omega)$.

(ⅱ) 当 $p>N$,且 $0\leqslant\alpha\leqslant 1-\frac{N}{p}$时,则 $W^{1,p}(\overline{\Omega})\subset C^{0,\alpha}(\overline{\Omega})$;进一步当 $\alpha<1-\frac{N}{p}$时,则 $W^{1,p}(\overline{\Omega})\subset C^{0,\alpha}(\overline{\Omega})$是紧嵌入,即 $W^{1,p}(\overline{\Omega})\xrightarrow{c}C^{0,\alpha}(\overline{\Omega})$.

证明 (ⅰ) 当 $p<N$ 时,先证明连续嵌入.

(1) 假设 $u\in W^{1,p}$,由于 $p<N$ 和 Ω 有界,将 u 从 Ω 向 R^N 进行零延拓,可得 $u\in W^{1,p}(R^N)$,则由 Sobolev-Nirenberg-Gagliardo 不等式(定理 5.4.5),可得

$$\begin{aligned}\|u\|_{L^{p^*}(\Omega)}&=\|u\|_{L^{p^*}(R^N)}\leqslant c\ \|Du\|_{L^p(R^N)}\\&\leqslant c\ \|u\|_{W^{1,p}(\Omega)},\end{aligned}$$

其中 $c>0$ 是与 u 无关的常数. 再结合 Hölder 不等式,可得当 $1\leqslant q\leqslant p^*=\frac{Np}{N-p}$,有

$$\|u\|_{L^q(\Omega)}\leqslant c\ \|u\|_{W^{1,p}(\Omega)}.$$

(2) 当 $p<N$ 且 $q<p^*=\frac{Np}{N-p}$时,再证紧嵌入. 只需证明 $W^{1,p}(\Omega)$中的有界序列 $\{u_m\}_{m=1}^\infty$,在 $L^q(\Omega)$中有一个子列$\{u_{m_j}\}_{j=1}^\infty$收敛. 由于 Ω 是有界区域且边界是 Lipschitz 的,则可取更大的有界区域 Φ,使得 $\Phi\supset\Omega$ 且

$$u_m(x)=0,x\in R^N\backslash\Phi.$$

即 u_m 的支集都含在 Φ 中. 由于$\{u_m\}_{m=1}^\infty$在 $W^{1,p}(\Omega)$中有界,则$\{u_m\}_{m=1}^\infty$在 $W^{1,p}(\Phi)$中也有界. 取磨光化序列

$$u_m^\varepsilon=u_m^*\alpha_\varepsilon(\varepsilon>0,m=1,2,\cdots)$$

其中磨光化子 α_ε 由定理 5.1.1 给出. 显然,当 ε 很小时,可取磨光化序列 u_m^ε 的支集都含在区域 Φ 中.

(3) 下证在 $L^p(\Phi)$ 中 $u_m^\varepsilon \to u_m$,经计算

$$u_m^\varepsilon(x) \to u_m(x) = \int_{B(0,1)} \varphi(y)(u_m(x-\varepsilon y) - u_m(x))\mathrm{d}y$$
$$= \int_{B(0,1)} \varphi(y)\int_0^1 \frac{\mathrm{d}}{\mathrm{d}t}u_m(x-\varepsilon ty)\mathrm{d}t\mathrm{d}y$$
$$= -\varepsilon\int_{B(0,1)} \varphi(y)\int_0^1 Du_m(x-\varepsilon ty)\cdot y\mathrm{d}t\mathrm{d}y$$

则

$$\int_\Phi |u_m^\varepsilon(x) - u_m(x)|\mathrm{d}x \leqslant \varepsilon\int_{B(0,1)} \varphi(y)\int_0^1\int_\Phi |Du_m(x-\varepsilon ty)|\mathrm{d}x\mathrm{d}t\mathrm{d}y$$
$$\leqslant \varepsilon\int_\Phi |Du_m(z)|\mathrm{d}z$$

即

$$\| u_m^\varepsilon - u_m \|_{L^1(\Phi)} \leqslant \varepsilon \| Du_m \|_{L^1(\Phi)} \leqslant \varepsilon \| Du_m \|_{L^p(\Phi)},$$

其中上式最后一个不等式由 Hölder 不等式和 Φ 有界给出. 因为 $u_m \in W^{1,p}(\Phi)$ 且有界,则当 $\varepsilon \to 0$ 时,在 $L^1(\Phi)$ 中有 $u_m^\varepsilon \to u_m$. 由 $1 \leqslant q < p^*$ 和插值不等式(定理 2.1.5)可得

$$\| u_m^\varepsilon - u_m \|_{L^q(\Phi)} \leqslant \| u_m^\varepsilon - u_m \|_{L^1(\Phi)}^\theta \cdot \| u_m^\varepsilon - u_m \|_{L^{p^*}(\Phi)}^{1-\theta},$$

其中 $\dfrac{1}{q} = \theta + \dfrac{1-\theta}{p^*}$ 且 $0 < \theta < 1$. 于是由 Sobolev-Nirenberg-Gagliardo 不等式(定理 5.4.5),可得

$$\| u_m^\varepsilon - u_m \|_{L^q(\Phi)} \leqslant C \| u_m^\varepsilon - u_m \|_{L^1(\Phi)}^\theta,$$

即在 $L^q(\Phi)$ 中,当 $\varepsilon \to 0$ 时,有

$$u_m^\varepsilon \to u_m.$$

(4) 下证:对任何 $\varepsilon > 0$,序列 $\{u_m^\varepsilon\}_{m=1}^\infty$ 一致有界且等度连续.

若 $\forall$ 取 $x \in R^N$,对 $\forall\, m = 1,2,\cdots$,则有

$$|u_m^\varepsilon(x)| \leqslant \int_{B(x,\varepsilon)} \alpha_\varepsilon(x-y)|u_m(y)|\mathrm{d}y$$
$$\leqslant \| \alpha_\varepsilon \|_{L^\infty(R^N)} \| u_m \|_{L^1(\Phi)} \leqslant \frac{C}{\varepsilon^N} < \infty.$$

同理

$$|Du_m^\varepsilon(x)| \leqslant \| D\alpha_\varepsilon \|_{L^\infty(R^N)} \| u_m \|_{L^1(\Phi)} \leqslant \frac{C}{\varepsilon^{N+1}} < \infty.$$

于是,可得序列 $\{u_m^\varepsilon\}_{m=1}^\infty$ 是一致有界且等度连续.

(5) 下证:对 $\forall\, \delta > 0$,存在子列 $\{u_{mj}\}_{j=1}^\infty$,使得

$$\lim_{j,k\to\infty} \| u_{mj} - u_{mk} \|_{L^q(\Phi)} \leqslant \delta.$$

由于,在 $L^q(\Phi)$ 中 $u_m^\varepsilon \to u_m$,当 $\varepsilon > 0$ 很小时,对 $\forall\, m = 1,2,3,\cdots$,有

$$\| u_m^{\varepsilon}-u_m \|_{L^q(\Phi)}\leqslant\frac{\delta}{3}.$$

由于序列$\{u_m\}_{m=1}^{\infty}$和$\{u_m^{\varepsilon}\}_{m=1}^{\infty}$的支集都在区域$\Phi$中，再由$\{u_m^{\varepsilon}\}_{m=1}^{\infty}$一致有界且等度连续和 Ascoli-Arzela 定理，可得子列$\{u_{mj}\}_{j=1}^{\infty}$在$\Phi$上一致收敛，于是对上述$\varepsilon>0$，有

$$\| u_{mj}^{\varepsilon}-u_{mk}^{\varepsilon} \|_{L^q(\Phi)}\leqslant\frac{\delta}{3}.$$

又因为

$$\| u_{mj}-u_{mk} \|_{L^q(\Phi)}\leqslant \| u_{mj}^{\varepsilon}-u_{mj} \|_{L^q(\Phi)}+\| u_{mj}^{\varepsilon}-u_{mk}^{\varepsilon} \|_{L^q(\Phi)}+\| u_{mk}^{\varepsilon}-u_{mk} \|_{L^q(\Phi)},$$

可得

$$\lim_{j,k\to\infty}\| u_{mj}-u_{mk} \|_{L^q(\Phi)}\leqslant\delta.$$

(6) 取$\delta=\frac{1}{n}$，$n=1,2,\cdots$，则由$\{u_m\}_{m=1}^{\infty}$可取出子列$\{u_{m_n}\}_{n=1}^{\infty}$，使得

$$\lim_{n,k\to\infty}\| u_{mn}-u_{mk} \|_{L^q(\Phi)}=0.$$

则由(2)～(6)，可证得$W^{1,p}(\Omega)\subset L^q(\Omega)$紧嵌入.

(ⅱ) 当$p>N$时，首先证明连续嵌入.

由于Ω有界且$\partial\Omega$是 Lipschitz 连续，则可取更大的有界开区域Φ，使得$\Phi\supset\Omega$，且u可在Φ之外零延拓，即

$$u(x)=0,x\in R^N\backslash\Phi.$$

记u的延拓为$\bar{u}$，则$\bar{u}$满足

$$\begin{cases}\bar{u}(x)=u(x),x\in\Omega,\\ \bar{u}\text{ 在 }R^N\text{ 上有紧支集},\\ \|\bar{u}\|_{W^{1,p}(R^N)}\leqslant c\|u\|_{W^{1,p}(\Omega)},\end{cases}$$

由于$\bar{u}$有紧支集，与(ⅰ)类似的光滑化步骤，存在序列$u_m\in C_c^{\infty}(R^N)$，使得在$W^{1,p}(R^N)$中有

$$u_m\to\bar{u}.$$

再由 Morrey 不等式(定理 5.4.6)，有

$$\| u_m-u_k \|_{C^{0,1-\frac{N}{p}}(R^N)}\leqslant c\| u_m-u_k \|_{W^{1,p}(R^N)},$$

其中$m,k=1,2,3,\cdots$，则$\{u_m\}_{m=1}^{\infty}$是$C^{0,1-\frac{N}{p}}(R^N)$中的 Cauchy 列. 由空间$C^{0,1-\frac{N}{p}}(R^N)$的完备性，可得存在一个元素$u^*\in C^{0,1-\frac{N}{p}}(R^N)$使得

$$u_m\xrightarrow{s}u^*.$$

由$u_m\to\bar{u}$和$u_m\to u^*$，可得$u^*=u$ a. e. $x\in\Omega$. 再由 Morrey 不等式，可得

$$\| u_m \|_{C^{0,1-\frac{N}{p}}(R^N)}\leqslant c\| u_m \|_{W^{1,p}(R^N)}.$$

由此不等式，$u_m\to\bar{u}$和$u_m\to u^*$，可得

$$\| u^* \|_{C^{0,1-\frac{N}{p}}(R^N)}\leqslant C\|\bar{u}\|_{W^{1,p}(R^N)}\leqslant C\| u \|_{W^{1,p}(\Omega)}$$

再结合例 5.4.4 的(ⅲ)，则当$p>N$时，有连续嵌入

$$W^{1,p}(\Omega)\subset C^{0,\alpha}(\bar{\Omega}),0<\alpha\leqslant1-\frac{N}{p}.$$

关于 $W^{1,p}(\Omega)\subset C^{0,\alpha}(\overline{\Omega}), 0<\alpha\leqslant 1-\dfrac{N}{p}$ 是紧嵌入的证明，只需参考例 5.4.4(v).

证毕.

上述嵌入关系可总结如下：

连续嵌入：

$$W^{1,p}(\Omega)\to\begin{cases}L^q(\Omega),\ p\leqslant q\leqslant p^*=\dfrac{Np}{N-p},\ p<N;\\ L^q(\Omega),\ p\leqslant q<+\infty,\ p=N;\\ C^{0,\alpha}(\overline{\Omega}),\ 0<\alpha\leqslant 1-\dfrac{N}{p},\ p>N.\end{cases}$$

紧嵌入：

$$W^{1,p}(\Omega)\xrightarrow{c}\begin{cases}L^q(\Omega),\ p\leqslant q<p^*=\dfrac{Np}{N-p},\ p<N;\\ L^q(\Omega),\ p\leqslant q<+\infty,\ p=N;\\ C^{0,\alpha}(\overline{\Omega}),\ 0<\alpha<1-\dfrac{N}{p},\ p>N.\end{cases}$$

注 在定理 5.4.9 中，取 $\Omega\subset R^N$ 为有界区域，$N\geqslant 2$. 当 $p\to N$ 时，有

$$p^*=\frac{Np}{N-p}\to+\infty.$$

那么，是否有

$$\| u\|_{L^\infty(\Omega)}\leqslant C\| u\|_{W^{1,N}(\Omega)}. \tag{5.4.13}$$

即是否存在嵌入关系 $W^{1,N}(\Omega)\subset L^\infty(\Omega)$？本书接着给出 $W^{1,N}(\Omega)$ 不可嵌入 $L^\infty(\Omega)$ 的反例.

例 5.4.5 当 $\Omega\subset R^N, N\geqslant 2$ 为有界光滑区域时，$W^{1,N}(\Omega)\not\subset L^\infty(\Omega)$，即 $W^{1,N}(\Omega)$ 不可嵌入 $L^\infty(\Omega)$.

证明 取函数

$$u(x)=\ln\left(\ln\left(1+\frac{1}{|x|}\right)\right), x=(x_1,x_2)=\Omega=B(0,1)\subset R^2,$$

其中，$B(0,1)$ 是以 0 为圆心、1 为半径的球.

下证，当 $p=N=2$ 时，$u\in W^{1,2}(B(0,1))$，但 $u\notin L^\infty(B(0,1))$.

显然，$u(x)$ 在 0 附近无界，所以 $u\notin L^\infty(B(0,1))$. 由于 $\| u\|_{W^{1,2}(B(0,1))}=\| u\|_{L^2(B(0,1))}+\| Du\|_{L^2(B(0,1))}$，分别计算 $\| u\|_{L^2(B(0,1))}$ 和 $\| Du\|_{L^2(B(0,1))}$.

$$\begin{aligned}\| u\|^2_{L^2(B(0,1))}&=\int_{B(0,1)}|u(x)|^2\mathrm{d}x=\int_{B(0,1)}\left|\ln\left(\ln\left(1+\frac{1}{|x|}\right)\right)\right|^2\mathrm{d}x\\&=\int_0^1\int_0^{2\pi}\left|\ln\left(\ln\left(1+\frac{1}{\rho}\right)\right)\right|^2\rho\,\mathrm{d}\rho\,\mathrm{d}\theta\\&=2\pi\int_0^1\left|\ln\left(\ln\left(1+\frac{1}{\rho}\right)\right)\right|^2\rho\,\mathrm{d}\rho\end{aligned}$$

$$= 2\pi\int_{+\infty}^{1} |\ln(\ln(1+t))|^2 \frac{1}{t}\left(-\frac{1}{t^2}\right)\mathrm{d}t$$

$$= 2\pi\int_{1}^{+\infty} \frac{|\ln(\ln(1+t))|^2}{t} \cdot \frac{1}{t^2}\mathrm{d}t,$$

上式倒数第二个等式由积分换元 $\rho=\frac{1}{t}$ 得到. 当 $t>1$ 时,记 $\eta=t^{\frac{1}{2}}>1$,则有 $e^{\eta}>\eta^2$,于是 $\eta>\ln\eta^2$,再由 $\eta=t^{\frac{1}{2}}$ 可得

$$t^{\frac{1}{2}}>\ln t,$$

即 $\frac{(\ln t)^2}{t}<1$. 将此式结合 $\ln(1+t)<t$,可得

$$\frac{|\ln(\ln(1+t))|^2}{t}<\frac{(\ln t)^2}{t}<1.$$

则原式

$$= 2\pi\int_{1}^{+\infty} \frac{|\ln(\ln(1+t))|^2}{t} \cdot \frac{1}{t^2}\mathrm{d}t < 2\pi\int_{1}^{+\infty} \frac{1}{t^2}\mathrm{d}t = 2\pi.$$

于是

$$\| u \|_{L^2(B(0,1))} < \infty. \tag{5.4.14}$$

再计算 $\| Du \|_{L^2(B(0,1))}$.

由于 $p=N=2$ 且 $u(x)=\ln\left(\ln\left(1+\frac{1}{|x|}\right)\right)$,$x=(x_1,x_2)=\Omega=B(0,1)\subset R^2$,经计算:

$$u_{x_1}(x)=\frac{1}{\ln\left(1+\frac{1}{|x|}\right)}\cdot\frac{1}{1+|x|}\cdot\frac{(-x_1)}{|x|^2}$$

和

$$u_{x_2}(x)=\frac{1}{\ln\left(1+\frac{1}{|x|}\right)}\cdot\frac{1}{1+|x|}\cdot\frac{(-x_2)}{|x|^2}.$$

再由 $Du(x)=(u_{x_1}(x),u_{x_2}(x))$,可得

$$|Du|=\sqrt{u_{x_1}^2+u_{x_2}^2}=\frac{1}{|x|\cdot(1+|x|)\ln\left(1+\frac{1}{|x|}\right)}.$$

则

$$\| Du \|_{L^2(B(0,1))}^2 = \int_{B(0,1)} \frac{1}{|x|^2 (1+|x|)^2 \ln^2\left(1+\frac{1}{|x|}\right)}\mathrm{d}x$$

$$= \int_0^{2\pi}\int_0^1 \frac{1}{\rho^2 (1+\rho)^2 \ln^2\left(1+\frac{1}{\rho}\right)}\rho\, \mathrm{d}\rho\, \mathrm{d}\theta$$

$$= 2\pi\int_0^1 \frac{1}{\rho (1+\rho)^2 \ln^2\left(1+\frac{1}{\rho}\right)}\mathrm{d}\rho \tag{5.4.15}$$

其中第二个等号是直角坐标换成极坐标. 在式(5.4.15)中变量替换令 $\rho=\frac{1}{t}$ 则式(5.4.15)变为

$$
\begin{aligned}
&= 2\pi\int_{+\infty}^{1} t\cdot\frac{1}{\left(1+\frac{1}{t}\right)^2}\cdot\frac{1}{\ln^2(1+t)}\cdot(-t^2)\,\mathrm{d}t \\
&= 2\pi\int_{1}^{+\infty}\frac{t}{(1+t)\cdot\ln^2(1+t)}\mathrm{d}(\ln(1+t)) \qquad (5.4.16)\\
&= 2\pi\int_{\ln 2}^{+\infty}\frac{e^s-1}{e^s}\cdot\frac{1}{s^2} \\
&= 2\pi\left[\int_{\ln 2}^{+\infty}\frac{1}{s^2}\mathrm{d}s-\int_{\ln 2}^{+\infty}\frac{1}{e^s}\cdot\frac{1}{s^2}\mathrm{d}s\right]
\end{aligned}
$$

其中倒数第二个等号由变量替换 $t=e^s-1$ 给出. 由于式(5.4.16)中第一项

$$\int_{\ln 2}^{+\infty}\frac{1}{s^2}\mathrm{d}s=\left(-\frac{1}{s}\right)\Big|_{\ln 2}^{+\infty}=\frac{1}{\ln 2},$$

且式(5.4.16)中第二项

$$0<\int_{\ln 2}^{+\infty}\frac{1}{e^s}\cdot\frac{1}{s^2}\mathrm{d}s<\int_{\ln 2}^{+\infty}\frac{1}{2s^2}\mathrm{d}s=\frac{1}{2\ln 2}<\infty,$$

则 $\|Du\|^2_{L^2(B(0,1))}<+\infty$. 再结合式(5.4.14)可得

$$\|u\|_{W^{1,2}(B(0,1))}=\|u\|_{L^2(B(0,1))}+\|Du\|_{L^2(B(0,1))}<\infty,$$

则 $u\in W^{1,p}(B(0,1))$,于是不等式 $\|u\|_{L^\infty(\Omega)}\leqslant C\|u\|_{W^{1,N}(\Omega)}$ 不成立.

当 $p=N>2$ 时,用 N 维极坐标公式

$$
\begin{aligned}
\|u\|^N_{L^N(B(0,1))} &= \int_{B(0,1)}|u(x)|^N\mathrm{d}x=\int_0^1\int_{S^{N-1}}|u(\rho)|^N\rho^{N-1}\mathrm{d}\rho\,\mathrm{d}\sigma \\
&= |S^{N-1}|\cdot\int_0^1|u(\rho)|^N\rho^{N-1}\mathrm{d}\rho.
\end{aligned}
$$

其中,$S^{N-1}=\{(x_1,x_2,\cdots,x_N)\in R^N\,|\,x_1^2+x_2^2+\cdots+x_N^2=1\}$ 是 $N-1$ 维单位球面. 此情况与上述的 $p=N=2$ 过程类似.

证毕.

注　此例是文献[31]的 5.6.1 节中 5.10 Problems 第 14 题. 此例说明当 $p=N$ 时,对一般区域 Ω 上,不存在嵌入

$$W^{1,p}(\Omega)\subset L^\infty(\Omega).$$

这说明 $L^\infty(\Omega)$ 空间太小了. Trudinger 在 1967 年给出了 $W^{1,N}(\Omega)$ 可嵌入到更恰当的空间中,即 Orlicz 空间.

定理 5.4.10　设 $\Omega\subset R^N$ 是有界光滑区域. 记 Orlicz 函数

$$A(t)=\exp(t^{\frac{N}{N-1}})-1,$$

则有嵌入

$$W^{1,N}(\Omega)\subset L_A(\Omega),$$

其中,Orlicz 空间 $L_A(\Omega)$ 由第 2 章例 2.1.13 给出,有兴趣的读者可参考文献[27,31].

习 题 五

1. 求证：$C_0^\infty(R^n)$ 在 $L^p(R^n)$，$C^0(R^n)$中稠密.

2. 求证：(1) 若 $u\in C^\infty(R^n)$，则 $J_\varepsilon u\to u(C^\infty(R^n))$；

(2) 若 $u\in C_0^\infty(R^n)$，则

$$J_\varepsilon u\to u(C_0^\infty(R^n)),$$

其中，$J_\varepsilon u = u_\varepsilon$ 按 $u_\varepsilon(x)=\int_{R^n}u(x-y)\alpha_\varepsilon(y)\mathrm{d}y=\int_{R^n}u(y)\alpha_\varepsilon(x-y)\mathrm{d}y$ 定义，$\alpha_\varepsilon(x)$ 由例5.1.1定义.

3. 试证：空间 $C_0^\infty(R^n)$是完备的，即若$\{\varphi_m\}$为$C_0^\infty(R^n)$中的函数列有一致有界的支集，且对任意的重指标 α，有

$$\sup_{x\in R^n}|\partial^\alpha\varphi_m-\partial^\alpha\varphi_k|\to 0,m,k\to\infty,$$

存在 $\varphi\in C_0^\infty(R^n)$，使 $\varphi_m\to\varphi(C_0^\infty(R^n))$.

4. 设 $u_\varepsilon(x)$如式(5.1.7)定义，试证：若 $u(x)\in S(R^n)$，那么当 $\varepsilon\to 0$ 时，

$$u_\varepsilon(x)\to u(x)\ (在\ S(R^n)中).$$

证明 $\varphi_m\to 0(S(R^n))$与下面两条件之一等价：

(1) 对任一重指标 α，$\sup_{x\in R^n}|\partial^\alpha\varphi_m|\to 0$，且对任一重指标 p,α，有

$$\sup_{x\in R^n}|x^p\partial^\alpha\varphi_m|\leqslant C_{p,\alpha}$$

(2) 对任一正整数 v，在 $m\to\infty$时，有

$$\sup_{\substack{x\in R^n\\|\alpha|\leqslant v}}(1+|x|^2)^v|\partial^\alpha\varphi_m|\to 0$$

5. 设 $\varphi(x)$如式(5.1.9)所定义，x_j 为趋于∞的一个点列，$|x_{j+1}|>|x_j|+2$，试证

$$\gamma(x)=\sum_{j=1}^\infty\frac{\varphi(x-x_j)}{(1+|x_j|^2)^j}\in S(R^n).$$

6. 问下列广义函数属于哪个空间：

(1) $f(x)=e^x\cos x$；

(2) $f(x)=\begin{cases}1, & |x|\leqslant 1,\\ 0, & |x|>1;\end{cases}$

(3) $\langle f,\varphi\rangle=\sum_{v=1}^m\varphi^{(v)}(0)$，$\forall\,\varphi(x)\in C^m(R^1)$.

7. 证明：若 $f_m(x)\in C(R^n)$，$f_m(x)\geqslant 0$，且对于任意的 $\delta>0$，$R>0$，在$[-R,-\delta]$，$[\delta,R]$ 上 $f_m(x)$ 一致趋于零，并使$\int_{-\delta}^{\delta}f_m(x)\mathrm{d}x\to 1$，则 $m\to\infty$ 时 $f_m(x)\to\delta(x)(D'(R^n)$ 或 $S'(R^n))$.

8. 证明在广义函数意义下下列极限成立：

(1) $\lim\limits_{\varepsilon\to 0}\dfrac{\varepsilon}{(\varepsilon^2+x^2)}=\pi\delta(x)$;

(2) $\lim\limits_{\varepsilon\to 0}\dfrac{1}{\sqrt{\pi\varepsilon}}e^{-\frac{x^2}{\varepsilon}}=\delta(x)$.

9. 设 $f_\varepsilon(x)=(x+i\varepsilon)^{-1}+(x-i\varepsilon)^{-1}$，证明$\lim\limits_{\varepsilon\to 0}f_\varepsilon$ 在 $S'(R^n)$中存在.

10. 若 $f_m(x)$与 $f(x)$都是 $C(R^n)$函数，则在下列各种情况下能否得到 $f_m\to f(D'(R^n))$的结论？

(1) $f_m(x)\to f(x)$, $L^2(R^n)$;

(2) $f_m(x)$点点收敛于 $f(x)$;

(3) $f_m(x)$一致收敛于 $f(x)$.

11. 设 $\varphi(x,y)\in C_0^\infty(R_x^n\times R_y^n)$, $T_y\in D'(R_y^m)$，试证$\langle T_y,\varphi(x,y)\rangle$是 $C_0^\infty(R_x^n)$函数.

12. 计算下列式子(均设 $\varphi(x)\in C_0^\infty(R^1)$)：

(1) $\langle x^k\delta^{(m)}(x),\varphi(x)\rangle$，$k,m$ 为正整数；

(2) $\langle\delta(ax),\varphi(x)\rangle$，$a$ 为常数；

(3) $\lim\limits_{m\to\infty}\langle\sum\limits_{v=1}^{m}\cos vx,\varphi(x)\rangle$.

13. 若 $H(x,y)$在第一象限中为 1，其余为 0，试求$\dfrac{\partial^2 H}{\partial x\partial y}$之值.

14. 若 $f(x)\in C^2(R^1)$，试计算 $f(|x|)$与$|x|f(x)$的二阶导数.

15. 设 u 为 R^2 中单位圆的特征函数，试计算 $x\dfrac{\partial u}{\partial x}+y\dfrac{\partial u}{\partial y}$.

16. 证明：若 $\alpha(x)$为 $S'(R^n)$的乘子，则它为 C^∞ 函数，且对任一重指标 γ，必存在多项式 $P_\gamma(x)$，使$|\partial^\gamma\alpha(x)|\leqslant|P_\gamma(x)|$.

17. 证明：设 Ω 为 R^n 的连通开集，$\Omega\subset R^n$. 若 $D'(R^n)$广义函数 T 的导数为零，则 T 必为常数.

18. 证明：若一个广义函数的导数是连续函数，则这个广义函数必为常义的连续可导函数.

19. 设 $f,g\in D'(R^1)$，若存在常数 a，使得 $\operatorname{supp} f\subset[a,\infty]$, $\operatorname{supp} g\subset[a,\infty]$，则称 f,g 支集同向有界. 证明支集同向有界的两广义函数卷积存在，且 $\operatorname{supp}(f*g)\subset[a^*,\infty]$($a^*$也是常数，仅与 a 有关).

20. 证明：

(1) $tH(t)*e^tH(t)=(e^t-t-1)H(t)$;

(2) $(H(t)\sin t)*(H(t)\cos t)=\dfrac{1}{2}H(t)\sin t$;

(3) $(f(t)H(t))*H(t)=H(t)\int_0^t f(\tau)\mathrm{d}\tau$.

21. 计算下列函数的 Fourier 变换：

(1) $e^{-a|x|}$,　　(2) $\frac{1}{a^2+x^2}$,

(3) e^{-ax^2},　　(4) $2x^2+x+1$,

(5) $x^a H(x)$,　　(6) $\log|x|$,

(7) $P(x)e^{ax}$(其中 $P(x)$为 x 的多项式).

22. 证明当 $f,g\in S(R^n)$时,

$$F^{-1}[f*g]=(2\pi)^n(F^{-1}[f])(F^{-1}[g]).$$

23. 设 $f\in S'(R^n)$,试证下列诸条件等价.

(1) $D^\alpha f\in L^2(R^n)$, $\forall |\alpha|\leqslant m$.

(2) $\xi^\alpha \hat{f}(\xi)\in L^2(R^n)$, $\forall |\alpha|\leqslant m$.

(3) $P(\xi)\hat{f}(\xi)\in L^2(R^n)$,对所有次数$\leqslant m$ 的多项式 $P(\xi)$成立.

(4) $(1+|\xi|^2)^{\frac{m}{2}}\hat{f}(\xi)\in L^2(R^n)$.

24. 设 $S\in S'(R^n)$, $T\in \varepsilon(R^n)$,试证

$$F[T*S]=F[T]\cdot F[S].$$

25. 试证明任意一个 L^1 可积函数的 Fourier 变换为连续函数.

26. 设 $f(x)\in L^2(R^1)$,则下列两个条件等价:

(1) 对任意的 $b<a$, $e^{b|x|}f(\xi)\in L^2(R^1)$.

(2) $\hat{f}(\xi+i\eta)$在$|\eta|<a$ 内解析,且有不等式

$$\sup_{|\eta\leqslant b<a|}\int_{-\infty}^{+\infty}\left|\hat{f}(\xi+i\eta)\right|^2 d\xi\leqslant C(b)<+\infty.$$

27. 试计算下列二元函数的 Fourier 变换.

(1) $H(x)H(y)$.

(2) $\frac{y}{(1+x^2)(1+y^2)}$.

(3) $xe^{-\pi y^2}$.

(4) $\delta'(x)e^{-\frac{y^2}{2}}$.

28. 求方程$\frac{dy}{dx}+ay=0$ 的基本解,其中,a 为常数.

29. 在 R^n 中,求方程$\frac{\partial^n u}{\partial x_1\partial x_2\cdots\partial x_n}=0$ 的基本解.

30. 证明 $W^{m,p}(\Omega)$ $(p>1)$是一个自反空间.

31. 说明 Heaviside 函数 $H(x)$属于何种 Sobolev 空间?

32. 证明支集为有限点集的 $H^{-\frac{n}{2}}(R^n)$广义函数必为零.

33. 设 Ω 为 R^n 中有界区域,边界$\partial\Omega$ 为 C^∞ 光滑,试定义空间 $W^{1,p}(\partial\Omega)$.

参考文献

[1] 陈恕行.现代偏微分方程导论[M].2 版.北京:科学出版社,2018.
[2] 陈恕行.偏微分方程概论[M].北京:人民教育出版社,1981.
[3] 定光桂.巴拿赫空间引论[M].2 版.北京:科学出版社,2008.
[4] 樊磊,何伟.应用泛函分析[M].北京:高等教育出版社,2005.
[5] 郭大钧.非线性泛函分析[M].3 版.北京:高等教育出版社,2015.
[6] 胡适耕.泛函分析[M].北京:高等教育出版社,2001.
[7] 黄振友,杨建新,华踏红,等.泛函分析[M].北京:科学出版社,2003.
[8] 江泽坚,孙善利.泛函分析[M].2 版.北京:高等教育出版社,2005.
[9] 柯尔莫哥洛夫 A H,佛明 C M. 函数论与泛函分析初步[M].7 版.段虞荣,郑洪深,郭思旭,译.北京:高等教育出版社,2006.
[10] 匡继昌.实分析与泛函分析[M].北京:高等教育出版社,2002.
[11] 王东生,曹磊.混沌、分形及其应用[M].合肥:中国科学技术大学出版社,1995.
[12] 刘培德.泛函分析基础[M]. 2 版,北京:科学出版社,2010.
[13] 陆启韶.现代数学基础[M].2 版.北京:北京航空航天大学出版社,2005.
[14] 那汤松. 实变函数论[M]. 5 版.徐瑞云,译.北京:高等教育出版社,2010.
[15] 汪林.数学分析中的问题和反例[M].北京:高等教育出版社,2015.
[16] 汪林.实分析中的反例[M].北京:高等教育出版社,2014.
[17] 汪林.泛函分析中的反例[M].北京:高等教育出版社,2014.
[18] 王声望,郑维行.实变函数与泛函分析概要 [M].5 版.北京:高等教育出版社,2019.
[19] 夏道行.泛函分析第二教程[M].2 版.北京:高等教育出版社,2009.
[20] 夏道行.实变函数论与泛函分析:下册[M].2 版.北京:高等教育出版社,2010.
[21] 徐森林.实变函数论[M].合肥:中国科学技术大学出版社,2002.
[22] 宣本金.变分法:理论与应用[M]. 合肥,中国科学技术大学出版社. 2006.
[23] 张恭庆,林源渠.泛函分析讲义[M].2 版.北京:北京大学出版社,2021.
[24] 张恭庆,郭懋正.泛函分析讲义[M].北京:北京大学出版社,1990.
[25] 钟承奎,范先令,陈文塬.非线性泛函分析引论[M].2 版.兰州:兰州大学出版社,2004.
[26] 周民强. 实变函数论[M]. 3 版.北京:北京大学出版社, 2016.

[27] ADAMS R A, FOURNIER J J F. Sobolev Spaces[M]. 2nd ed. Singapore:Elsevier Ltd, 2009.

[28] BREZIS H. Functional Analysis, Sobolev Spaces and Partial Differential Equations [M]. New York:Springer, 2011.

[29] BREZIS H, LIEB E. A relation between pointwise convergence of functions and convergence of functionals[J]. Proceedings of the American Mathematical Society, 1983, 88(3):486-490.

[30] CONWAY J B. A Course in Functional Analysis[M]. New York:Springer, 2007.

[31] EVANS L C. Partial Differential Equations[M]. 2nd ed. Providence, R. I. :American Mathematical Society, 2010.

[32] EVANS L C, GARIETY R F. Measure Theory and Fine Properties of Functions [M]. 2nd ed. Florida:CRC Press, 2015.

[33] FOLLAND G. Real Analysis: Modern Techniques and Their Applications[M]. 2nd ed. Hoboken:Wiley-Interscience, 1999.

[34] GELFAND I M, SILOV G E. Generalized Functions [M]. New York: Academic Press, 1964.

[35] LIEB E H, LOSS M. Analysis[M]. 2nd ed. Providence, R. I. :American Mathematical Society, 2001.

[36] MEGGINSON R E. An Introduction to Banach Space Theory[M]. New York:Springer New York, 1998.

[37] RUDIN W. Functional Analysis[M]. 2nd ed. New York:McGraw Hill, 1991.

[38] RYNNE B P, YOUNGSON M A. Linear Functional Analysis[M]. London:Springer, 2008.

[39] STEIN E, SHAKARCHI R. Functional Analysis[M]. Princeton: Princeton University Press, 2011.

[40] STRUWE M. Variational Methods:applications to nonlinear partial differential equations and Hamiltonian systems[M]. Berlin:Springer, 1990

[41] YOSIDA K. Founctioal Analysis[M]. 6th ed. NewYork:Springer, 1999.

[42] ZIEMER W P. Weakly Differentiable Functions[M]. New York:Springer, 1989.